Kurt Magnus | Hans Heinrich Müller-Slany

Grundlagen der Technischen Mechanik

Kurt Magnus | Hans Heinrich Müller-Slany

Grundlagen der Technischen Mechanik

7., durchgesehene und ergänzte Auflage

Mit 271 Abbildungen

STUDIUM

SPRINGER FACHMEDIEN WIESBADEN GMBH

Bibliografische Information der Deutschen Nationalbibliothek
Die Deutsche Nationalbibliothek verzeichnet diese Publikation in der Deutschen Nationalbibliografie; detaillierte bibliografische Daten sind im Internet über <http://dnb.d-nb.de> abrufbar.

Prof. Dr. rer. nat. Dr.-Ing. E.h. Kurt Magnus (verst.), geb. 1912 in Magdeburg. Studium der Mathematik und Physik, 1937 Promotion und 1942 Habilitation an der Universität Göttingen. Lehrtätigkeit an den Universitäten in Göttingen, Freiburg, Lawrence/Kansas und den Technischen Hochschulen (Universitäten) in Danzig, Stuttgart, München. Seit 1980 emeritiert. Ehrendoktor der Universität Stuttgart. Verstorben zu München 2003.

Prof. Dr.-Ing. Hans Heinrich Müller-Slany, geb. 1938 in Hannover. Studium an der Staatl. Ingenieurschule Hannover und Industrietätigkeit von 1959 bis 1962. 1962 bis 1965 Maschinenbaustudium an der TU Hannover, von 1965 bis 1969 an der TU Stuttgart. Wissenschaftlicher Assistent am Institut B für Mechanik der TU München von 1969 bis 1975. 1976 Promotion an der TU München. Seit 1976 an der Universität Siegen, ab 1985 Akad. Direktor. 1995 Univ.-Prof. für Maschinendynamik an der Universität Duisburg-Essen.

1. Auflage 1973
2. Auflage 1978
3. Auflage 1982
4. Auflage 1984
5. Auflage 1987
6. Auflage 1990
7., durchgesehene und ergänzte Auflage 2005
Unveränderter Nachdruck 2009

Ursprünglich erschienen bei Vieweg+Teubner | GWV Fachverlage GmbH, Wiesbaden 2005
Lektorat: Thomas Zipsner | Ellen Klabunde

www.viewegteubner.de

Umschlaggestaltung: KünkelLopka Medienentwicklung, Heidelberg

Gedruckt auf säurefreiem und chlorfrei gebleichtem Papier.

ISBN 978-3-8351-0007-7 ISBN 978-3-663-01626-7 (eBook)
DOI 10.1007/978-3-663-01626-7

Vorwort

Die Technische Mechanik gehört – wie Mathematik, Physik und Konstruktionslehre – zu den Grundlagen der Ingenieurwissenschaften. Obwohl sich das von der Physik bereitgestellte Fundament, die „Klassische Mechanik“, nicht verändert hat, war dennoch der Unterricht in Technischer Mechanik in den vergangenen Jahrzehnten vielfältigen Wandlungen unterworfen. Ein Blick in das umfangreiche Lehrbuch-Schrifttum zeigt dies in eindringlicher Weise: Die Themenkreise sind erheblich ausgeweitet worden, die Schwerpunkte der Betrachtungen haben sich verlagert und schließlich änderten sich die Untersuchungsmethoden in teilweise radikaler Weise – vor allem auch dank der neuen, durch moderne Rechenanlagen gebotenen Möglichkeiten. Diese Entwicklung macht es verständlich, daß die Lehrbücher meist einen beträchtlichen Umfang, teilweise sogar enzyklopädischen Charakter annahmen. Dem Dozenten bleibt damit die Aufgabe der Stoffauswahl, wenn er in der begrenzten, für die Ausbildung zur Verfügung stehenden Zeit ein tragfähiges Fundament für das weitere Studium vermitteln will.
Mit dem vorliegenden Buch soll ein anderer Weg beschritten werden: Durch bewußtes Beschränken auf die Grundlagen soll das tragende Gerüst einer Technischen Mechanik bereitgestellt werden, das sich bei allen mode- und zeitbedingten Wandlungen auch in der absehbaren Zukunft wenig ändern dürfte. Einem Dozenten, der dieses Gerüst verwenden will, fällt dann die Aufgabe zu, den gegebenen Rahmen durch aktuelle Anwendungsbeispiele zu ergänzen und damit den Unterricht dem wechselnden Bedarf oder der gewünschten Fachrichtung anzupassen. Ziel des Buches ist also nicht eine Darstellung der Mechanik für die Studierenden solcher Fachrichtungen, die dieses Gebiet nur am Rande benötigen, sondern gerade umgekehrt der Versuch, ein Arbeitshilfsmittel für diejenigen Ingenieure zu schaffen, die sich intensiv mit Mechanik beschäftigen müssen. Der Schwerpunkt liegt dabei auf dem Hinführen zu den wesentlichen Grundgesetzen und Arbeitsmethoden. Nicht etwas Abgeschlossenes wird angestrebt, sondern es soll der Weg zu einer Plattform gewiesen werden, von der aus – so hoffen wir – der Anschluß an weiterführende Teilgebiete der Mechanik fast nahtlos gefunden werden kann.
Der Inhalt des Buches ist im wesentlichen durch die üblichen, viersemestrigen Grundkurse vorgezeichnet, über deren Themenverteilung inzwischen auch hochschulübergreifende Empfehlungen erarbeitet worden sind. Die Darstellung mußte, dem Ziel des Buches entsprechend, konzentriert sein. Beispiele sind meist nur zur besseren Erläuterung oder Vertiefung des Gesagten eingestreut worden. Wer ein Training in der Anwendung des Gebotenen sucht, sei auf die „Übungen zur Technischen Mechanik“ verwiesen, die auf die vorliegenden „Grundlagen“ abgestimmt sind. Zur Kontrolle des Verständnisses sind jedoch am Ende jedes Hauptkapitels Fragen zusammengestellt worden. Sie sollten aus dem Gedächtnis oder nach kurzem Nachdenken beantwortet werden können; andernfalls sind die Antworten durch Nachblättern im Text leicht zu finden.

Es sind durchgehend die nun auch gesetzlich vorgeschriebenen Einheiten des Internationalen Einheitensystems (SI-Einheiten) verwendet worden. Bei den Formelzeichen haben wir, soweit das irgend möglich war, die ISO-Empfehlungen sowie die darauf basierenden Vorschläge des Deutschen Normenausschusses berücksichtigt.

Das vorliegende Buch muß als Ergebnis einer über längere Zeit praktizierten Gemeinschaftsarbeit betrachtet werden. Für ihr Zustandekommen muß den Assistenten und Hilfsassistenten des Instituts, vor allem aber auch den Hörern unserer Vorlesungen gedankt werden. Vielfache Anregungen und Verbesserungsvorschläge konnten bei der endgültigen Ausarbeitung berücksichtigt werden, da erste Entwürfe des Textes als Vorlesungsskriptum erprobt wurden. So hoffen wir, daß unsere Zusammenstellung sowohl dazu beitragen kann, die stets aktuelle Aufgabe der Stoff-Konzentration und der Stoff-Auswahl im Unterricht zu erleichtern, als auch Möglichkeiten aufzeigt, wie bei einer Reform der Studiengänge der Block „Technische Mechanik" in den Verband paralleler oder konsekutiver Lehrpläne eingeordnet werden kann.

In den Neuauflagen wurden bekannt gewordene Fehler korrigiert und an mehreren Stellen mißverständliche Formulierungen präziser gefaßt. An einigen Punkten konnten die Beweisführungen vereinfacht oder einschränkende Voraussetzungen fallengelassen werden. Dabei waren Hinweise und Kritik, die uns nach Erscheinen der ersten Auflage erreichten, sehr wertvoll. Wir möchten an dieser Stelle dafür danken und zugleich bitten, uns auch weiterhin durch Kritik und Vorschläge zu unterstützen. Man möge jedoch bedenken, daß bezüglich der mathematischen Hilfsmittel Rücksicht auf den jeweiligen Stand der parallel laufenden Mathematik-Vorlesungen genommen werden muß.

München/Siegen, im Herbst 1987 Kurt Magnus Hans Heinrich Müller

Vorwort zur 7. Auflage

Mein verehrter akademischer Lehrer und Kollege Prof. Kurt Magnus ist im Dezember 2003 verstorben. Die besondere Konzeption der „Grundlagen der Technischen Mechanik", die aus seinen Vorlesungen an der Universität Stuttgart und an der Techn. Universität München hervorgegangen sind, blieb über alle Jahre seit Erscheinen der 1. Auflage aktuell. In der vorliegenden Neuauflage wurden Textstellen angepasst, präziser formuliert und ergänzt.

Siegen, im August 2005 Hans Heinrich Müller-Slany

Inhalt

Einführung

Was ist Technische Mechanik?
Wie wird sie eingeteilt und abgegrenzt?
Welches sind ihre Ziele und typischen Methoden?

Jeder Studierende, der im Begriff steht, sich längere Zeit intensiv mit Technischer Mechanik zu beschäftigen, sucht zunächst auf diese Fragen eine Antwort. Hierzu soll in dieser Einführung ein erster vorläufiger Überblick gegeben werden.

Zunächst: die Mechanik ist ein Teilgebiet der Physik. Wie diese ist sie dem Erkennen von Zusammenhängen und Gesetzmäßigkeiten in der uns umgebenden Welt gewidmet. Kirchhoff definierte die Mechanik als die „Lehre von den Bewegungen und den Kräften". Dieses Gebiet ist das älteste, am konsequentesten entwickelte und zum großen Teil in sich abgeschlossene Teilgebiet der Physik. Die in der Mechanik geschaffenen Begriffe – wie z.B. Kraft, Arbeit, Energie, Impuls – sind zugleich auch für andere Gebiete der Physik von Bedeutung. Die Methoden der Mechanik können zum Teil unmittelbar auf andere Bereiche der Physik und der Technik übertragen werden. Schließlich greift die Mechanik in alle Bereiche unserer technischen Welt ein: Maschinenbau, Fertigungs- und Verfahrenstechnik sowie das gesamte Bau- und Verkehrswesen brauchen das von der Mechanik zur Verfügung gestellte Fundament.

Der letztgenannte Zusammenhang legt es nahe, von „Technischer Mechanik" zu sprechen. Diese hat zum Ziel, geeignete Verfahren für die Berechnung technischer Konstruktionen aufzuzeigen. Technische Mechanik und physikalische Mechanik bauen auf dem gleichen Fundament auf; sie unterscheiden sich jedoch in der Zielrichtung und weitgehend auch in den Methoden. Während die Physik induktiv arbeitet, ist das Verfahren der technischen Mechanik deduktiv. Auf dem Wege über Beobachtungen der Natur oder von Experimenten, über das Ordnen der beobachteten Erscheinungen und die Schaffung von Begriffen kommt die Physik zum Formulieren von Gesetzmäßigkeiten; wenn jedoch aus bekannten Gesetzmäßigkeiten mit Hilfe theoretischer Überlegungen Folgerungen abgeleitet werden, die zu Voraussagen über das Verhalten konkreter mechanischer Systeme führen, so entspricht dies der deduktiven Methode der Technischen Mechanik. Sie soll dem Ingenieur Richtlinien für die Durchführung seiner Aufgaben liefern. Ohne eine sorgfältige Theorie ist das nicht möglich. Deshalb hat gerade auch in einer Technischen Mechanik die Theorie eine überragende Bedeutung.

Jede Theorie muß von gewissen Grundgesetzen (Axiomen oder Prinzipien) ausgehen, die in der Mechanik – zum Unterschied von einigen Teilgebieten der Mathematik – nicht frei gewählt werden können. Diese Grundgesetze stellen vielmehr das Endergebnis des sich über Jahrtausende erstreckenden, mühsamen Weges induktiver Erkenntnis dar und bilden damit die konzentrierteste Form der bisher gesammelten Erfahrungen. Diesen empirisch gesicherten Boden der Erfahrung verläßt der Theoretiker, wenn er die bekannten Tatsachen kombiniert und Hypothesen aufstellt. Er stößt damit in Bereiche vor, auf denen noch keine Erfahrungen gesammelt werden konnten. Gelingt es ihm durch deduktive Spezialisierungen für Sonderfälle Voraussagen zu machen, die mit der beobachtbaren Wirklichkeit nicht im Widerspruch stehen, dann erscheint die Tragfähigkeit seiner Theorie gesichert.

Eine Theorie kann als Abbild der Wirklichkeit aufgefaßt werden. Durch einen Prozeß der Vereinfachung und Idealisierung der realen Phänomene werden Gedankenmodelle geschaffen, die weder den allgemeinen Denkgesetzen unseres Verstandes noch der Wirklichkeit widersprechen dürfen. Nach Hertz sollen die Modelle logisch zulässig, richtig und zugleich einfach sein. Von zwei Modellen, die gleichermaßen verwendbar sind, soll das einfachere bevorzugt werden. Außerdem aber sollen die Gedankenmodelle mathematisch erfaßbar sein, denn die Theorie bedient sich der mathematischen Beschreibung. So wird letztlich die beobachtbare Welt auf ein System von Formeln abgebildet, aus denen der Fachmann Zusammenhänge ablesen kann, die der unmittelbaren Erfahrung oft gar nicht zugänglich sind. Die Mathematik ist daher für den Theoretiker mehr als nur eine Stenographie des Denkens.

Das mathematische Gewand erschwert dem Lernenden den Zugang zur Mechanik. Er muß sich in die Denkformen sowohl der Physik als auch der Mathematik einfühlen, wenn er mit Erfolg Probleme der Mechanik lösen will. Man erkennt dies deutlicher, wenn man den Weg analysiert, der bei der Lösung von Mechanik-Aufgaben eingeschlagen werden muß. Man unterscheidet dabei die folgenden Schritte:

1. Abgrenzen und Formulieren der Aufgabe.
2. Vereinfachen des Problems durch Fortlassen alles Unwesentlichen, d.h. Schaffung eines mechanischen Ersatzmodells, Klärung der Voraussetzungen, unter denen es gültig ist.
3. Übersetzen in die Sprache der Mathematik, d.h. Aufsuchen des zum mechanischen Ersatzmodell gehörenden mathematischen Ersatzmodells unter Berücksichtigung der physikalischen Grundgesetze.
4. Lösen des Problems im mathematischen Bereich.
5. Rückübertragen der mathematischen Lösung in den Bereich der Mechanik.
6. Diskussion und Deutung der Ergebnisse.

Zur Diskussion gehört vor allem auch eine Untersuchung, ob die gewonnene Lösung physikalisch sinnvoll ist. Wenn hier Zweifel bestehen, dann muß die angegebene Prozedur meist ab Punkt 2 wiederholt werden. Das im Schema angedeutete Nacheinander von physikalischen und mathematischen Überlegungen muß zumindest streckenweise auch durch ein Nebeneinander ersetzt werden. Wenn zum Beispiel die mathematische Lösung durch Vernachlässigungen vereinfacht oder überhaupt erst möglich gemacht werden soll, so kann die Zulässigkeit solcher Maßnahmen oft nur durch physikalische Überlegungen begründet werden.

Die Erfahrung zeigt, daß der zweite Schritt des obigen Schemas oft große Schwierigkeiten bereitet, weil das Vereinfachen eines Problems in Vorlesungen und Übungen meist gar nicht gelehrt wird. Im allgemeinen wird hier für jedes praktische Beispiel sogleich das schon vereinfachte Modell angegeben. Ein zu stark idealisiertes Ersatzmodell läßt die dahinter liegende Wirklichkeit nicht mehr erkennen. Das aber kann sich bei der notwendigen Diskussion der erhaltenen Ergebnisse nachteilig auswirken. An einem Beispiel sollen diese Zusammenhänge noch verdeutlicht werden. Zum besseren Verständnis muß jedoch zuvor etwas über die Einteilung der Mechanik gesagt werden.

Es ist üblich, die Mechanik nach zwei verschiedenen Ordnungssystemen zu gliedern. Eine erste Gliederung basiert auf den Eigenschaften der betrachteten Körper. So handelt die

- Stereo-Mechanik von Punktmassen und starren Körpern,
- Elasto-Mechanik von elastischen Körpern,
- Plasto-Mechanik von plastischen Körpern,
- Fluid-Mechanik von flüssigen und gasförmigen Körpern.

Die Übergänge zwischen den genannten Gebieten sind oft verwischt. Zum Beispiel können viele Probleme elastischer Körper mit den Methoden der Stereomechanik behandelt werden. Wenn der Kontinuumscharakter der untersuchten Stoffe betont werden soll, dann spricht man auch von Kontinuums-Mechanik; sie umfaßt mit Ausnahme der Stereomechanik alle anderen genannten Teilgebiete.

Bei einer zweiten Art der Gliederung geschieht die Einteilung den physikalischen Vorgängen entsprechend nach dem Schema:

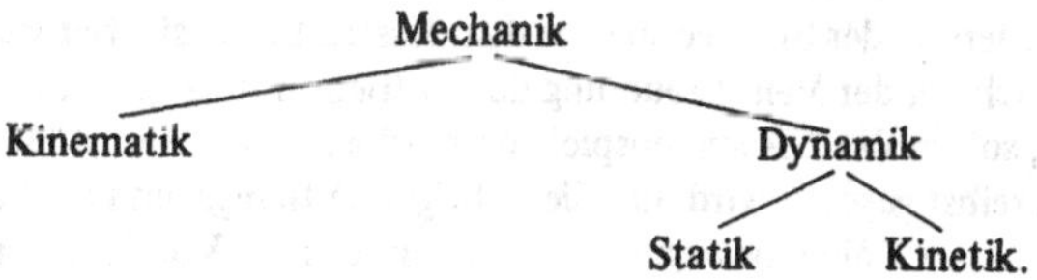

Die Kinematik handelt von den Bewegungen, die Dynamik von den Kräften. Die Dynamik wird weiter unterteilt in die Lehre vom Gleichgewicht der Kräfte an ruhenden Körpern (Statik) und in die Kinetik, bei der das Zusammenwirken von Kräften und Bewegungen im Vordergrund steht.

So nützlich die genannten beiden Arten einer Gliederung der Mechanik vom methodischen Standpunkt aus gesehen sind, so unzureichend sind sie oft bei der Analyse allgemeiner technischer Systeme. Konstruktionen, die nur aus „starren Körpern“ (Stereomechanik) bestehen sind nämlich ebensowenig denkbar wie Geräte, bei denen nur die Bewegungen (Kinematik) interessieren.

Deshalb hat der Ingenieur in jedem konkreten Anwendungsfall zuerst die sehr wichtige Aufgabe zu lösen, ein für das gegebene technische Problem geeignetes Ersatzmodell zu suchen. Dieses muß hinreichend einfach sein, die mathematische Analyse durchführen zu können. Der Prozeß der Schaffung eines Modells bedeutet Abstraktion und zugleich Konzentration auf bestimmte Fragestellungen des zu untersuchenden Problems. Dabei werden andere Teilfragen bewußt außer acht gelassen. Die Zulässigkeit derartiger Vereinfachungen oder Idealisierungen muß in jedem Fall geprüft und begründet werden.

An technischen Problemen, die bei einem Kraftwagen auftreten, sollen diese Zusammenhänge noch konkreter erläutert werden:

- Wenn der momentane Ort, die durchfahrene Bahn oder die Geschwindigkeit des Wagens interessieren, dann ist dies ein Problem der Kinematik allein. Das einfachste Ersatzmodell für den Kraftwagen ist in diesem Falle ein Punkt.
- Wenn bei gegebener Beladung des Wagens die Radlasten gesucht sind, dann ist dies eine Aufgabe der Statik. Bei einem dreirädrigen Wagen genügt als Ersatzmodell ein einzelner starrer Körper mit 3 Auflagepunkten (Stereo-Statik). Demgegenüber muß bei 4 Rädern ein elastischer Körper oder ein auf 4 Federn gelagerter starrer Körper als Modell gewählt werden (Elasto-Statik).
- Sollen die Radlasten bei Kurvenfahrten untersucht werden, dann liegt ein Problem der Kinetik vor. Für die Ersatzmodelle gilt das zuvor Gesagte.
- Die Bewegungsverhältnisse des Lenkmechanismus sind wiederum ein kinematisches Problem. Das Ersatzmodell kann hierbei aus einem System starrer Körper bestehen. Das gleiche Modell kann aber auch zur Untersuchung des statischen Problems der Kraftübertragung vom Lenkrad auf die Räder herangezogen werden.
- Um eine geeignete Federung für den Kraftwagen zu berechnen (Kinetik), kann ein Modell verwendet werden, das aus einem starren Körper (Wagenkasten) und 4 Punktmassen (Räder) gebildet wird, die mit dem Kasten und dem Boden durch Federn verbunden sind. Entsprechend komplizierter wird das Modell, wenn auch noch die Federung der Sitze gegenüber dem Kasten berücksichtigt werden soll.
- Die Untersuchung der Ventilsteuerung des Antriebsmotors gehört in das Gebiet der Kinematik, sofern das Zusammenspiel von Nockenwelle, Ventilstößel, Ventilhebel und Ventil selbst gesucht wird, um die richtigen Öffnungs- und Schließzeitpunkte im Verhältnis zur Kolbenbewegung zu erhalten. Um die Konstruktionsteile richtig dimensionieren zu können, müssen aber auch die auftretenden Kräfte bekannt sein. Bei den üblichen Motordrehzahlen sind die auftretenden Beschleunigungen so groß, daß die Trägheitskräfte des Übertragungsmechanismus berücksichtigt werden müssen (Kinetik). Dabei spielen auch die möglichen Verformungen der Bauelemente eine Rolle (Elasto-Kinetik).

Diese, dem System „Kraftwagen“ entnommenen Beispiele mögen genügen, das zuvor Gesagte zu unterstreichen. An diese oder ähnliche Beispiele, die uns die technische Umwelt in reichlicher Fülle liefert, möge der Studierende denken, wenn er bei dem weiteren, notwendigerweise abstrakteren Prozeß einer Darlegung der Grundlagen der Technischen Mechanik Gefahr läuft, das eigentliche Ziel aus den Augen zu verlieren: die Beschreibung und Berechnung der Vorgänge der technischen Umwelt.

1. Vektoren

In diesem Kapitel werden mathematische Hilfsmittel bereitgestellt, die für die Mechanik unentbehrlich sind. Die Ausführungen bleiben hier noch unanschaulich und abstrakt. Das ist unvermeidbar, da sich die Technische Mechanik als deduktive Wissenschaft allgemein mathematischer Methoden bedient, deren Fruchtbarkeit erst in den späteren Kapiteln deutlich werden wird. In Abschn. 1.4 soll jedoch der Brückenschlag von der Mathematik zur Mechanik bereits angedeutet werden.

1.1. Begriff und Darstellung eines Vektors

Für die theoretische Erfassung technischer Vorgänge müssen physikalische Größen je nach ihrem Inhalt durch verschiedenartige mathematische Begriffe beschrieben werden. Diese sollen a l l e für die betrachtete Größe wesentlichen physikalischen Eigenschaften eindeutig wiedergeben. So gibt es physikalische Größen, die – nach Festlegen einer Maßeinheit durch die Angabe einer einzigen Zahl eindeutig bestimmt werden können. Man nennt sie S k a l a r e. Beispiele: Temperatur, Zeit, Masse, Arbeit. Andere Größen sind erst dann eindeutig festgelegt, wenn außer dem Betrag auch noch eine Richtung angegeben wird. Diese nennt man V e k t o r e n. Beispiele: Kraft, Geschwindigkeit, Beschleunigung. In einem dreidimensionalen Raum kann ein Vektor durch ein System von 3 Zahlen dargestellt werden. Es gibt außerdem physikalische Größen höherer Ordnung, bei denen die Angabe von Betrag und Richtung nicht zu einer eindeutigen Kennzeichnung ausreicht. Hierzu gehören die sogenannten T e n s o r e n. Sie werden durch ein geordnetes System von 3 x 3 = 9 Zahlen dargestellt. Beispiele: der Spannungszustand oder die Trägheitseigenschaften eines Körpers. Im Rahmen einer allgemeinen Systematik bezeichnet man Skalare auch als Tensoren nullter Stufe, Vektoren als Tensoren erster Stufe, während die allgemeineren Tensoren dann von zweiter (oder höherer) Stufe sind.

Über Vektoren in der Mechanik wird im Abschn. 1.4 ausführlicher gesprochen werden. Hier soll zunächst der mathematische Vektorbegriff – losgelöst von seinem physikalischen Inhalt – definiert werden. Danach werden die Rechenregeln für Vektoren zusammengestellt. Weiterführendes möge man den Lehrbüchern zur Vektorrechnung entnehmen.

Definition: Ein Vektor wird geometrisch als gerichtete Strecke im Raum definiert. Kennzeichen dieser Strecke sind: Länge, Richtung und Richtungssinn. Das geometrische Bild eines Vektors ist ein Pfeil (Fig. 1.1).

Fig. 1.1 Geometrisches Bild eines Vektors

Als mathematisches Symbol eines Vektors wird im Druck ein fetter Druckbuchstabe verwendet, z.B. **A**, **r**, $\boldsymbol{\omega}$. In Schreibschrift kennzeichnet man den Vektorcharakter einer Größe meist durch einen darübergesetzten Pfeil, z.B. $\vec{A}, \vec{r}, \vec{\omega}$. Bei der geometrischen Darstellung ist die Länge des Vektorpfeiles ein Maß für den Betrag A des Vektors. Man schreibt allgemein

$$|\mathbf{A}| = A \geqslant 0 . \tag{1.1}$$

Ein Vektor vom Betrag Null heißt Nullvektor. Ein Vektor, dessen Betrag gleich Eins ist, heißt Einsvektor. Einsvektoren sollen durch **e** wiedergegeben werden.

Aus der oben gegebenen Definition eines Vektors folgt, daß Vektoren unter Beibehaltung ihrer Richtung beliebig im Raum parallel zu sich selbst verschoben werden können. Sie ändern sich dadurch nicht, weil Betrag, Richtung und Richtungssinn erhalten bleiben. Man nennt die so definierten Vektoren deshalb auch freie Vektoren. Ausschließlich diese werden in der Vektoralgebra (Abschn. 1.2) behandelt. Für viele Anwendungen in der Physik reichen die freien Vektoren nicht aus. Deshalb ist es notwendig, gebundene Vektoren einzuführen, bei denen zu den genannten Bestimmungsstücken Betrag, Richtung und Richtungssinn noch der Anfangspunkt des Vektorpfeiles als zusätzliches Kennzeichen verwendet wird. So muß zum Beispiel die Kraft als gebundener Vektor behandelt werden, da ihre Wirkung auf einen Körper vom Angriffspunkt abhängt. Gebundene Vektoren werden im Abschn. 1.3 ausführlicher untersucht.

Der Vorteil der Vektorrechnung liegt vor allem in der Möglichkeit, Zusammenhänge zwischen Vektorgrößen in sehr allgemeiner Form ohne Bezug auf ein spezielles Koordinatensystem zu formulieren. Bei den praktischen Anwendungen werden die Vektorgleichungen jedoch fast immer auf bestimmte, dem jeweils zu untersuchenden Problem angepaßte Koordinatensysteme bezogen. Das wird später genauer untersucht werden.

1.2. Rechenregeln der Vektor-Algebra

Gleichheit: Aus der Definition eines Vektors folgt, daß zwei Vektoren **A** und **B** gleich sind:

$$\mathbf{A} = \mathbf{B} , \tag{1.2}$$

wenn sie in ihren Bestimmungsstücken übereinstimmen (Fig. 1.2), d.h. wenn

$$A = B \quad \text{und} \quad \mathbf{A} \uparrow\uparrow \mathbf{B} \tag{1.3}$$

ist. Das Zeichen $\uparrow\uparrow$ bedeutet „gleichsinnig parallel".

Multiplikation mit einem Skalar: Wird der Vektor **A** mit der Zahl λ (Skalar) multipliziert, dann gilt

$$\begin{aligned} &\lambda\mathbf{A} = \mathbf{B} \quad \text{mit} \quad B = |\lambda| A \quad \text{und} \\ &\mathbf{B} \uparrow\uparrow \mathbf{A} \quad \text{für} \quad \lambda > 0 , \\ &\mathbf{B} \uparrow\downarrow \mathbf{A} \quad \text{für} \quad \lambda < 0 . \end{aligned} \tag{1.4}$$

Multiplikation mit $\lambda = -1$ ändert den Richtungssinn, nicht aber Betrag und Richtung eines Vektors.

Wichtige Anwendung: jeder Vektor kann als Produkt aus seinem Betrag mit dem gleichgerichteten Einsvektor dargestellt werden:

$$\mathbf{A} = A\,\mathbf{e}_A\,. \tag{1.5}$$

Daraus folgt:

$$\mathbf{e}_A = \frac{\mathbf{A}}{A}\quad. \tag{1.6}$$

A d d i t i o n: Die Summe zweier Vektoren ist wieder ein Vektor:

$$\mathbf{A} + \mathbf{B} = \mathbf{C}\,. \tag{1.7}$$

Der Summenvektor **C** ergibt sich nach Fig. 1.3 dadurch, daß die von einem Punkte O abgetragenen Pfeile der Vektoren **A** und **B** zu einem Parallelogramm ergänzt werden. Die von O ausgehende Diagonale ist dann der Vektorpfeil **C** (Parallelogrammregel). Man erhält **C** auch durch Aneinanderfügen von **A** und **B** in offensichtlich beliebiger Reihenfolge. Es gilt daher die V e r t a u s c h u n g s r e g e l (kommutatives Gesetz):

$$\mathbf{A} + \mathbf{B} = \mathbf{B} + \mathbf{A}\,. \tag{1.8}$$

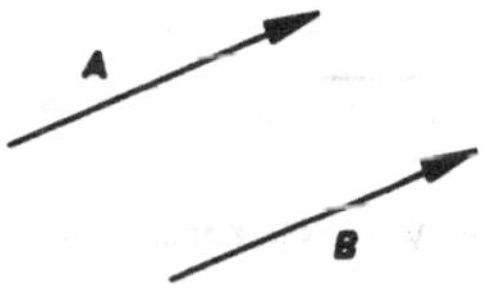

Fig. 1.2 Gleiche Vektoren, parallel verschoben

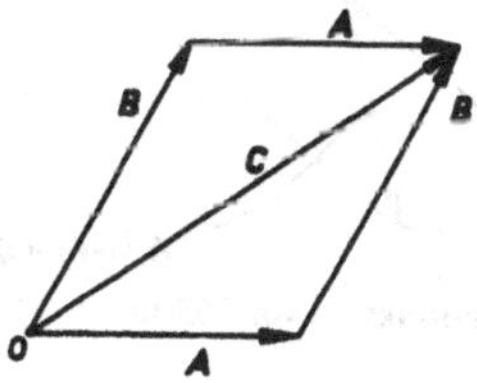

Fig. 1.3 Addition von Vektoren

Für die Addition von mehr als zwei Vektoren gilt die V e r b i n d u n g s r e g e l (assoziatives Gesetz):

$$\mathbf{A} + \mathbf{B} + \mathbf{C} = (\mathbf{A} + \mathbf{B}) + \mathbf{C} = \mathbf{A} + (\mathbf{B} + \mathbf{C}). \tag{1.9}$$

Ihre Gültigkeit erkennt man unmittelbar aus Fig. 1.4.

Die Beziehung

$$\mathbf{A} + \mathbf{B} + \mathbf{C} + \mathbf{D} + \mathbf{E} + \mathbf{F} = 0 \tag{1.10}$$

sagt aus, daß das aus den sechs Vektoren gebildete räumliche Polygon geschlossen ist. Der Endpunkt von **F** fällt mit dem Anfangspunkt von **A** zusammen. Sinngemäß kann $\mathbf{A} + \mathbf{B} + \mathbf{C} = 0$ als Vektorgleichung eines ebenen Dreiecks bezeichnet werden.

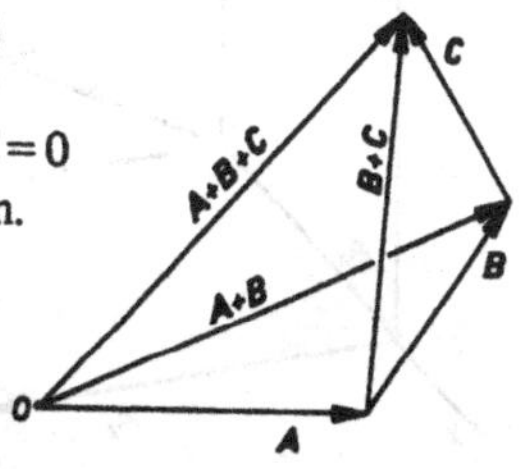

Fig. 1.4 Zur Verbindungsregel bei der Addition von Vektoren

S u b t r a k t i o n: Die Subtraktion zweier Vektoren kann als Umkehrung der Addition erklärt werden (Fig. 1.5):

$$\mathbf{A} - \mathbf{B} = \mathbf{A} + (-\mathbf{B}) = \mathbf{C} \,. \tag{1.11}$$

K o m p o n e n t e n: Durch Projektion eines Vektors **A** auf eine gegebene Gerade g erhält man eine Komponente $\mathbf{A}_g$ von **A** in Richtung g. Die Komponente ist selbst ein Vektor. Ein Vektor kann stets als Summe von Komponenten dargestellt werden. Beispiel: Es seien zwei sich in O schneidende Gerade g_1 und g_2 sowie der in der gleichen Ebene liegende Vektor **A** gegeben (Fig. 1.6). Projiziert man **A** jeweils parallel zu einer der Geraden auf die andere, dann erhält man die Komponenten $\mathbf{A}_1$ und $\mathbf{A}_2$. Es gilt: $\mathbf{A} = \mathbf{A}_1 + \mathbf{A}_2$. Die Konstruktion wird einfacher, wenn man zuvor den Vektor **A** parallel so verschiebt, daß sein Anfangspunkt in O fällt.

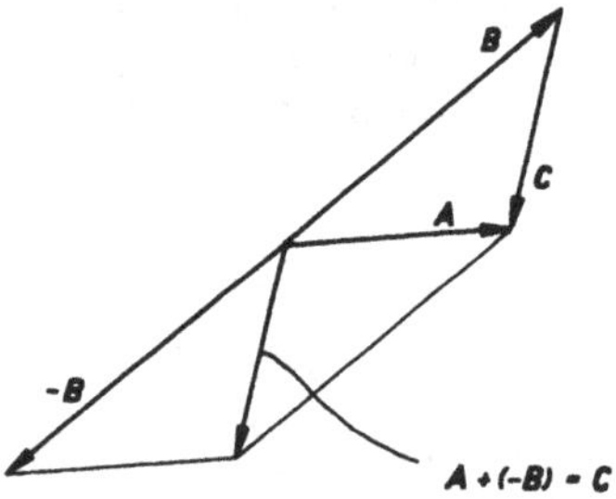

Fig. 1.5 Subtraktion von Vektoren

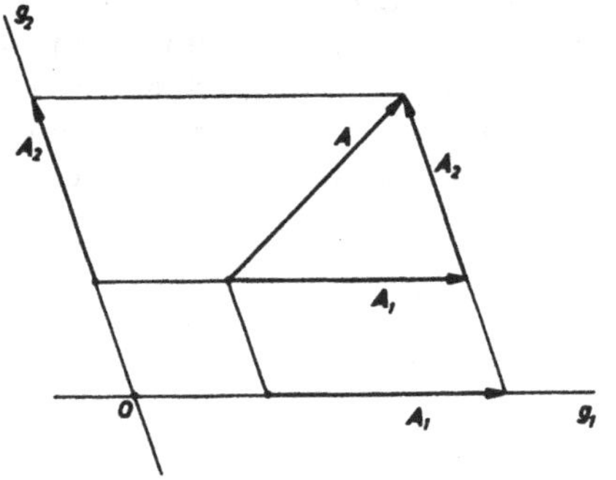

Fig. 1.6 Zerlegung eines Vektors in Komponenten

Häufig gebraucht werden die Komponenten in den Achsrichtungen eines kartesischen Koordinatensystems. Man erhält hier (Fig. 1.7):

$$\mathbf{A} = \mathbf{A}_x + \mathbf{A}_y + \mathbf{A}_z \,. \tag{1.12}$$

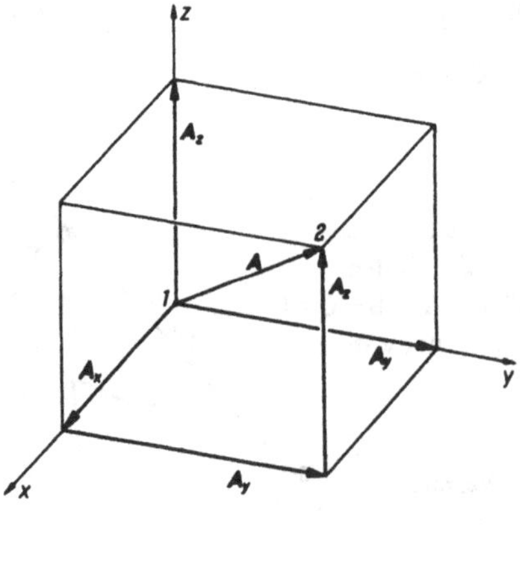

Fig. 1.7
Komponenten eines Vektors in einem kartesischen Koordinatensystem

Da die Achsrichtungen des Koordinatensystems durch die Einsvektoren e_x, e_y und e_z beschrieben werden können, folgt wegen (1.5):

$$A = A_x e_x + A_y e_y + A_z e_z. \tag{1.13}$$

Diese Beziehung gilt auch dann, wenn der Anfangspunkt von A nicht in den Koordinatenursprung fällt (Fig. 1.8).

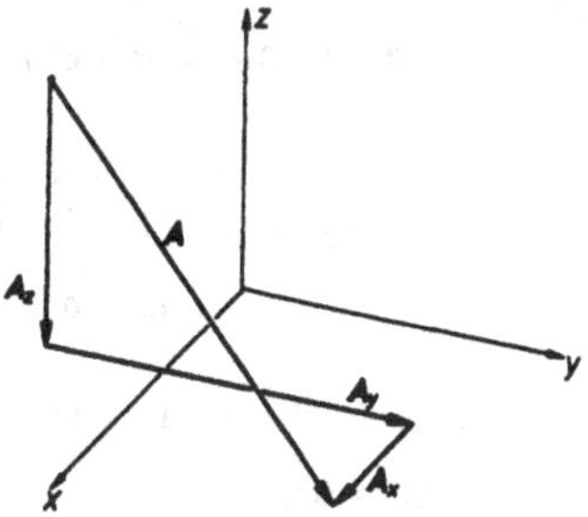

Fig. 1.8 Aufbau eines Vektors aus seinen Komponenten

K o o r d i n a t e n: die skalaren Größen A_x, A_y, A_z in (1.13) sind die vorzeichenbehafteten Beträge der Komponenten und zugleich die Koordinaten des Endpunktes 2 von A in Fig. 1.7. Man bezeichnet sie auch als die Koordinaten des Vektors A. Fällt der Anfangspunkt 1 des Vektors A nicht mit dem Koordinatenursprung zusammen, dann gilt allgemein

$$A_x = x_2 - x_1; \qquad A_y = y_2 - y_1; \qquad A_z = z_2 - z_1 . \tag{1.14}$$

Bei vorgegebenem Koordinatensystem wird ein Vektor A eindeutig durch seine Koordinaten A_x, A_y, A_z oder durch seine Komponenten A_x, A_y, A_z definiert. Man schreibt

$$A = [A_x, A_y, A_z] \qquad \text{„Zeilenvektor“},$$

oder

$$A = \begin{bmatrix} A_x \\ A_y \\ A_z \end{bmatrix} \qquad \text{„Spaltenvektor“}.$$

Für den Betrag A gilt:

$$A = \sqrt{A_x^2 + A_y^2 + A_z^2}. \tag{1.15}$$

Für einen Einsvektor, dessen Richtung mit den Achsen eines kartesischen Koordinatensystems die Winkel α, β, γ einschließt, erhält man:

$$e = [\cos\alpha, \cos\beta, \cos\gamma]. \tag{1.16}$$

Aus der Vektorgleichung A = B folgen die drei skalaren Gleichungen

$$A_x = B_x; \qquad A_y = B_y; \qquad A_z = B_z .$$

Man beachte, daß Vektoren unabhängig (invariant) vom Koordinatensystem sind; Komponenten und Koordinaten hängen dagegen von der Wahl des Koordinatensystems ab.

S k a l a r e M u l t i p l i k a t i o n z w e i e r V e k t o r e n: Das skalare Produkt zweier Vektoren wird definiert als

$$\mathbf{AB} = AB \cos\alpha . \tag{1.17}$$

Dabei ist α der von beiden Vektoren eingeschlossene Winkel (Fig. 1.9). Es gilt:

$$\mathbf{AB} > 0 \quad \text{für} \quad 0 \leq \alpha < \frac{\pi}{2} ,$$

$$\mathbf{AB} < 0 \quad \text{für} \quad \frac{\pi}{2} < \alpha \leq \pi ,$$

$$\mathbf{AB} = 0 \quad \text{für} \quad \begin{cases} A = 0 \\ \text{oder} \ B = 0 \\ \text{oder} \ \alpha = \dfrac{\pi}{2} . \end{cases}$$

Aus (1.17) folgt die V e r t a u s c h u n g s r e g e l (kommutatives Gesetz):

$$\mathbf{AB} = \mathbf{BA} . \tag{1.18}$$

Es gilt außerdem die V e r t e i l u n g s r e g e l (distributives Gesetz):

$$(\mathbf{A} + \mathbf{B})\mathbf{C} = \mathbf{AC} + \mathbf{BC} . \tag{1.19}$$

Die Gültigkeit dieser Beziehung kann aus Fig. 1.10 abgelesen werden. Diese Konstruktion gilt auch dann, wenn die Vektoren **A**, **B**, **C** nicht in einer Ebene liegen.

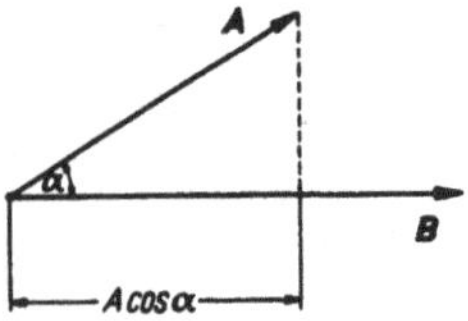

Fig. 1.9 Zum skalaren Produkt zweier Vektoren

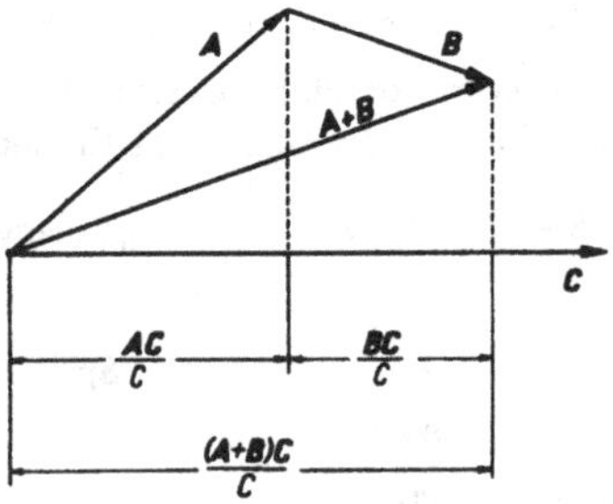

Fig. 1.10 Zur Verteilungsregel bei der skalaren Multiplikation

K o o r d i n a t e n - D a r s t e l l u n g d e s S k a l a r p r o d u k t e s: Wegen (1.13) kann man schreiben:

$$\mathbf{AB} = (A_x\mathbf{e}_x + A_y\mathbf{e}_y + A_z\mathbf{e}_z)\ (B_x\mathbf{e}_x + B_y\mathbf{e}_y + B_z\mathbf{e}_z) .$$

Ausmultiplizieren nach der Verteilungsregel (1.19) unter Berücksichtigung von

$$\mathbf{e}_x\mathbf{e}_x = \mathbf{e}_y\mathbf{e}_y = \mathbf{e}_z\mathbf{e}_z = 1$$

$$\mathbf{e}_x\mathbf{e}_y = \mathbf{e}_y\mathbf{e}_z = \mathbf{e}_z\mathbf{e}_x = 0$$

ergibt: $$\mathbf{AB} = A_xB_x + A_yB_y + A_zB_z . \tag{1.20}$$

Aus (1.17) in Verbindung mit (1.15) und (1.20) folgt für den Winkel α zwischen zwei Vektoren **A** und **B**:

$$\cos\alpha = \frac{\mathbf{AB}}{AB} = \frac{A_x B_x + A_y B_y + A_z B_z}{\sqrt{A_x^2 + A_y^2 + A_z^2}\,\sqrt{B_x^2 + B_y^2 + B_z^2}}. \qquad (1.21)$$

Die Beziehung

$$\mathbf{AB} = A_x B_x + A_y B_y + A_z B_z = 0 \qquad (1.22)$$

wird als Orthogonalitätsbedingung bezeichnet, da sie das Aufeinandersenkrechtstehen nichtverschwindender Vektoren **A** und **B** anzeigt.

Vektorielle Multiplikation zweier Vektoren: Eine Multiplikation zweier Vektoren kann auch so definiert werden, daß als Ergebnis wieder ein Vektor herauskommt:

$$\mathbf{A} \times \mathbf{B} = \mathbf{C}$$

(gesprochen: A Kreuz B gleich C). Die Bestimmungsstücke von **C** werden wie folgt definiert (Fig. 1.11):

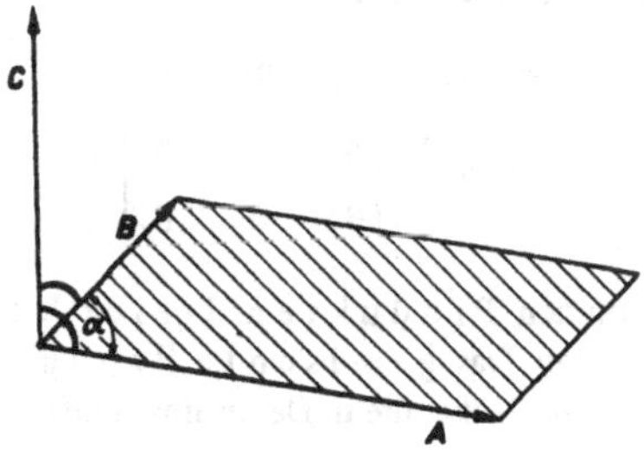

Fig. 1.11
Zum vektoriellen Produkt zweier Vektoren

1. Der Betrag C ist gleich dem Flächeninhalt des von **A** und **B** aufgespannten Parallelogramms:

$$C = AB \sin\alpha\,. \qquad (1.23)$$

2. Die Richtung von **C** steht senkrecht auf **A** und **B**.
3. Der Richtungssinn wird so festgelegt, daß **A**, **B**, **C** in dieser Reihenfolge ein Rechtssystem bilden.

Die Vektoren bilden ein Rechtssystem, wenn **A** bei einer Drehung um den Winkel $\alpha < \pi$, in **C**-Richtung gesehen rechts herum gedreht werden muß, um mit **B** zur Deckung zu kommen (Korkzieher-Regel oder Rechtehand-Regel).

Nach (1.23) verschwindet das vektorielle Produkt paralleler Vektoren ($\sin\alpha = 0$). Aus der Definition von **C** folgt ferner, daß

$$\mathbf{A} \times \mathbf{B} = -(\mathbf{B} \times \mathbf{A}) \qquad (1.24)$$

gilt. Die Vertauschungsregel gilt hier nicht! Das Vektorprodukt ändert sein Vorzeichen bei Vertauschen der Faktoren. Jedoch gilt die Verteilungsregel (distributives Gesetz):

$$(\mathbf{A}+\mathbf{B})\times\mathbf{C}=\mathbf{A}\times\mathbf{C}+\mathbf{B}\times\mathbf{C}\,, \tag{1.25}$$

die hier ohne Beweis angegeben werden soll.
Wichtig ist die Koordinaten-Darstellung des Vektorproduktes. Aus

$$\mathbf{A}\times\mathbf{B}=(A_x\mathbf{e}_x+A_y\mathbf{e}_y+A_z\mathbf{e}_z)\times(B_x\mathbf{e}_x+B_y\mathbf{e}_y+B_z\mathbf{e}_z)$$

folgt mit

$$\mathbf{e}_x\times\mathbf{e}_x=\mathbf{e}_y\times\mathbf{e}_y=\mathbf{e}_z\times\mathbf{e}_z=0$$

und $\mathbf{e}_x\times\mathbf{e}_y=\mathbf{e}_z;\quad \mathbf{e}_y\times\mathbf{e}_z=\mathbf{e}_x;\quad \mathbf{e}_z\times\mathbf{e}_x=\mathbf{e}_y\,;$

$$\mathbf{e}_y\times\mathbf{e}_x=-\mathbf{e}_z;\quad \mathbf{e}_z\times\mathbf{e}_y=-\mathbf{e}_x;\quad \mathbf{e}_x\times\mathbf{e}_z=-\mathbf{e}_y\,,$$

als Ergebnis

$$\mathbf{A}\times\mathbf{B}=\mathbf{e}_x\,(A_yB_z-A_zB_y)+\mathbf{e}_y\,(A_zB_x-A_xB_z)+\mathbf{e}_z\,(A_xB_y-A_yB_x), \tag{1.26}$$

oder in Determinantenform:

$$\mathbf{A}\times\mathbf{B}=\begin{vmatrix}\mathbf{e}_x & \mathbf{e}_y & \mathbf{e}_z\\ A_x & A_y & A_z\\ B_x & B_y & B_z\end{vmatrix}\,. \tag{1.27}$$

Von den Produkten dreier Vektoren sollen hier nur zwei angegeben werden. Das gemischte Produkt $(\mathbf{A}\times\mathbf{B})\mathbf{C}$, auch Spatprodukt genannt, ist eine skalare Größe, die in Determinantenform wie folgt ausgedrückt werden kann:

$$(\mathbf{A}\times\mathbf{B})\mathbf{C}=\begin{vmatrix}A_x & A_y & A_z\\ B_x & B_y & B_z\\ C_x & C_y & C_z\end{vmatrix}\,. \tag{1.28}$$

Es gilt die Vertauschungsregel:

$$(\mathbf{A}\times\mathbf{B})\mathbf{C}=(\mathbf{B}\times\mathbf{C})\mathbf{A}=(\mathbf{C}\times\mathbf{A})\mathbf{B}\,. \tag{1.29}$$

Das doppelte Vektorprodukt $(\mathbf{A}\times\mathbf{B})\times\mathbf{C}$ ist ein Vektor. Hier gilt der wichtige Entwicklungssatz:

$$(\mathbf{A}\times\mathbf{B})\times\mathbf{C}=\mathbf{B}(\mathbf{A}\mathbf{C})-\mathbf{A}(\mathbf{B}\mathbf{C})\,. \tag{1.30}$$

1.3. Systeme gebundener Vektoren

Auf gebundene Vektoren, deren Anfangspunkt festliegt, können die Regeln von Abschn. 1.2 nicht ohne weiteres angewendet werden. Gebundene Vektoren lassen sich z.B. nicht einfach nach Fig. 1.3 oder 1.4 addieren, da das Vektorpolygon wegen der festen Anfangspunkte der einzelnen Vektoren nicht gebildet werden kann. Um dennoch mit derartigen Vektoren arbeiten zu können, werden die zusätzlichen Begriffe Moment und Äquivalenz eingeführt.

1.3.1. Das Moment gebundener Vektoren. Als Moment $\mathbf{M_P}$ des an den Punkt O gebundenen Vektors **A** bezüglich eines beliebigen Punktes P (Fig. 1.12) wird das Vektorprodukt

$$\mathbf{M_P} = \mathbf{r_{PO}} \times \mathbf{A} \tag{1.31}$$

bezeichnet. Dabei ist $\mathbf{r_{PO}}$ der von P nach O gezogene Ortsvektor, der ebenfalls ein gebundener Vektor ist. Der Vektor $\mathbf{M_P}$ steht senkrecht auf $\mathbf{r_{PO}}$ und **A**; Betrag und Richtungssinn ergeben sich aus den in Abschn. 1.2.8 angegebenen Regeln. Auch $\mathbf{M_P}$ muß hier als gebundener Vektor betrachtet werden. Es wird sich jedoch später zeigen, daß der Momentenvektor in einem sehr wichtigen Sonderfall zu einem freien Vektor wird. Wenn ein System von Vektoren $\mathbf{A_i}$ (i = 1,2, . . .,n) gegeben ist, dann wird als Moment dieses Systems bezüglich P definiert:

$$\mathbf{M_P} = \sum_{i=1}^{n} \mathbf{M_{Pi}} = \sum_{i=1}^{n} (\mathbf{r_{POi}} \times \mathbf{A_i}) . \tag{1.32}$$

Die Summe der Vektoren $\mathbf{M_{Pi}}$ kann geometrisch durch Anwenden der Parallelogrammregel erhalten werden.

1.3.2. Äquivalente Systeme gebundener Vektoren

Definition: Zwei Systeme gebundener Vektoren heißen äquivalent, wenn sie für jeden beliebigen Punkt P dasselbe Moment ergeben.
In Formeldarstellung:

$$(\mathbf{A_1}, \mathbf{A_2}, \ldots, \mathbf{A_n}) \sim (\mathbf{B_1}, \mathbf{B_2}, \ldots, \mathbf{B_m}) .$$

Ziel der weiteren Untersuchungen ist es, eine möglichst einfache und durchsichtige Darstellung für beliebige Vektorsysteme zu finden. Deshalb wird zunächst untersucht, welche Operationen an den Vektoren eines Systems vorgenommen werden dürfen, ohne das resultierende Moment $\mathbf{M_P}$ zu ändern. Es gibt vier derartige Operationen (Invarianz-Operationen):

1. Verschieben von Vektoren in Richtung ihrer Wirkungslinie,
2. Zusammensetzen von Vektoren mit gemeinsamen Anfangspunkt,
3. Zerlegen von Vektoren in Komponenten,
4. Hinzufügen oder Fortlassen von Nullvektoren.

Zu Operation 1: Wir betrachten einen Vektor **A** (Fig. 1.13) und den durch Verschieben in der Wirkungslinie erhaltenen Vektor **A'**. Für die Ortsvektoren in Fig. 1.13 gilt:

$$\mathbf{r}_{PO'} = \mathbf{r}_{PO} + \mathbf{r}_{OO'} .$$

Für das Moment des verschobenen Vektors **A'** folgt damit:

$$\begin{aligned}\mathbf{M}_P' &= \mathbf{r}_{PO'} \times \mathbf{A}' = (\mathbf{r}_{PO} + \mathbf{r}_{OO'}) \times \mathbf{A}' = \mathbf{r}_{PO} \times \mathbf{A}' + \mathbf{r}_{OO'} \times \mathbf{A}' \\ &= \mathbf{r}_{PO} \times \mathbf{A} + 0 = \mathbf{M}_P . \end{aligned} \tag{1.33}$$

Ergebnis: Das Verschieben eines Vektors in seiner Wirkungsrichtung läßt das Moment $\mathbf{M}_P$ unverändert.

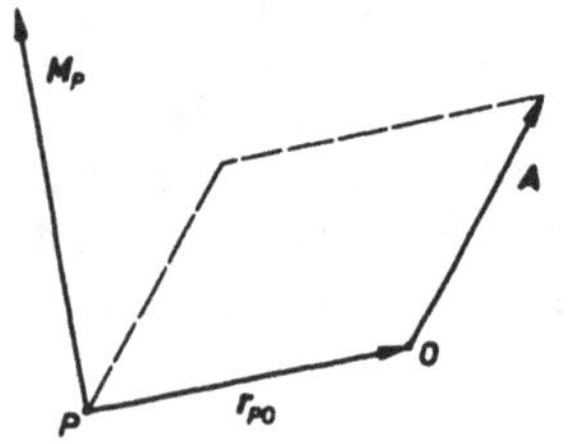

Fig. 1.12 Das Moment Mp eines gebundenen Vektors **A**

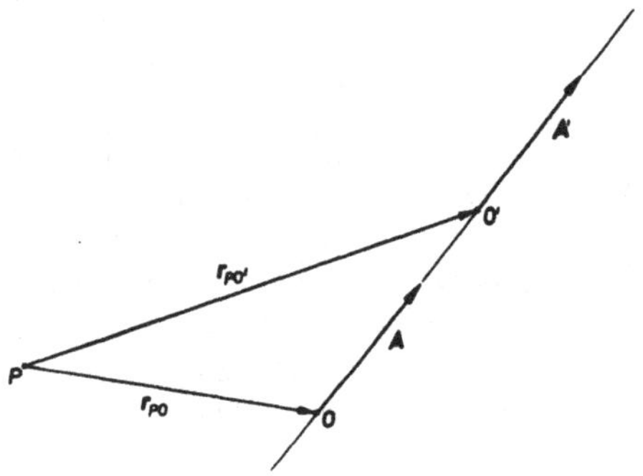

Fig. 1.13 Verschieben eines gebundenen Vektors in seiner Wirkungslinie

Zu Operation 2: Es seien $\mathbf{A}_1, \mathbf{A}_2, \ldots, \mathbf{A}_n$ Vektoren mit gemeinsamen Anfangspunkt O. Dann gilt:

$$\mathbf{M}_P = \sum_{i=1}^{n} (\mathbf{r}_{PO} \times \mathbf{A}_i) = \mathbf{r}_{PO} \times \sum_{i=1}^{n} \mathbf{A}_i = \mathbf{r}_{PO} \times \mathbf{A} . \tag{1.34}$$

Ergebnis: Das Bilden der Summe $\mathbf{A} = \Sigma \mathbf{A}_i$ ändert $\mathbf{M}_P$ nicht.

Zu Operation 3: Durch Umkehrung von (1.34) folgt:

$$\mathbf{M}_P = \mathbf{r}_{PO} \times \mathbf{A} = \mathbf{r}_{PO} \times \sum_{i=1}^{n} \mathbf{A}_i = \sum_{i=1}^{n} (\mathbf{r}_{PO} \times \mathbf{A}_i) . \tag{1.35}$$

Ergebnis: Das Zerlegen von **A** in Teilvektoren $\mathbf{A}_i$ mit $\Sigma \mathbf{A}_i = \mathbf{A}$ ändert das Moment $\mathbf{M}_P$ nicht.

Zu Operation 4: Ein Nullvektor mit A = 0 erzeugt wegen (1.31) und (1.23) für jeden Punkt P ein Moment vom Betrag Null. Dieses Moment liefert keinen Beitrag zu $\mathbf{M}_P = \Sigma\, \mathbf{M}_{Pi}$. Diese an sich triviale Feststellung erhält Bedeutung, wenn man bedenkt, daß auch ein Paar entgegengesetzt gerichteter Vektoren gleichen Betrages mit der gleichen Richtungslinie wegen der Operationen 1 und 2 einem Nullvektor äquivalent ist. Davon wird später Gebrauch gemacht werden.

1.3.3. Reduktion eines Systems von zwei komplanaren gebundenen Vektoren. Wir betrachten zwei gebundene Vektoren $\mathbf{A}_1$ und $\mathbf{A}_2$, deren Richtungslinien sich in S schneiden (Fig. 1.14). Sie können wie folgt zu einem Einzelvektor **A** zusammengesetzt werden, ohne daß sich das Moment $\mathbf{M}_P$ ändert.

1. Verschieben von $\mathbf{A}_1$ und $\mathbf{A}_2$, so daß ihre Anfangspunkte mit S zusammenfallen (zulässig nach Operation 1),
2. Addieren von $\mathbf{A}_1'$ und $\mathbf{A}_2'$ nach der Parallelogrammregel (zulässig nach Operation 2).

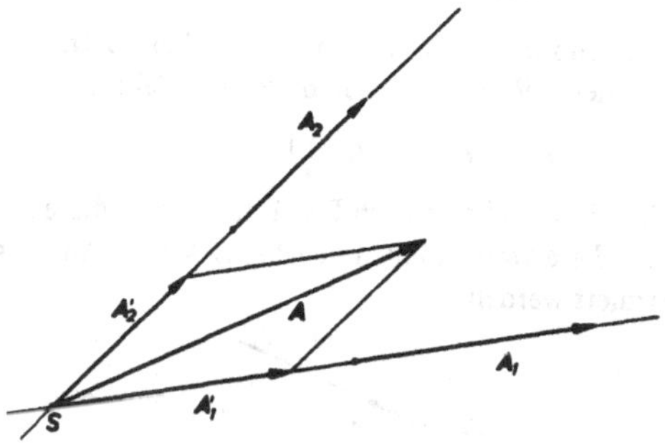

Fig. 1.14
Reduktion von zwei komplanaren gebundenen Vektoren

Es gilt daher die Äquivalenz:

$$(\mathbf{A}_1, \mathbf{A}_2) \sim (\mathbf{A}_1', \mathbf{A}_2') \sim \mathbf{A}\,. \tag{1.36}$$

Wenn die Richtungslinien der Vektoren $\mathbf{A}_1$ und $\mathbf{A}_2$ parallel sind, versagt die Konstruktion nach Fig. 1.14. Dann kann man wie folgt vorgehen (Fig. 1.15):

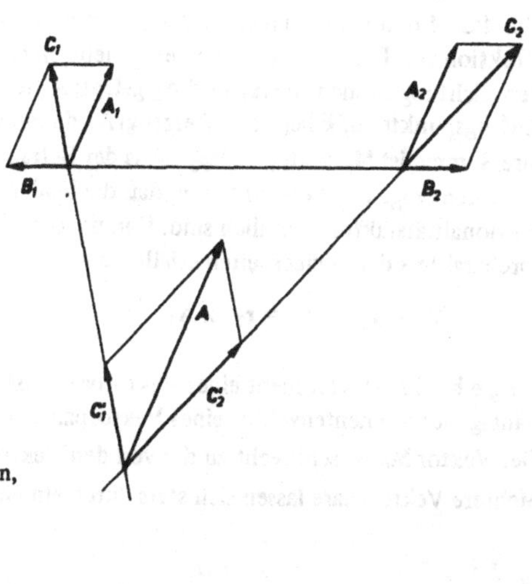

Fig. 1.15
Reduktion von zwei komplanaren, parallelen gebundenen Vektoren

1. Addieren eines Nullvektors in Gestalt der entgegengesetzt gleichen Vektoren $\mathbf{B}_1$ und $\mathbf{B}_2$ auf der durch die Anfangspunkte von $\mathbf{A}_1$ und $\mathbf{A}_2$ gehenden Geraden (Operation 4),
2. Addieren: $\mathbf{A}_1 + \mathbf{B}_1 = \mathbf{C}_1$ und $\mathbf{A}_2 + \mathbf{B}_2 = \mathbf{C}_2$ (Operation 2),
3. Verschieben von $\mathbf{C}_1$ nach $\mathbf{C}_1'$ und $\mathbf{C}_2$ nach $\mathbf{C}_2'$ (Operation 1).
4. Addieren: $\mathbf{C}_1' + \mathbf{C}_2' = \mathbf{A}$ (Operation 2).

Es gilt dann:

$$(\mathbf{A}_1, \mathbf{A}_2) \sim (\mathbf{A}_1, \mathbf{A}_2, \mathbf{B}_1, \mathbf{B}_2) \sim (\mathbf{C}_1, \mathbf{C}_2) \sim (\mathbf{C}_1', \mathbf{C}_2') \sim \mathbf{A}. \tag{1.37}$$

In einem Sonderfall versagt diese Konstruktion: wenn $\mathbf{A}_1$ und $\mathbf{A}_2$ ein Vektorpaar bilden.

Definition: Zwei Vektoren von gleichem Betrag und entgegengesetzter Richtung auf parallelen Richtungslinien bilden ein Vektorpaar (Fig. 1.16). Hierfür gilt:

$$A_1 = A_2\,; \qquad \mathbf{A}_1 \uparrow\downarrow \mathbf{A}_2\,.$$

Eine Konstruktion nach Fig. 1.15 führt in diesem Fall stets wieder auf ein Vektorpaar. Auf diese Weise können beliebig viele zum Ausgangspaar äquivalente Vektorpaare konstruiert werden.

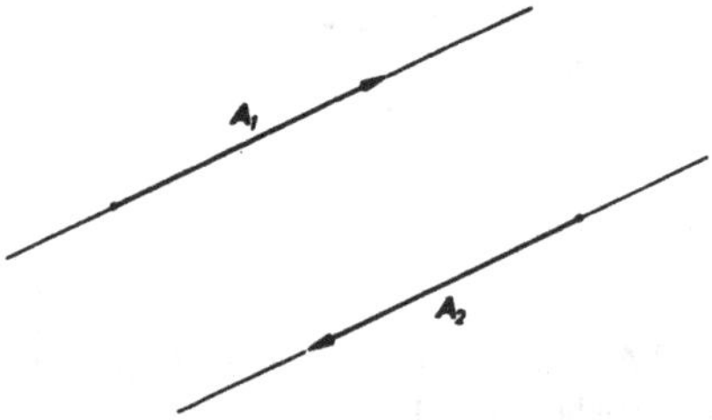

Fig. 1.16 Vektorpaar

Um das Moment eines Vektorpaares zu finden, betrachten wir die Konstruktion von Fig. 1.17: durch einen beliebigen Punkt P sei eine Ebene E senkrecht zu den Richtungslininen von $\mathbf{A}_1$ und $\mathbf{A}_2$ gelegt; $\mathbf{A}_1$ und $\mathbf{A}_2$ seien so verschoben, daß ihre Anfangspunkte auf E liegen. In P erzeugt $\mathbf{A}_1$ das Moment $\mathbf{M}_{P1}$ und $\mathbf{A}_2$ das Moment $\mathbf{M}_{P2}$; ihre Summe ist $\mathbf{M}_P = \mathbf{M}_{P1} + \mathbf{M}_{P2}$. Aus der Betrachtung der in der Ebene E liegenden Vektoren (Fig. 1.18) erkennt man, daß die beiden schraffierten Dreiecke mit dem Proportionalitätsfaktor A ähnlich sind. Daraus folgt: $M_P = A r_{12}$. Bei Beachtung des Vektorcharakters der Dreieckseiten erhält man

$$\mathbf{M}_P = \mathbf{r}_{12} \times \mathbf{A}_2 = \mathbf{r}_{21} \times \mathbf{A}_1\,. \tag{1.38}$$

Ergebnis: Das Moment eines Vektorpaares ist von der Wahl des Punktes P unabhängig; der Momentenvektor eines Vektorpaares ist ein freier Vektor.
Der Vektor $\mathbf{M}_P$ ist senkrecht zu der von den Vektoren $\mathbf{A}_1$, $\mathbf{A}_2$ aufgespannten Ebene.
Mehrere Vektorpaare lassen sich stets durch ein einzelnes äquivalentes Vektorpaar er-

setzen. Hierzu hat man lediglich ein dem resultierenden Momentenvektor $M_P = \sum_{i=1}^{n} M_{Pi}$ zugeordnetes Vektorpaar zu konstruieren.

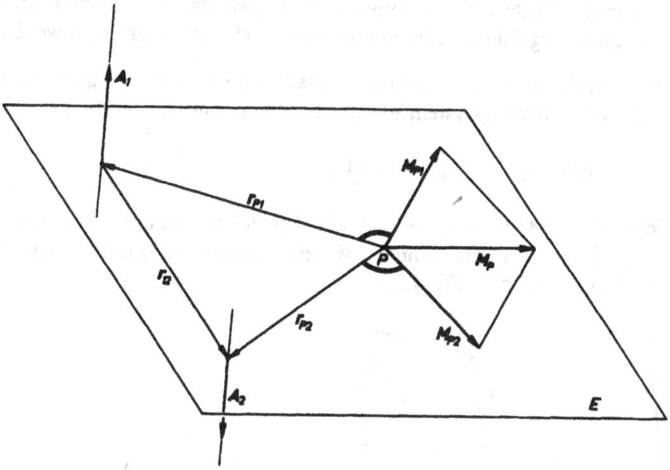

Fig. 1.17 Zur Bestimmung des Momentes eines Vektorpaares

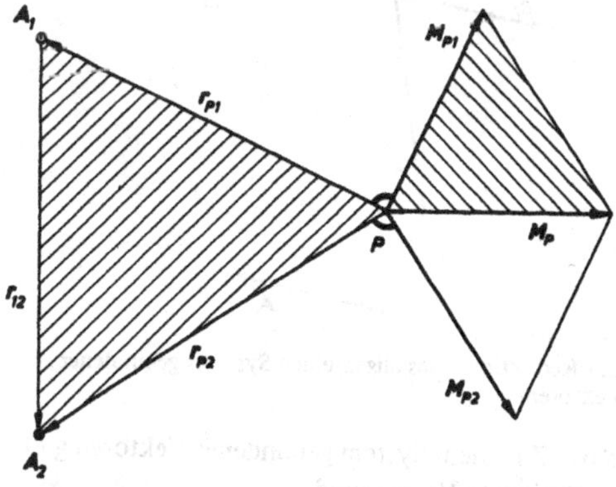

Fig. 1.18
Zur Bestimmung des Momentes eines Vektorpaares

1.3.4. Reduktion allgemeiner Systeme gebundener Vektoren. Wenn ein beliebiges System von gebundenen Vektoren $(A_1, A_2, \ldots, A_n)$ vorliegt, dann kann es wie folgt reduziert und damit vereinfacht werden (vgl. hierzu Fig. 1.19, bei der n = 2 gewählt wurde):

1. Man wähle einen beliebigen Bezugspunkt O und trage dort n Nullvektoren $(B_i, C_i) \sim 0$ an mit

$$B_i = C_i = A_i; \quad B_i \uparrow\uparrow A_i; \quad C_i \downarrow\uparrow A_i.$$

2. Man bilde die Summe $\sum_{i=1}^{n} \mathbf{B}_i = \mathbf{A}$.

3. Die übrigbleibenden Vektorpaare $(\mathbf{A}_i, \mathbf{C}_i)$ werden zu einem einzigen Vektorpaar zusammengefaßt, das durch sein Moment $\mathbf{M}_O$ gekennzeichnet werden kann.

Da die drei genannten Schritte nach Abschn. 1.3.2 zulässige Äquivalenz-Operationen sind, ist das Ausgangssystem äquivalent zu einem aus $\mathbf{A}$ und $\mathbf{M}_O$ gebildeten System:

$$(\mathbf{A}_1, \mathbf{A}_2, \ldots, \mathbf{A}_n) \sim (\mathbf{A}, \mathbf{M}_O) . \tag{1.39}$$

Definition: Das für einen Bezugspunkt O gebildete Paar aus dem gebundenen Einzelvektor $\mathbf{A}$ und dem freien Moment $\mathbf{M}_O$ eines Vektorpaares heißt Vektorwinder $(\mathbf{A}, \mathbf{M}_O)$ bezüglich O (Fig. 1.20).

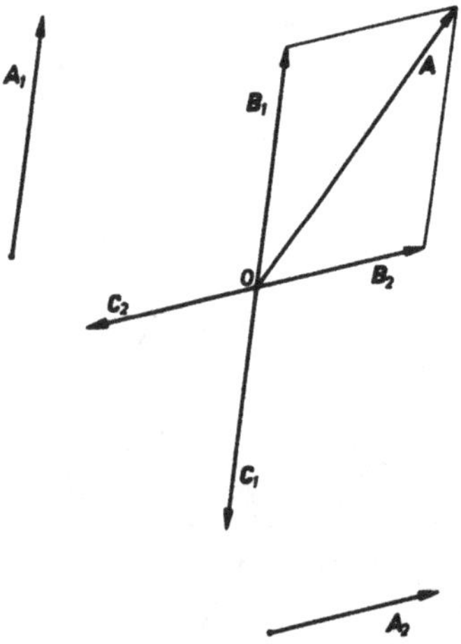

Fig. 1.19
Zur Reduktion eines allgemeinen Systems gebundener Vektoren

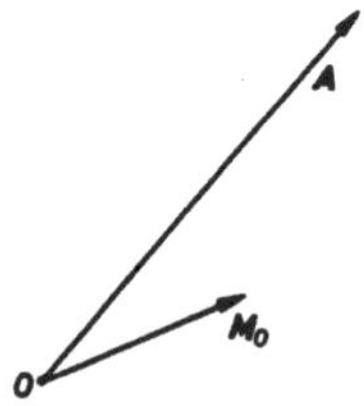

Fig. 1.20 Vektorwinder

Satz: Zu jedem System gebundener Vektoren gibt es für jeden Punkt des Raumes einen äquivalenten Vektorwinder.

Einzelvektor und Vektorpaar bzw. der dieses repräsentierende Momentenvektor können als Elementar-Bausteine von Vektorsystemen angesehen werden.

Wechsel des Bezugspunktes: Wenn anstelle eines Bezugspunktes O ein anderer Punkt P als Bezugspunkt gewählt wird, dann erhält man für diesen einen Vektorwinder $(\mathbf{A}, \mathbf{M}_P)$ mit dem gleichen, jetzt aber an P gebundenen Einzelvektor $\mathbf{A}$ und dem Momentenvektor

$$\mathbf{M}_P = \mathbf{M}_O + \mathbf{r}_{PO} \times \mathbf{A} . \tag{1.40}$$

B e g r ü n d u n g : Das Moment M_O des resultierenden Vektorpaares ist ein freier Vektor; er gilt also auch für P. Hinzu kommt das nach (1.31) gebildete Moment des Einzelvektors A bezüglich P.

Man beachte, daß zwar das Moment eines Vektorpaares ein freier Vektor ist, daß jedoch der Momentenanteil eines Vektorwinders wegen (1.40) von der Wahl des Bezugspunktes abhängt. Es lassen sich stets Bezugspunkte S finden, für die der Momentenvektor M_S dieselbe Richtung wie A hat. Einen derartigen speziellen Vektorwinder mit $M_S \parallel A$ nennt man V e k t o r s c h r a u b e . Zu jedem beliebigen Vektorsystem gibt es eine äquivalente Vektorschraube.

Wegen $M_S \parallel A$ kann man $M_S = pA$ ansetzen. Der skalare Faktor p heißt S t e i g u n g d e r S c h r a u b e .

1.4. Vektoren in der Mechanik

Um den Zusammenhang des bisher Betrachteten mit den Anwendungen in der Mechanik zu verdeutlichen, sollen hier einige der wichtigsten Vektoren der Mechanik eingeführt werden. Dadurch lassen sich zugleich Zusammenhänge beleuchten, die bei den späteren detaillierten Untersuchungen leicht verloren gehen.

1.4.1. Kraft und Drehmoment. Die Erfahrung zeigt, daß die K r a f t als gebundener Vektor behandelt werden muß. Zur eindeutigen Kennzeichnung müssen Kraftgröße (Betrag), Richtung, Richtungssinn und Angriffspunkt bekannt sein. Die Annahme eines Angriffs p u n k t e s ist eine idealisierende Modellvorstellung. In Wirklichkeit geschieht die Kraftübertragung zwischen Körpern meist in Berührungs f l ä c h e n. Dennoch ist der Ersatz des in der Fläche übertragenen Kräftesystems durch eine Einzelkraft sinnvoll, sofern beide äquivalent zueinander sind. So ist das von einem Stein auf seine Unterlage (Fig. 1.21) übertragene Kräftesystem äquivalent zu der Einzelkraft G (Gewichtskraft).

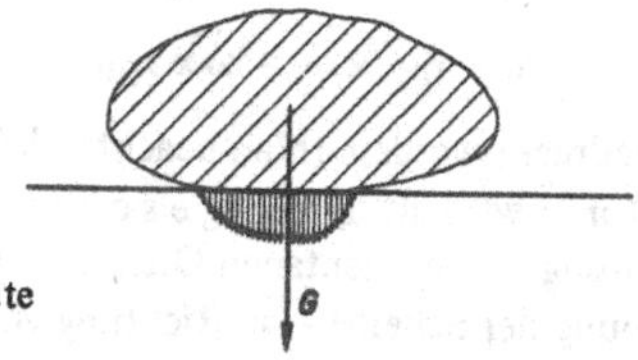

Fig. 1.21
Ersatz von Teilkräften durch eine äquivalente Einzelkraft

Eine im Punkte O angreifende Kraft F besitzt bezüglich eines Punktes P das Moment

$$M_P = r_{PO} \times F \,. \tag{1.41}$$

Im Hinblick auf die physikalische Wirkung nennt man M auch D r e h m o m e n t . Die gesamte physikalische Wirkung der in O angreifenden Kraft F bezüglich P wird durch den Kraftwinder (F, M_P) gekennzeichnet. Die Erfahrung zeigt, daß Systeme von Kräften, die an einem im Gleichgewicht befindlichen Körper angreifen, dann physikalisch gleichwertig (äquivalent) sind, wenn sie für beliebige Bezugspunkte dieselben Momente ergeben. Diese Erkenntnis ermöglicht die Übertragung aller für Vektorsysteme erhaltenen Ergebnisse auf die Statik von Kräftesystemen. Dabei treten an die Stelle der mathematischen Begriffe: Einzelvektor, Vektorpaar, Vektorwinder, Vektorschraube die physikalischen: Einzelkraft, Kräftepaar, Kraftwinder und Kraftschraube. Das Moment eines Kraftwinders $(\mathbf{F}, \mathbf{M}_O)$ bezüglich P ist entsprechend zu (1.40):

$$\mathbf{M}_P = \mathbf{M}_O + \mathbf{r}_{PO} \times \mathbf{F}\,. \tag{1.42}$$

1.4.2. Ortsvektor, Geschwindigkeitsvektor und Drehgeschwindigkeitsvektor. Die Lage eines Punktes P im Raum kann durch einen O r t s v e k t o r $\mathbf{r}_{OP}$ gekennzeichnet werden, der von einem Bezugspunkt O aus gezogen wird (Fig. 1.22). Bewegt sich P längs einer Bahn B dann ist $\mathbf{r}_{OP} = \mathbf{r}_{OP}(t)$. Wenn $\Delta\mathbf{r} = (\mathbf{r}_{OP})_1 - (\mathbf{r}_{OP})_0$ ist und wenn zwischen den Augenblicken, zu denen sich P bei P_0 und P_1 befindet, die kleine Zeit Δt verstreicht, dann wird

$$\lim_{\Delta t \to 0} \frac{\Delta\mathbf{r}}{\Delta t} = \frac{d\mathbf{r}}{dt} = \mathbf{v} \tag{1.43}$$

als V e k t o r d e r G e s c h w i n d i g k e i t von P relativ zu O bezeichnet. Der Vektor $\mathbf{v}$ hat die Richtung der Tangente an die Bahn, sein Richtungssinn entspricht dem Durchlaufungssinn der Bahn.

Der Bewegungszustand eines Körpers kann durch das Feld der v-Vektoren für die Punkte des Körpers beschrieben werden.

Für den in der Mechanik wichtigen Sonderfall der B e w e g u n g e i n e s s t a r r e n K ö r p e r s läßt sich das Feld der v-Vektoren sehr einfach mathematisch beschreiben. Wir betrachten zunächst (Fig. 1.23) eine Scheibe, die um eine feststehende Achse a-a senkrecht zur Scheibenebene drehen möge. Ein beliebiger Punkt P der Scheibe bewegt sich dabei auf einem Kreisbogen um O mit einer Geschwindigkeit $\mathbf{v}_P$, die umso größer ist, je größer der Abstand $OP = r_{OP}$ ist. Unter Berücksichtigung der Eigenschaften eines Vektorproduktes, kann $\mathbf{v}_P$ durch

$$\mathbf{v}_P = \mathbf{r}_{PO} \times \boldsymbol{\omega} = \boldsymbol{\omega} \times \mathbf{r}_{OP} \tag{1.44}$$

ausgedrückt werden. (Man beachte, daß $\mathbf{r}_{PO} = -\mathbf{r}_{OP}$ ist). Der in (1.44) eingeführte Vektor $\boldsymbol{\omega}$ wird als D r e h g e s c h w i n d i g k e i t s v e k t o r bezeichnet. Er hat die Richtung der momentanen Drehachse und einen solchen Richtungssinn, daß die Drehung der Scheibe – in Richtung von $\boldsymbol{\omega}$ betrachtet – im Uhrzeigersinne erfolgt.

Wenn die Achse a-a der Drehung der Scheibe nicht festliegt, dann muß der von der Zusatzbewegung herrührende Anteil zu (1.44) hinzugefügt werden. Wenn der Bezugspunkt O die Geschwindigkeit $\mathbf{v}_O$ hat, dann folgt als Geschwindigkeit eines Punktes P der Scheibe:

$$\mathbf{v}_P = \mathbf{v}_O + \mathbf{r}_{PO} \times \boldsymbol{\omega}\,. \tag{1.45}$$

Der Bewegungszustand der Scheibe setzt sich aus Parallelverschiebung oder Translation (Vektor $\mathbf{v}_O$) und Drehung oder Rotation (Vektor $\boldsymbol{\omega}$) zusammen. Entsprechend kann

$\mathbf{v}_P$ aus dem für alle Punkte P gleichen Anteil $\mathbf{v}_O$ der Schiebegeschwindigkeit und dem Anteil $\mathbf{r}_{PO} \times \boldsymbol{\omega} = \boldsymbol{\omega} \times \mathbf{r}_{OP}$ der Drehung zusammengesetzt werden. Die Formel (1.45) gilt nicht nur für Scheiben, sondern allgemein für beliebige starre Körper (s. Abschn. 5.3).

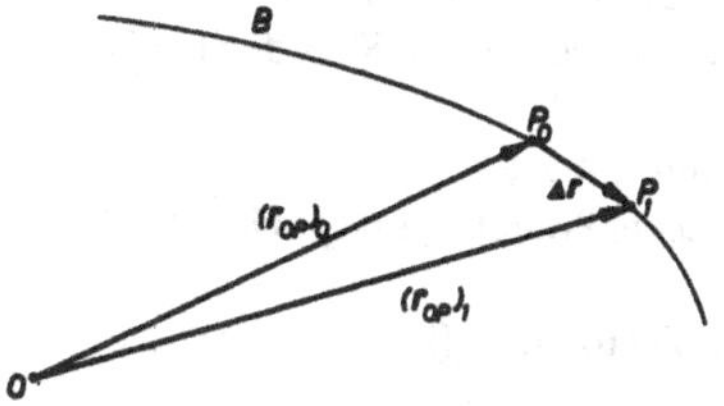

Fig. 1.22 Ortsvektor und Bahn eines Punktes

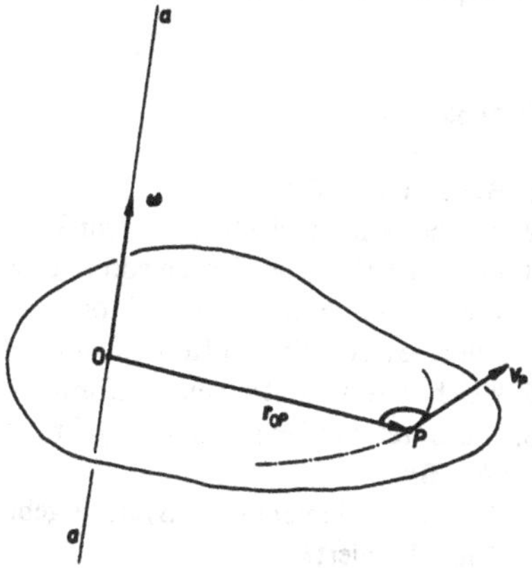

Fig. 1.23 Geschwindigkeitsvektor $\mathbf{v}_P$ und Drehgeschwindigkeitsvektor $\boldsymbol{\omega}$ bei der Drehung eines starren Körpers

Ein Vergleich von (1.45) mit (1.40) legt es nahe, die Geschwindigkeit $\mathbf{v}_P$ als das Moment einer B e w e g u n g s w i n d e r s $(\boldsymbol{\omega}, \mathbf{v}_O)$ bezüglich P zu deuten. Dabei entspricht $\boldsymbol{\omega}$ dem Einzelvektor **A**, und **v** dem Moment **M**. Diese Analogie ermöglicht die Übertragung früherer Ergebnisse auf die Bewegung starrer Körper. Davon wird in der Kinematik Gebrauch gemacht.

1.4.3. Analogien zwischen Statik und Kinematik. Ein Vergleich der Formeln (1.40) mit (1.42) und (1.45) zeigt, daß formale Analogien zwischen der Theorie allgemeiner Vektorsysteme, der Statik von Kräftesystemen und der Kinematik starrer Körper bestehen. Es ergeben sich die aus der Tabelle ersichtlichen Entsprechungen:

Vektor-Systeme	Kräfte-System	Bewegung starrer Körper
Einzelvektor **A**	Einzelkraft **F**	Drehgeschwindigkeitsvektor $\boldsymbol{\omega}$
Moment $\mathbf{M}_P$	Dreh-Moment $\mathbf{M}_P$	Geschwindigkeit $\mathbf{v}_P$
Ein Vektorpaar $(\mathbf{A}_1, \mathbf{A}_2)$ ergibt das konstante Moment **M**	Ein Kräftepaar $(\mathbf{F}_1, \mathbf{F}_2)$ ergibt das konstante Drehmoment **M**	Ein Drehpaar $(\boldsymbol{\omega}_1, \boldsymbol{\omega}_2)$ ergibt die konstante Geschwindigkeit **v**
Vektor-Winder $(\mathbf{A}, \mathbf{M}_O)$	Kraft-Winder $(\mathbf{F}, \mathbf{M}_O)$	Bewegungs-Winder $(\boldsymbol{\omega}, \mathbf{v}_O)$
Vektor-Schraube	Kraft-Schraube	Bewegungs-Schraube
$\mathbf{M}_P = \mathbf{M}_O + \mathbf{r}_{PO} \times \mathbf{A}$	$\mathbf{M}_P = \mathbf{M}_O + \mathbf{r}_{PO} \times \mathbf{F}$	$\mathbf{v}_P = \mathbf{v}_O + \mathbf{r}_{PO} \times \boldsymbol{\omega}$

Die in einem der drei Gebiete gefundenen Ergebnisse können auch auf die anderen beiden Gebiete übertragen werden. So entspricht jedem Satz der Statik ein Satz in der Kinematik starrer Körper – und umgekehrt. Im sinnvollen Ausnützen dieser Analogie liegt zugleich ihre Fruchtbarkeit, weil manche Doppelarbeit vermieden werden kann.

1.5. Fragen

1. Was ist ein Skalar?
2. Welches sind die Bestimmungsstücke eines Vektors?
3. Für welche Verknüpfungen von zwei Vektoren gilt die Vertauschungsregel?
4. Wie wird der Betrag eines Vektors $\mathbf{A} = [A_x, A_y, A_z]$ aus seinen Koordinaten bezüglich eines kartesischen Koordinatensystems berechnet?
5. Welches ist die Determinantenform für das Produkt $\mathbf{A} \times \mathbf{B}$?
6. Wie lautet die Vertauschungsregel für das gemischte Produkt (Spatprodukt) $(\mathbf{A} \times \mathbf{B})\mathbf{C}$?
7. Wie ist das Moment eines Systems gebundener Vektoren $\mathbf{A}_i$ $(i = 1, \ldots, n)$ bezüglich P definiert?
8. Wann sind zwei Systeme gebundener Vektoren äquivalent?
9. Welche Invarianz-Operationen dürfen bei einem System gebundener Vektoren vorgenommen werden, ohne dessen Äquivalenz zu verändern?
10. Welches sind die Elementar-Bausteine eines Systems gebundener Vektoren?
11. Wie hängt das Moment eines Vektorpaares vom Bezugspunkt ab?
12. Was ist ein Vektorwinder?
13. Welches ist das Moment des Vektorwinders $(\mathbf{A}, \mathbf{M}_O)$ bezüglich eines Punktes P?
14. Wann wird ein Vektorwinder zur Vektorschraube?
15. Welches ist die Bestimmungsgleichung für die Steigung p einer Vektorschraube $(\mathbf{A}, \mathbf{M}_O)$?
16. Welches ist das Moment einer Kraft $\mathbf{F}$ bezüglich eines Punktes P?
17. Welche Richtung hat der Geschwindigkeitsvektor $\mathbf{v}$ eines Punktes P, der sich längs einer vorgegebenen Bahn bewegt?
18. Welche Geschwindigkeit hat der Punkt P eines starren Körpers, wenn sich dieser mit einer Drehgeschwindigkeit $\boldsymbol{\omega}$ um eine Achse dreht?
19. Welches sind die Komponenten eines Bewegungswinders?
20. Welches sind die zu $\mathbf{A}$ und $\mathbf{M}_P$ analogen Vektorgrößen in der Statik und in der Kinematik?

2. Stereo-Statik

Stereo-Statik ist die Lehre vom Gleichgewicht der Kräfte an ruhenden Körpern. Die Körper können dabei als starr betrachtet werden, deshalb die Bezeichnung Stereo-Statik. Die Statik ist ein wichtiges Grundlagengebiet, dessen Methoden und Ergebnisse auch für andere Teilgebiete der Mechanik von Bedeutung sind. Zwei leistungsfähige Arbeitshilfsmittel der Statik sind die Gleichgewichtsbedingungen und das Prinzip der virtuellen Arbeit. In Verbindung mit dem Schnittprinzip und dem Erstarrungsprinzip lassen sich damit die statischen Beanspruchungen von Bauteilen berechnen sowie unbekannte Kräfte, zum Beispiel Lagerkräfte, ermitteln. Aufbauend auf Erfahrungstatsachen und einigen Definitionen werden im folgenden die Grundlagen der Statik entwickelt.

2.1. Kraft, Kräftesysteme und Gleichgewicht

2.1.1. Begriff und Einheit der Kraft. Der Kraftbegriff wird der täglichen Erfahrung entnommen. Beim Anheben eines Steines oder beim Spannen eines Gummiseiles (Expander) vermittelt das Muskelgefühl eine Vorstellung von Kraft. Physikalisch kann die Kraft als Größe definiert werden, die mit der Gewichtskraft ins Gleichgewicht gebracht werden kann, oder als Größe, durch die feste Körper deformiert werden können. Beispiele: Gewichtskraft und Muskelkraft sind im Gleichgewicht, wenn ein Stein in der Hand gehalten wird; eine zusätzlich Muskelkraft wird benötigt, wenn der Stein in Bewegung gesetzt, also beschleunigt wird (Kugelstoßen). Hängt der Stein an einem Gummiseil, dann sind Seilkraft und Gewichtskraft im Gleichgewicht. Das Gummiseil wird dabei verformt (verlängert). Die Fähigkeit einer Kraft, feste Körper zu verformen, wird zum Messen von Kräften ausgenutzt (Federwaage, Kraftmeßbügel).
Die Einheit der Kraft im internationalen Einheitensystem (SI-System) ist das Newton, abgekürzt N. 1 N ist diejenige Kraft, durch die einer Masse von 1 Kilogramm (kg) eine Beschleunigung von 1 m/s² erteilt wird (zweites Newtonsches Gesetz, s. Abschn. 6.2.1):

$$1\,\mathrm{N} = 1\,\frac{\mathrm{kg\,m}}{\mathrm{s}^2}. \tag{2.1}$$

Die früher verwendete Krafteinheit Kilopond (kp) ist gleich der Gewichtskraft einer Masse von 1 kg bei einer genormten Erdbeschleunigung. Es gilt angenähert

$$1\,\mathrm{kp} = 9{,}81\,\mathrm{N} = 9{,}81\,\frac{\mathrm{kg\,m}}{\mathrm{s}^2}. \tag{2.2}$$

2.1.2. Erfahrungstatsachen und Arbeitsprinzipe. Die Statik baut auf einigen grundlegenden Tatsachen auf, die induktiv gewonnen wurden, also von der Physik zur Verfügung gestellt werden. Diese Erfahrungstatsachen sollen hier zunächst zusammengestellt und erläutert werden. In den darauffolgenden Abschnitten werden die Folgen aus diesen Grundtatsachen für Probleme der Statik genauer untersucht.

1. Die Kraft ist ein gebundener Vektor.

Die Beschreibung der Kraft durch eine gerichtete, an eine Wirkungslinie gebundene physikalische Größe mit einem bestimmten Angriffspunkt ist eine weitgehende Idealisierung (s. Abschn. 1.4.1). Diese Vorstellung hat sich jedoch in der technischen Mechanik bewährt. Bei vielen Problemen ist es außerdem zulässig, einen Kraftvektor entlang seiner Wirkungslinie zu verschieben. Die Kraft wird dann zu einem linienflüchtigen Vektor.

2. Kraftsysteme sind statisch gleichwertig, wenn sie für beliebig gewählte Bezugspunkte P dasselbe resultierende Moment

$$\mathbf{M}_P = \sum_{i=1}^{n} \mathbf{M}_{Pi} = \sum_{i=1}^{n} (\mathbf{r}_{POi} \times \mathbf{F}_i) \tag{2.3}$$

ergeben (Äquivalenzprinzip). Dabei ist O_i Angriffspunkt von $\mathbf{F}_i$.

Diese Feststellung ermöglicht die Übertragung des für Systeme gebundener Vektoren (Abschn. 1.3.2) eingeführten Äquivalenzbegriffes. Daraus ergeben sich zusammen mit dem Erfahrungssatz 4 weitgehende Folgerungen für die Statik.

3. Ein Körper befindet sich im Gleichgewicht, wenn er in Ruhe ist und das an ihm angreifende Kräftesystem einer Nullkraft äquivalent ist (Gleichgewichtsaxiom).

Ein Kräftesystem ist dann einer Nullkraft äquivalent, wenn sein Moment für jeden beliebig gewählten Bezugspunkt verschwindet. So sind zum Beispiel zwei entgegengesetzt gerichtete, gleichgroße Kräfte mit derselben Wirkungslinie einer Nullkraft äquivalent – sie heben sich auf. Aus dem Gleichgewichtsaxiom folgen die wichtigen Gleichgewichtsbedingungen (Abschn. 2.1.4).

4. Ein mechanisches System, das im Gleichgewicht ist, bleibt im Gleichgewicht, auch wenn Teile des Systems erstarren (Erstarrungsprinzip).

Dieses sehr nützliche Arbeitsprinzip ermöglicht es, verformbare Körper, die sich im Gleichgewicht befinden, wie erstarrte Körper zu behandeln, also mit den Methoden der Stereo-Statik zu berechnen. Beispiel: Das in Fig. 2.1 gezeichnete Drahtstück eines Mobiles nimmt unter dem Einfluß der auf ihn wirkenden Kräfte die gezeichnete Gestalt an. Am Gleichgewicht dieses Systems ändert sich nichts, wenn das verformbare Drahtstück erstarrt gedacht oder durch einen starren Drahtbügel ersetzt wird, der die Gleichgewichtsgestalt des verformbaren Drahtes hat. Wichtig ist nun, daß bei starren – oder im Gleichgewicht erstarrt gedachten – Körpern der Angriffs*punkt* einer Kraft keine Rolle mehr spielt; der Kraftvektor darf hier längs der Wirkungslinie verschoben werden, da die verschobene Kraft der ursprünglichen statisch äquivalent ist.

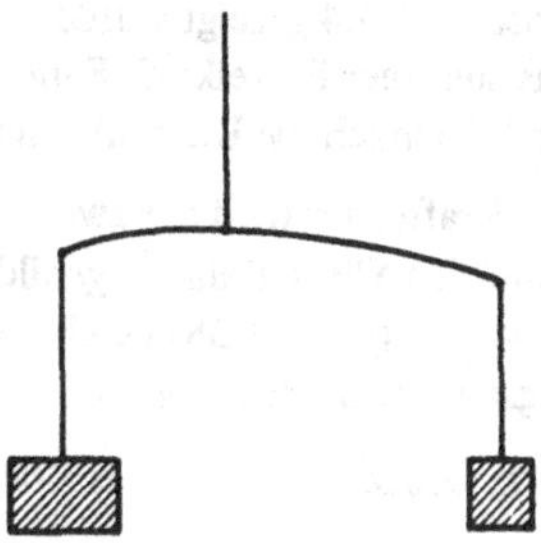

Fig. 2.1
Zur Erklärung des Erstarrungsprinzips

5. Befindet sich ein mechanisches System im Gleichgewicht, dann ist auch jedes herausgeschnittene Teilsystem unter der Wirkung aller an ihm angreifenden Kräfte, einschließlich der Schnittkräfte im Gleichgewicht (Schnittprinzip).

Dieses Arbeitsprinzip wird vielseitig angewendet, um unbekannte Kräfte zu berechnen. Man erkennt seine Bedeutung, wenn man beachtet, daß die Gleichgewichtsbedingungen nur auf „freie Körper" oder „freie Systeme" angewendet werden. Reale Körper sind jedoch stets in irgendeiner Form durch Lager, Stützen, Hängungen oder Führungen mit der Umgebung verbunden. Diese Bindungen müssen vor dem Anwenden der Gleichgewichtsbedingungen durch „Freimachen", „Lösen" oder „Schneiden" beseitigt werden. An den Schnittstellen müssen dann die zuvor dort übertragenen Kräfte, die Schnittkräfte, berücksichtigt werden. Das wird im Abschn. 2.1.4 genauer behandelt.

6. Wenn zwei Körper (oder Teile eines Körpers) Kräfte aufeinander ausüben, dann sind Kraft und Gegenkraft entgegengesetzt gerichtet und dem Betrage nach gleich groß (Gegenwirkungsprinzip).

Das Gegenwirkungsprinzip verlangt, daß an den beiden Schnittstellen (Schnittufern), die durch Freimachen eines Körpers von seiner Umgebung oder durch Zerschneiden eines Körpers entstehen, entgegengesetzt gerichtete, gleich große Schnittkräfte angesetzt werden müssen.

2.1.3. Der Kraftwinder. Wegen des Äquivalenzprinzips (Satz 2, Abschn. 2.1.2) können alle in Abschn. 1.3 für Systeme gebundener Vektoren erhaltenen Ergebnisse unmittelbar auf Systeme von Kräften übertragen werden. An einem Kräftesystem dürfen demnach die vier Invarianz-Operationen:

1. Verschieben einer Kraft in Richtung ihrer Wirkungslinie,
2. Zusammenfassen von Kräften mit gemeinsamem Angriffspunkt,
3. Zerlegen von Kräften in Komponenten,
4. Hinzufügen von Null-Kräften

vorgenommen werden, ohne daß seine statische Wirkung geändert wird.

Folgerungen: Ein beliebiges System von Kräften $\mathbf{F}_i$ ($i = 1, \ldots, n$) kann – wie in

Abschn. 1.3.4 gezeigt wurde – stets auf ein einfacheres System zurückgeführt werden, das aus einer Einzelkraft **F** und einem Kräftepaar besteht. Einzelkraft und Kräftepaar sind demnach die Elementar-Bausteine von Kräftesystemen.

Ein Kräftepaar wird aus zwei gleichgroßen, entgegengesetzt gerichteten Kräften auf parallelen Wirkungslinien gebildet. Seine statische Wirkung wird durch einen Momentenvektor (s. Gl. 1.38) beschrieben. Dieser Momentenvektor ist unabhängig vom Bezugspunkt. Daraus folgt der

Satz: Das Moment **M** eines Kräftepaares ist ein freier Vektor.

Die Reduktion eines Kräftesystems bezüglich eines Bezugspunktes O führt auf eine Einzelkraft **F** und ein resultierendes Kräftepaar, das durch das Moment $\mathbf{M}_O$ gekennzeichnet wird.

Definition: Ein K r a f t w i n d e r $(\mathbf{F}, \mathbf{M}_O)$ ist die Zusammenfassung von Einzelkraft **F** und Moment $\mathbf{M}_O$.

Satz: Für ein beliebiges System von Kräften kann zu jedem beliebig gewählten Bezugspunkt O ein äquivalenter Kraftwinder gebildet werden:

$$(\mathbf{F}_1, \mathbf{F}_2, \ldots, \mathbf{F}_n) \sim (\mathbf{F}, \mathbf{M}_O), \tag{2.4}$$

mit $$\mathbf{F} = \sum_{i=1}^{n} \mathbf{F}_i \, ; \qquad \mathbf{M}_O = \sum_{i=1}^{n} (\mathbf{r}_{O0i} \times \mathbf{F}_i).$$

Beispiel: In der Ecke 1 eines Würfels (Fig. 2.2) möge eine Einzelkraft **F** angreifen. Der für den Punkt 1 (oder alle auf der Wirkungslinie von **F** liegenden Bezugspunkte) gebildete Kraftwinder ist (**F**, 0). Wählt man jedoch Bezugspunkte außerhalb der Kraft-Wirkungslinie, dann erhält man Kraftwinder mit nicht verschwindenden Momentenanteilen. So ergeben sich für die Eckpunkte 2,3,4 die eingezeichneten Kraftwinder, die sämtlich zueinander äquivalent sind:

$$(\mathbf{F}, 0) \sim (\mathbf{F}_2, \mathbf{M}_2) \sim (\mathbf{F}_3, \mathbf{M}_3) \sim (\mathbf{F}_4, \mathbf{M}_4).$$

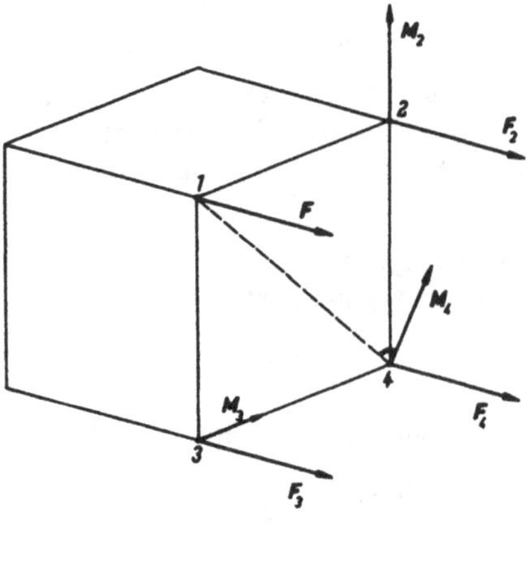

Fig. 2.2
Äquivalente Kraftwinder in den Ecken eine Würfels

Man beachte, daß sich die Einzelkraft **F** bei einem Wechsel des Bezugspunktes nicht verändert, daß jedoch verschiedene Momentenvektoren $\mathbf{M}_i$ erhalten werden.

Wird ein Kraftvektor **F** parallel zu seiner Wirkungslinie verschoben, muß stets ein Moment hinzugefügt werden, damit die Äquivalenz gewahrt bleibt. Das läßt sich an einem einfachen Beispiel leicht einsehen: wenn die Kraft **F** in Fig. 2.3 aus der Wirkungslinie a-a in die Wirkungslinie b-b verschoben werden soll, so kann das durch Hinzufügen einer Nullkraft $(\mathbf{F}_1, \mathbf{F}_2)$ mit $\mathbf{F}_1 = \mathbf{F}_2 = \mathbf{F}$ in b-b geschehen. Es gilt dann

$$\mathbf{F} \sim [\mathbf{F}, (\mathbf{F}_1, \mathbf{F}_2)] \sim [\mathbf{F}_1, (\mathbf{F}, \mathbf{F}_2)] \sim (\mathbf{F}_1, \mathbf{M}).$$

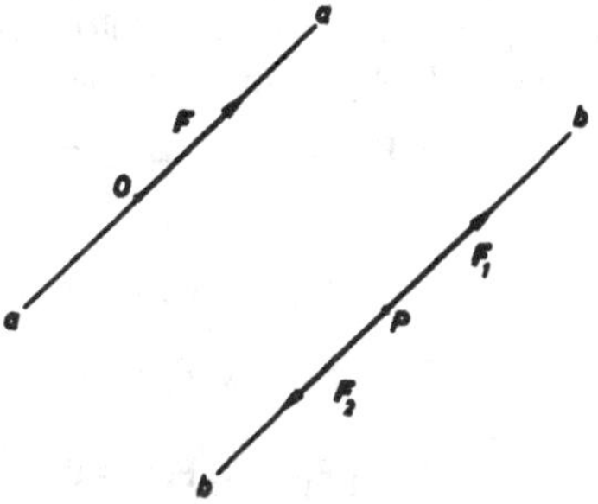

Fig. 2.3
Wechsel des Bezugspunktes bei einer Einzelkraft

W e c h s e l d e s B e z u g s p u n k t e s: Ist $(\mathbf{F}, \mathbf{M}_O)$ der Kraftwinder für den Punkt O, dann erhält man für einen Bezugspunkt P den Kraftwinder $(\mathbf{F}, \mathbf{M}_P)$ mit

$$\mathbf{M}_P = \mathbf{M}_O + \mathbf{r}_{PO} \times \mathbf{F} \tag{2.5}$$

entsprechend zu (1.40).

S o n d e r f ä l l e d e s K r a f t w i n d e r s: Der Kraftwinder $(\mathbf{F}, 0)$ entspricht einer Einzelkraft; der Kraftwinder $(0, \mathbf{M}_O)$ entspricht einem Kräftepaar; der Nullwinder (0, 0) ist einem Nullsystem von Kräften (Nullkraft) äquivalent. Ist $\mathbf{M}_O \parallel \mathbf{F}$, dann wird der Kraftwinder $(\mathbf{F}, \mathbf{M}_O)$ zur K r a f t s c h r a u b e; für $\mathbf{M}_O \perp \mathbf{F}$ ist der Winder stets einer Einzelkraft äquivalent (s. Beispiel von Fig. 2.2).

Ein z e n t r a l e s K r ä f t e s y s t e m, bei dem die Wirkungslinien aller Kräfte einen gemeinsamen Punkt (Zentrum) besitzen, läßt sich stets auf eine Einzelkraft reduzieren. Ein e b e n e s K r ä f t e s y s t e m , dessen Kraftvektoren sämtlich in einer Ebene liegen, kann je nach der Art des Systems auf eine Einzelkraft in dieser Ebene oder auf ein Moment senkrecht dazu reduziert werden.

2.1.4. Die Gleichgewichtsbedingungen. Nach Satz 3, Abschn. 2.1.2 ist ein mechanisches System im Gleichgewicht, wenn das an ihm angreifende System von Kräften einer Nullkraft äquivalent ist, d.h. wenn das Moment für jeden beliebig gewählten Bezugspunkt P verschwindet. Hierzu ist nach (2.5) notwendig und hinreichend:

$$\mathbf{F} = 0 \quad \text{und} \quad \mathbf{M}_O = 0 . \tag{2.6}$$

Für jeden Bezugspunkt muß also der Kraftwinder (0, 0) erhalten werden. Wegen (2.4) ist (2.6) gleichbedeutend mit:

$$\left.\begin{aligned} &\mathbf{F} = \sum_{i=1}^{n} \mathbf{F}_i = 0 \\ \text{und}\quad &\mathbf{M}_O = \sum_{i=1}^{n} \mathbf{M}_{Oi} = \sum_{i=1}^{n} (\mathbf{r}_{OOi} \times \mathbf{F}_i) = 0, \end{aligned}\right\} \tag{2.7}$$

wobei die $\Sigma\, \mathbf{F}_i$ wie bei freien Vektoren gebildet wird (s. Abschn. 1.3.4). Mit $\mathbf{F} = [F_x, F_y, F_z]$ und $\mathbf{r}_{OOi} = [x, y, z]$ folgen für den allgemeinen räumlichen Fall aus (2.7) die 6 skalaren Gleichgewichtsbedingungen:

$$\Sigma\, F_{xi} = 0; \qquad \Sigma\, F_{yi} = 0; \qquad \Sigma\, F_{zi} = 0, \tag{2.8}$$

$$\left.\begin{aligned} &\Sigma\, (y_i\, F_{zi} - z_i\, F_{yi}) = 0 \\ &\Sigma\, (z_i\, F_{xi} - x_i\, F_{zi}) = 0 \\ &\Sigma\, (x_i\, F_{yi} - y_i\, F_{xi}) = 0\,. \end{aligned}\right\} \tag{2.9}$$

Im Sonderfall eines ebenen Kräftesystems, z.B. mit $z_i = 0$ und $F_{zi} = 0$ bleiben die folgenden 3 Bedingungen:

$$\left.\begin{aligned} &\Sigma\, F_{xi} = 0\,; \qquad \Sigma\, F_{yi} = 0\,, \\ &\Sigma\, (x_i\, F_{yi} - y_i\, F_{xi}) = 0\,. \end{aligned}\right\} \tag{2.10}$$

Bei der Anwendung der Gleichgewichtsbedingungen ist es wichtig das „System" (oder den „Körper"), für das sie gelten sollen, genau abzugrenzen und dabei alle „äußeren Kräfte" (s. Abschn. 2.1.5) zu berücksichtigen. Das System muß freigemacht oder freigeschnitten werden. Alle an den Schnittstellen auf das betrachtete System übertragenen Schnittkräfte müssen berücksichtigt werden. Ihre nach Satz 6, Abschn. 2.1.2 vorhandenen Gegenkräfte greifen an dem nicht zum abgegrenzten System gehörenden Schnittufer der Schnittstellen an und bleiben deshalb unberücksichtigt. Bei „inneren Kräften" (s. Abschn. 2.1.5) gehören auch die entsprechenden Gegenkräfte zum System. Sie bleiben ebenfalls beim Ansatz der Gleichgewichtsbedingungen unberücksichtigt, da sie sich paarweise aufheben (Nullkraft).

Die Gleichgewichtsbedingung „Summe aller Kräfte gleich Null" läßt sich auch geometrisch deuten und entsprechend anwenden. Sie besagt, daß das aus den Kräften $\mathbf{F}_i$ gebildete Kräftepolygon geschlossen sein muß. Bei zentralen Kräftesystemen ist diese Bedingung auch hinreichend: wählt man das Zentrum zum Bezugspunkt O, dann ist $\mathbf{M}_O = 0$, wegen $\mathbf{F} = 0$ folgt dann aus (2.5) sofort $\mathbf{M}_P = 0$ für beliebiges P.

Sehr nützlich für die praktische Anwendung ist die Tatsache, daß die Kräfte-Bedingung

$\mathbf{F} = \Sigma \mathbf{F}_i = 0$ auch durch eine zusätzliche Momentenbedingung ersetzt werden kann. Hat man die Bezugspunkte P und Q, dann muß gelten:

$$\left.\begin{aligned} \mathbf{M}_P &= \mathbf{M}_O + \mathbf{r}_{PO} \times \mathbf{F} = 0\,, \\ \mathbf{M}_Q &= \mathbf{M}_O + \mathbf{r}_{QO} \times \mathbf{F} = 0\,. \end{aligned}\right\} \tag{2.11}$$

Subtraktion beider Gleichungen gibt

$$(\mathbf{r}_{PO} - \mathbf{r}_{QO}) \times \mathbf{F} = \mathbf{r}_{PQ} \times \mathbf{F} = 0\,. \tag{2.12}$$

Bei beliebig gewählten P und Q ist das nur dann erfüllt, wenn $\mathbf{F} = 0$ ist. Ausnahme: $\mathbf{r}_{PQ} \| \mathbf{F}$; dieser Sonderfall muß also bei der zweimaligen Anwendung der Momentenbedingung vermieden werden. H i n w e i s: Man kann die Momentenbedingung auch noch für weitere Bezugspunkte aufstellen. Diese Zusatzbedingungen geben jedoch keine neue Aussage; sie sind vielmehr automatisch erfüllt, wenn (2.11) gilt.

Durch geschickte Wahl der Momenten-Bezugspunkte kann die Berechnung unbekannter Kräfte oft sehr erleichtert werden.

Beispiel: Es sollen die Kräfte ausgerechnet werden, die der in Fig. 2.4a skizzierte Wagen vom Gewicht G_W mit der Ladung G_L auf die Fahrbahn ausübt. E r s t e r S c h r i t t: das System wird so „freigemacht", daß die Reaktionskräfte $\mathbf{F}_1$ und $\mathbf{F}_2$ (Gegenkräfte der gesuchten Kräfte auf die Fahrbahn) als Schnittkräfte in die Gleichgewichtsbedingungen für das System „Wagen + Räder + Ladung" eingehen (Fig. 2.4b).

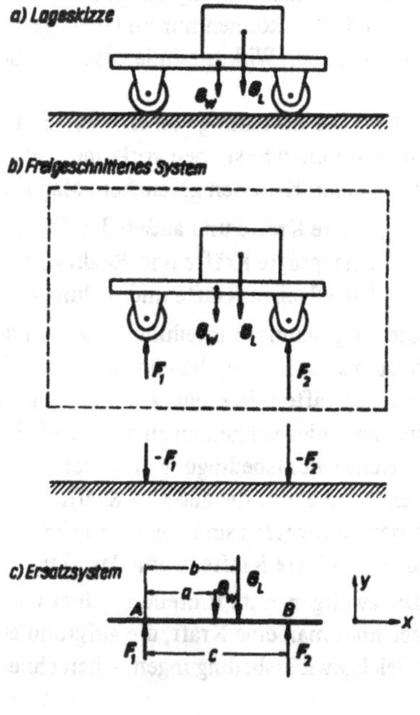

Fig. 2.4
Bestimmung der Radlasten bei einem Wagen

Zweiter Schritt: das System kann erstarrt gedacht werden; es kann durch den starren Stab A-B ersetzt werden, an dem die äußeren Kräfte G_W, G_L, F_1, F_2 angreifen (Fig. 2.4c). Dritter Schritt: Wahl eines geeigneten Koordinatensystems, Ansetzen der Gleichgewichtsbedingungen und Ausrechnen der gesuchten Kräfte F_1 und F_2:

$$\sum F_{yi} = 0: F_1 + F_2 - G_W - G_L = 0\,,$$

$$\sum M_{zA} = 0: cF_2 - aG_W - bG_L = 0\,.$$

$$\left.\begin{aligned} F_1 &= \frac{1}{c}\left[(c-a)G_W + (c-b)G_L\right]\,, \\ F_2 &= \frac{1}{c}(aG_W + bG_L)\,. \end{aligned}\right\} \tag{2.13}$$

Dasselbe Ergebnis erhält man noch einfacher, wenn anstelle der Forderung $\Sigma F_{yi} = 0$ die Bedingung

$$\sum M_{zB} = 0: -cF_1 + (c-a)G_W + (c-b)G_L = 0$$

gewählt wird.

Sonderfälle des Gleichgewichts:

2 Kräfte können nur im Gleichgewicht sein, wenn sie dieselbe Wirkungslinie haben.

3 Kräfte können nur im Gleichgewicht sein, wenn sie in einer gemeinsamen Ebene liegen und ihre Wirkungslinien durch einen gemeinsamen Punkt gehen.

4 Kräfte können nur im Gleichgewicht sein, wenn sie sich paarweise zu 2 Kräften mit derselben Wirkungslinie zusammensetzen lassen.

2.1.5. Die Einteilung von Kräften. Es ist zweckmäßig, die bei der Untersuchung von mechanischen Systemen vorkommenden Kräfte zu klassifizieren. Das kann nach verschiedenen Kriterien geschehen. Man unterscheidet:

innere Kräfte und äußere Kräfte,
eingeprägte Kräfte und Reaktionskräfte,
Oberflächen-Kräfte und Volumen-Kräfte.

Die erstgenannte Einteilung hängt von der räumlichen Abgrenzung des betrachteten Systems ab. Kräfte, die von außen auf ein System einwirken, sind äußere Kräfte; innere Kräfte treten paarweise im Innern eines Systems auf. Sie können durch Freimachen oder Schneiden zu äußeren Schnittkräften gemacht und dann mit Hilfe der Gleichgewichtsbedingungen berechnet werden. In die Gleichgewichtsbedingungen gehen dabei nur die äußeren Kräfte ein. Beispiel: die Kräfte am Zughaken eines Eisenbahnwagens sind äußere Kräfte, wenn als System der „Wagen" betrachtet wird; sie sind innere Kräfte, wenn der „Zug" das System bildet.

Die zweitgenannte Einteilung hängt von der Natur der Kräfte ab. Als eingeprägt bezeichnet man eine Kraft, die aufgrund eines physikalischen Gesetzes – ohne die Gleichgewichtsbedingungen – berechnet werden kann. Demgegenüber lassen sich

Reaktionskräfte erst als Reaktion auf eingeprägte Kräfte aus den Gleichgewichtsbedingungen ermitteln. B e i s p i e l: in der Aufgabe von Fig. 2.4 sind die Gewichte eingeprägte Kräfte, die Kräfte zwischen Rad und Fahrbahn dagegen Reaktionskräfte. In der Kinetik werden außerdem Reaktionskräfte eingeführt, zu deren Bestimmung kinetische Bedingungen herangezogen werden müssen.

Oberflächenkräfte sind flächenhaft verteilte Kräfte; Volumenkräfte sind demgegenüber räumlich in einem Körper verteilt und sind von der Größe des Volumens abhängig. B e i s p i e l e: Druck- und Reibungs-Kräfte sind Oberflächenkräfte; die Gewichtskraft (Schwerkraft), magnetische oder elektrische Kräfte sind Volumenkräfte.

Die Gewichtskraft ist – sofern man nicht die ganze Erde mit zum System zählt – stets eine äußere, eingeprägte Volumenkraft. Die Spannungskräfte im Inneren eines starren Körpers sind innere Reaktions- und Oberflächenkräfte. Die Gleitreibung an der Berührungsfläche zweier gegeneinander bewegter Körper ist eine innere oder äußere, eingeprägt Oberflächenkraft; dagegen ist die Haftreibung keine eingeprägte, sondern eine Reaktionskraft (s. Abschn. 2.9.1).

2.2. Gewichtskraft und Schwerpunkt

2.2.1. Gewicht, Schwerpunkt und Massenmittelpunkt. Für eine punktförmige Masse m ist das Gewicht eine in Richtung der Fallbeschleunigung **g** wirkende Einzelkraft von der Größe G = mg. Körper oder Systeme von endlicher Ausdehnung kann man sich aus Massenteilchen kleiner Abmessungen (Punktmassen) aufgebaut denken. Die Gewichtskraft **G** des Gesamtkörpers wird dann als diejenige Einzelkraft definiert, die dem System der Teilkräfte $\Delta \mathbf{G}_i = \Delta m_i \, \mathbf{g}_i$ äquivalent ist:

$$\mathbf{G} \sim (\Delta \mathbf{G}_1, \ldots, \Delta \mathbf{G}_n) . \tag{2.14}$$

Daß das System der $\Delta \mathbf{G}_i$ tatsächlich einer Einzelkraft, also einem Kraftwinder von der Form (**G**, 0) äquivalent ist, folgt aus der Tatsache, daß die Wirkungslinien aller $\Delta \mathbf{G}_i$ durch den Erdmittelpunkt gehen. Die $\Delta \mathbf{G}_i$ bilden ein zentrales Kräftesystem, das jedoch wegen der großen Entfernung des Erdmittelpunktes in den meisten Fällen als ein System paralleler Kräfte angesehen werden kann. Dann ist die Fallbeschleunigung im Bereich des betrachteten mechanischen Systems ein konstanter Vektor $\mathbf{g}_i = \mathbf{g}$.

Definition: Der Bezugspunkt, der bei beliebiger Orientierung eines Körpers (oder eines Systems von Körpern) in einem parallelen Gravitationsfeld den Kraftwinder (**G**, 0), also $\mathbf{M}_S = 0$ ergibt, heißt S c h w e r p u n k t des Körpers.

Die Forderung $\mathbf{M}_S = 0$ ergibt für den gesuchten Schwerpunkt S als Bezugspunkt (s. Fig. 2.5):

$$\mathbf{M}_S = \sum_{i=1}^{n} (\mathbf{r}_{Si} \times \Delta \mathbf{G}_i) = 0 . \tag{2.15}$$

Im parallelen Gravitationsfeld ist $\Delta \mathbf{G}_i = \Delta G_i \mathbf{e}_G$ mit dem Einsvektor $\mathbf{e}_G$ in Richtung der Gewichtskraft. Damit folgt aus (2.15)

$$\mathbf{M}_S = \sum(\mathbf{r}_{Si} \times \Delta G_i \mathbf{e}_G) = \sum(\mathbf{r}_{Si} \Delta G_i) \times \mathbf{e}_G = 0 \,. \tag{2.16}$$

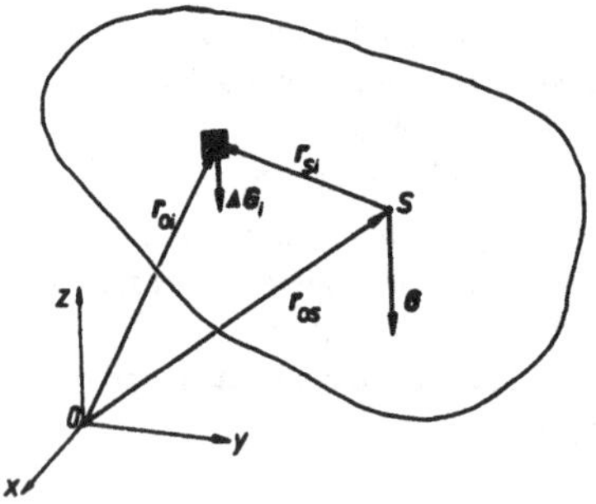

Fig. 2.5
Zur Berechnung des Schwerpunktes S

Diese Bedingung ist bei beliebiger Orientierung des Körpers im Gravitationsfeld sicher erfüllt, wenn

$$\sum_{i=1}^{n} \mathbf{r}_{Si} \Delta G_i = 0 \tag{2.17}$$

gilt. Durch (2.17) wird eindeutig ein nur noch von der Gewichtsverteilung des Körpers abhängiger Bezugspunkt, der Schwerpunkt (Gewichts-Mittelpunkt) festgelegt.
Bei kontinuierlich verteilten Körpern kann man die Einteilung in Teilkörper beliebig fein machen, dann geht ΔG_i in das Differential $dG = g\,dm = \rho g dV$ über, wobei

$$\rho = \frac{dm}{dV} \tag{2.18}$$

die D i c h t e des Körpers an der betrachteten Stelle ist. Im Grenzübergang zur infinitesimalen Einteilung wird die Summe in (2.17) zu einem über den ganzen Körper zu erstreckenden Integral. Wenn $\mathbf{r}_{SK}$ der Ortsvektor vom Schwerpunkt zu einem beliebigen Punkt K des Körpers ist, dann folgt:

$$\int_K \mathbf{r}_{SK}\, dG = \int_K \mathbf{r}_{SK}\, \rho g dV = 0 \,. \tag{2.19}$$

Der Ortsvektor $\mathbf{r}_{OS}$ von einem beliebig gewählten Bezugspunkt O zum Schwerpunkt (Fig. 2.5) folgt mit $\mathbf{r}_{SK} = \mathbf{r}_{OK} - \mathbf{r}_{OS}$ und $\int dG = G$ aus (2.19) zu

$$\mathbf{r}_{OS} = \frac{1}{G} \int_K \mathbf{r}_{OK}\, dG \,. \tag{2.20}$$

Wenn nicht nur die Richtung von $\mathbf{g} = g\mathbf{e}_G$, sondern auch der Betrag g für alle Teilmassen als konstant betrachtet werden kann, dann läßt sich (2.20) wegen dG = gdm und G = gm umformen in:

$$\mathbf{r}_{OS} = \frac{1}{m} \int_K \mathbf{r}_{OK}\, dm . \qquad (2.21)$$

Das ist – wie auch (2.20) – eine Mittelwertformel, bei der jetzt jedoch über die Masse gemittelt wird. Der durch (2.21) definierte Punkt S kann daher als Massen-Mittelpunkt bezeichnet werden. Es gilt der

Satz: In einem homogenen Gravitationsfeld mit konstantem **g** sind Schwerpunkt und Massenmittelpunkt identisch.

Hinweis: In besonderen Fällen, z.B. in der Raumfahrt, muß mit einem zentralsymmetrischen Gravitationsfeld gerechnet werden. Dann ist nur der Massen-Mittelpunkt nach (2.21) eindeutig definiert. Ein Schwerpunkt, d.h. ein körperfester Punkt, durch den bei beliebiger Orientierung des Körpers im Gravitationsfeld stets die Wirkungslinie der resultierenden Gewichtskraft hindurchgeht, existiert dabei nicht mehr.

In der technischen Stereostatik kann die Gewichtskraft als eine im körperfesten Schwerpunkt angreifende Einzelkraft bertrachtet werden.

Für homogene Körper gilt $\rho = \rho_0 = \text{const}$. Wegen $dm = \rho_0 dV$ geht damit (2.21) über in

$$\mathbf{r}_{OS} = \frac{1}{V} \int_K \mathbf{r}_{OK}\, dV . \qquad (2.22)$$

Der hierdurch definierte Volumen-Mittelpunkt ist also bei homogenen Körpern mit dem Massen-Mittelpunkt identisch.

Für flächenhaft verteilte Massen (Fig. 2.6) mit der konstanten Flächendichte $\rho_A = dm/dA$ (dA ist ein Flächenelement) erhält man aus (2.21)

$$\mathbf{r}_{OS} = \frac{1}{A} \int_A \mathbf{r}_{OK}\, dA . \qquad (2.23)$$

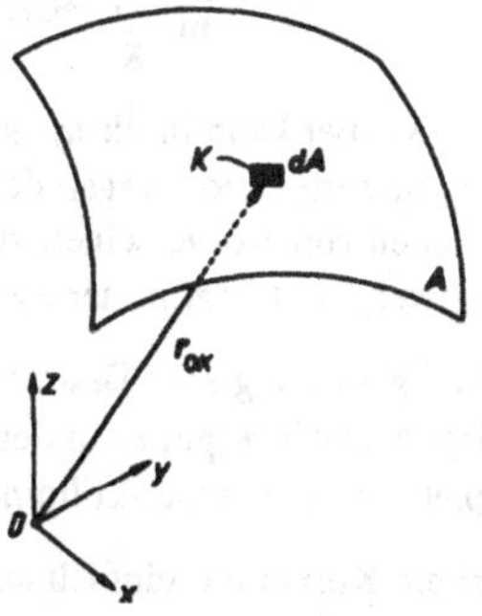

Fig. 2.6
Zur Berechnung des Flächenmittelpunktes

Der Massenmittelpunkt ist hier mit dem Flächenmittelpunkt identisch. Entsprechend gilt für Massenverteilungen längs einer Linie L (Fig. 2.7) bei konstanter Liniendichte $\rho_L = dm/dL$

$$r_{OS} = \frac{1}{L} \int_L r_{OK} \, dL \,. \tag{2.24}$$

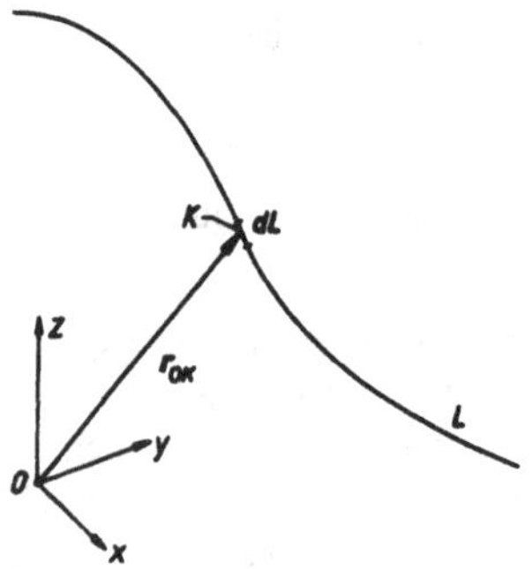

Fig. 2.7
Zur Berechnung des Linienmittelpunktes

Hierbei ist der Massenmittelpunkt mit dem Linienmittelpunkt identisch.

2.2.2. Die Lage des Schwerpunktes. Zur Berechnung der Lage des Schwerpunktes müssen die in (2.20)–(2.24) auftretenden Integrale berechnet werden. Das läßt sich durch geschickte Wahl sowohl des Koordinatensystems als auch der Massen-, Volumen-, Flächen- oder Linien-Elemente oft sehr einfach durchführen. Aufgrund allgemeiner Überlegungen lassen sich meist schon gewisse Einschränkungen für die Lage des Schwerpunktes finden. So gilt der

Satz: Besitzt ein homogener Körper eine Symmetrieebene, dann liegt der Schwerpunkt in dieser.

Beweis: Man wähle die Symmetrieebene zur xy–Ebene und betrachte die z-Koordinate des Schwerpunktes z.B. nach (2.21):

$$z_{OS} = \frac{1}{m} \int_K z_{OK} \, dm = \frac{1}{m} \left[\int_{K_1} z_{OK} \, dm + \int_{K_2} z_{OK} \, dm \right] .$$

Der Körper kann in die symmetrischen Teilkörper K_1 und K_2 aufgeteilt werden, für die die Integration wegen der Symmetrie dieselben Werte, jedoch wegen der Vorzeichen von z_{OK} verschiedene Vorzeichen ergibt; folglich erhält man $z_{OS} = 0$: der Schwerpunkt liegt in der Symmetrieebene.

Folgerungen: Besitzt ein homogener Körper mehrere Symmetrieebenen, dann liegt der Schwerpunkt in der Schnittlinie oder im Schnittpunkt dieser Ebenen. Beispiel: der Schwerpunkt homogener Rotationskörper liegt auf der Rotationsachse.

Ist ein Körper aus einfach aufgebauten Teilkörpern mit den Teilmassen m_i zusammengesetzt, dann lassen sich die Schwerpunkte der Teilkörper meist sofort angeben. Der Schwerpunkt des ganzen Körpers folgt dann aus

$$r_{OS} = \frac{\sum_{i=1}^{n} r_{OSi}\, m_i}{\sum_{i=1}^{n} m_i} . \tag{2.25}$$

Daraus folgt für n = 2, daß der Schwerpunkt auf der Verbindungslinie der beiden Teilschwerpunkte liegt und diese Strecke im umgekehrten Verhältnis der Teilmassen teilt (Fig. 2.8). Weitere Folge: der Schwerpunkt eines Körpers liegt innerhalb des kleinsten konvexen Polyeders, dessen Eckpunkte durch Teilschwerpunkte S_i so gebildet werden, daß keiner der Punkte S_i außerhalb des Polyeders liegt. Im ebenen Fall tritt an die Stelle des Polyeders das entsprechende Polygon (Fig. 2.9).

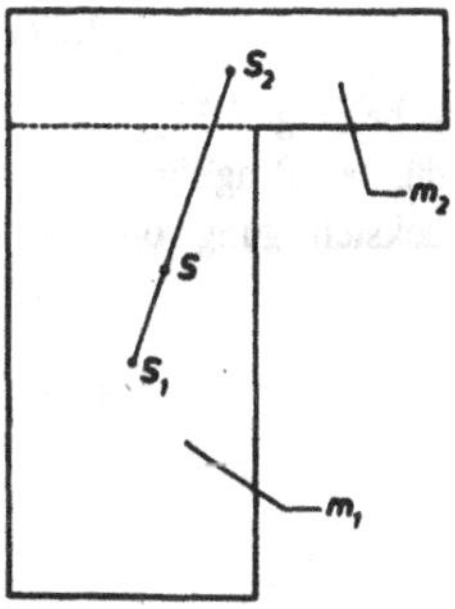

Fig. 2.8
Der Schwerpunkt zusammengesetzter Körper

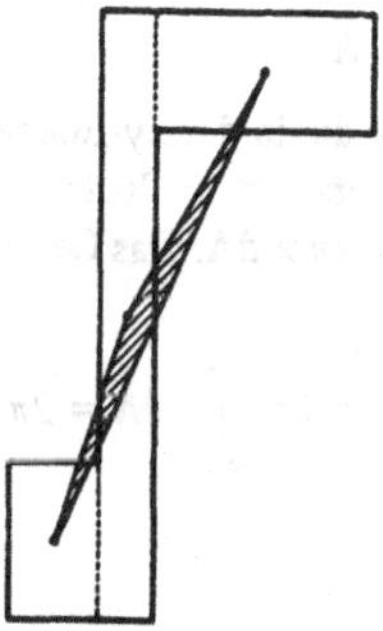

Fig. 2.9
Konvexes Polygon der Teilschwerpunkte

Recht nützlich für die Behandlung von Rotationskörpern sind die Guldinschen Regeln: 1. Entsteht eine Drehfläche durch Rotation einer ebenen Kurve um eine in ihrer Ebene liegende Achse, so ist ihre Oberfläche A gleich dem Produkt aus der Länge L der erzeugenden Kurve und dem Weg ihres Schwerpunktes bei einem Umlauf:

$$A = 2\pi\, x_S\, L . \tag{2.26}$$

Beweis: Es sei L die in der xy-Ebene liegende erzeugende Kurve (Fig. 2.10). Ein Bogenelement der Länge dL erzeugt bei Rotation um die y-Achse einen Flächenstreifen $dA = 2\pi\, x\, dL$. Die Gesamtfläche ist daher unter Berücksichtigung von (2.24):

$$A = \int_A dA = 2\pi \int_L x\, dL = 2\pi\, x_S\, L .$$

2. Entsteht ein Drehkörper durch Rotation einer ebenen Fläche um eine in ihrer Ebene liegende und die Fläche nicht schneidende Achse so ist sein Volumen V gleich

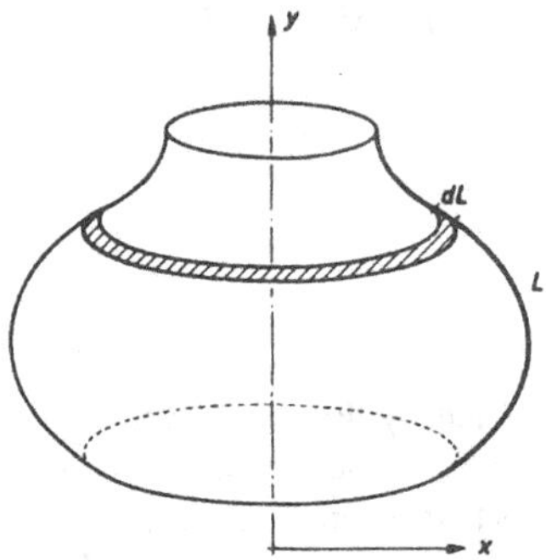

Fig. 2.10
Zur Guldinschen Regel für die Oberfläche von Rotationskörpern

dem Produkt aus der Größe der erzeugenden Fläche A und dem Weg ihres Schwerpunktes bei einem Umlauf:

$$V = 2\pi\, x_S\, A\,. \tag{2.27}$$

B e w e i s: Es sei A die in der xy-Ebene liegende erzeugende Fläche (Fig. 2.11). Ein Flächenelement dA erzeugt bei Rotation um die y-Achse einen dünnen Ringkörper vom Volumen $dV = 2\pi\, x\, dA$. Das Gesamtvolumen ist unter Berücksichtigung von (2.23):

$$V = \int_V dV = 2\pi \int_A x dA = 2\pi\, x_S\, A\,.$$

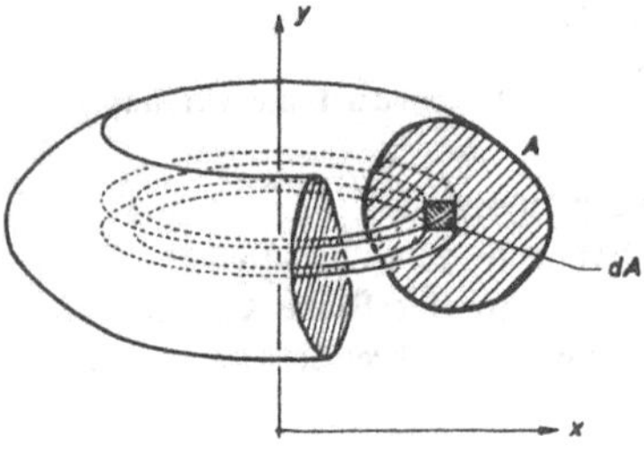

Fig. 2.11
Zur Guldinschen Regel für das Volumen von Rotationskörpern

A n w e n d u n g s b e i s p i e l: Es soll die Lage des Schwerpunktes für einen Halbkreisbogen bestimmt werden. Lösung: ein Halbkreis mit der Bogenlänge $L = \pi R$ erzeugt bei Rotation um den die Enden des Halbkreises verbindenden Kreisdurchmesser eine Kugel, deren Oberfläche $A = 4\pi\, R^2$ ist. Aus (2.26) folgt:

$$x_S = \frac{A}{2\pi L} = \frac{2R}{\pi}\,. \tag{2.28}$$

2.3. Grafische Behandlung ebener Kräftesysteme

2.3.1. Krafteck und Seileck. In Abschn. 1.3 wurden bereits einfache grafische Verfahren zur schrittweisen Reduktion eines ebenen Kräftesystems behandelt (Fig. 1.14 und 1.15). Sehr viel leistungsfähiger ist das Seileckverfahren, mit dessen Hilfe

- die Resultierenden von Kräftegruppen,
- die Momente gegebener Kräftegruppen für beliebige Bezugspunkte und
- die Reaktionskräfte (z.B. Lagerkräfte), die einer Gruppe bekannter äußerer Kräfte das Gleichgewicht halten

grafisch bestimmt werden können. Bei der Anwendung des Verfahrens wird mit zwei Plänen gearbeitet: dem Lageplan und dem Kräfteplan. Der Lageplan gibt in einem geeigneten Längenmaßstab die Lage der Wirkungslinien des Kräftesystems wieder. Im Kräfteplan werden dagegen die Kraftvektoren in einem geeigneten Kräftemaßstab aufgetragen.

Beispiel für die Konstruktion: Gegeben sei das System der 3 Kräfte $\mathbf{F}_1$, $\mathbf{F}_2$, $\mathbf{F}_3$ mit den Wirkungslinien L_1, L_2, L_3 im Lageplan (Fig. 2.12). Gesucht wird die resultierende Einzelkraft $\mathbf{F} \sim (\mathbf{F}_1, \mathbf{F}_2, \mathbf{F}_3)$. Die Lösung geschieht für die hier betrachtete Aufgabe nach den folgenden 4 Schritten:

1. Die Kraftvektoren $\mathbf{F}_1$, $\mathbf{F}_2$, $\mathbf{F}_3$ werden in einem geeigneten Kräftemaßstab als Kette aufgetragen (Linienzug 1–2–3–4 im Kräfteplan).

2. Im Kräfteplan wird ein geeigneter Pol P gewählt und mit den Eckpunkten 1 bis 4 des Kräftepolygons durch die Polstrahlen I bis IV verbunden.

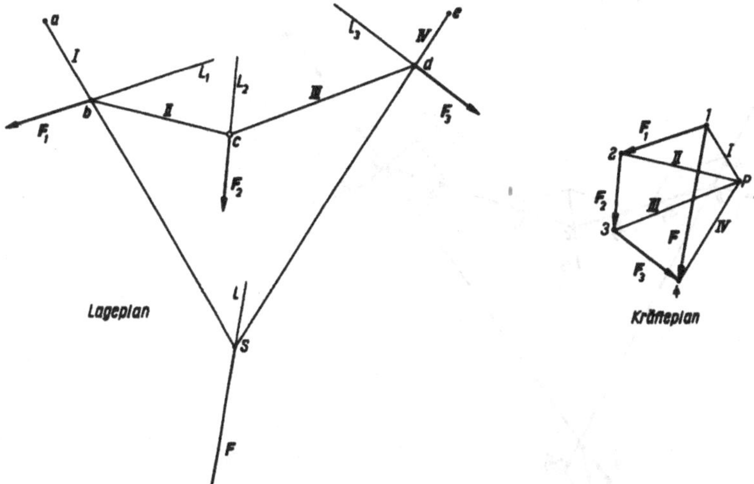

Fig. 2.12
Bestimmung der Resultierenden F einer Kräftegruppe mit Hilfe des Seilecks

3. Die Polstrahlen werden zur Konstruktion der Seileckabschnitte I bis IV im Lageplan verwendet. Hierzu wird von einem Punkt a im Lageplan links von den Wirkungslinien L_1 eine Parallele zum Polstrahl I gezogen, die L_1 im Punkte b schneidet. Von b wird eine Parallele zum Polstrahl II gezogen, die L_2 in c schneidet. Setzt man diese Konstruktion fort, dann erhält man das Polygon a b c d e; es ist ein zur gegebenen Kräftegruppe gehörendes Seileck. Die Strecken ab, bc, cd, de sind die Seileckabschnitte.

4. Der Schnittpunkt S der beiden äußeren Seileckabschnitte I und IV liegt auf der Wirkungslinie L der resultierenden Kraft $\mathbf{F} \sim (\mathbf{F}_1, \mathbf{F}_2, \mathbf{F}_3)$. Diese Kraft **F** kann aus dem Kräfteplan parallel in den Lageplan übertragen werden.

Merkregel: Die Parallelen zu den Seiten der im Kräfteplan vorkommenden Dreiecke haben im Lageplan jeweils einen gemeinsamen Schnittpunkt. So entspricht dem Dreieck P12 im Kräfteplan der Punkt b im Lageplan.

Das konstruierte Seileck a b c d e kann als Gleichgewichtsfigur eines gewichtslosen und biegeweichen Seiles aufgefaßt werden, die unter dem Einfluß des betrachteten Kräftesystems eingenommen wird.

Zum Beweis betrachte man Fig. 2.13; hier sind außer den gegebenen Kräften $\mathbf{F}_1$, $\mathbf{F}_2$, $\mathbf{F}_3$ auch die Spannkräfte $\mathbf{S}_i$ in den Seileckabschnitten eingetragen. Sie ergeben sich aus der Forderung, daß für jeden Eckpunkt Kräftegleichgewicht vorhanden sein muß, also z.B. $(\mathbf{F}_1, \mathbf{S}_1, -\mathbf{S}_2) \sim 0$. Die Vektoren der Seilkräfte können auch aus dem Kräfteplan entnommen werden: sie sind mit den Polstrahlen I bis IV des Kraftecks identisch. Man findet nun die Äquivalenzbeziehung:

$$(\mathbf{F}_1, \mathbf{F}_2, \mathbf{F}_3) \sim [-\mathbf{S}_1, (\mathbf{F}_1, \mathbf{S}_1, -\mathbf{S}_2), (\mathbf{F}_2, \mathbf{S}_2, -\mathbf{S}_3), (\mathbf{F}_3, \mathbf{S}_3, -\mathbf{S}_4), \mathbf{S}_4] \sim \\ \sim (-\mathbf{S}_1, \mathbf{S}_4) \sim \mathbf{F}\,. \tag{2.29}$$

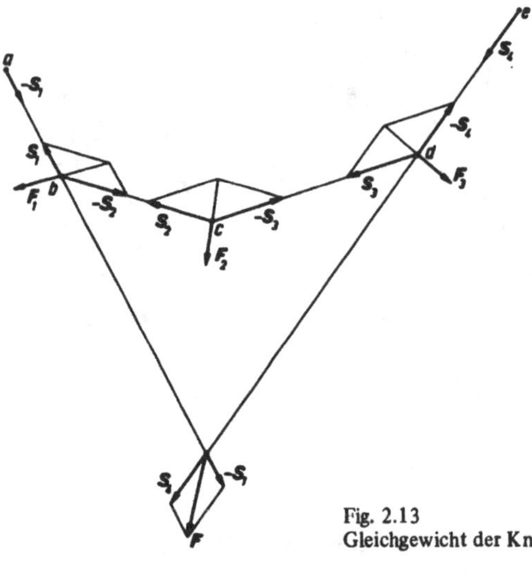

Fig. 2.13
Gleichgewicht der Knoten am Seileck

2.3.2. Moment und Gleichgewicht. Auch das Moment eines Kräftesystems kann mit Hilfe des Seileckverfahrens ermittelt werden. In Fig. 2.14 ist das Seileck für ein System aus 2 Kräften F_1, F_2 konstruiert. Die äquivalente Einzelkraft ist F. Das Moment des Kräftesystems bezüglich eines Punktes A ist $M_A = Fr$, wenn r der senkrechte Abstand des Punktes A von der Wirkungslinie L der Kraft F ist. Zieht man nun eine Parallele zu L durch A, dann erhält man die Schnittpunkte d und e mit den äußeren Seileckabschnitten; ihr Abstand ist s. Aus einem Vergleich von Lageplan und Kräfteplan folgt, daß die Dreiecke c d e und P13 ähnlich sind. Daher gilt r : s = H : F oder

$$M_A = Fr = Hs\,. \tag{2.30}$$

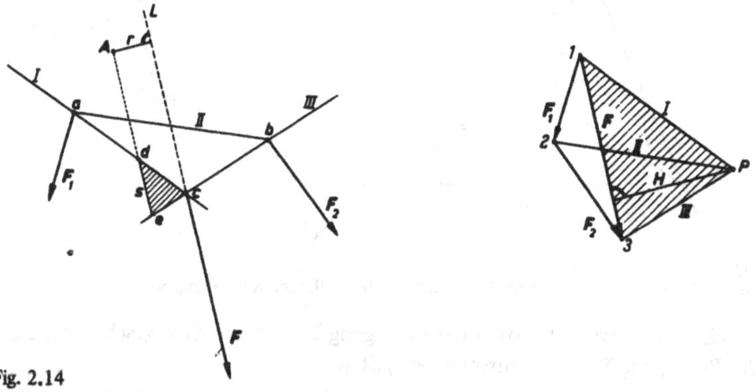

Fig. 2.14
Bestimmung des Moments einer Kräftegruppe mit Hilfe des Seilecks

Der Abstand H des Poles P von der Resultierenden F wird als P o l w e i t e, die Strecke s als S e i l e c k d i c k e bezeichnet. Es gilt daher der

Satz: Das Moment einer Kräftegruppe für einen gegebenen Bezugspunkt ist gleich dem Produkt aus der Polweite H und der Seileckdicke s für diesen Bezugspunkt.

Für ein Kräftepaar (Fig. 2.15) oder für Kräftesysteme, die einem Kräftepaar äquivalent sind, verlaufen die äußeren Seileckabschnitte parallel, man erhält also keinen Schnitt-

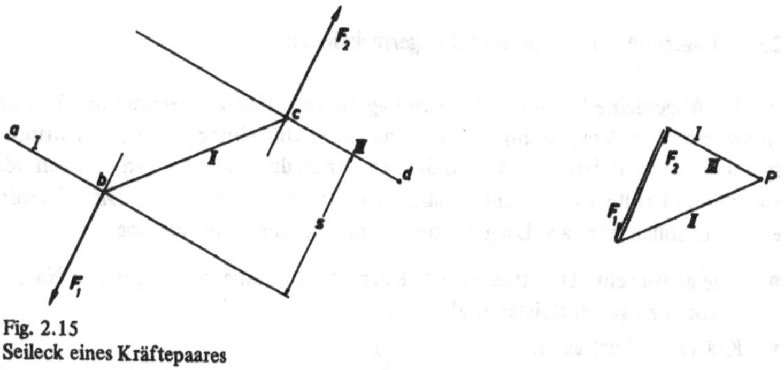

Fig. 2.15
Seileck eines Kräftepaares

punkt. Die Seileckdicke s ist hier für jeden Bezugspunkt dieselbe – entsprechend der Tatsache, daß das Moment eines Kräftepaares von der Wahl des Bezugspunktes unabhängig ist.
Ist ein Körper unter dem Einfluß eines Kräftesystems im Gleichgewicht, dann muß das Moment für beliebige Bezugspunkte verschwinden; also muß $s = 0$ sein. Die äußeren Seileckabschnitte fallen dann zusammen; das Seileck ist geschlossen. In Fig. 2.16 ist dies für einen einfachen Fall gezeigt.

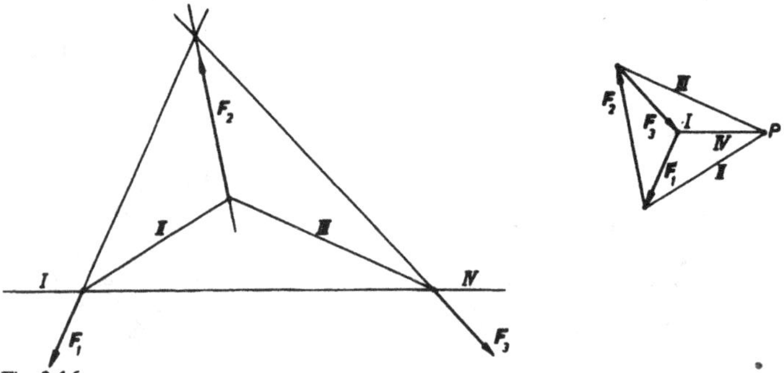

Fig. 2.16
Geschlossenes Seileck einer im Gleichgewicht befindlichen Kräftegruppe

Da ein geschlossenes Krafteck der Bedingung $\Sigma\, \mathbf{F}_i = 0$ und ein geschlossenes Seileck der Bedingung $\Sigma\, \mathbf{M}_i = 0$ entsprechen, gilt der

Satz: Eine Kräftegruppe ist im Gleichgewicht, wenn Krafteck und Seileck geschlossen sind.

Dieser Satz kann verwendet werden, wenn die Reaktionskräfte bestimmt werden sollen, die einem System bekannter äußerer Kräfte das Gleichgewicht halten (s. Abschn. 2.5.3).
Der Pol P des Kraftecks kann beliebig gewählt werden. Entsprechend können zu jeder gegebenen Kräftegruppe beliebig viele verschiedene Seilecke konstruiert werden.

2.4. Lagerung von Körpern und Lagerreaktionen

2.4.1. Allgemeine Eigenschaften von Lagerungen. Fast alle technischen Konstruktionen sind über Verbindungselemente mit ihrer Umgebung (andere Konstruktionssysteme oder Fundamente) verbunden. Das kann durch Aufhängen, Stützen oder Einspannen mit Hilfe sehr verschiedenartiger Bauelemente geschehen. Diese Verbindungselemente sollen kurz als L a g e r bezeichnet werden. Ihre Aufgabe besteht darin

- eine gewünschte Orientierung des Körpers im Raume oder gegenüber Nachbarkörpern zu gewährleisten und
- Kräfte zu übertragen.

Die erstgenannte Aufgabe gehört in das Gebiet der Kinematik: durch die Lagerung soll der Körper entweder fixiert werden oder eine Bewegungsmöglichkeit im gewünschten Sinne erhalten.

Definition: Eine Lagerung heißt *kinematisch bestimmt*, wenn sie die Lage des Körpers in eindeutiger Weise festlegt: die Lagerung heißt *kinematisch unbestimmt*, wenn der Körper um seine Ruhelage eine endliche oder unendlich kleine Beweglichkeit besitzt, d.h. wenn er wackeln kann.

Beispiele: Eine geschlossene Tür ist kinematisch bestimmt, die teilweise geöffnete Tür dagegen kinematisch unbestimmt gelagert. Ein Stuhl ist kinematisch unbestimmt, ein am Boden befestigter Theatersessel dagegen kinematisch bestimmt gelagert.

Die zweitgenannte Aufgabe einer Lagerung, die Übertragung von Kräften, ist ein Problem der Statik. Lagerkräfte sind stets Reaktionskräfte. Sie hängen von den auf den gelagerten Körper einwirkenden eingeprägten äußeren Kräften ab und können aus den Gleichgewichtsbedingungen berechnet werden. Über die Lager können Kraft- und Momenten-Komponenten übertragen werden; man nennt sie zusammenfassend *Lagerreaktionen*.

Definition: Ein Körper ist *statisch bestimmt gelagert*, wenn die Lagerreaktionen eindeutig aus den Gleichgewichtsbedingungen berechnet werden können. Die Lagerung ist *statisch unbestimmt*, wenn die Gleichgewichtsbedingungen nicht ausreichen, die Lagerreaktionen zu ermitteln.

Da im allgemeinen räumlichen Fall nach (2.8) und (2.9) insgesamt 6 Gleichgewichtsbedingungen für einen Körper zur Verfügung stehen, darf eine statisch bestimmte Lagerung dieses Körpers höchstens 6 Lagerreaktionen enthalten.

Die verschiedenen Lagertypen können unabhängig von den speziellen Einzelheiten ihrer Konstruktion nach der Zahl der Lagerreaktionen klassifiziert werden, die bei ihnen auftreten können. Man bezeichnet diese Zahl auch als *Wertigkeit der Lager*.

Beispiele: Ein *Kugelgelenk* kann Kräfte in den 3 Raumrichtungen übertragen, aber – bei Vernachlässigung der Reibung – keine Momente. Das Kugelgelenk ist deshalb ein statisch dreiwertiges Lager. Ein *Kardangelenk* (Fig. 2.17) kann außer den 3 Kraftkomponenten $\mathbf{F}_x$, $\mathbf{F}_y$, $\mathbf{F}_z$ noch eine Momentenkomponente $\mathbf{M}_z$ übertragen; es ist ein statisch vierwertiges Lager. Ein *Scharnier* kann als Stab, der in einer Hülse gleitet (Fig. 2.18) je 2 Kraft- und Momentkomponenten $\mathbf{F}_x$, $\mathbf{F}_y$, $\mathbf{M}_x$, $\mathbf{M}_y$ senkrecht zur Stabachse aufnehmen; das Lager ist statisch vierwertig.

Wenn zusätzlich im Scharniergelenk Längskräfte $\mathbf{F}_z$ aufgenommen werden können, dann wird es zu einem statisch fünfwertigem Lager. Zusammen mit einer statisch einwertigen Lagerung, z.B. einer Faden-Aufhängung, läßt sich damit ein Körper in sowohl kinematisch wie auch statisch bestimmter Weise lagern. Fig. 2.19 zeigt als Beispiel hierfür eine Falltür.

An dem wichtigen Sonderfall ebener Lager- und Belastungsfälle sollen diese Zusammenhänge noch ausführlicher erläutert werden.

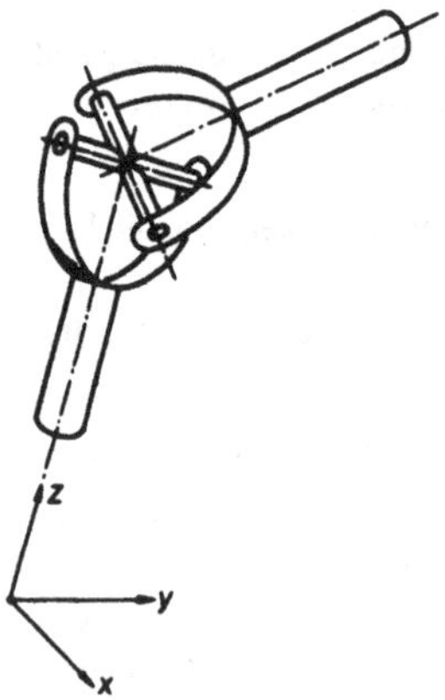

Fig. 2.17
Kardangelenk

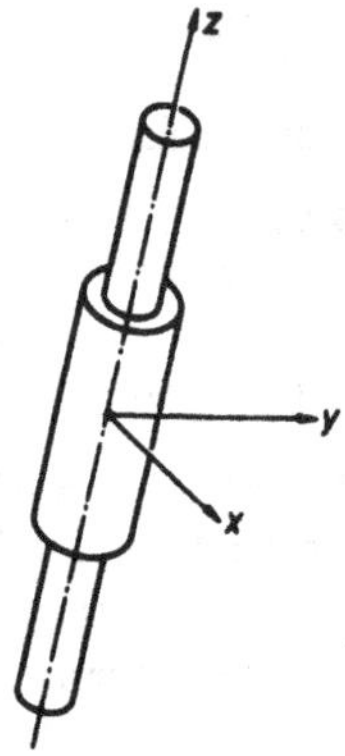

Fig. 2.18
Scharniergelenk

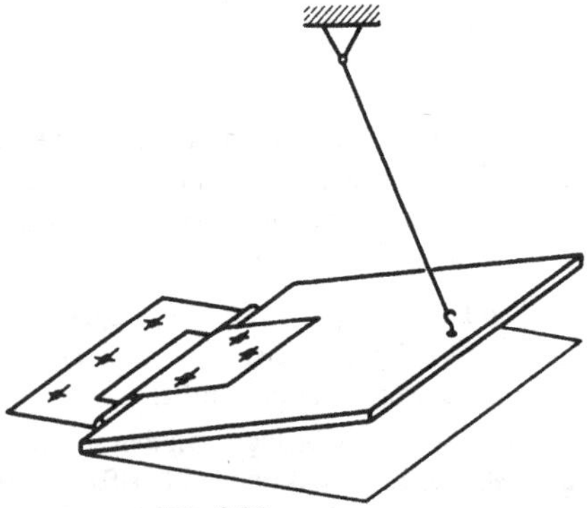

Fig. 2.19
Lagerung einer Falltür

2.4.2. Lagerstatik in der Ebene. In ebenen Fällen stehen nach (2.10) nur noch 3 Gleichgewichtsbedingungen zur Verfügung; folglich dürfen bei statisch bestimmten Fällen höchstens 3 unbekannte Lagerreaktionen auftreten. Die Summe der Wertigkeiten der für einen ebenen Körper (Scheibe) verwendeten Lager darf deshalb nicht größer als 3 sein.

Unabhängig von den möglichen Ausführungsformen der Lager gibt es im ebenen Fall drei Lagertypen:

- das verschiebbare Gelenklager,
- das feste Gelenklager,
- die feste Einspannung.

In den Fig. 2.20, 2.21, 2.22 sind Beispiele hierfür einschließlich der weiterhin verwendeten Ersatzsymbole skizziert. In der folgenden Tabelle sind die statischen und kinematischen Kennzeichen der Lager zusammengestellt:

Lagertypen	Symbol	statische Kennzeichen (Wertigkeit Lagerreaktionen)	kinematische Kennzeichen (Bewegungsmöglichkeit)
verschiebbares Gelenklager	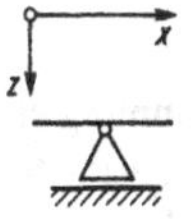	einwertig 1 Kraftkomponente (F_z)	Drehung um y-Achse Verschiebung in x-Richtung
festes Gelenklager	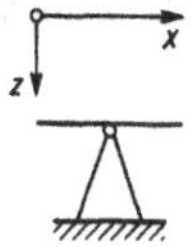	zweiwertig 2 Kraftkomponenten (F_x, F_z)	Drehung um y-Achse
feste Einspannung	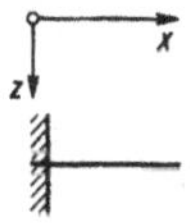	dreiwertig 2 Kraftkomponenten 1 Momentkomponente (F_x, F_z, M_y)	weder Drehung noch Verschiebung

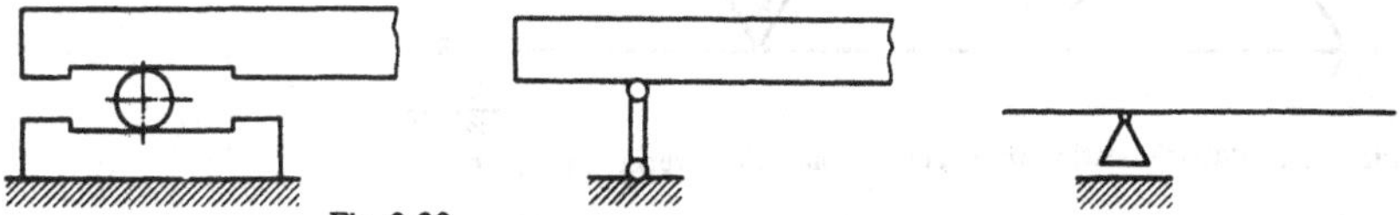

Fig. 2.20
Verschiebbares Gelenklager

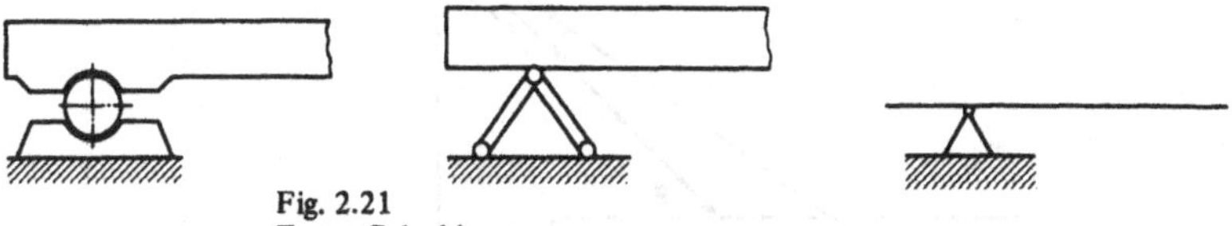

Fig. 2.21
Festes Gelenklager

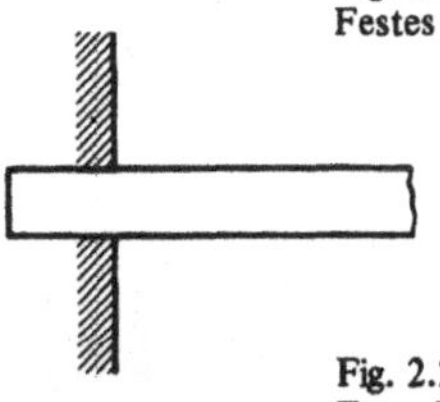
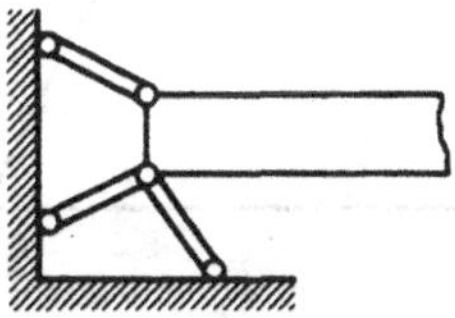

Fig. 2.22
Feste Einspannung

S t a t i s c h b e s t i m m t e L a g e r u n g e n: Da die Summe der Wertigkeiten der Lager einer Scheibe nicht größer als 3 sein darf, gibt es drei Möglichkeiten für eine statisch und kinematisch bestimmte Lagerung von Körpern in der Ebene:

1. ein dreiwertiges Lager,
2. ein zwei- und ein einwertiges Lager,
3. drei einwertige Lager.

Der erstgenannte Fall tritt z.B. bei der festen Einspannung eines Balkens nach Fig. 2.23 links auf. Die in der Einspannung an der Oberfläche des Balkens übertragenen Kräfte sind einem Kraftwinder (**F**, $\mathbf{M}_A$) bezüglich des Einspannpunktes A äquivalent. Er ist dem Kraftwinder der äußeren Kräfte bezüglich A entgegengesetzt gleich, d.h. Kraft- bzw. Momentenvektoren haben jeweils entgegengesetzte Richtungen, aber die gleichen Beträge. Der Kraftvektor **F** liegt in der Zeichenebene, der Momentenvektor **M** steht senkrecht darauf.

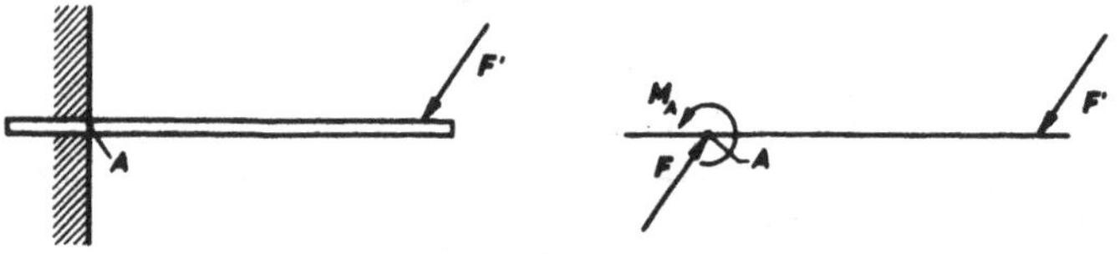

Fig. 2.23 Lagerreaktionen am Einspannpunkt A eines Balkens

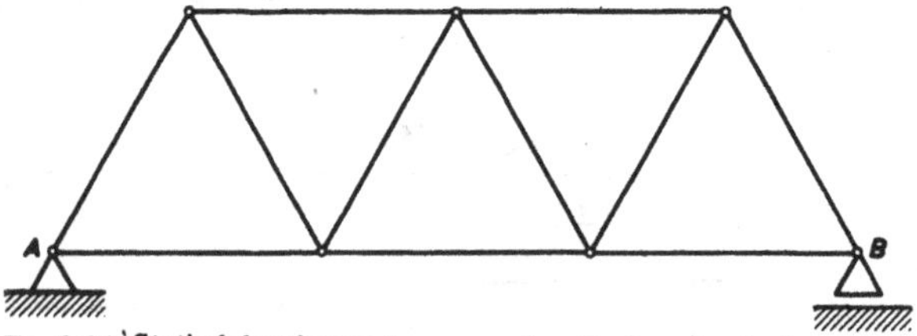

Fig. 2.24 Statisch bestimmte Lagerung eines Fachwerkes in der Ebene

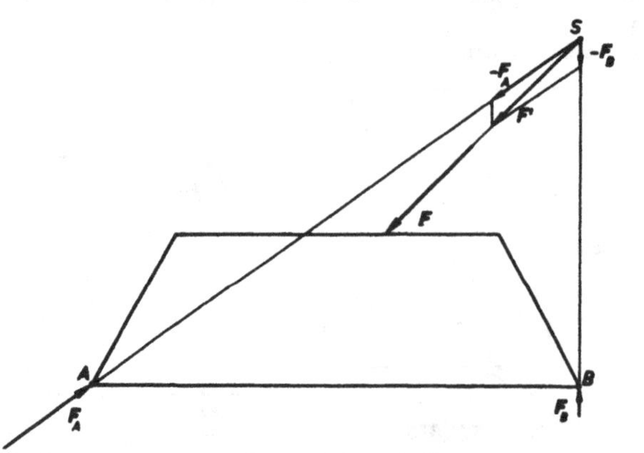

Fig. 2.25 Bestimmung der Lagerreaktionen im Falle der Lagerung nach Fig. 2.24

Die zweitgenannte Lagerungsart wird z.B. für die statisch bestimmte Lagerung von Brücken und Dachbindern verwendet (Fig. 2.24). Die Bestimmung der Lagerreaktionen $\mathbf{F_A}$ und $\mathbf{F_B}$ kann hier z.B. auf zeichnerischem Wege so erfolgen, wie dies in Fig. 2.25 dargestellt ist. Die Belastung wurde dabei als auf dem Einzelvektor **F** reduziert angenommen. Es gilt:

$$\mathbf{F} \sim \mathbf{F}' \sim -(\mathbf{F_A}, \mathbf{F_B}) \text{ oder } (\mathbf{F}, \mathbf{F_A}, \mathbf{F_B}) \sim 0 .$$

Der Punkt S ergibt sich als Schnittpunkt der bekannten Wirkungslinien von **F** und $\mathbf{F_B}$. Man beachte, daß stets diejenigen Kräfte im Gleichgewicht sein müssen, die auf den freigemachten Körper einwirken. Es ist stets zweckmäßig, eine Frei-Körper-Skizze zu zeichnen und alle äußeren Kräfte dort einzutragen.

Die statisch bestimmte Lagerung einer Scheibe durch 3 einwertige Lager ist in Fig. 2.26 skizziert. Die Pendelstützlager A, B, C können nur Kräfte in den aufgrund der Konstruktion bekannten Wirkungslinien L_A, L_B, L_C aufnehmen.

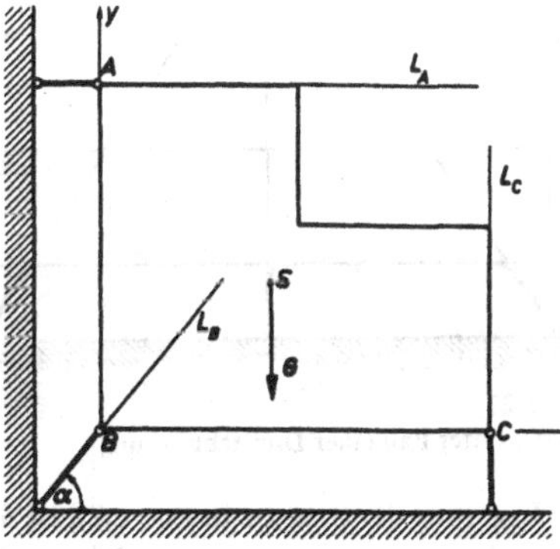

Fig. 2.26
Lagerung eines Körpers durch drei einwertige Lager

Die Bestimmung der Lagerreaktionen kann auf grafischem oder analytischem Wege geschehen.

Analytisch kann man wie folgt vorgehen: mit dem in Fig. 2.26 eingezeichneten xy-Koordinatensystem erhält man aus (2.10):

$$\Sigma F_x = F_{Ax} + F_{Bx} = 0 ,$$

$$\Sigma F_y = F_{By} + F_{Cy} - G = 0 ,$$

$$\Sigma M_{zB} = -F_{Ax} y_A + F_{Cy} x_C - G x_S = 0 .$$

Diese 3 Gleichungen enthalten 4 Unbekannte; jedoch sind F_{Bx} und F_{By} durch die geometrische Bedingung $\tan \alpha = F_{By}/F_{Bx}$ miteinander verbunden. Die Auflösung der 4 linearen Gleichungen ergibt:

$$F_{Ax} = -F_{Bx} = \frac{G(x_S - x_C)}{x_C \tan \alpha - y_A} ,$$

$$F_{By} = \frac{G(x_C - x_S)\tan\alpha}{x_C \tan\alpha - y_A} \quad ; \; F_{Cy} = G + \frac{G(x_S - x_C)\tan\alpha}{x_C \tan\alpha - y_A} .$$

Sonderfälle müssen bei der hier betrachteten Art der Lagerung vermieden werden. So zeigt Fig. 2.27 einen ausgearteten Fall, der eine weder kinematisch noch statisch bestimmte Lagerung darstellt.

Auch der in Fig. 2.28 skizzierte Fall ist statisch nicht lösbar, weil das Problem statisch unbestimmt ist. Den 4 unbekannten Lagerreaktionen (2 zweiwertige Lager) stehen nur 3 Gleichgewichtsbedingungen gegenüber.

Definition: Eine Lagerung heißt n-fach statisch unbestimmt, wenn die Zahl der unbekannten Lagerreaktionen um n größer als die Zahl der zur Verfügung stehenden Gleichgewichtsbedingungen ist.

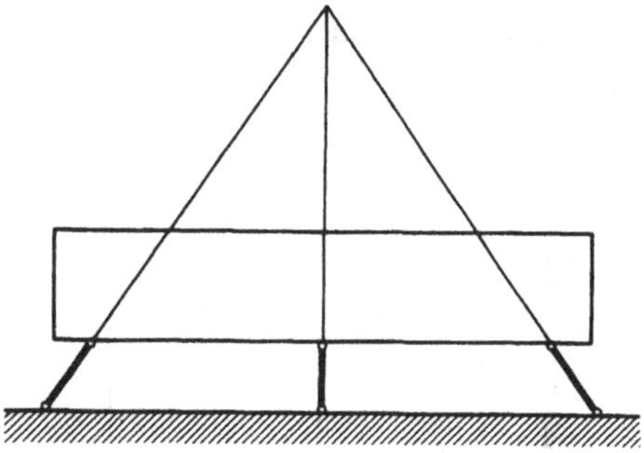

Fig. 2.27
Ausgearteter Fall einer Dreistablagerung

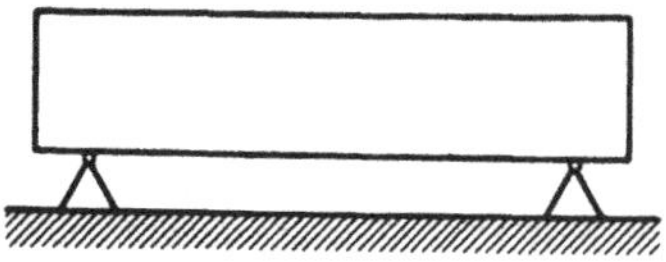

Fig. 2.28
Statisch unbestimmte Lagerung eines Trägers

Die Lagerung der Scheibe in Fig. 2.28 ist demnach einfach statisch unbestimmt. Ein an beiden Enden fest eingespannter Balken ist 3-fach statisch unbestimmt. Statisch unbestimmte Systeme können berechnet werden, wenn die Verformungen der Bauteile berücksichtigt werden. Diese Probleme gehören in das Gebiet der Elasto-Statik (Abschn. 3.6).

Statisch unbestimmte Systeme lassen sich durch Einbau von Gelenken in statisch bestimmte umwandeln.

Jedes Drehgelenk bringt 2 zusätzliche unbekannte Gelenkreaktionen. Andererseits wird durch den Einbau eines Gelenkes die Anzahl der Körper um 1 erhöht, so daß 3 weitere Gleichgewichtsbedingungen zur Verfügung stehen. Es ist daher möglich, den Grad der statischen Unbestimmtheit durch den Einbau eines Drehgelenkes um 1 zu erniedrigen.

Der Balken von Fig. 2.29 oben ist einfach statisch unbestimmt, weil 4 unbekannte Lagerreaktionen existieren. Er kann durch Einbau eines Gelenkes statisch bestimmt gemacht werden; dann sind 6 Gleichungen für 6 Unbekannte vorhanden.

Mit Schlitzgelenken (verschiebbaren Drehgelenken) nach Fig. 2.30 kann der Grad der statischen Unbestimmtheit je Gelenk um 2 erniedrigt werden.

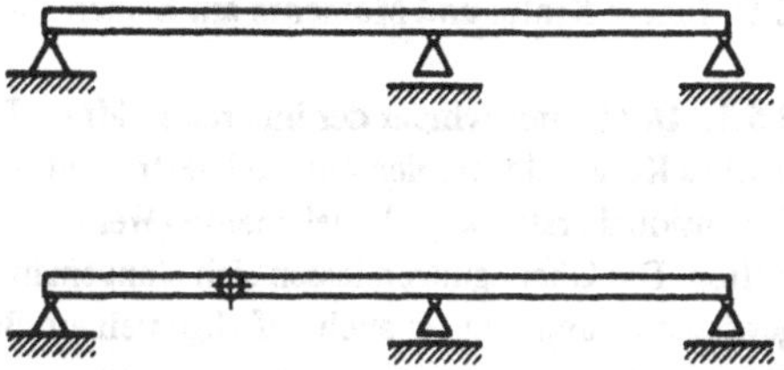

Fig. 2.29
Oben: einfach statisch unbestimmte Lagerung eines Balkens, unten: statisch bestimmter Balken mit Drehgelenk

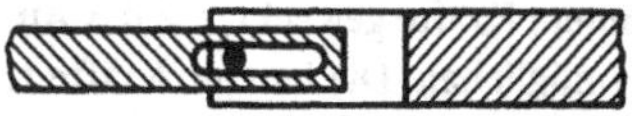

Fig. 2.30
Schlitzgelenk

Bei der Verwendung von Gelenken müssen ausgeartete Fälle vermieden werden. Ein Beispiel zeigt Fig. 2.31: das ohne Gelenk einfach statisch unbestimmte System kann durch Einbau des skizzierten Gelenkes nicht statisch bestimmt gemacht werden. Man kann sich leicht davon überzeugen, daß hier weder die grafische noch die analytische Bestimmung der Lager- und Gelenkreaktionen zum Ziel führt.

Fig. 2. 31
Ausgearteter Fall eines Balkens mit Drehgelenk

Ein physikalisches Kennzeichen statisch unbestimmter Systeme ist die Tatsache, daß die Lagerung zu inneren Spannkräften des Systems führen kann. Der gerade Balken von Fig. 2.29 oben wird verspannt, wenn die Gelenke nicht genau in gleicher Höhe liegen. Bei dem gleichen Balken mit Gelenk spielen eventuelle Höhenunterschiede der Lager keine Rolle. Im Beispiel von Fig. 2.31 werden jedoch mögliche Verspannungen des Balkens durch den Einbau des Gelenkes nicht beseitigt. Das wäre erst möglich, wenn die 3 Gelenke nicht auf einer gemeinsamen Geraden liegen, wie dies z.B. bei einem D r e i - G e l e n k - B o g e n nach Fig. 2.32 der Fall ist.

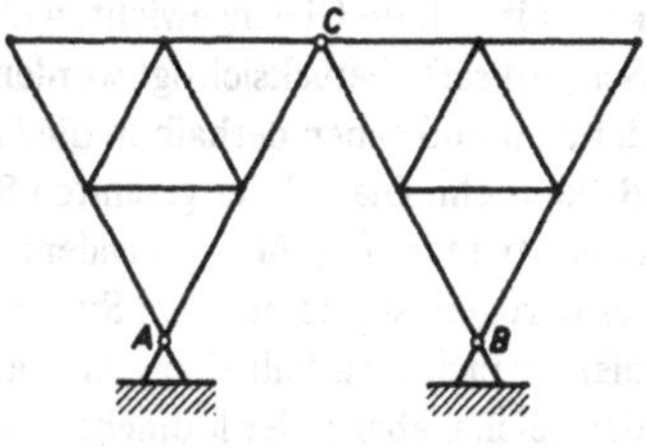

Fig. 2.32
Drei-Gelenk-Bogen

2.5. Innere Kräfte und Momente am Balken

2.5.1. Der Schnittwinder der inneren Kräfte. Der gerade Balken wird hier als typisches Konstruktionselement, stellvertretend für alle sonstigen, im wesentlichen eindimensional erstreckten Bauelemente (Wellen, Achsen, Stangen, Rohre u.a.) herausgegriffen. Die Überlegungen lassen sich sinngemäß auch auf gekrümmte Balken sowie mit gewissen Abänderungen auch auf allgemeinere Bauglieder übertragen.

Um die Zusammenhänge zu erklären, soll hier zunächst als Sonderfall ein durch die Einzelkraft **F** belasteter und statisch bestimmt gelagerter Balken (Fig. 2.33) betrachtet werden. Die Auflagerkräfte $\mathbf{F}_A$ und $\mathbf{F}_B$ seien nach den schon bekannten Methoden bestimmt worden. Unter dem Einfluß der äußeren Kräfte **F**, $\mathbf{F}_A$, $\mathbf{F}_B$ werden im Balken innere Kräfte geweckt, die das Aufnehmen und Weiterleiten der äußeren Kräfte erst ermöglichen. Die inneren Kräfte treten stets paarweise auf (Satz 6, Abschn. 2.1.2) und gehen deshalb nicht in die Gleichgewichtsbedingungen für den Balken ein. Für den Konstrukteur ist die Kenntnis dieser inneren Kräfte jedoch sehr wichtig, weil er den Balkenquerschnitt danach dimensionieren muß.

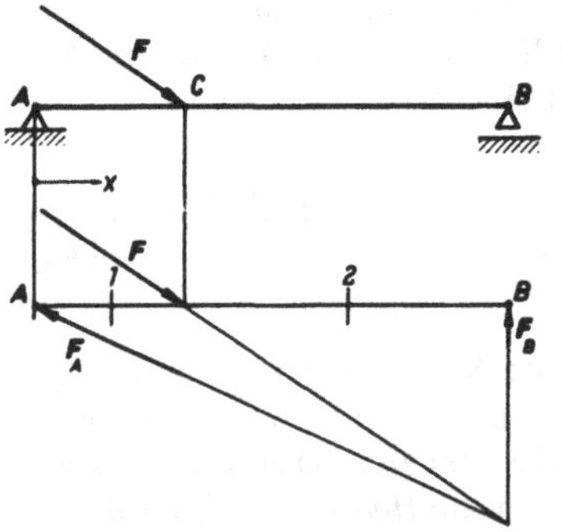

Fig. 2.33
Zur Bestimmung der inneren Kräfte am Balken

Mit Hilfe des Schnittprinzips ist es möglich, die inneren Kräfte zu bestimmen. Wir denken uns den Balken von Fig. 2.33 z.B. im Querschnitt 1 senkrecht zur Balkenachse durchgeschnitten. Nach dem Schnittprinzip sind die beiden Teilstücke des Balkens für sich im Gleichgewicht, wobei an den Schnittstellen die noch unbekannten Schnittkräfte berücksichtigt werden müssen. Die zuvor inneren Kräfte werden damit zu äußeren und gehen deshalb in die Gleichgewichtsbedingungen für die Teilstücke des Balkens ein. Die auf der gesamten Schnittfläche übertragenen Kraftanteile sind einem Schnittwinder ($\mathbf{F}_S$, $\mathbf{M}_S$) äquivalent, der auf den Flächenschwerpunkt S des Querschnittes bezogen ist und der dem System der äußeren Kräfte das Gleichgewicht hält. In dem hier betrachteten Fall einer ebenen äußeren Kräftegruppe liegt der Kraftvektor $\mathbf{F}_S$ in der Zeichenebene, der Momentenvektor $\mathbf{M}_S$ steht senkrecht darauf.

Da durch den Schnitt zwei Schnittflächen (Schnittufer) entstehen, deren zugehörige Schnittwinder entgegengesetzt gleich sind, ist eine besondere Vereinbarung über die

Vorzeichen der Schnittkräfte erforderlich. Mit dem Koordinatensystem nach Fig. 2.34, dessen x-Achse die Richtung der Balkenachse hat, gelte folgende

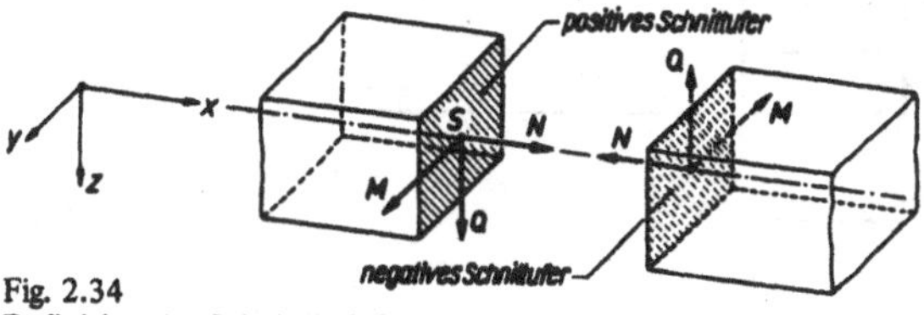

Fig. 2.34
Definition der Schnittreaktionen

V o r z e i c h e n f e s t s e t z u n g: Am positiven Schnittufer weisen alle positiven Schnittreaktionen in die positiven Koordinatenrichtungen, am negativen Schnittufer weisen sie in die negativen Koordinatenrichtungen. Als positives Schnittufer wird diejenige Schnittfläche bezeichnet, bei der der nach außen weisende Normalvektor mit der positiven x-Achse zusammenfällt. Die gegenüberliegende Schnittfläche ist das negative Schnittufer.

Komponenten des Schnittwinders, also die Schnittreaktionen sind

- die N o r m a l k r a f t **N** in x-Richtung,
- die Q u e r k r a f t **Q** in z-Richtung,
- das B i e g e m o m e n t **M** in y-Richtung.

Positive Normalkraft bedeutet eine Beanspruchung des Balkens auf Zug. Die Größen N, Q, und M hängen vom Ort des (gedachten) Schnittes ab; sie sind Funktionen der Koordinate x, durch die die Lage des Schnittes bestimmt wird. Die Funktionen N(x), Q(x) und M(x) sind wichtig zur Bestimmung der Beanspruchung und der Verformung eines Balkens. Trägt man die Werte N, Q und M über der Abszisse x auf, dann nennt man die Fläche zwischen der

- N-Kurve und der x-Achse N o r m a l k r a f t f l ä c h e,
- Q-Kurve und der x-Achse Q u e r k r a f t f l ä c h e,
- M-Kurve und der x-Achse M o m e n t e n f l ä c h e.

Für den Belastungsfall von Fig. 2.33 ergeben sich aus den Gleichgewichtsbedingungen die in Fig. 2.35 skizzierten Funktionen und Flächen.

2.5.2. Der Sonderfall paralleler Kräfte. Da jede Kraft **F** als Summe der Komponenten in Richtung der Koordinatenachsen dargestellt werden kann: $\mathbf{F} = \mathbf{F}_x + \mathbf{F}_y + \mathbf{F}_z$, lassen sich beliebige auf einen Balken einwirkende Kräftegruppen stets als Überlagerung von drei Gruppen paralleler Kräfte auffassen. Die Schnittreaktionen im Balken lassen sich für jede dieser Gruppen gesondert ausrechnen und können dann überlagert werden. Aus der Gruppe der Kräfte in der Balkenlängsachse (x-Richtung) erhält man die Normalkräfte N(x); die Gruppen der in die y- und z-Richtungen fallenden Kräfte gestatten Querkräfte Q(x) und Biegemomente M(x) in den xy- und xz-Ebenen zu berech-

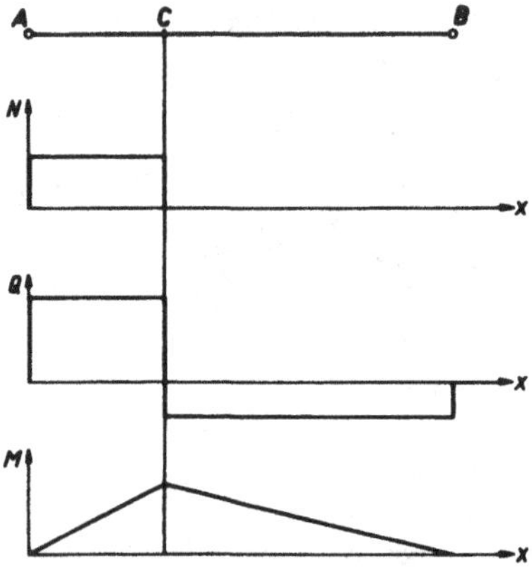

Fig. 2.35
Verlauf von Normalkraft N, Querkraft Q und Moment M für den Balken von Fig. 2.33

nen. Für jede Schnittstelle können die erhaltenen Schnittrekationen $Q_y(x)$, $Q_z(x)$ bzw. $M_z(x)$, $M_y(x)$ vektoriell addiert werden, um die resultierenden Schnittreaktionen zu bekommen.

Wegen der Möglichkeit der Überlagerung genügt es, hier den Sonderfall paralleler Kräfte genauer zu untersuchen. Er ist überdies von großer praktischer Bedeutung, weil eine Belastung durch parallele Gewichtskräfte häufig vorkommt.

Fig. 2.36 zeigt den allgemeinen Fall einer Belastung durch parallele Einzelkräfte $\mathbf{F}_1, \ldots, \mathbf{F}_n$. Man erhält aus den gegebenen Kräften durch Aufstellen des Momentengleichgewichtes für die Lagerpunkte A und B die Lagerkräfte:

$$F_A = -\frac{1}{L} \sum_{i=1}^{n} F_i (L - \xi_i) \; ; \quad F_B = -\frac{1}{L} \sum_{i=1}^{n} F_i \xi_i \, . \tag{2.31}$$

Die hier vorkommenden Vektorkoordinaten F_i und ξ_i sind vorzeichenbehaftet. Die Vorzeichen von F_A und F_B werden durch Ausrechnen von (2.31) erhalten.

Da die Balkenachse senkrecht zu allen vorkommenden Kräften ist, wird $N \equiv 0$. Die anderen beiden Komponenten des Schnittwinders können bereichsweise leicht ausgerechnet werden. Man erhält aus den Bedingungen für Kraft- und Momentengleichgewicht des linken Balkenteiles die Querkräfte Q und die Momente M im Balkenfeld

$$
\begin{aligned}
1&: Q_1 = -F_A &&; \quad M_1 = -xF_A \\
2&: Q_2 = -F_A - F_1 &&; \quad M_2 = -xF_A - (x - \xi_1)F_1 \\
3&: Q_3 = -F_A - F_1 - F_2 &&; \quad M_3 = -xF_A - (x - \xi_1)F_1 - (x - \xi_2)F_2 \, ,
\end{aligned}
$$

allgemein im ν-ten Balkenfeld:

$$Q_\nu(x) = -F_A - \sum_{i=1}^{\nu-1} F_i \; ; \quad M_\nu(x) = -xF_A - \sum_{i=1}^{\nu-1} (x - \xi_i) F_i \, . \tag{2.32}$$

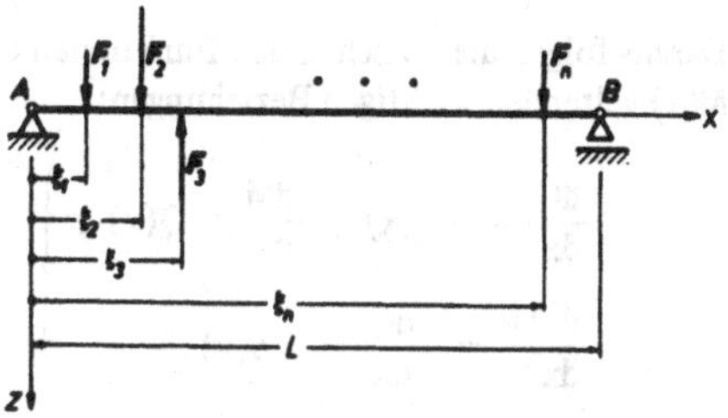

Fig. 2.36
Belastung durch parallele Kräfte

Die Summen dürfen hierbei nur über die links von der betrachteten Stelle x liegenden Kräfte erstreckt werden. In dem hier behandelten Fall einer Belastung durch Einzelkräfte ist Q(x) eine feldweise konstante, M(x) eine feldweise lineare Funktion.

Aus (2.31) und (2.32) lassen sich ohne Schwierigkeiten die entsprechenden Formeln für den Fall einer kontinuierlichen Belastung des Balkens ableiten. Hierzu wird die spezifische Längenbelastung

$$q(\xi) = \frac{dF}{d\xi} = \lim_{\Delta\xi \to 0} \frac{\Delta F}{\Delta \xi} \tag{2.33}$$

eingeführt (Fig. 2.37). Damit erhält man:

$$\left.\begin{aligned} F_A &= -\frac{1}{L}\int_0^L q(\xi)(L-\xi)\,d\xi\,, \\ F_B &= -\frac{1}{L}\int_0^L q(\xi)\,\xi\,d\xi\,, \end{aligned}\right\} \tag{2.34}$$

$$\left.\begin{aligned} Q(x) &= -F_A - \int_0^x q(\xi)\,d\xi\,, \\ M(x) &= -xF_A - \int_0^x q(\xi)(x-\xi)\,d\xi\,, \\ &= Q(x)x + \int_0^x q(\xi)\xi\,d\xi\,. \end{aligned}\right\} \tag{2.35}$$

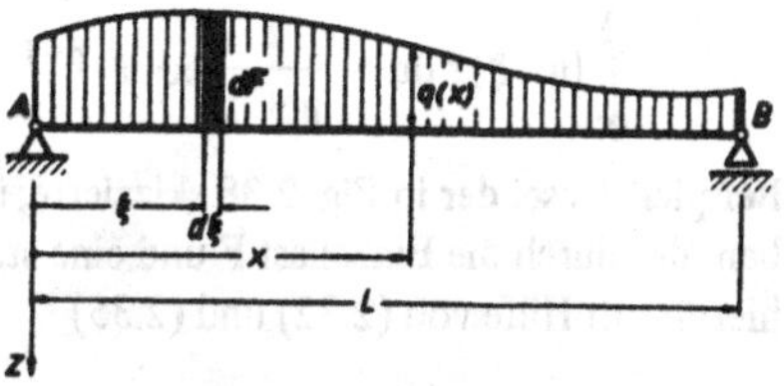

Fig. 2.37
Kontinuierliche Belastung eines Trägers

Daraus folgen die zwischen den Funktionen $q_z(x) = q(x)$, $Q_z(x) = Q(x)$ und $M_y(x) = M(x)$ geltenden wichtigen Beziehungen:

$$\left.\begin{aligned} &\frac{dQ}{dx} = -\,q(x)\ , \quad \frac{dM}{dx} = Q(x)\ , \\ &\frac{d^2M}{dx^2} = \frac{dQ}{dx} = -\,q(x)\,. \end{aligned}\right\} \tag{2.36}$$

Bei gegebener spezifischer Längenbelastung q(x) kann durch einmalige Integration die Querkraft Q(x), nach nochmaliger Integration das Moment M(x) gewonnen werden. Man beachte, daß die Beziehungen (2.36) an das in Fig. 2.34 verwendete Koordinatensystem und an die dabei getroffenen Vorzeichenfestsetzungen gebunden sind. Bei Balken, die sowohl stetig als auch durch Einzelkräfte belastet werden, lassen sich die angegebenen Formeln kombinieren.

Bei der Ausrechnung ist es oft sehr störend, daß man feldweise rechnen muß, und daß die bei Integrationen auftretenden Integrationskonstanten aus den Randbedingungen an den Feldergrenzen ermittelt werden müssen. Das ist besonders aufwendig, wenn man nicht nur den Querkraft- und Momenten-Verlauf, sondern auch die Durchbiegungen (Abschn. 3.4) berechnen will. Diese Schwierigkeiten können durch die Verwendung der Klammer-Funktion erheblich verringert werden.

Definition: Als K l a m m e r - F u n k t i o n (in geschweifter Klammer) wird eingeführt

$$\{x-\xi\}^p = \begin{cases} (x-\xi)^p & \text{für } x > \xi\,, \\ 0 & \text{für } x < \xi\,. \end{cases} \tag{2.37}$$

Insbesondere ist

$$\{x-\xi\}^0 = \begin{cases} 1 & \text{für } x > \xi\,, \\ 0 & \text{für } x < \xi \end{cases} \tag{2.38}$$

eine Einheits- S p r u n g f u n k t i o n.

Für die Klammer-Funktion gelten die Regeln:

$$\frac{d}{dx}\{x-\xi\}^p = p\{x-\xi\}^{p-1}\ , \tag{2.39}$$

$$\int_0^x \{u-\xi\}^p\,du = \frac{1}{p+1}\{x-\xi\}^{p+1} \tag{2.40}$$

Beispiel: Es sei der in Fig. 2.38 skizzierte, über das Lager B hinausragende Balken gegeben, der durch die Einzellast **F** und eine stetig verteilte Last q_0 belastet ist. Man erhält hierfür mit Hilfe von (2.32) und (2.35)

$$\left.\begin{aligned} q(x) &= q_0\{x-\xi_2\}^0 , \\ Q(x) &= -F_A\{x\}^0 - F\{x-\xi_1\}^0 - F_B\{x-b\}^0 - q_0\{x-\xi_2\}^1 , \\ M(x) &= -F_A\{x\}^1 - F\{x-\xi_1\}^1 - F_B\{x-b\}^1 - \frac{q_0}{2}\{x-\xi_2\}^2 . \end{aligned}\right\} \quad (2.41)$$

Die symbolische Schreibweise kann für jeden gegebenen Wert von x sofort in normalen Klartext umgeformt werden. So erhält man z.B.

$$\left.\begin{aligned} Q(\xi_2) &= -F_A - F , \\ M(b) &= -F_A b - F(b-\xi_1) - \frac{q_0}{2}(b-\xi_2)^2 . \end{aligned}\right\} \quad (2.42)$$

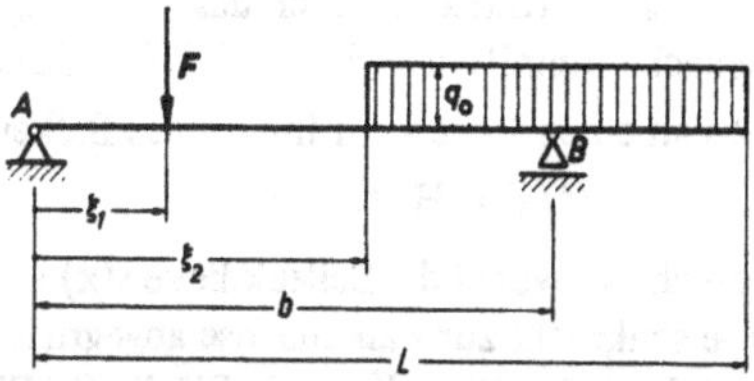

Fig. 2.38
Kombination von Einzellast und kontinuierlicher Last

A l l g e m e i n e r H i n w e i s: Bei der Bestimmung der Lagerreaktionen dürfen die äußeren Kräfte oder Momente durch einen äquivalenten Kraftwinder ersetzt werden. Jedoch hängen die inneren Kräfte und Momente von den Angriffspunkten der einzelnen äußeren Kräfte ab. Eine Zusammenfassung der äußeren Kräfte zu Resultierenden würde die Feldeinteilung verändern und damit zu falschen Ergebnissen bei der Bestimmung der inneren Kräfte führen.

2.5.3. Die Verwendung des Seilecks in der Balkenstatik. Als Beispiel für die Verwendung des Seileckverfahrens in der Balkenstatik ist in Fig. 2.39 ein durch 3 Kräfte F_1, F_2, F_3 belasteter Balken angenommen. Zu diesem System äußerer Kräfte wird nach

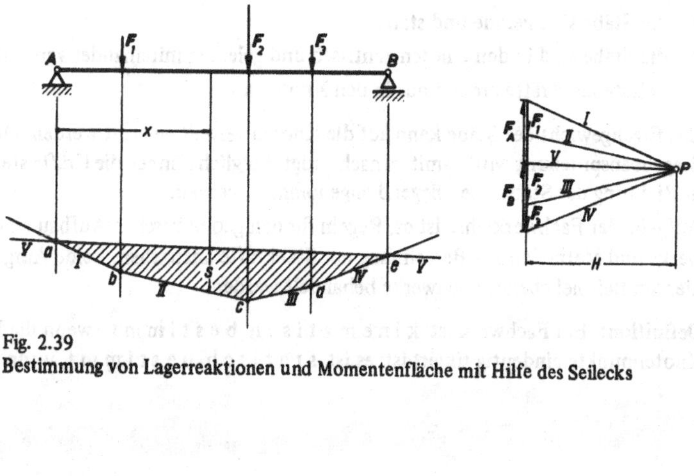

Fig. 2.39
Bestimmung von Lagerreaktionen und Momentenfläche mit Hilfe des Seilecks

Abschn. 2.3.1 mit Hilfe eines Kräfteplans ein Seileck a b c d e konstruiert. Damit lassen sich die Auflagerkräfte sowie die an einem beliebigen Punkte x im Balken vorhandenen inneren Momente bestimmen. Man nutzt hierzu die Tatsache aus, daß das Gleichgewicht eines Kräftesystems sowohl ein geschlossenes Krafteck als auch ein geschlossenes Seileck erfordert (Abschn. 2.3.2). Da die Wirkungslinie der Lagerreaktion F_B durch die Konstruktion des Lagers B vorgeschrieben ist, kann das Krafteck bei der gewählten Belastung nur durch zwei vertikale Kräfte F_A und F_B geschlossen werden, deren Summenvektor dem Summenvektor der äußeren Kräfte entgegengesetzt gleich ist. Das Seileck kann geschlossen werden, indem man die Punkte a und e miteinander verbindet. Zieht man eine Parallele zur Schlußlinie a-e im Kräfteplan durch den Pol P (Polstrahl V), so findet man die für das Gleichgewicht notwendige Aufteilung zwischen den Lagerkräften F_A und F_B. Die Kräftegruppe (F_A, F_1, F_2, F_3, F_B) ergibt ein geschlossenes Krafteck. Auch das zugehörige Seileck ist geschlossen, da es sich aus den Seileckabschnitten V, I, II, III, IV, V zusammensetzt.

Das an einer Stelle x im Innern des Balkens wirkende Moment wird nach (2.30) aus

$$M(x) = H\, s(x) \tag{2.43}$$

berechnet, wobei die Seileckdicke s(x) als Abstand des Seilecks von der Schlußlinie a–e senkrecht zur Balkenachse abgegriffen werden kann. Die zwischen dem Seileck und der Schlußlinie liegende Fläche (in Fig. 2.39 schraffiert) ist die Momentenfläche für den Balken. Bei der praktischen Anwendung dieser Konstruktion mit (2.43) müssen selbstverständlich die Maßstabsfaktoren für Kraft und Länge berücksichtigt werden.

Die Seileckkonstruktion läßt sich auch auf kompliziertere Balkenkonstruktionen, z.B. Gelenkbalken, übertragen und gestattet auch dort die Bestimmung der Auflagerkräfte sowie der Momentenfläche.

2.6. Fachwerke

Definition: Ein F a c h w e r k ist ein aus Stäben zusammengesetztes Tragwerk, bei dem die folgenden Bedingungen erfüllt sind:

- die Stäbe sind gerade und starr,
- die Stäbe sind in den Knoten zentrisch und gelenkig miteinander verbunden,
- belastende Kräfte greifen nur in den Knoten an.

Das Eigengewicht der Stäbe kann auf die Knoten verteilt gedacht werden. Die Biegebeanspruchung wird damit vernachlässigt. Folglich können die Kräfte stets als in Richtung der Stabachsen liegend angenommen werden.

Aufgabe der Fachwerklehre ist es, Regeln für den geometrischen Aufbau eines Fachwerks und Methoden zur Berechnung der Stabkräfte anzugeben. Beide Aufgaben sollen hier am Beispiel ebener Fachwerke behandelt werden.

Definition: Ein Fachwerk ist k i n e m a t i s c h b e s t i m m t , wenn die Lage aller Knotenpunkte eindeutig fixiert ist; es ist s t a t i s c h b e s t i m m t, wenn die Belastungen der Stäbe aus den Gleichgewichtsbedingungen berechnet werden können. Wenn s die Zahl der Stäbe und k die Zahl der Knoten eines Fachwerks ist, dann gilt der

Satz: Ein ebenes Fachwerk kann nur dann kinematisch und statisch bestimmt sein, wenn

$$s = 2k - 3 \tag{2.44}$$

gilt. Fachwerke mit $s > 2k - 3$ sind statisch unbestimmt, Fachwerke mit $s < 2k - 3$ sind kinematisch unbestimmt.

Die Bedingung (2.44) ist für *einfache Fachwerke* notwendig und hinreichend. Allgemein ist sie zwar notwendig, aber nicht hinreichend, weil ausgeartete Fälle vermieden werden müssen. Einfache Fachwerke sind so aus Dreiecksmaschen aufgebaut, daß ausgehend von einem Grunddreieck jeder weitere Knoten durch 2 zusätzliche Stäbe mit dem schon vorhandenen Teil des Fachwerkes verbunden ist (s. z.B. Fig. 2.40). Einfache Fachwerke lassen sich durch schrittweises Fortnehmen von je zwei Stäben vollständig abbauen, sie sind „abbrechbar". zwei Beispiele von nicht-einfachen Fachwerken, für die zwar (2.44) erfüllt ist, die aber weder kinematisch noch statisch bestimmt sind, zeigt Fig. 2.41.

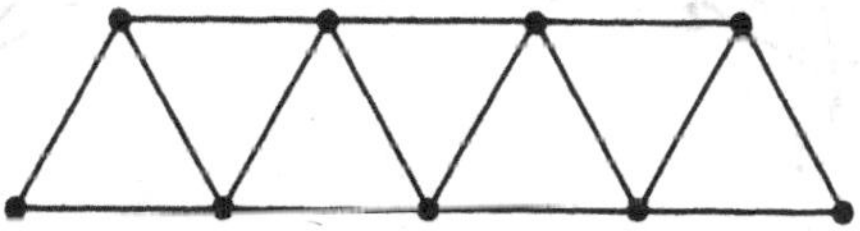

Fig. 2.40
Einfaches ebenes Fachwerk

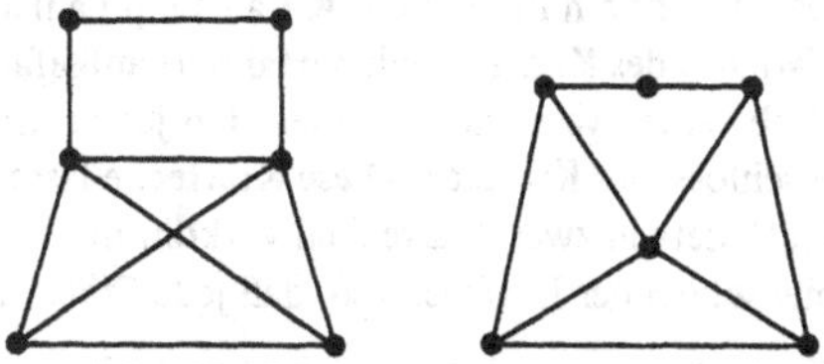

Fig. 2.41
Ausgeartete ebene Fachwerke

Zur *Bestimmung der Stabkräfte* gibt es rechnerische und grafische Verfahren. Drei derartige Verfahren sollen hier erwähnt werden.

Sehr allgemein anwendbar ist das *Knotenpunktverfahren*; dabei denkt man sich jeweils einen Knoten herausgeschnitten. Für diesen wird die Gleichgewichtsbedingung $\Sigma F = 0$ angeschrieben. Das ergibt für ebene Fachwerke insgesamt 2k skalare Gleichungen, die ausreichen, um $s = 2k - 3$ Stabkräfte und 3 Auflagerreaktionen zu berechnen. Das Verfahren eignet sich besonders für die Ausrechnung auf elektronischen Rechenanlagen.

Beim *Schnittverfahren* (nach Ritter) werden für abgeschnitten gedachte Teilfachwerke die Gleichgewichtsbedingungen $\Sigma M = 0$ bezüglich geeignet gewählter Momentenpunkte (i.a. Knotenpunkte des Fachwerks) aufgestellt. Daraus lassen sich die gesuchten Stabkräfte bestimmen. Das Verfahren ist zweckmäßig, wenn nur einzelne Stabkräfte gesucht werden. Ein Beispiel gibt Fig. 2.42. Soll beispielsweise die Stabkraft F_{IV} bestimmt werden, dann denkt man sich einen Schnitt 1–1 ausgeführt. Er schneidet die Stäbe IV, V, VI. Das abgeschnittene linke Teilstück des Fachwerks ist für sich im Gleichgewicht, wenn die Schnittkräfte F_{IV}, F_V, F_{VI} berücksichtigt werden. Stellt man jetzt die Bedingung des Momentengleichgewichtes für den Knoten C als Bezugspunkt auf, dann geht nur noch die gesuchte Kraft F_{IV} ein, da die Wirkungslinien der anderen beiden Stabkräfte durch C gehen. Also kann F_{IV} aus dieser einen Gleichung bestimmt werden. Um F_{VI} zu berechnen, kann man den gleichen Schnitt 1–1 und den Knoten E als Momentenbezugspunkt wählen, weil hierbei F_{IV} und F_V herausfallen.

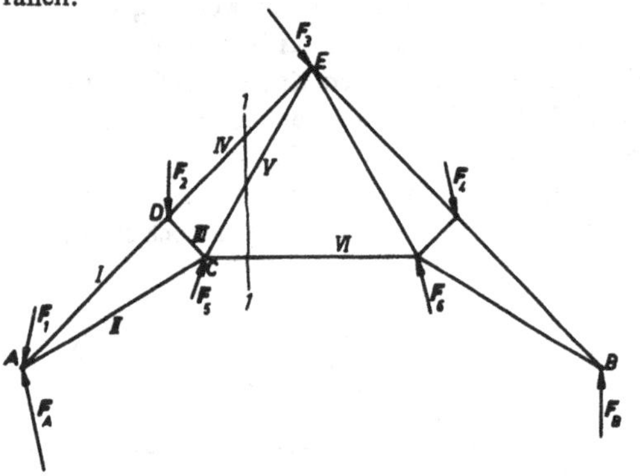

Fig. 2.42
Zum Schnittverfahren nach Ritter

Das Verfahren des Kräfteplans (Cremona-Plan) kann als zeichnerische Variante des Knotenpunktverfahrens aufgefaßt werden. Es kann bei ebenen, einfachen Fachwerken verwendet werden. Für jeden Knotenpunkt gibt die Bedingung $\Sigma \mathbf{F} = 0$ ein geschlossenes Krafteck. Diese Kraftecke lassen sich zusammenfügen, weil jede Stabkraft stets in zwei Kraftecken vorkommt. Bei dem Cremona-Plan geschieht das Zusammensetzen der Kraftecke so, daß jede Stabkraft nur einmal auftritt.

Bei nicht-ebenen Raumfachwerken gilt der

Satz: Ein Raumfachwerk kann nur dann kinematisch und statisch bestimmt sein, wenn

$$s = 3k - 6 \qquad (2.45)$$

gilt.

Für einfache (d.h. abbrechbare) Tetraeder-Fachwerke ist die Bedingung (2.45) zugleich notwendig und hinreichend für kinematische und statische Bestimmtheit. Tetraeder-Fachwerke entstehen dadurch, daß an ein Tetraeder weitere Knoten durch je 3 Stäbe angeschlossen werden.

Netz- und Flechtwerke, die als Kuppeln, als Tonnen- oder Pyramidennetzwerke verwendet werden, entstehen durch Aneinanderfügen von Dreiecken derart, daß ein Raum mantelartig umschlossen wird.

Zur Berechnung von Raum-Fachwerken stehen analytische und geometrische Methoden zu Verfügung, die als Verallgemeinerungen der bei ebenen Fachwerken angewendeten Verfahren aufgefaßt werden können.

2.7. Seilstatik

Bei Belastung durch Einzelkräfte nimmt ein gewichtsloses, biegeweiches Seil die Form eines Seilecks an, das nach dem im Abschn. 2.3.1 besprochenen Verfahren leicht konstruiert werden kann. Wird ein Seil durch stetig verteilte Kräfte belastet, dann erhält man anstelle eines Seilecks allgemeinere Seilkurven. Zwischen der Spannkraft $\mathbf{F}_s(x)$ des Seiles an einer Stelle x und der spezifischen Längenbelastung

$$q(x) = \lim_{\Delta x \to 0} \frac{\Delta \mathbf{F}}{\Delta x} = \frac{d\mathbf{F}}{dx} \qquad (2.46)$$

besteht ein Zusammenhang, der durch die allgemeine Seilgleichung

$$\frac{d\mathbf{F}_s}{dx} + q(x) = 0 \qquad (2.47)$$

ausgedrückt wird. Man erhält diese Gleichung durch Betrachten des Gleichgewichts für ein herausgeschnitten gedachtes Seilelement (Fig. 2.43 und 2.44):

$$\mathbf{F}_{s1} + \mathbf{F}_{s0} + \Delta \mathbf{F} = \Delta \mathbf{F}_s + q(x)\,\Delta x = 0\,.$$

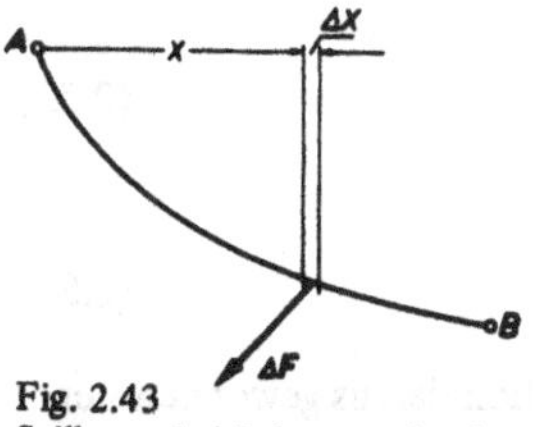

Fig. 2.43
Seilkurve bei Belastung durch beliebige, stetig verteilte Kräfte

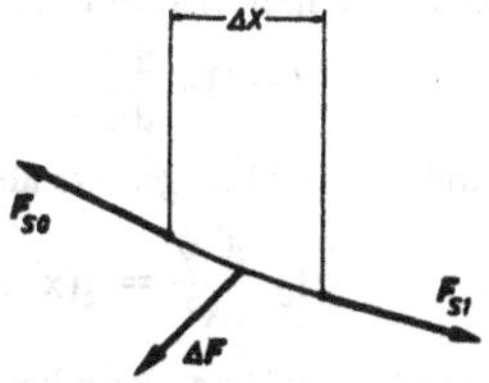

Fig. 2.44
Zur Ableitung der Seilgleichung

Mit dem Grenzübergang $\Delta x \to dx$ erhält man daraus (2.47). Durch Integration folgt die Seilkraft

$$\mathbf{F}_s = \mathbf{F}_0 - \int_0^x q(x)\,dx\,. \qquad (2.48)$$

Da das Seil an jeder Stelle die Richtung von $\mathbf{F}_s$ hat, wird die Form des Seiles erhalten, wenn man Linienelemente $\mathbf{F}_s \Delta s$ wie eine Gliederkette zusammenfügt. Die hierzu notwendige Integration soll für den am meisten interessierenden Fall eines Seiles in einer Vertikalebene gezeigt werden.

Wir betrachten eine Seilkurve y(x) in einer xy-Ebene (Fig. 2.45) Mit den Koordinatendarstellungen

$$\mathbf{F}_s = [H, V]\,;\, \mathbf{q}(x) = [0, -q(x)] \tag{2.49}$$

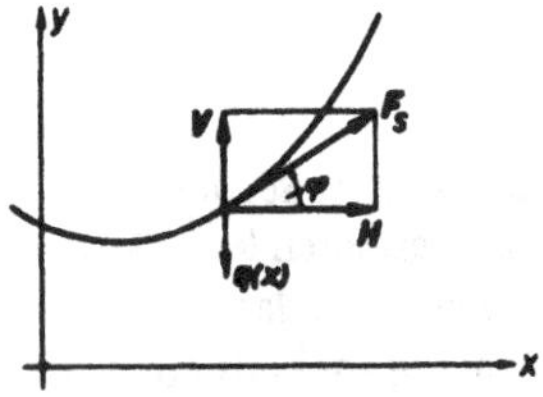

Fig. 2.45
Komponenten der Seilkraft $\mathbf{F}_S$

für die Spannkraft $\mathbf{F}_s$ und die spezifische Längenbelastung q(x) folgt aus (2.47)

$$\frac{dH}{dx} = 0\,; \qquad H = H_0 = \text{const}, \tag{2.50}$$

$$\frac{dV}{dx} = q(x)\,; \quad V = V_0 + \int_0^x q(x)\,dx\,. \tag{2.51}$$

F o l g e r u n g: Bei Seilen, die nur durch Gewichtskräfte belastet werden, ist die Horizontalkomponente H der Seilkraft konstant.

Für den Neigungswinkel φ der Seilkurve y(x) gilt

$$\tan\varphi = \frac{dy}{dx} = \frac{V}{H}\,. \tag{2.52}$$

Daraus erhält man mit (2.50)

$$V = H_0\,\frac{dy}{dx} \tag{2.53}$$

und in (2.51) eingesetzt als Gleichung für die Seilkurve:

$$H_0\,\frac{d^2y}{dx^2} = q(x)\,. \tag{2.54}$$

Ist q(x) gegeben, dann kann y(x) durch zweimalige Integration daraus gewonnen werden. Das soll an zwei Beispielen gezeigt werden.

Bei Seilen oder Ketten, die nur durch ihr Eigengewicht belastet sind, erhält man als Seilkurve die K e t t e n l i n i e. Für eine homogene Kette mit dem konstanten Gewicht p_0 je Einheitslänge und einem Bogenelement ds erhält man die spezifische Längenbelastung:

$$q(x) = p_0\,\frac{ds}{dx} = p_0\,\frac{\sqrt{(dx)^2+(dy)^2}}{dx} = p_0\sqrt{1+\left(\frac{dy}{dx}\right)^2}\,. \tag{2.55}$$

Damit folgt aus (2.54) die Differentialgleichung der Seilkurve:

$$H_0\,\frac{d^2y}{dx^2} = p_0\sqrt{1+\left(\frac{dy}{dx}\right)^2}\,. \tag{2.56}$$

Sie läßt sich mit der Substitution $u = dy/dx$ durch Trennung der Variablen integrieren:

$$\int \frac{du}{\sqrt{1+u^2}} = \frac{p_0}{H_0} \int dx$$

$$\operatorname{arsinh} u = \frac{p_0}{H_0} (x - x_0)$$

$$u = \frac{dy}{dx} = \sinh\left[\frac{p_0}{H_0} (x - x_0)\right] \tag{2.57}$$

$$y(x) = y_0 + \frac{H_0}{p_0} \cosh\left[\frac{p_0}{H_0} (x - x_0)\right] . \tag{2.58}$$

Mit $x_0 = y_0 = 0$ (Festlegen des Koordinaten-Nullpunktes) folgt

$$y(x) = \frac{H_0}{p_0} \cosh \frac{p_0 x}{H_0} . \tag{2.59}$$

Diese Kurve ist in Fig. 2.46 gezeichnet. Für praktische Fälle (Freileitungen) interessieren der Durchhang und die Seilkraft. Der D u r c h h a n g f folgt aus (2.59) zu

$$f = y(A) - y(0) = \frac{H_0}{p_0} \left[\cosh \frac{p_0 x_A}{H_0} - 1\right] . \tag{2.60}$$

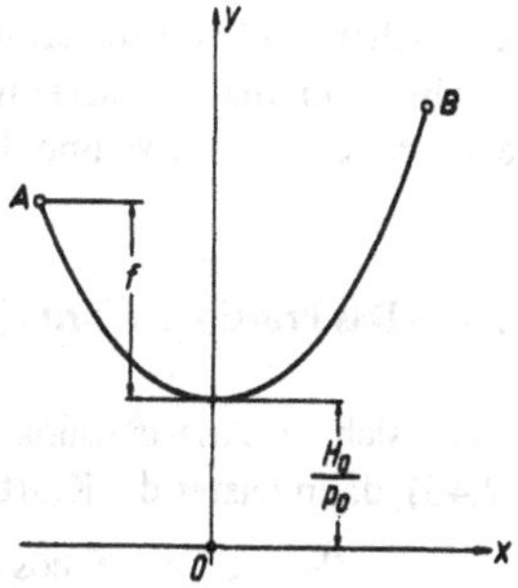

Fig. 2.46
Kettenlinie

Für den Betrag der Seilkraft findet man wegen (2.53) und (2.57)

$$F_s = \sqrt{H^2 + V^2} = H_0 \sqrt{1 + \sinh^2 \frac{p_0 x}{H_0}} = H_0 \cosh \frac{p_0 x}{H_0} \tag{2.61}$$

und wegen (2.59)

$$F_s = p_0 y . \tag{2.62}$$

Bei dem hier gewählten Koordinatensystem ist die Seilkraft also der Höhenkoordinate y direkt proportional: die größte Seilkraft tritt an der höchsten Stelle auf.

Bei straff gespannter Kette ist $dy/dx \ll 1$, so daß wegen (2.55) $q(x) \approx p_0 = \text{const}$ gesetzt werden kann. Eine bezüglich der x-Koordinate konstante Längenbelastung kann aber auch bei stark durchhängenden Seilen auftreten, wie dies z.B. bei einer Hängebrücke der Fall ist (Fig. 2.47). Mit $q = q_0 = \text{const}$ folgt aus (2.54) als Seilkurve die Parabel

$$y = C_2 + C_1 x + \frac{q_0}{2H_0} x^2 \tag{2.63}$$

mit den Konstanten C_1 und C_2. Für die Hängebrücke von Fig. 2.47 geht (2.63) mit dem eingezeichneten Koordinatensystem in

$$y = \frac{q_0}{2H_0} x(x-L) \tag{2.64}$$

über.

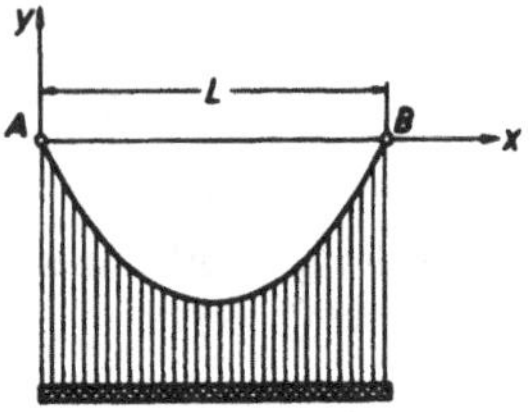

Fig. 2.47
Hängebrücke

Bei beliebigen Längenbelastungen q(x) kann die Seilkurve entweder analytisch durch zweimalige Integration von (2.54) berechnet oder durch ein Seileck angenähert und grafisch ermittelt werden. Eine derartige Näherungskonstruktion wird zur Bestimmung der Biegelinie eines Balkens oft verwendet, da die Differentialgleichungen der Seilkurve und der Biegelinie vom gleichen Typ sind.

2.8. Das Prinzip der virtuellen Arbeit

Wenn sich der Angriffspunkt einer Kraft **F** um die kleine Strecke d**r** verschiebt (Fig. 2.48), dann leistet die Kraft dabei die Arbeit

$$dW = \mathbf{F}\, d\mathbf{r} = F \cos\alpha\, dr\,. \tag{2.65}$$

Mit $\mathbf{F} = [F_x, F_y, F_z]$ und $d\mathbf{r} = [dx, dy, dz]$ hat man

$$dW = F_x dx + F_y dy + F_z dz\,. \tag{2.66}$$

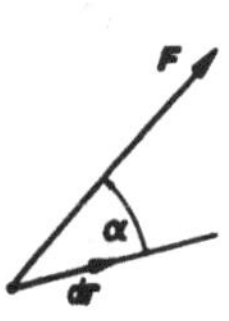

Fig. 2.48
Zur Definition der Arbeit

Greifen an einem System mehrere Kräfte $\mathbf{F}_i$ an, so ist die gesamte Arbeit

$$dW = \sum_{i=1}^{n} (F_{xi}dx_i + F_{yi}dy_i + F_{zi}dz_i)\,. \tag{2.67}$$

Neben den wirklich auftretenden Verschiebungen $d\mathbf{r}$ wird in der Statik auch mit *virtuellen Verschiebungen* $\delta\mathbf{r}$ gearbeitet. Darunter werden kleine, mit den geometrischen Bindungen des betrachteten Systems im allgemeinen verträgliche Verschiebungen verstanden, die nicht wirklich aufzutreten brauchen. Die wirklichen (aktuellen) Verschiebungen bilden eine Untergruppe der virtuellen. Für die mit den virtuellen Verschiebungen gebildete virtuelle Arbeit δW gilt das

Prinzip der virtuellen Arbeit: Ein mechanisches System befindet sich im Gleichgewicht, wenn die virtuelle Arbeit der einwirkenden Kräfte verschwindet:

$$\delta W = \sum_{i=1}^{n} (F_{xi}\delta x_i + F_{yi}\delta y_i + F_{zi}\delta z_i) = 0\,. \tag{2.68}$$

Es gilt auch die *Umkehrung*: Wenn ein mechanisches System im Gleichgewicht ist, dann verschwindet die virtuelle Arbeit δW der an ihm angreifenden Kräfte.

Das Prinzip der virtuellen Arbeit bewährt sich als wichtiger Arbeitssatz der Statik nicht nur bei starren, sondern auch bei deformierbaren Körpern. In der Stereo-Statik ist die Anwendung dieses Prinzips zur Bestimmung von Kräften oft einfacher als das Ausrechnen mit Hilfe der Gleichgewichtsbedingungen. Es ist stets dann vorteilhaft, wenn die geometrischen Beziehungen für die Verschiebungen eines mechanischen Systems leichter zu formulieren sind, als die Gleichgewichtsbedingungen zwischen den äußeren Kräften.

Bei der Anwendung des Prinzips sind zwei Fälle zu unterscheiden, je nachdem ob das betrachtete System bereits von sich aus eine Bewegungsmöglichkeit besitzt oder ob es aufgrund der vorhandenen Bindungen im Raum fixiert ist. Für beide Fälle soll je ein Beispiel betrachtet werden.

1. Beispiel: Aufrichten eines Mastes mit Hilfe eines Flaschenzuges (Fig. 2.49). Es soll die zum Aufrichten notwendige Kraft **F** am Ende des mit 4 Rollen versehenen Fla-

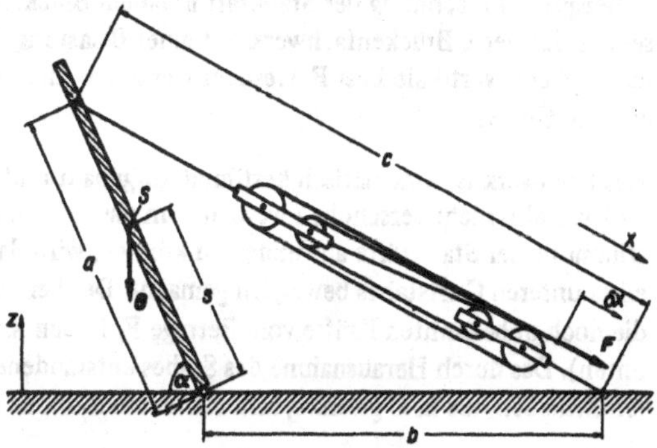

Fig. 2.49
Aufrichten eines Mastes mit einem Flaschenzug

schenzuges bestimmt werden. Mit den Bezeichnungen von Fig. 2.49 hat man als virtuelle Arbeit der äußeren Kräfte G und F bei Berücksichtigung der gewählten x- und z-Richtungen:

$$\delta W = -G\,\delta z + F\,\delta x = 0\,. \tag{2.69}$$

Dabei ist die Arbeit des Gewichts G negativ anzusetzen, weil G und die positive Verschiebung δz entgegengesetzte Richtungen haben. Man gibt jetzt die Verschiebungen δx und δz zweckmäßigerweise in Abhängigkeit von $\delta\alpha$ an.

Aus $z_S = s \sin\alpha$ folgt $\delta z_S = s \cos\alpha\,\delta\alpha$.

Für den gezeichneten Flaschenzug gilt $\delta x = -5\,\delta c$. (Die Verschiebung des Kraftangriffspunktes in positiver x-Richtung bewirkt eine Verkürzung der Strecke c).
Eine Beziehung zwischen c und α folgt aus dem Kosinussatz:

$$c^2 = a^2 + b^2 + 2ab\cos\alpha\,,$$

oder abgeleitet:

$$2c\,\delta c = -2ab\sin\alpha\,\delta\alpha\,.$$

Damit folgt

$$\delta x = \frac{5ab}{c}\sin\alpha\;\delta\alpha$$

und aus (2.69)

$$\delta W = \left(-Gs\cos\alpha + F\frac{5ab}{c}\sin\alpha\right)\delta\alpha = 0\,.$$

Also wird

$$F = \frac{Gsc}{5ab}\cot\alpha = \frac{Gs\cot\alpha}{5ab}\sqrt{a^2 + b^2 + 2ab\cos\alpha}\,. \tag{2.70}$$

2. Beispiel: Berechnung der Stabkraft in einem Brückenfachwerk (Fig. 2.50). Gegeben sei das skizzierte Brückenfachwerk mit einer Belastung der drei unteren Knotenpunkte durch je eine vertikale Last F. Gesucht werde z.B. die Beanspruchung der Stäbe des unteren Gurtes.

Das Fachwerk ist kinematisch bestimmt aufgebaut und kinematisch bestimmt gelagert. Es kann also nicht verschoben werden. Um das Prinzip der virtuellen Arbeit zur Bestimmung der Stabkräfte anwenden zu können, wird das System durch Zerschneiden eines unteren Gurtstabes beweglich gemacht. Der herausgenommene Stab wird durch die noch unbekannten Kräfte vom Betrage F_s in den Knotenpunkten ersetzt (Fig. 2.50 unten). Das durch Herausnahme des Stabes entstandene System besteht aus zwei starren Scheiben, die in C gelenkig miteinander verbunden sind. Wenn die linke Scheibe

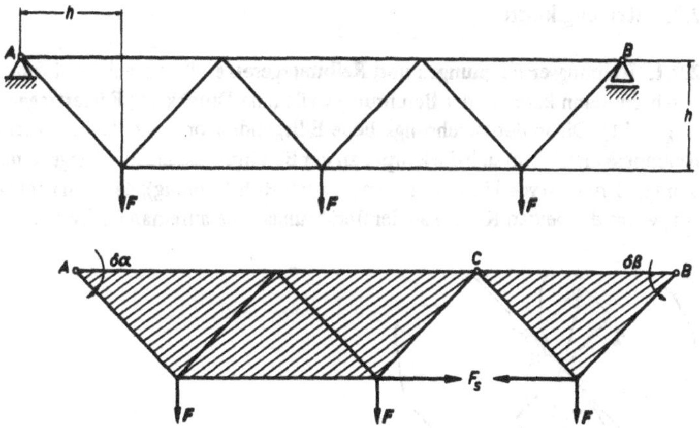

Fig. 2.50
Bestimmung einer Stabkraft F_S mit Hilfe des Prinzips der virtuellen Arbeit

um den Lagerpunkt A die kleine virtuelle Drehung $\delta\alpha$ ausführt, dann dreht sich die rechte Scheibe in entgegengesetztem Sinne um den Winkel $\delta\beta = 2\delta\alpha$. Damit lassen sich leicht die horizontalen und vertikalen Verschiebungen der Kraftangriffspunkte berechnen. Die Verschiebemöglichkeit des losen Lagers B ist dabei ohne Einfluß. Man erhält für die virtuelle Arbeit

$$\delta W = Fh\,\delta\alpha + F3h\,\delta\alpha - F_s h\,\delta\alpha + Fh\,\delta\beta - F_s h\,\delta\beta$$
$$= 3h\,\delta\alpha\,(2F - F_s) = 0$$

also

$$F_s = 2F. \tag{2.71}$$

Die unteren Gurtstäbe werden also durch die Kraft 2F auf Zug belastet. Man beachte, daß die Reaktionskräfte in den Lagern A und B bei dieser Rechnung nicht gebraucht werden; sie leisten bei der betrachteten virtuellen Verschiebung keine Arbeit. Deshalb führt das Prinzip der virtuellen Arbeit im vorliegenden Fall einfacher zum Ziel, als die in Abschn. 2.6 beschriebene Schnittmethode nach Ritter. Es ist keineswegs notwendig, das betrachtete System vollständig frei zu machen; vielmehr genügt es, dem System eine solche Bewegungsmöglichkeit zu geben, daß die gesuchten Kräfte einen Anteil zur virtuellen Arbeit leisten. Das kann meist – wie im betrachteten Beispiel – so geschehen, daß keine anderen unbekannten Kräfte in der Arbeitsgleichung vorkommen.

Bei der Anwendung des Prinzips der virtuellen Arbeit in der Stereostatik benötigt man häufig die allgemeinen Gesetze für die Bewegung starrer Körper, die in der Kinematik (Kapitel 5) ausführlicher besprochen werden. Mit ihrer Hilfe lassen sich die virtuellen Verschiebungen in sehr allgemeiner Weise formulieren.

2.9. Reibungskräfte

2.9.1. Reibungserscheinungen und Reibungsgesetze. Wenn sich zwei feste Körper berühren, dann kann an der Berührungsstelle eine Druckkraft **F** übertragen werden (Fig. 2.51). Die in der Berührungsebene E liegende Komponente $\mathbf{F_R}$ dieser Kraft heißt Reibungskraft. Wenn sich die Körper an der Berührungsstelle nicht gegeneinander bewegen, dann spricht man von H a f t r e i b u n g (auch Ruh-Reibung); dagegen liegt G l e i t r e i b u n g vor, wenn die beiden Körper an der Berührungsstelle aufeinander gleiten.

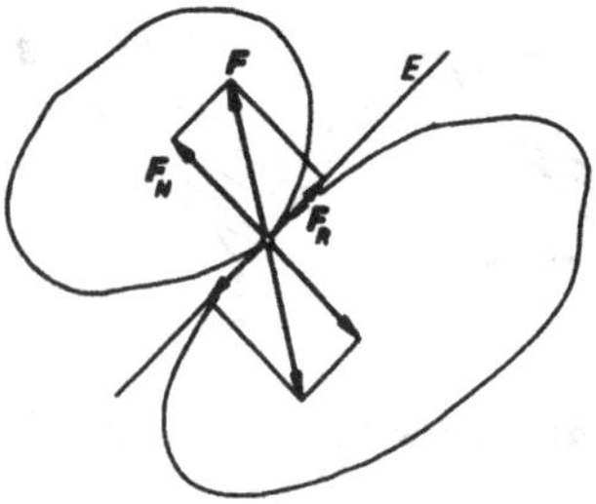

Fig. 2.51
Reibungskraft $\mathbf{F_R}$ und Normalkraft $\mathbf{F_N}$ als Komponenten der Berührungskraft **F** zwischen zwei Körpern

Versuche zeigen, daß der Betrag der Haftreibungskraft F_{R0} einen bestimmten Maximalwert nicht überschreiten kann:

$$F_{R0} \leq \mu_0 F_N = \mathrm{Max}(F_{R0})\,. \tag{2.72}$$

Darin ist F_N der Betrag der normal zur Berührungsebene stehenden Komponente der Kraft **F**; μ_0 ist der H a f t r e i b u n g s b e i w e r t oder die Haftreibungszahl.

Die Haftreibungskraft ist eine Reaktionskraft, die innerhalb der durch (2.72) gegebenen Grenze stets eine solche Größe annimmt, daß Gleichgewicht (Haften) vorhanden ist. Beispiel: bei dem auf einer schiefen Ebene liegenden Körper von Fig. 2.52 nehmen die Reaktionskräfte $\mathbf{F_R}$ und $\mathbf{F_N}$ gerade solche Werte an, daß sie mit der eingeprägten Gewichtskraft **G** im Gleichgewicht sind. Bei einer Vergrößerung der Neigung der Ebene muß auch $\mathbf{F_R}$ entsprechend größer werden, damit das Gleichgewicht erhalten bleibt. Ist der für Gleichgewicht notwendige Betrag der Tangentialkraft größer als der Maximalwert von F_R, dann ist kein Haften mehr möglich; der Körper rutscht ab.

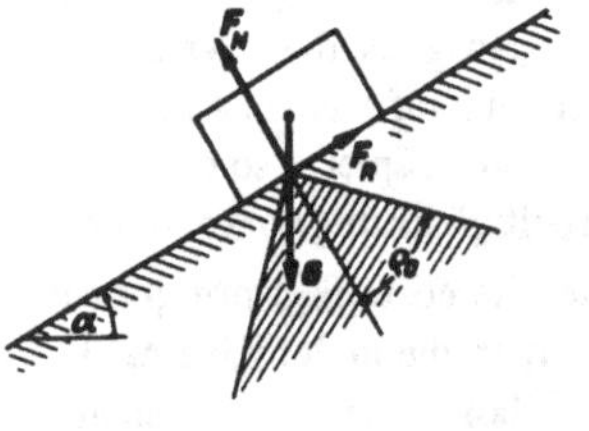

Fig. 2.52
Gleichgewicht eines Körpers auf der schiefen Ebene

Versuche mit der schiefen Ebene (nach Fig. 2.52) gestatten eine einfache Bestimmung des Grenzwertes der Haftreibung. Mit der Gleichgewichtsbedingung

$$F_R - G \sin\alpha = 0$$

und dem oberen Grenzwert für die Haftreibung

$$F_R = \mu_0 F_N = \mu_0 G \cos\alpha$$

erhält man den Haftreibungsbeiwert

$$\mu_0 = \tan\alpha ,$$

wobei α der Grenzwinkel ist, bei dem der Körper gerade noch nicht abrutscht.
Bei der Lösung von Reibungsproblemen verwendet man häufig den R e i b u n g s - w i n k e l ρ_0, der durch

$$\tan\rho_0 = \mu_0, (0 \leqslant \rho_0 \leqslant \tfrac{\pi}{2}) \tag{2.73}$$

definiert ist. Als R e i b u n g s k e g e l wird ein gerader Kreiskegel bezeichnet, dessen Achse senkrecht zur Berührungsebene der Körper steht und dessen Mantellinien mit der Achse den Winkel ρ_0 einschließen. Es gilt der

Satz: Ein Körper haftet durch Reibung auf einem anderen, wenn die Resultierende der an ihm angreifenden äußeren Kräfte innerhalb des Reibungskegels liegt.

In Fig. 2.52 ist der Schnitt des Reibungskegels mit der Zeichenebene skizziert. Der Vektor der äußeren Kraft **G** liegt hier innerhalb des Reibungskegels.
Wenn zwei Körper an der Berührungsstelle relativ zueinander gleiten, dann ist die dabei auftretende Gleitreibung eine eingeprägte Kraft, deren Betrag aus der Beziehung

$$F_R = \mu F_N \tag{2.74}$$

berechnet werden kann. Der Faktor μ ist der G l e i t r e i b u n g s b e i w e r t; er ist i. allg. kleiner als der Haftreibungsbeiwert μ_0. Die Beziehungen (2.72) und (2.74) werden als C o u l o m b s c h e R e i b u n g s g e s e t z e bezeichnet. Sie können als praktisch meist brauchbare, aber keineswegs völlig befriedigende Zusammenfassung empirischer Ergebnisse betrachtet werden. Tatsächlich hängen die Reibungswerte μ_0 und μ noch von zahlreichen Faktoren, z.B. Material, Oberflächenbeschaffenheit, Temperatur, Normalkraft F_N und Gleitgeschwindigkeit ab. Die Werte der folgenden Tabelle sollen eine ungefähre Vorstellung von der Größe der Reibungsbeiwerte geben:

Material-Paarung	Haft-Reibungsbeiwert μ_0		Gleit-Reibungsbeiwert μ	
	trocken	geschmiert	trocken	geschmiert
Stahl auf Stahl	0,15 – 0,3	0,1	0,1	0,01 – 0,07
Stahl auf Eis	0,03	–	0,01	–
Holz auf Holz	0,5	0,2	0,3	0,1
Leder auf Metall	0,6	0,2	0,2	0,1
Gummi auf Asphalt	0,8	0,2	0,5	0,1

2.9.2. Anwendungen der Reibungsgesetze, Selbsthemmung. Ein einfacher Fall von Selbsthemmung die bei Reibungsproblemen eine große Rolle spielt, liegt bei dem in Fig. 2.52 dargestellten Beispiel vor: der auf der schiefen Ebene befindliche Körper rutscht nicht ab (Selbsthemmung) wenn $\alpha < \rho_0$ gilt. Einen typischen Anwendungsfall für Selbsthemmung zeigt Fig. 2.53: bei einem Stativ kann eine Muffe mit wenig Spiel auf der Stativstange gleiten. Bei einseitiger Belastung der Muffe wird die Berührung zwischen Muffe und Stange nur in der Umgebung der Punkte A und B stattfinden. Konstruiert man die Reibungskegel für diese beiden Punkte, dann durchdringen sie sich teilweise und überdecken sich in der Zeichenebene ab Punkt C. Wenn die Wirkungslinie der Gesamtkraft (Gewicht von Muffe und Belastung) den Überdeckungsbereich der Reibungskegel schneidet, dann tritt Selbsthemmung auf, andernfalls rutscht die Muffe ab. So wird die Muffe mit der Kraft $\mathbf{F}_1$ gehemmt, mit der Kraft $\mathbf{F}_2$ rutscht sie ab. Das läßt sich wie folgt einsehen: man verbinde den Angriffspunkt von $\mathbf{F}_1$ mit A und B; Die Kraft $\mathbf{F}_1$ kann dann stets in zwei Komponenten in Richtung dieser Verbindungslinien zerlegt werden. Da beide Komponenten innerhalb der Reibungskegel liegen, tritt kein Gleiten auf. Für die Kraft $\mathbf{F}_2$ gibt es dagegen keine Zerlegung, bei der beide Komponenten gleichzeitig innerhalb der Reibungskegel liegen; die Muffe rutscht also ab.

Ein in der Technik viel verwendetes Hilfsmittel zur Vergrößerung von Reibungswirkungen ist die Keilnut nach Fig. 2.54. Die den Keil belastende Kraft F wird durch die Vertikalkomponenten der Normalkräfte F_N aufgenommen:

$$F = 2\, F_N \sin\alpha\,. \tag{2.75}$$

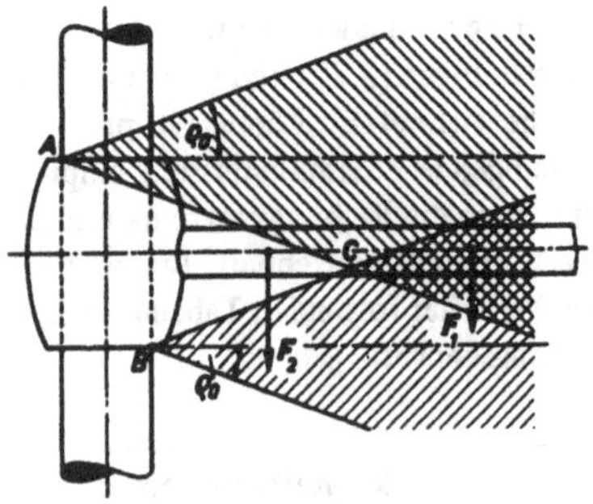

Fig. 2.53
Selbsthemmung bei der Stativmuffe

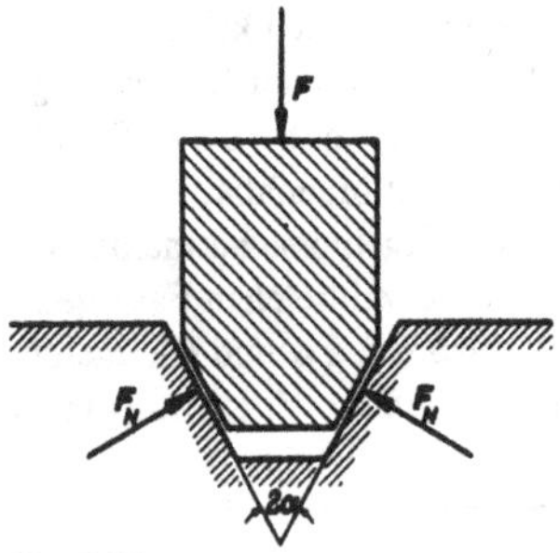

Fig. 2.54
Reibungswirkungen bei einer Keilnut

Die Reibungskraft, die einer Verschiebung des Keils längs der Nut entgegenwirkt, geht in (2.75) nicht ein, da sie senkrecht zur Zeichenebene steht. Sie kann aus

$$F_R \le 2\,\mu_0\, F_N = \frac{\mu_0 F}{\sin\alpha} = \mu_0' F$$

berechnet werden. Durch einen Vergleich mit (2.72) erkennt man, daß wegen $\mu_0' = \mu_0/\sin\alpha > \mu_0$ die maximal übertragbare Reibungskraft zwischen Keil und Nut größer ist als bei zwei Körpern mit ebener Berührungsfläche bei gleicher Belastung. Man erhält eine um den Faktor $1/\sin\alpha$ vergrößerte übertragbare Maximalkraft (Keilriemen!).

Als weiteres Beispiel sei eine flachgängige Schraube betrachtet (Fig. 2.55), wie sie z.B. bei Pressen verwendet werden. Die Schraube soll durch das Moment M hineingeschraubt werden und dabei eine Gegenkraft F erzeugen. Die Kraftübertragung zwischen Schraube und Gewinde geschieht an den Flanken der Schraubengänge. Die auf ein Flächenelement wirkenden Teilkräfte ΔF_N und ΔF_R liefern die Beiträge

$$\Delta M^* = r(\Delta F_N \sin\alpha + \Delta F_R \cos\alpha) \tag{2.77}$$

für das Reaktionsmoment zu M und

$$\Delta F^* = \Delta F_N \cos\alpha - \Delta F_R \sin\alpha \tag{2.78}$$

für die Reaktionskraft zu F. Beim Einschrauben muß die Haftgrenze überschritten werden; im Grenzfall gilt nach (2.72) und (2.73)

$$\Delta F_R = \mu_0 \Delta F_N = \tan\rho_0 \, \Delta F_N \,. \tag{2.79}$$

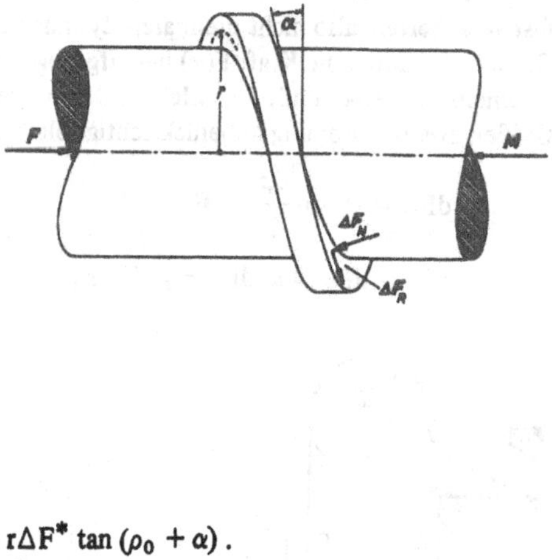

Fig. 2.55
Flachgängige Schraube

Damit folgt aus (2.78) bzw. (2.77)

$$\Delta F^* = \Delta F_N \frac{\cos(\rho_0 + \alpha)}{\cos\rho_0} \,,$$

$$\Delta M^* = r\Delta F_N \frac{\sin(\rho_0 + \alpha)}{\cos\rho_0} = r\Delta F^* \tan(\rho_0 + \alpha) \,.$$

Durch Summieren über alle Teilmomente längs des Gewindes folgt

$$M^* = \Sigma\Delta M^* = r\tan(\rho_0 + \alpha)\,\Sigma\Delta F^* = rF^*\tan(\rho_0 + \alpha)$$

also

$$M_H = rF\tan(\rho_0 + \alpha) \,. \tag{2.80}$$

Zum Hineinschrauben der Schraube muß dieses Grenzmoment M_H überschritten werden. Will man die Schraube herausschrauben, dann ändert sich die Richtung der Reibungskraft ΔF_R. Das kann durch eine Änderung des Vorzeichens von ρ_0 berücksichtigt werden. Deshalb ergibt sich ein zu M_H entgegengesetzt gerichtetes Löse-Grenzmoment vom Betrag

$$M_L = rF \tan(\rho_0 - \alpha) . \tag{2.81}$$

Das Lösemoment wird negativ für $\alpha > \rho_0$; das bedeutet, daß die Schraube durch die Gegenkraft **F** von selbst herausgedrückt wird. Dieser Fall tritt z.B. beim Drillbohrer auf. Selbsthemmung ist für $\rho_0 > \alpha$ vorhanden; das muß für Befestigungsschrauben gefordert werden. Bei diesen verwendet man meist Spitzgewinde, weil dann ein $\rho_0' > \rho_0$ wirksam ist, ähnlich wie dies bei der Keilnut berechnet wurde.

Wichtiger Hinweis: Beim Ausrechnen des Kräftegleichgewichts müssen die Reibungskräfte vorzeichenrichtig eingesetzt werden. Die Richtung der Reibungskräfte ergibt sich aus der Tatsache, daß die Reibungen stets der Bewegung entgegenwirken, die ohne die Reibungskräfte entstehen würde. Bei falsch angesetzter Richtung für die Reibungskraft können, wie man am Beispiel der Schraube leicht nachprüfen kann, falsche Ergebnisse erhalten werden.

In der Technik wird häufig von der S e i l r e i b u n g Gebrauch gemacht. Wir wollen als Beispiel hier den in Fig. 2.56 skizzierten Fall berechnen, bei dem das Seil über einen fest verankerten, also nicht drehbaren Zylinder läuft. Zunächst nehmen wir an, daß das Gewicht F_0 durch die Kraft $F(\varphi)$ heraufgezogen werden soll. Das Kräftegleichgewicht an einem Seilelement mit dem kleinen Öffnungswinkel $d\varphi$ (Fig. 2.57) ergibt, wenn Größen zweiter Ordnung unberücksichtigt bleiben:

$$dF_N = 2F \sin\frac{d\varphi}{2} = F\, d\varphi$$

$$dF = dF_R = \mu_0 dF_N = \mu_0 F\, d\varphi .$$

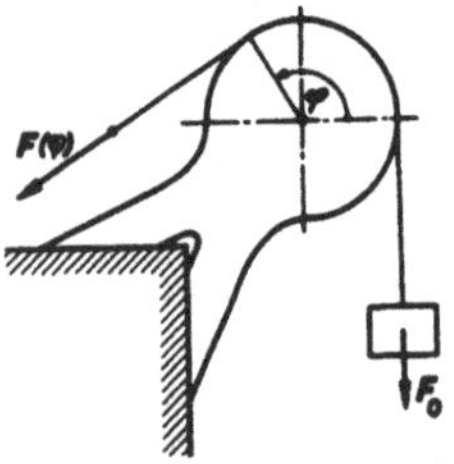

Fig. 2.56
Reibung eines Seils an einem Zylindermantel

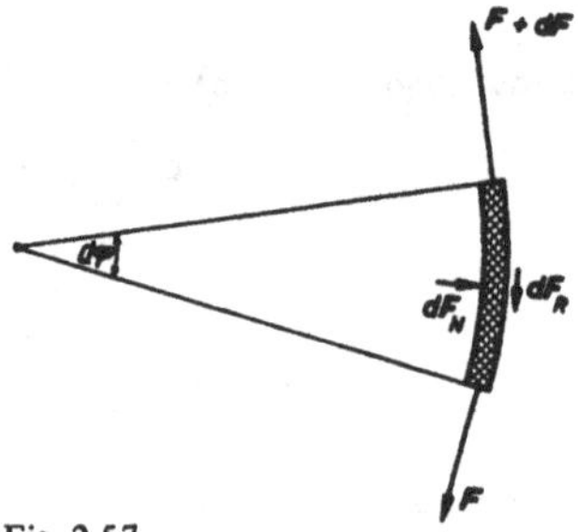

Fig. 2.57
Zur Ableitung der Seilreibungsformel

Diese Differentialbeziehung kann durch Trennung der Variablen integriert werden:

$$\int_{F_0}^{F} \frac{dF}{F} = \ln F - \ln F_0 = \mu_0 \int_0^{\varphi} d\varphi = \mu_0 \varphi , \tag{2.82}$$

$$F = F_0\, e^{\mu_0 \varphi} \quad \text{(Euler-Eytelweinsche Formel).}$$

Bei Herunterlassen der Last F_0 ändert sich die Richtung der Reibungskraft, also das Vorzeichen von μ_0. Man erhält hierfür:

$$F = F_0 \, e^{-\mu_0 \varphi} \,. \tag{2.83}$$

Die Kraftvergrößerung (oder -verkleinerung) infolge der Seilreibung ist zahlenmäßig sehr beachtlich: mit $\mu_0 = 0{,}5$ erhält man bei $\varphi = \pi$ bereits den Vergrößerungs-Faktor 4,8 und bei einmaligem Umschlingen des Zylinders ($\varphi = 2\pi$) den Faktor 23.

2.10. Fragen

1. Welches ist die Einheit der Kraft und wie ist sie definiert?
2. Unter welcher Voraussetzung kann die Kraft als ein linienflüchtiger Vektor betrachtet werden?
3. Was bedeutet statische Äquivalenz zweier Kräftegruppen?
4. Welches ist die Aussage des Schnittprinzips?
5. Was ist ein Kraftwinder?
6. Welche Komponente des Kraftwinders ändert sich bei einem Wechsel des Bezugspunktes?
7. Welche Formen kann ein Kraftwinder haben, der einem ebenen Kräftesystem äquivalent ist?
8. Welchen Bedingungen muß ein Kräftesystem genügen, wenn es im Gleichgewicht sein soll?
9. Wieviele Gleichgewichtsbedingungen gibt es bei einem ebenen Kräftesystem?
10. Welche Bedingung muß erfüllt sein, wenn 3 Kräfte im Gleichgewicht sein sollen?
11. Was sind äußere Kräfte?
12. Ist die Gewichtskraft eine eingeprägte Kraft oder eine Reaktionskraft?
13. Welche Richtung hat die Gewichtskraft?
14. Wie kann der Schwerpunkt eines Körpers definiert werden?
15. Wann fällt der Schwerpunkt mit dem Volumen-Mittelpunkt zusammen?
16. Wo liegt der Schwerpunkt zweier Teilmassen m_1 und $m_2 = 3\,m_1$, deren Teilschwerpunkte einen Abstand von 4 m haben?
17. Was leistet das Seileckverfahren?
18. Wie kann ein Seileck gedeutet werden?
19. Wie kann man beim Seileckverfahren erkennen, ob eine Kräftegruppe im Gleichgewicht ist?
20. Welche besondere Eigenschaft hat das Seileck eines Kräftepaares?
21. Wann ist ein Körper kinematisch bestimmt gelagert?
22. Wann ist ein Körper 3-fach statisch unbestimmt gelagert?
23. Wie groß ist die Zahl der Lagerreaktionen in einem Kugelgelenk?

24. Welche Beziehungen stehen zur Bestimmung von Lagerreaktionen zur Verfügung?
25. Wie sind die inneren Kräfte, Normalkraft N, Querkraft Q und Biegemoment M bei einem Balken definiert?
26. Welche Beziehungen gelten zwischen q(x), Q(x) und M(x) bei einem Balken?
27. Wie kann die Momentenfläche eines Balkens mit Hilfe des Seileckverfahrens bestimmt werden?
28. Welche Richtung haben die inneren Kräfte eines Fachwerkes?
29. Welche Bedingung muß erfüllt sein, wenn ein ebenes Fachwerk statisch und kinematisch bestimmt sein soll?
30. Was ist ein einfaches Fachwerk?
31. Wie verfährt man beim Schnittverfahren zur Bestimmung der Stabkräfte eines Fachwerkes?
32. Wann ist die Horizontalkomponente der Seilkraft eines belasteten Seiles konstant?
33. Was ist eine Kettenlinie und durch welche Funktion wird sie beschrieben?
34. Was ist eine virtuelle Verschiebung?
35. Wie kann das Prinzip der virtuellen Arbeit formuliert werden?
36. Wie lassen sich innere Kräfte von kinematisch bestimmten Systemen mit Hilfe des Prinzips der virtuellen Arbeit bestimmen?
37. Wie lauten die Coulombschen Reibungsgesetze?
38. Bei welcher Neigung beginnt ein auf einer schiefen Ebene liegender Körper abzurutschen?
39. Warum ist bei einer Druckschraube das zum Hereinschrauben notwendige Moment größer als das zum Lösen erforderliche?
40. Wie kommt es, daß man ein Schiff mit Hilfe eines um einen Poller geschlungenen Taus abbremsen kann?

3. Elasto-Statik

Zur Dimensionierung von Bauteilen müssen deren innere Beanspruchungen bekannt sein. Sie lassen sich nicht aus den Gleichgewichtsbedingungen berechnen, da die Aufgabe statisch unbestimmt ist. Das Problem wird erst lösbar bei Berücksichtigen der Verformungen und ihres durch die Stoffgesetze bestimmten Zusammenhanges mit den Spannungen im Bauteil. Als einfachstes Modell für den Werkstoff wird hier der elastische Körper verwendet. Seine Verformungen sollen klein bleiben und zu den Beanspruchungen proportional sein (Theorie erster Ordnung für linear-elastische Körper). Außerdem wird hier der Werkstoff als homogen und isotrop angenommen. Unter diesen Voraussetzungen können bereits wichtige theoretische Hilfsmittel für eine allgemeine Festigkeitslehre gewonnen werden.

3.1. Spannungen und Dehnungen

3.1.1. Der Spannungszustand. Im Inneren eines beanspruchten Bauteils treten S p a n n u n g e n auf, die durch den Grenzwert

$$p = \lim_{\Delta A \to 0} \frac{\Delta F}{\Delta A} = \frac{dF}{dA} \tag{3.1}$$

als Vektor definiert werden. Darin ist ΔA ein kleines Flächenelement in einer geeignet gewählten Schnittfläche im Bauteil (Fig. 3.1). In der Fläche ΔA werden bei nicht zerschnittenem Bauteil Kräfte übertragen, deren Resultierende ΔF ist. Diese Kräfte müssen an der Schnittfläche als äußere Kräfte eingesetzt werden, wenn der Spannungszustand im abgeschnittenen Bauteil nicht verändert werden soll.

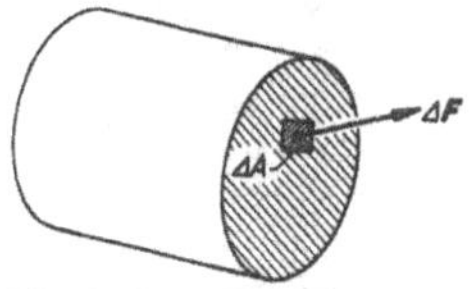

Fig. 3.1 Zur Definition des Spannungsvektors

Der Spannungsvektor p nach (3.1) gilt für den Punkt im Bauteil, zu dem das Flächenelement ΔA im Grenzübergang zusammenschrumpft. Der Vektor p hängt außer vom Ort auch von der Richtung der Schnittfläche ab. Es wird sich zeigen (s. Abschn. 3.1.1.2), daß der Spannungszustand in einem Punkt eines Bauteils vollständig durch die drei Spannungsvektoren p_x, p_y, p_z beschrieben werden kann, die für Schnittflächen senkrecht zu den Achsrichtungen eines kartesischen Koordinatensystems erhalten werden.

Hinweis: Bei einer verfeinerten Analyse des Spannungszustandes müssen auch die Momentenspannungen

$$m = \lim_{\Delta A \to 0} \frac{\Delta M}{\Delta A} = \frac{dM}{dA} \tag{3.2}$$

berücksichtigt werden. Das geschieht in der Theorie des sog. C o s s e r a t - K o n t i n u u m s . In der hier zu behandelnden klassischen Elasto-Mechanik werden die Momentenspannungen vernachlässigt. Das ist für die meisten technisch interessierenden Materialien zulässig.

Spannungen haben die Dimension Kraft/Fläche. Sie werden im internationalen Einheitensystem (SI-System) allgemein durch das Pascal (Pa) angegeben: $1\ \text{Pa} = 1\ \text{N/m}^2$. In der Elastomechanik werden Spannungen zweckmäßigerweise in N/mm^2 gemessen. Es gilt

$$1\ \frac{\text{N}}{\text{mm}^2} = 10^6\ \frac{\text{N}}{\text{m}^2} = 1\ \text{MPa}. \tag{3.3}$$

Der Spannungsvektor p wird zerlegt in die beiden Komponenten:

- die N o r m a l s p a n n u n g σ, senkrecht zur Schnittfläche und
- die S c h u b s p a n n u n g τ in der Schnittfläche.

Die Schubspannung wird meist noch in Komponenten in Richtung der in der Schnittfläche liegenden Koordinatenachse zerlegt. So gilt für den in Fig. 3.2 skizzierten Fall: $p_x = [\sigma_x, \tau_{xy}, \tau_{xz}]$. Dabei kennzeichnet der erste Index die Lage der Schnittebene, der zweite die Richtung der Spannungskomponente selbst.

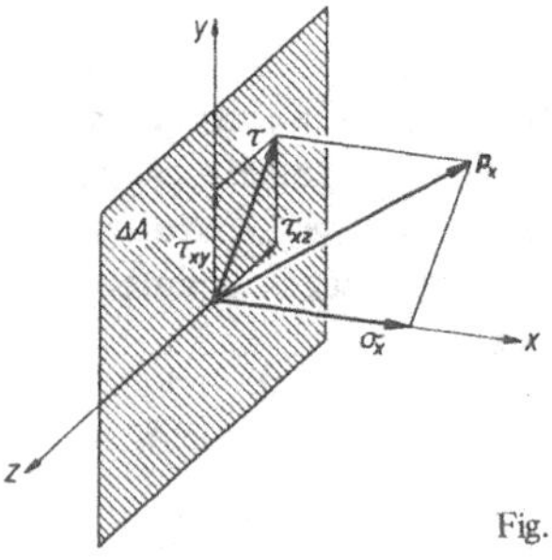

Fig. 3.2 Die Komponenten des Spannungsvektors p_x

Jeder Schnitt erzeugt zwei Schnittflächen (Schnittufer). Diejenige Fläche, deren (stets nach außen weisender) Normalenvektor in die positive Richtung der senkrecht zur Fläche stehenden Koordinatenachse zeigt, wird als positive Schnittfläche, die Gegenfläche entsprechend als negative Schnittfläche bezeichnet (s. Abschn. 2.5.1). Damit gilt die folgende

V o r z e i c h e n f e s t s e t z u n g: Positive Normalspannungen σ (Zugspannungen) haben die Richtung des Normalenvektors; sie zeigen stets vom abgeschnittenen Bauteil fort. Positive Schubspannungen τ haben in der positiven Schnittfläche die Richtung der positiven Koordinatenachsen, in der negativen Schnittfläche die Richtung der negativen Koordinatenachsen.

3.1.1.1. **Der ebene Spannungszustand.** Der ebene, zweiachsige Spannungszustand gestattet eine sehr anschauliche Darstellung des Zusammenhanges von Normal- und Schubspannungen. Da er außerdem für die technischen Anwendungen besonders interessiert, soll er hier zunächst untersucht werden.

Definition: Ein Spannungszustand heißt in einem Punkte P eben, wenn es ein spannungsfreies Flächenelement gibt, das P enthält.

Folgerung: Bei einem ebenen Spannungszustand liegen die zu beliebigen Schnittrichtungen gehörenden Spannungsvektoren stets in einer Ebene.

Ein ebener Spannungszustand ist zum Beispiel in einem ebenen Blech vorhanden, wenn alle äußeren Kräfte in der Blechebene liegen.

Wird die Ebene, in der die äußeren Kräfte liegen, zur x,y-Ebene gewählt, dann läßt sich der Spannungszustand eindeutig durch die beiden Spannungsvektoren

$$p_x = [\sigma_x, \tau_{xy}] \qquad \text{und} \qquad p_y = [\tau_{yx}, \sigma_y]$$

beschreiben (Fig. 3.3). Zum Beweis betrachten wir ein aus dem Körper herausgeschnittenen gedachtes kleines Prisma mit dreieckiger Grundfläche in der x,y-Ebene (Fig. 3.4). Zu der um den Winkel φ gegenüber der x,z-Ebene geneigten Schnittfläche gehören die Spannungskomponenten σ_φ und τ_φ; diese sollen als Funktionen des Winkels φ berechnet werden.

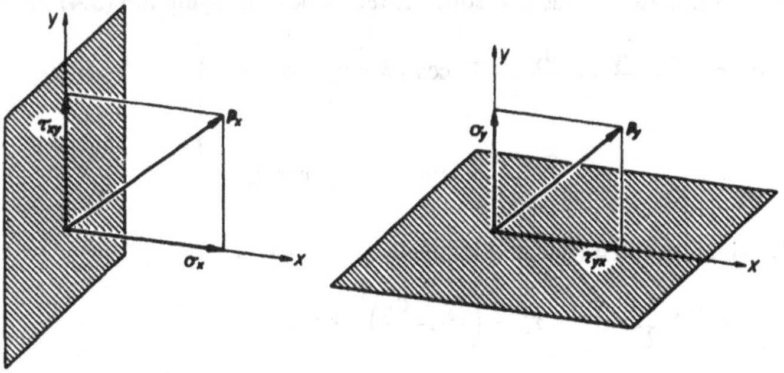

Fig. 3.3 Komponenten der Spannungsvektoren bei ebenem Spannungszustand

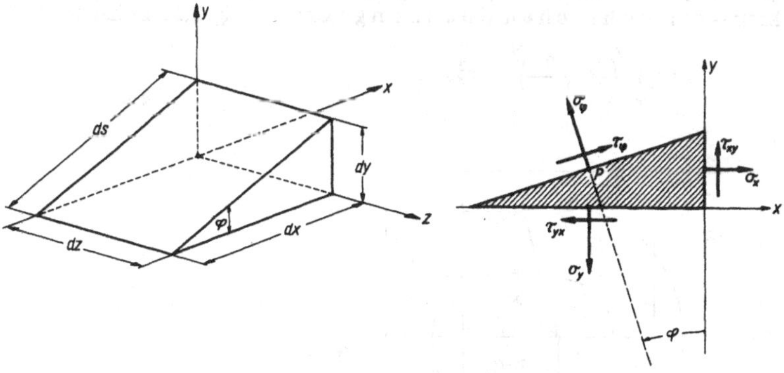

Fig. 3.4 Zur Berechnung der Spannungen für eine beliebige Schnittrichtung

Nach dem Schnittprinzip sind alle am Prisma angreifenden Schnittkräfte im Gleichgewicht. Eventuell vorhandene Volumenkräfte (Gewichtskräfte) können bei dieser Betrachtung vernachlässigt werden, da sie zur 3. Potenz der Linearabmessungen des Prismas proportional sind. Sie sind bei hinreichend klein gewähltem Prisma vernachlässigbar gegenüber den zur 2. Potenz proportionalen Oberflächenkräften. Die Bedingung des Momentengleichgewichtes für den Punkt P ergibt in der z-Komponente

$$\sum M_{Pz} = \tau_{xy}\, dy\, dz\, \frac{dx}{2} - \tau_{yx}\, dx\, dz\, \frac{dy}{2} = 0,$$

folglich ist

$$\tau_{xy} = \tau_{yx}. \tag{3.4}$$

Die Bedingungen des Kräftegleichgewichts in der x,y-Ebene sind:

$$\sum F_x = -\sigma_\varphi \,ds\,dz \sin\varphi + \tau_\varphi \,ds\,dz \cos\varphi + \sigma_x \,dy\,dz - \tau_{yx} \,dx\,dz = 0 ,$$

$$\sum F_y = \sigma_\varphi \,ds\,dz \cos\varphi + \tau_\varphi \,ds\,dz \sin\varphi - \sigma_y \,dx\,dz + \tau_{xy} \,dy\,dz = 0 .$$

Mit $dx = ds \cos\varphi$ und $dy = ds \sin\varphi$ sowie unter Berücksichtigung von (3.4) findet man daraus

$$\left.\begin{aligned} \sigma_\varphi &= \frac{\sigma_x + \sigma_y}{2} + \frac{\sigma_y - \sigma_x}{2} \cos 2\varphi - \tau_{xy} \sin 2\varphi , \\ \tau_\varphi &= \frac{\sigma_y - \sigma_x}{2} \sin 2\varphi + \tau_{xy} \cos 2\varphi \end{aligned}\right\} \qquad (3.5)$$

Durch Elimination von φ (durch Quadrieren und Addieren) erhält man:

$$\left(\sigma_\varphi - \frac{\sigma_x + \sigma_y}{2}\right)^2 + \tau_\varphi^2 = \left(\frac{\sigma_y - \sigma_x}{2}\right)^2 + \tau_{xy}^2 . \qquad (3.6)$$

Der Ausdruck auf der rechten Seite ist eine von φ nicht mehr abhängige Konstante, die gleich r^2 gesetzt werden soll. In einer $\sigma_\varphi, \tau_\varphi$-Ebene aufgetragen ergibt (3.6) einen Kreis – den M o h r s c h e n S p a n n u n g s k r e i s (Fig. 3.5). Er hat den Radius

$$r = \sqrt{\left(\frac{\sigma_y - \sigma_x}{2}\right)^2 + \tau_{xy}^2} , \qquad (3.7)$$

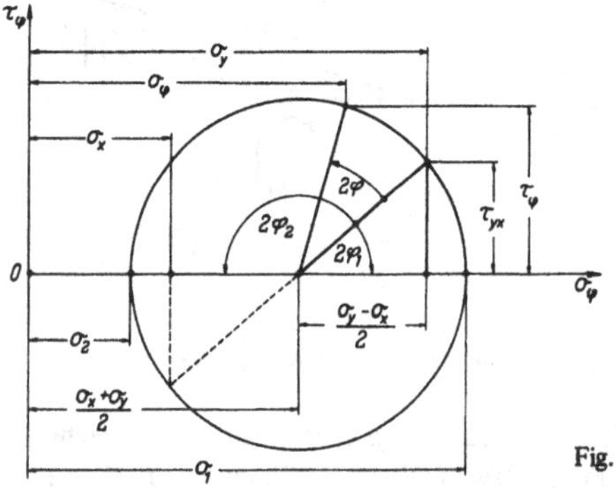

Fig. 3.5 Der Mohrsche Spannungskreis

sein Mittelpunkt liegt auf der σ_φ-Achse im Abstand $(\sigma_y + \sigma_x)/2$ vom Koordinatenursprung. Dieser Kreis ist der geometrische Ort, den der durch die Komponenten σ_φ und τ_φ des Spannungsvektors bestimmte Bildpunkt in der $\sigma_\varphi, \tau_\varphi$-Ebene durchläuft, wenn der Winkel φ also die Schnittrichtung, verändert wird. Aus Fig. 3.5 folgt, daß es Schnittrichtungen gibt, für die die Normalspannungen σ_φ Extremwerte annehmen, während gleichzeitig die Schubspannungen τ_φ verschwinden. Rechnet man die zu den Extremwerten gehörenden Winkel φ aus der Bedingung $d\sigma_\varphi/d\varphi = 0$ mit (3.5) aus, so findet man

$$\tan 2\varphi = \frac{2\,\tau_{xy}}{\sigma_x - \sigma_y} \quad . \tag{3.8}$$

Im Bereich $-\frac{\pi}{2} \leq \varphi \leq \frac{\pi}{2}$ hat (3.8) die beiden Lösungen φ_1 und φ_2 mit $|\varphi_2 - \varphi_1| = \frac{\pi}{2}$. Die durch die Winkel φ_1 und φ_2 definierten Richtungen heißen Hauptspannungsrichtungen. Die beiden Hauptspannungsrichtungen stehen senkrecht aufeinander. Die für diese Richtungen geltenden Werte für σ_φ sind die Hauptspannungen. Man erkennt aus Fig. 3.5 unter Berücksichtigung von (3.7), daß sie die Werte

$$\left.\begin{aligned} \sigma_1 &= \sigma_\varphi(\varphi_1) \\ \sigma_2 &= \sigma_\varphi(\varphi_2) \end{aligned}\right\} = \frac{\sigma_x + \sigma_y}{2} \pm \sqrt{\left(\frac{\sigma_y - \sigma_x}{2}\right)^2 + \tau_{xy}^2} \tag{3.9}$$

haben. Wenn man in Fig. 3.4 die Koordinatenrichtungen so in die Hauptachsen legt, daß die y-Achse mit der zu σ_1 gehörenden Hauptrichtung zusammenfällt, dann geht wegen $\tau_{xy} = 0$ die Beziehung (3.5) über in

$$\left.\begin{aligned} \sigma_\varphi &= \frac{\sigma_1 + \sigma_2}{2} + \frac{\sigma_1 - \sigma_2}{2} \cos 2\varphi \quad , \\ \tau_\varphi &= \frac{\sigma_1 - \sigma_2}{2} \sin 2\varphi \quad . \end{aligned}\right\} \tag{3.10}$$

Man erkennt aus (3.10) sowie auch aus Fig. 3.5, daß die Schubspannungen τ_φ Extremwerte für solche Richtungen annehmen, die mit den Hauptspannungsrichtungen Winkel von 45° einschließen. Diese Betrachtungen führen also zu dem Ergebnis:

- Für einen ebenen Spannungszustand gibt es stets zwei zueinander senkrechte Hauptrichtungen, für die die Normalspannungen extrem werden, während gleichzeitig die Schubspannungen verschwinden.
- Die Extremwerte der Schubspannungen treten für Richtungen auf, die gegenüber den Hauptspannungsrichtungen um $\pi/4$ gedreht sind.

Aus (3.9) erkennt man, daß unabhängig von den gewählten Schnittrichtungen die folgenden Ausdrücke konstant sind:

$$\sigma_1 + \sigma_2 = \sigma_x + \sigma_y = \text{const} \, , \tag{3.11}$$

$$\sigma_1 \sigma_2 = \sigma_x \sigma_y - \tau_{xy}^2 = \text{const} \, . \tag{3.12}$$

Diese Invarianzbeziehungen sind für Kontrollrechnungen sehr nützlich.

Die Hauptspannungen σ_1 und σ_2 können aus dem Mohrschen Spannungskreis unmittelbar entnommen werden. Auch die Hauptspannungsrichtungen lassen sich leicht ermitteln, wenn man die aus Fig. 3.5 bestimmten Winkel φ_1 und φ_2 vorzeichenrichtig in eine Lageskizze überträgt. Dabei ergibt der Winkel φ_1 von der y-Achse aus abgetragen stets die Normale zu derjenigen Schnittfläche, zu der die größere Hauptspannung σ_1 gehört, der Winkel φ_2 bestimmt entsprechend die zu σ_2 gehörende Richtung. Die

Winkel φ_1 und φ_2 können auch aus (3.8) berechnet werden, wobei aus (3.5) zu entscheiden ist, welche der beiden Lösungen φ zu σ_1 bzw. σ_2 gehört. Im Spannungskreis und in der Lageskizze sind positive Winkel φ stets im mathematisch positiven Sinne, also entgegen dem Uhrzeiger einzutragen, negative Winkel entsprechend umgekehrt. In Fig. 3.6 ist die Konstruktion für zwei Fälle gezeigt: im Fall a) ist $\sigma_y > \sigma_x, \tau_{xy} > 0$ und damit $\varphi_1 < 0, \varphi_2 > 0$; im Fall b) ist $\sigma_y < \sigma_x, \tau_{xy} < 0$ und damit $\varphi_1 > 0, \varphi_2 < 0$. Man beachte, daß die Punkte P bzw. Q im Mohrschen Spannungskreis stets durch vorzeichenrichtiges Abtragen von σ_y auf der Abszisse und $\tau_{xy} = \tau_{yx}$ in Ordinatenrichtung bestimmt werden müssen. In der Lageskizze müssen die Winkel φ immer von der y-Achse aus abgetragen werden, weil dies auch bei der Ableitung der Zusammenhänge in Fig. 3.4 so geschehen ist.

Das Bestimmen der Vorzeichen von τ_φ bereitet Schwierigkeiten, weil nach dem Mohrschen Spannungskreis die τ-Werte für aufeinander senkrecht stehende Richtungen [d.h. $\Delta(2\varphi) = \pi$] immer verschiedene Vorzeichen haben. Nach den Gleichgewichtsbedingungen wird jedoch $\tau_{xy} = \tau_{yx}$ gefordert. Deshalb beachte man die folgende Merkregel, die auch zur Kontrolle der Konstruktion sehr nützlich ist:

Merkregel: Die zur größeren Hauptspannung σ_1 gehörende Hauptspannungsrichtung liegt stets in dem Quadranten, in dem die Schubspannungen am Körperelement zusammenlaufen (s. Fig. 3.6).

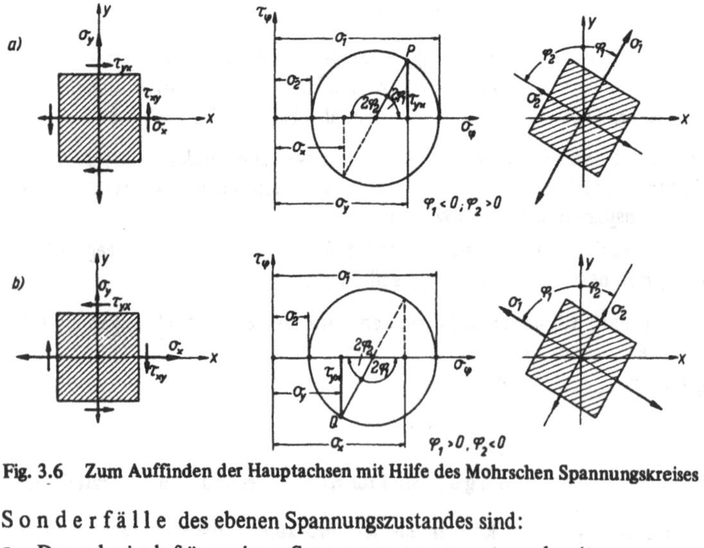

Fig. 3.6 Zum Auffinden der Hauptachsen mit Hilfe des Mohrschen Spannungskreises

Sonderfälle des ebenen Spannungszustandes sind:

- Der gleichförmige Spannungszustand mit $\sigma_1 = \sigma_2 = \sigma_0$; dabei ist $\sigma_\varphi = \sigma_0$ und $\tau_\varphi = 0$.
- Der einachsige Spannungszustand mit $\sigma_1 > 0, \sigma_2 = 0$ (einachsiger Zug) oder $\sigma_1 = 0, \sigma_2 < 0$ (einachsiger Druck). Die τ-Achse ist hierbei vertikale Tangente an den Spannungskreis.

- Der Sonderfall „reinen Schubes" mit $\sigma_1 = -\sigma_2 > 0$. Hierbei ist der Nullpunkt der σ_φ, τ_φ-Ebene zugleich Mittelpunkt des Spannungskreises. In Schnittrichtungen, die um $\varphi = \frac{\pi}{4}$ gegen die Hauptachsen verdreht sind, treten keine Normalspannungen, wohl aber maximale Schubspannungen auf.

3.1.1.2. Der räumliche Spannungszustand. Im allgemeinen dreidimensionalen Fall kann der Spannungszustand an einem Punkt durch die Spannungsvektoren

$$\left.\begin{aligned} p_x &= [\sigma_x, \tau_{xy}, \tau_{xz}] \;, \\ p_y &= [\tau_{yx}, \sigma_y, \tau_{yz}] \;, \\ p_z &= [\tau_{zx}, \tau_{zy}, \sigma_z\,] \end{aligned}\right\} \tag{3.13}$$

charakterisiert werden. Die Bezugsflächen für die Vektoren (3.13) sind jeweils senkrecht zu der x-, der y- bzw. der z-Achse (Fig. 3.7). Im Rahmen der klassischen Elastomechanik gelten für die Schubspannungen die wichtigen Beziehungen:

$$\tau_{xy} = \tau_{yx} \;; \qquad \tau_{yz} = \tau_{zy} \;; \qquad \tau_{zx} = \tau_{xz} \,. \tag{3.14}$$

Dieses bereits von Cauchy aufgestellte Symmetriegesetz läßt sich durch Betrachten des Momentengleichgewichtes der an dem Quader von Fig. 3.7 angreifenden Kräfte bezüglich der zu den Koordinatenachsen parallelen Achsen durch den Mittelpunkt des Quaders ableiten. Es gilt jedoch nicht mehr für Werkstoffe, bei denen die Momentenspannungen (3.2) berücksichtigt werden müssen.

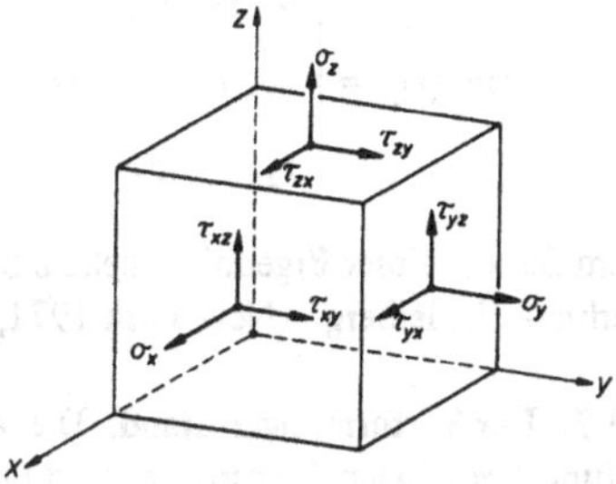

Fig. 3.7 Komponenten des Spannungstenors beim dreiachsigen Spannungszustand

Folgerung: In der klassischen Elastomechanik ist der Spannungstensor

$$\tau_{ij} = \begin{bmatrix} \sigma_x & \tau_{xy} & \tau_{xz} \\ \tau_{yx} & \sigma_y & \tau_{yz} \\ \tau_{zx} & \tau_{zy} & \sigma_z \end{bmatrix} \tag{3.15}$$

symmetrisch.

In Verallgemeinerung der für einen ebenen Spannungszustand erhaltenen Ergebnisse gilt im dreidimensionalen Fall:

- Der Spannungsvektor $\mathbf{p}(\varphi, \psi)$ für eine beliebig orientierte Bezugsfläche kann aus den Elementen des für ein kartesisches x, y, z-System geltenden Spannungstensors (3.15) berechnet werden.
- Es gibt ein ausgezeichnetes Bezugssystem – das Hauptachsensystem – für das alle Schubspannungen verschwinden. Der Spannungstensor nimmt dafür die Diagonalform

$$\tau_{ij} = \begin{bmatrix} \sigma_1 & 0 & 0 \\ 0 & \sigma_2 & 0 \\ 0 & 0 & \sigma_3 \end{bmatrix} \tag{3.16}$$

  an. Die Spannungen $\sigma_1, \sigma_2, \sigma_3$ bilden Maximum, Minimum und Sattelwert und heißen Hauptspannungen.
- Die Schubspannungen erreichen Extremwerte für Bezugsebenen, die um 45° gegenüber den Hauptebenen geneigt sind.
- Der Spannungstensor (3.15) besitzt drei Invarianten, die von den Richtungen der Bezugsflächen unabhängig sind

$$\left.\begin{aligned} &\sigma_x + \sigma_y + \sigma_z = \text{const}, \\ &\sigma_x\sigma_y + \sigma_y\sigma_z + \sigma_z\sigma_x - \tau_{xy}^2 - \tau_{yz}^2 - \tau_{zx}^2 = \text{const}, \\ &\det(\tau_{ij}) = \begin{vmatrix} \sigma_x & \tau_{xy} & \tau_{xz} \\ \tau_{yx} & \sigma_y & \tau_{yz} \\ \tau_{zx} & \tau_{zy} & \sigma_z \end{vmatrix} = \text{const}. \end{aligned}\right\} \tag{3.17}$$

Zum Beweis dieser Ergebnisse siehe z.B. Neuber H.: Technische Mechanik, Bd. 2. Berlin – Heidelberg – New York 1971, Abschn. 3.7.

3.1.2. Der Verformungszustand. Die Verformung eines Körpers kann durch die Änderung von Längenabmessungen und durch die Änderung von Winkeln beschrieben werden. Hier soll nur der Fall kleiner Verformungen betrachtet werden. Er ist dadurch gekennzeichnet, daß sowohl die Winkeländerungen γ als auch das Verhältnis einer Längenänderung ΔL zur ursprünglichen Länge L stets als so klein angesehen werden, daß bezüglich dieser Größen linearisiert werden kann. Es gilt also $\Delta L/L \ll 1$ und $\gamma \ll 1$. Um die Verformung zu beschreiben, beachte man, daß ein durch den Ortsvektor $\mathbf{r} = [x, y, z]$ gekennzeichneter Punkt A eines Körpers bei der Verformung um den Vektor $\boldsymbol{\rho} = [\xi, \eta, \zeta]$ verschoben wird. Der Verschiebungsvektor $\boldsymbol{\rho}$ ist im allgemeinen vom Ort abhängig, also eine Funktion von x,y,z. Deshalb gilt für die zu einer kleinen Strecke $d\mathbf{r}$ gehörende Verschiebung $d\boldsymbol{\rho} = [d\xi, d\eta, d\zeta]$

$$d\xi = \frac{\partial \xi}{\partial x}\,dx + \frac{\partial \xi}{\partial y}\,dy + \frac{\partial \xi}{\partial z}\,dz\,,$$

$$d\eta = \frac{\partial \eta}{\partial x}\,dx + \frac{\partial \eta}{\partial y}\,dy + \frac{\partial \eta}{\partial z}\,dz\,,$$

$$d\zeta = \frac{\partial \zeta}{\partial x}\,dx + \frac{\partial \zeta}{\partial y}\,dy + \frac{\partial \zeta}{\partial z}\,dz\,.$$

Die Bedeutung der Verschiebungsanteile erkennt man aus Fig. 3.8: es sei für den unverformten Körper ein kleines Rechteck OABC mit den Seiten dx und dy betrachtet. Dieses Rechteck geht infolge der Verformung in den Rhombus OA'B'C' über, wobei der Punkt O als Bezugspunkt genommen wird. Eine Verschiebung dieses Bezugspunktes interessiert hierbei nicht, da sie durch eine entsprechende Parallelverschiebung des Koordinatensystems beseitigt werden kann.

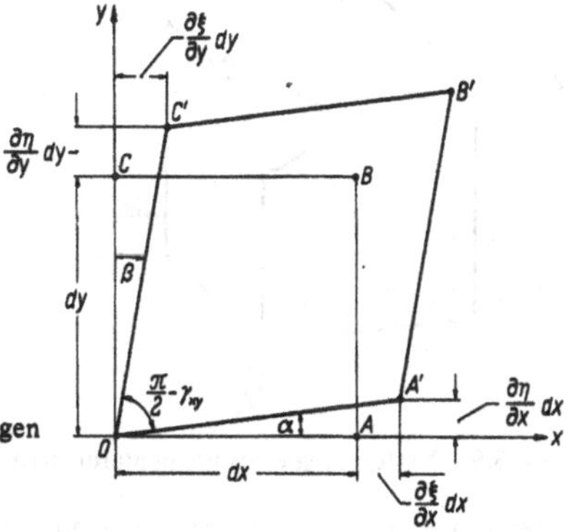

Fig. 3.8 Zusammenhang zwischen den Verschiebungen und dem Gleitwinkel γ

Als **Dehnung** ϵ wird das Verhältnis von Verlängerung und ursprünglicher Länge bezeichnet. Man erhält aus Fig. 3.8 für die x-Richtung die Dehnung

$$\epsilon_x = \frac{\left(dx + \frac{\partial \xi}{\partial x}\,dx\right) - dx}{dx} = \frac{\partial \xi}{\partial x}\,.$$

Entsprechend gilt im allgemeinen dreidimensionalen Fall:

$$\epsilon_x = \frac{\partial \xi}{\partial x}\,,\quad \epsilon_y = \frac{\partial \eta}{\partial y}\,,\quad \epsilon_z = \frac{\partial \zeta}{\partial z}\,. \tag{3.18}$$

Bei der Verformung des Rechtecks von Fig. 3.8 ändert sich der ursprünglich rechte Winkel zwischen den Seiten des Rechtecks um γ_{xy}. Es gilt $\gamma_{xy} = \alpha + \beta$, wobei wegen der Kleinheit dieser Winkel

$$\tan\alpha = \frac{\frac{\partial \eta}{\partial x}\,dx}{dx} = \frac{\partial \eta}{\partial x} \approx \alpha, \qquad \tan\beta = \frac{\frac{\partial \xi}{\partial y}\,dy}{dy} = \frac{\partial \xi}{\partial y} \approx \beta$$

gesetzt werden kann. Daraus folgen die als **Gleitungen** oder **Schiebungen** bezeichneten Winkeländerungen. Man erhält im allgemeinen Fall:

$$\gamma_{xy} = \frac{\partial \xi}{\partial y} + \frac{\partial \eta}{\partial x}, \quad \gamma_{yz} = \frac{\partial \eta}{\partial z} + \frac{\partial \zeta}{\partial y}, \quad \gamma_{zx} = \frac{\partial \zeta}{\partial x} + \frac{\partial \xi}{\partial z}. \tag{3.19}$$

Durch die Dehnungen (3.18) und die Gleitungen (3.19) wird die Verformung eines Elementarquaders (Fig. 3.9) und damit der Verformungszustand des Körpers in der Umgebung eines Punktes für den Fall kleiner Verformungen eindeutig beschrieben. Die Dehnungen $\epsilon_x = \epsilon_{xx}, \epsilon_y = \epsilon_{yy}, \epsilon_z = \epsilon_{zz}$ sowie die halben Winkeländerungen $\gamma_{xy}/2 = \epsilon_{xy}$ bilden die Elemente eines Verzerrungstensors

$$\begin{bmatrix} \epsilon_{xx} & \epsilon_{xy} & \epsilon_{xz} \\ \epsilon_{yx} & \epsilon_{yy} & \epsilon_{yz} \\ \epsilon_{zx} & \epsilon_{zy} & \epsilon_{zz} \end{bmatrix}, \tag{3.20}$$

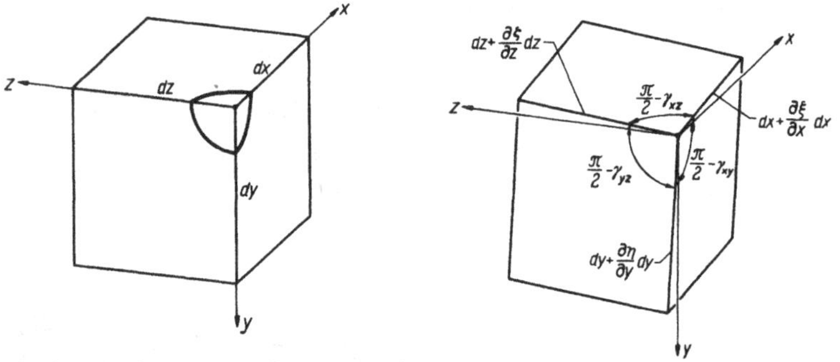

Fig. 3.9 Verformung eines Elementarquaders

der – wie der Spannungstensor – symmetrisch ist. Wie bei dem Spannungstensor, so lassen sich auch für den Verzerrungstensor drei aufeinander senkrechte Hauptrichtungen ableiten, für die die Dehnungen Extremwerte annehmen. Die Gleitungen verschwinden in den Hauptrichtungen, so daß der Verzerrungstensor dann nur in der Hauptdiagonale besetzt ist.

Die Verzerrungs-Hauptrichtungen lassen sich experimentell leicht feststellen: wird auf einem elastischen Körper im unbelasteten Zustand ein kleiner Kreis markiert, so geht er bei Belastung infolge der Verzerrungen in eine Ellipse über, deren Hauptachsen die gesuchten Verzerrungshauptachsen sind. Ein Quadrat auf der Seitenfläche eines Zugstabes wird zum Rechteck, wenn eine Quadratseite in Richtung des Zuges liegt; es wird zum Rhombus, wenn die Seiten um 45° gegen die Zugrichtung geneigt sind (Fig. 3.10).

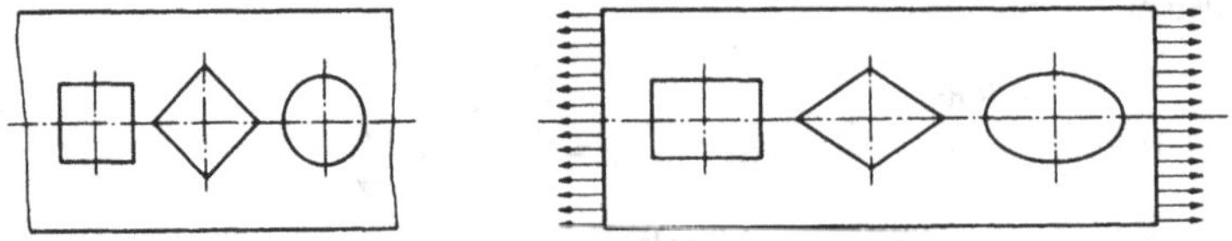

Fig. 3.10 Verformung von Quadrat und Kreis auf einem Zugstab

In der Praxis wird das Dehnlinienverfahren angewendet. Ein Bauteil wird vor der Belastung mit sprödem Lack überzogen. Bei der Belastung bilden sich Risse senkrecht zu den Richtungen der Hauptnormalspannungen.

Wichtige Erkenntnis: Für Körper aus homogenen und isotropen Werkstoffen fallen Spannungs- und Verzerrungs-Hauptachsen zusammen.

Als Volumendehnung ϵ_v bezeichnet man das Verhältnis der Volumenänderung zum ursprünglichen Volumen für einen kleinen Quader, dessen Kanten in die Hauptrichtungen fallen. Man erhält mit $\epsilon \ll 1$

$$\epsilon_v = \frac{(1+\epsilon_x)\,dx\,(1+\epsilon_y)\,dy\,(1+\epsilon_z)\,dz - dx\,dy\,dz}{dx\,dy\,dz} = \epsilon_x + \epsilon_y + \epsilon_z\,. \quad (3.21)$$

Die Summe (3.21) ist eine Invariante des Verzerrungstensors (3.20), also folgt: die Summe der Dehnungen in drei aufeinander senkrechten Richtungen ist unabhängig von der Orientierung des Koordinatensystems.

3.1.3. Der Zusammenhang zwischen Spannungs- und Verformungszustand. Für jeden Werkstoff gelten Stoffgesetze, durch die die wechselseitige Abhängigkeit zwischen Spannungen und Verformungen beschrieben werden kann. Diese Stoffgesetze müssen experimentell ermittelt werden. Für die hier zu behandelnde Theorie linear-elastischer Körper lassen sich die experimentellen Befunde für zahlreiche Werkstoffe in drei Ergebnissen zusammenfassen:

- die Abhängigkeit von Spannungen und Dehnungen $\sigma(\epsilon)$,
- die Abhängigkeit von Schubspannungen und Gleitungen $\tau(\gamma)$,
- die Querkontraktion.

Durch Versuche mit Zugstäben (bzw. Druckstäben) findet man für zahlreiche Werkstoffe (z.B. Stahl höherer Festigkeit) $\sigma(\epsilon)$-Kurven von dem in Fig. 3.11 dargestellten Typ. In einem Bereich $-\sigma_p < \sigma < \sigma_p$ sind Spannungen und Dehnungen proportional zueinander. In diesem Bereich gilt das Hookesche Gesetz

$$\sigma = E\,\epsilon \quad (3.22)$$

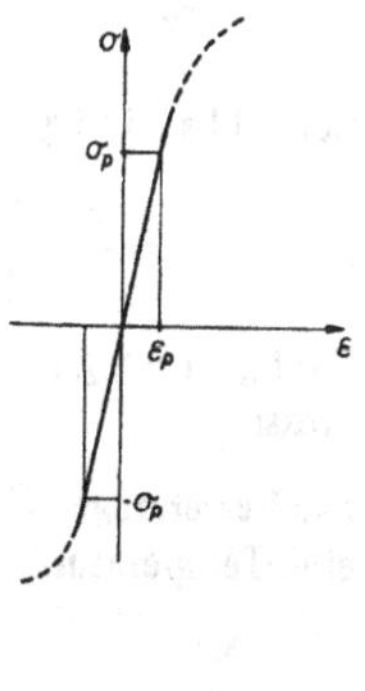

Fig. 3.11 Prinzipieller Verlauf eines Spannungs-Dehnungs-Diagramms

mit dem Elastizitätsmodul E. Durch geeignete Versuche läßt sich entsprechend auch die $\tau(\gamma)$-Abhängigkeit ermitteln. Man findet für $|\tau| < \tau_p$

$$\tau = G\,\gamma \tag{3.23}$$

mit dem Schubmodul G. Die Proportionalitätsgrenzen σ_p und τ_p, die die linearen Bereiche der $\sigma(\epsilon)$- und $\tau(\gamma)$-Kurven eingrenzen, fallen etwa mit den Elastizitätsgrenzen des Werkstoffs zusammen. Als elastisch wird ein Material dann bezeichnet, wenn es bei Entlastung in den unverformten Ausgangszustand zurückkehrt, der vor der Belastung vorhanden war.

Bei Zugversuchen stellt man fest, daß sich der Werkstoff in den Richtungen senkrecht zur Zugrichtung zusammenzieht und entsprechend bei Druckversuchen ausdehnt. Dieser Befund kann durch eine Beziehung zwischen den Dehnungen erfaßt werden. Erfolgt z.B. die Zug- oder Druck-Beanspruchung in der x-Richtung, dann ist $\sigma_x \neq 0$, $\sigma_y = \sigma_z = 0$. Für die Querdehnung gilt dann

$$\epsilon_y = \epsilon_z = -\mu\,\epsilon_x = -\mu\,\frac{\sigma_x}{E} \tag{3.24}$$

mit der Querdehnzahl μ; ihr Kehrwert $1/\mu$ wird auch als Poissonsche Zahl bezeichnet.

Folgerung: Ein einachsiger Spannungszustand führt zu einem dreiachsigen Verformungszustand.

Bei dreiachsigen Beanspruchungen können – im Rahmen der linearen Theorie – die verschiedenen Anteile der Dehnungen überlagert werden (Superpositionsprinzip). Dann lassen sich die Gesetze (3.22) und (3.24) zusammengefaßt wie folgt formulieren:

$$\left.\begin{aligned} \epsilon_x &= \frac{1}{E}[\sigma_x - \mu(\sigma_y + \sigma_z)] \,, \\ \epsilon_y &= \frac{1}{E}[\sigma_y - \mu(\sigma_z + \sigma_x)] \,, \\ \epsilon_z &= \frac{1}{E}[\sigma_z - \mu(\sigma_x + \sigma_y)] \,. \end{aligned}\right\} \tag{3.25}$$

Diese Beziehungen werden als verallgemeinertes Hookesches Gesetz bezeichnet. Durch Addition folgt aus (3.25) die Volumendehnung (3.21)

$$\epsilon_v = \epsilon_x + \epsilon_y + \epsilon_z = \frac{1}{E}(1-2\mu)(\sigma_x + \sigma_y + \sigma_z)\,. \tag{3.26}$$

Bei allseitigem Druck $\sigma_x = \sigma_y = \sigma_z = \sigma_0$ erhält man daraus

$$\epsilon_v = \frac{3\sigma_0\,(1-2\mu)}{E}\,.$$

Folgerung: Material mit $\mu = 0{,}5$ erleidet keine Volumenänderung, es ist inkompressibel.

Die Beziehungen (3.25) lassen sich noch weiter verallgemeinern, wenn man die durch eine Temperaturänderung ΔT bedingte Dehnung

$$\epsilon_T = \alpha \, \Delta T \tag{3.27}$$

hinzuaddiert. Dabei ist α die lineare Wärmedehnzahl.

Die Stoffkonstanten E (3.22), G (3.23) und μ (3.24) sind nicht unabhängig voneinander. Es gilt die Beziehung

$$E = 2\,G\,(1 + \mu)\,. \tag{3.28}$$

Das läßt sich z.B. aus der Untersuchung der Verformungen eines kleinen Quadrates durch einachsigen Zug in Richtung einer Quadratseite (Fig. 3.12) beweisen. Aus der Geometrie des verformten Quadrats folgt:

$$\tan\left[\frac{1}{2}\left(\frac{\pi}{2} - \gamma\right)\right] = \frac{\frac{1}{2}\,a\,(1 - \mu\,\epsilon_y)}{\frac{1}{2}\,a\,(1 + \epsilon_y)} = \frac{1 - \mu\,\epsilon_y}{1 + \epsilon_y}\,.$$

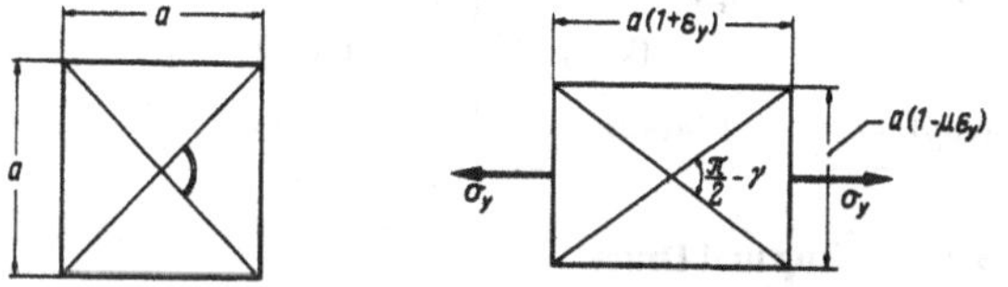

Fig. 3.12 Zur Berechnung des Zusammenhanges zwischen E, G und μ

Wegen

$$\tan\left(\frac{\pi}{4} - \frac{\gamma}{2}\right) = \frac{1 - \tan\frac{\gamma}{2}}{1 + \tan\frac{\gamma}{2}} \approx \frac{1 - \frac{\gamma}{2}}{1 + \frac{\gamma}{2}}$$

folgt daraus

$$\gamma = \epsilon_y\,(1 + \mu)\,.$$

Da nun nach (3.5) für den einachsigen Spannungszustand $\tau_{max} = \sigma_y/2$ gilt, folgt

$$\gamma = \frac{\tau}{G} = \frac{\sigma_y}{2G} = \frac{\sigma_y}{E}\,(1 + \mu)\,,$$

womit (3.28) bewiesen ist.

Um eine Vorstellung von den Größenordnungen der bisher verwendeten Materialkonstanten zu vermitteln, sind in der folgenden Tabelle Näherungswerte für den Elastizitätsmodul E, den Gleitmodul G, die Querdehnungszahl μ und die lineare Wärmeausdehnungszahl α für einige Werkstoffe zusammengestellt worden.

Werkstoff	E $\frac{N}{mm^2}$	G $\frac{N}{mm^2}$	μ	α (Bereich 0–100°C) $10^{-6} \cdot \frac{1}{grd}$
Aluminium	72000	27200	0,34	23,8
Blei	16000 – 20000	5500 – 6900	0,45	28,0–29,3
Eisen, rein	212000	83500	0,27	12
leg. Stahl	186000 – 216000	76000 – 86000	0,2 – 0,3	9–19
Grauguß	63000 – 130000	25000 – 52000	~0,25	~9
Glas	40000 – 90000	16000 – 35000	0,2 – 0,29	2,5 – 10
Kupfer	124000	46000	0,35	16,5

3.2. Zug und Druck

Als erster Beanspruchungsfall sei die Zug- oder Druck-Belastung stabförmiger Bauteile (Balken, Rohre, Wellen) untersucht. Dabei interessieren der Zusammenhang zwischen äußeren Kräften und inneren Spannungen und die auftretenden Verformungen.

Voraussetzungen: Es wird angenommen, daß die Bauteile keine starken örtlichen Querschnittsänderungen aufweisen. Die Wirkungslinie der resultierenden äußeren Zug- oder Druckkraft soll durch die Schwerpunkte der Querschnittflächen gehen. Unter diesen Bedingungen verteilen sich die Kräfte und damit die Spannungen gleichmäßig über den Querschnitt – sofern die betrachteten Querschnitte hinreichend weit vom Ort des Angriffs der äußeren Kräfte entfernt sind. Ungleichförmigkeiten in der Spannungsverteilung im Querschnitt, die durch die Art der Einleitung der äußeren Kräfte bedingt sind, werden umsomehr abgebaut, je weiter der betrachtete Querschnitt von der Angriffsstelle der Kräfte entfernt ist (Prinzip von de Saint Venant, s. Abschn. 3.5.1).

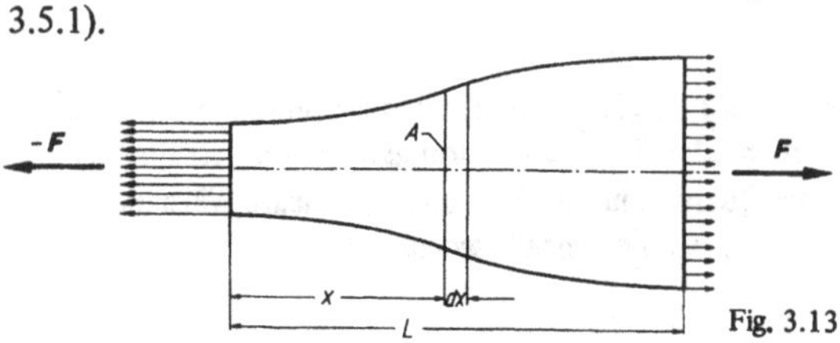

Fig. 3.13 Zur Berechnung eines Zugstabes

Mit der äußeren Kraft F und der Querschnittsfläche A ergibt sich eine Spannung $\sigma_x = F/A$ (Fig. 3.13). Daraus folgt wegen (3.22) eine örtliche Dehnung

$$\epsilon_x(x) = \frac{d\xi}{dx} = \frac{\sigma_x(x)}{E} = \frac{F}{AE} .$$

Die gesamte Verlängerung des Stabes wird durch Integration erhalten:

$$\Delta L = \int_0^L d\xi = \int_0^L \epsilon_x(x)dx = \frac{F}{E}\int_0^L \frac{dx}{A(x)} . \tag{3.29}$$

Für Stäbe mit konstantem Querschnitt ergibt sich daraus

$$\Delta L = \frac{FL}{EA} . \tag{3.30}$$

Das hier vorkommende Produkt EA wird als Zug- bzw. Druck-Steifigkeit des Stabes bezeichnet. Der Faktor

$$\frac{EA}{L} = c$$

heißt Federkonstante des Stabes. Es ist derjenige Faktor, mit dem die Verlängerung multipliziert werden muß, um die Kraft F zu erhalten.

Der Zusammenhang zwischen Kräften und Verlängerungen (Verkürzungen) gestattet die Berechnung statisch unbestimmter Probleme, wie sie z.B. bei Stabwerken vorkommen. Neben den Gleichgewichtsbedingungen stehen dann noch die geometrischen Verträglichkeitsbedingungen zur Verfügung, in die die Stabverlängerungen eingehen.
Ein einfaches Beispiel sei hier betrachtet (Fig. 3.14): ein Rohr mit der Querschnittsfläche A_1, dem Elastizitätsmodul E_1 und der Wärmedehnungszahl α_1 sei zusammen mit einem Stab (Daten A_2, E_2, α_2) konzentrisch so zwischen zwei starre Flansche I und II eingeschweißt, daß bei einer Temperatur T keine Längsspannungen vorhanden sind. Es sollen Verlängerung ΔL und Längskraft F berechnet werden, die bei einer Temperaturerhöhung ΔT auftreten.

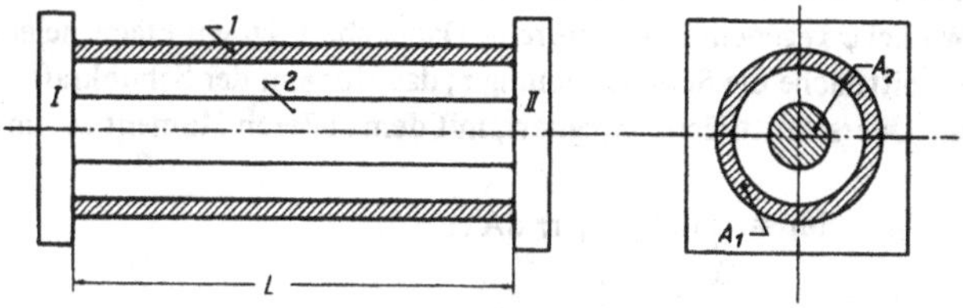

Fig. 3.14 Rundstab und konzentrisches Rohr als Beispiel für ein statisch unbestimmtes Problem

Wenn $\alpha_1 < \alpha_2$ ist, dann gilt für die Verlängerungen wegen (3.30) und (3.27)

$$\Delta L_1 = L\,\alpha_1\,\Delta T + \frac{FL}{E_1 A_1} , \quad \Delta L_2 = L\,\alpha_2\,\Delta T - \frac{FL}{E_2 A_2} .$$

Die geometrische Verträglichkeitsbedingung ist in diesem Fall $\Delta L_1 = \Delta L_2 = \Delta L$. Daraus folgen die gesuchten Größen zu

$$\left.\begin{aligned} F &= \frac{\Delta T\, E_1 A_1 E_2 A_2 (\alpha_2 - \alpha_1)}{E_1 A_1 + E_2 A_2} \ , \\ \Delta L &= \frac{\Delta T\, L(\alpha_1 E_1 A_1 + \alpha_2 E_2 A_2)}{E_1 A_1 + E_2 A_2} \ . \end{aligned}\right\} \tag{3.31}$$

3.3. Torsion von Wellen mit Kreisquerschnitt

Im folgenden sollen einfache Fälle der Verdrehung (Torsion) von geraden Stäben mit Kreis- oder Kreisring-Querschnitt untersucht werden. Dabei interessiert der Zusammenhang zwischen dem wirkenden Torsionsmoment M_t, dem im Stab hervorgerufenen Spannungszustand und der Verformung des Stabes (Verdrillungswinkel φ).

Den Näherungsbetrachtungen dieses Kapitels werden die folgenden Voraussetzungen zugrunde gelegt:

- Die Stäbe seien gerade, ihre Querschnittfläche sei kreis- oder kreisringförmig.
- Der Radius R der Stäbe sei konstant oder möge sich nur allmählich verändern ($dR/dx \ll 1$).
- Die Belastung soll durch ein reines Moment erfolgen, dessen Vektorpfeil in der Stablängsachse liegt.
- Der Werkstoff soll dem Hookeschen Gesetz genügen, so daß bei der gegebenen Belastung an jeder Stelle des Querschnittes $\tau = G\gamma$ gilt.
- Die Querschnittflächen sollen bei der Torsion in sich unverformt bleiben, d.h. sie bleiben eben, Durchmesser sind auch nach der Torsion gerade Linien. Beide Annahmen lassen sich für Kreisquerschnitte in guter Näherung durch Versuche bestätigen.

Wegen dieser Annahmen bleibt ein aus dem zylindrischen Stab herausgeschnitten gedachter Stababschnitt (Fig. 3.15) auch nach Einwirken des Torsionsmomentes ein gerader Kreiszylinder. Die Endquerschnitte des Zylinders von der Länge L seien um den Winkel φ gegeneinander verdreht. Dabei überträgt ein Flächenelement dA der Querschnittfläche die Schubspannung τ; das Moment der Schubkraft $dM = r\tau dA$ muß, über die Querschnittfläche integriert, mit dem äußeren Moment M_t im Gleichgewicht sein:

$$M_t = \int_A dM = \int_A r\tau \, dA \ . \tag{3.32}$$

Nun gilt nach Hooke $\tau = G\gamma$, wobei γ aus der Geometrie der Verformung berechnet werden muß. Denkt man sich den Zylinder von Fig. 3.15 aus konzentrischen Kreiszylinderschalen von der Dicke dr aufgebaut, dann findet man aus der Verformung einer derartigen Schale (Fig. 3.16) für $\gamma \ll 1$ die Beziehung $L\gamma = r\varphi$. Folglich gilt:

$$\tau = G\gamma = \frac{G\, r\, \varphi}{L} \ . \tag{3.33}$$

Bei den hier getroffenen Annahmen wächst τ linear mit r an. Mit (3.33) folgt aus (3.32)

$$M_t = \frac{G\,\varphi}{L} \int_A r^2 \, dA = \frac{G\,I_p\,\varphi}{L} \,, \tag{3.34}$$

mit dem polaren Flächen-Trägheitsmoment

$$I_p = \int_A r^2 \, dA \,. \tag{3.35}$$

Aus (3.34) erhält man für den Torsionswinkel des Stabes

$$\varphi = \frac{L\,M_t}{G\,I_p} \,. \tag{3.36}$$

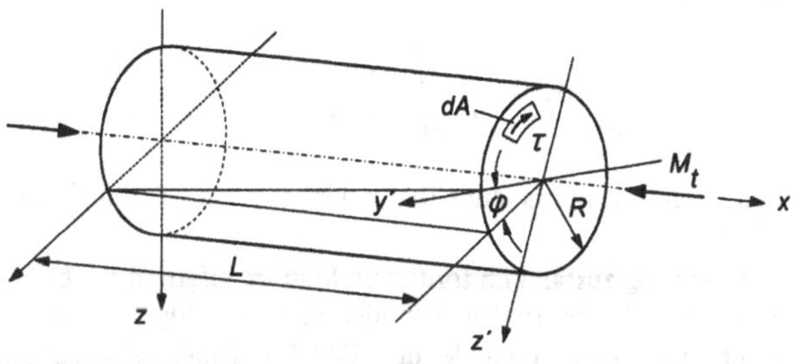

Fig. 3.15 Torsion eines Rundstabes

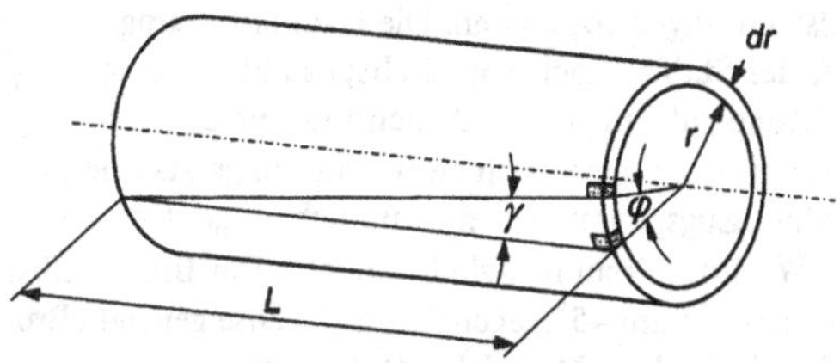

Fig. 3.16 Zur Berechnung der Torsion eines Rundstabes

Das Produkt $G\,I_p$ wird als Torsionssteifigkeit bezeichnet. Je größer diese Steifigkeit ist, umso kleiner wird bei gegebenen Werten für L und M_t der Winkel φ. Der Ausdruck $G\,I_p/L$ ist die Torsions-Federkonstante, mit der der Winkel φ multipliziert werden muß, um das Moment M_t zu erhalten.

Das polare Flächenträgheitsmoment I_p nach (3.35) hängt nur von der Form des Querschnitts ab. Wählt man bei einem Kreisquerschnitt als Flächenelement dA einen Ringstreifen vom Radius r und der Breite dr, dann ist $dA = 2\pi r\,dr$. Damit folgt aus (3.35)

$$I_p = 2\pi \int_0^R r^3 \, dr = \frac{\pi}{2} R^4 \,. \tag{3.37}$$

Für ein Rohr mit Kreisringquerschnitt (Innenradius R_1, Außenradius R_2) erhält man entsprechend

$$I_p = 2\pi \int_{R_1}^{R_2} r^3 \, dr = \frac{\pi}{2} (R_2^4 - R_1^4) . \tag{3.38}$$

Da die Torsionssteifigkeit mit der 4. Potenz des Radius ansteigt, kann sie durch Verdopplung des Radius auf den 16-fachen Wert gesteigert werden.

Die Beziehung (3.36) gilt nur für Stäbe mit konstantem Querschnitt. Bei veränderlichem Querschnitt kann man (3.36) als Näherung für ein Stabelement der Länge dx verwenden und erhält dann durch Integration der für die Stabelemente geltenden Verdrehungswinkel $d\varphi$

$$\varphi = \int_0^L d\varphi = \frac{M_t}{G} \int_0^L \frac{dx}{I_p(x)} . \tag{3.39}$$

Auch das hier vorkommende Integral ist eine nur von der Form des Stabes abhängige Größe.

Der Spannungszustand im tordierten Stab ist aufgrund der bisherigen Überlegungen vollständig bekannt. In dem Zylindermantel von Fig. 3.16 herrscht an jeder Stelle ein ebener Spannungszustand, der dem Fall des „reinen Schubes" (s. Abschn. 3.1.1.1) entspricht. Auf den Seitenflächen eines quadratischen Flächenelementes von der Dicke dr, das wie in Fig. 3.17 (links) orientiert ist, sind nur Schubspannungen, aber keine Normalspannungen vorhanden. Die Hauptspannungsrichtungen sind daher um 45° gegenüber der Stablängsachse verdreht; das Element von Fig. 3.17 (rechts) wird in der 1-Richtung auf Zug, in der 2-Richtung auf Druck mit $\sigma_2 = -\sigma_1$ beansprucht. Mit diesen Erkenntnissen lassen sich zwei Erfahrungstatsachen deuten: spröder Werkstoff ist gegenüber Zugspannungen empfindlich, er geht zu Bruch, wenn die Normalspannung σ_1 den Wert der Trennfestigkeit erreicht. Der Bruch selbst ist dann wendelförmig und am Außenrande um 45° gegenüber der Achse geneigt (Bruch von Torsionsfedern, Fig. 3.18). Bei zähem Material tritt der Bruch ein, wenn die Schubspannung einen bestimmten Grenzwert überschreitet. Die Bruchfläche ist dann senkrecht zur Stabachse (Beispiel: Abdrehen einer Büroklammer!).

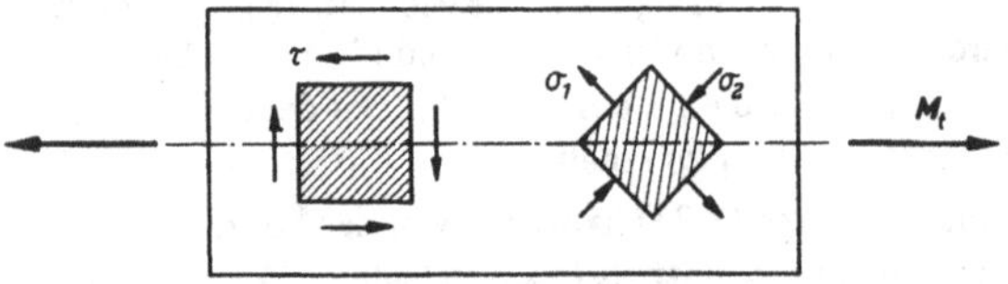

Fig. 3.17 Lage der Hauptschub- und Hauptnormalspannung im Mantel eines tordierten Rundstabes

Der Verlauf der Schubspannungen τ im tordierten Stab ist in Fig. 3.19 skizziert. Der Betrag der auftretenden Schubspannung kann aus (3.33) mit (3.36) errechnet werden:

$$\tau = \frac{r\,M_t}{I_p} \quad \text{und} \quad \tau_{max} = \frac{R\,M_t}{I_p}\,. \tag{3.40}$$

Der Quotient $I_p/R = W_p$ wird als polares Widerstandsmoment des Stabes bezeichnet. Für die maximale Schubspannung in einem auf Torsion beanspruchten Stab mit Kreisquerschnitt gilt

$$\tau_{max} = \frac{M}{W_p} = \frac{2M}{\pi R^3}\,. \tag{3.41}$$

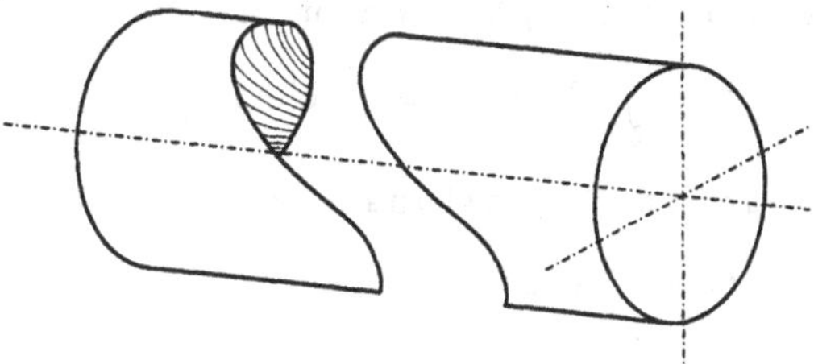

Fig. 3.18 Torsionsbruch eines Rundstabes aus sprödem Material

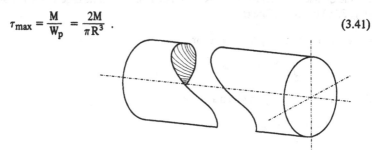

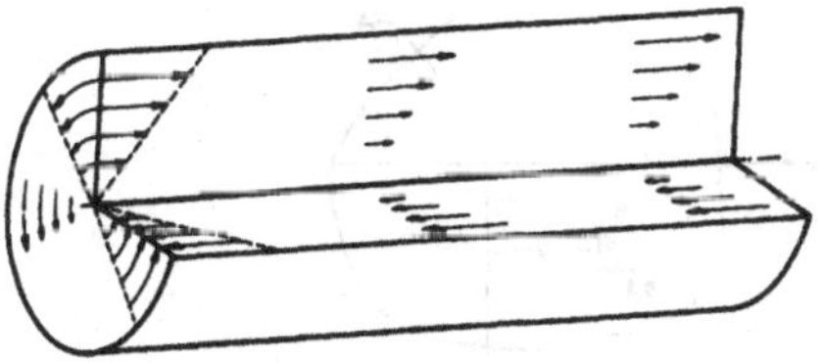

Fig. 3.19 Verlauf der Schubspannungen in einem tordierten Rundstab

Wenn die hier vorausgesetzten Annahmen nicht zutreffen, dann wird eine Berechnung tordierter Stäbe erheblich komplizierter. Bei beliebig geformten Querschnitten muß die Verwölbung der Querschnittflächen berücksichtigt werden. Lediglich bei dünnwandigen Hohlstäben von beliebiger Querschnittform führen einfache Näherungsbetrachtungen zum Ziel. Bei plastischer Torsion ist ein von dem Hookeschen Gesetz abweichendes Stoffgesetz $\tau(\gamma)$ zu berücksichtigen. Ein einfacher Fall dieser Art wird in Abschn. 7.4 behandelt.

3.4. Technische Biegelehre

Bei der für die Praxis sehr wichtigen Beanspruchung von Balken (Stäben) auf Biegung interessieren die für verschiedenartige Beanspruchungsfälle auftretenden Spannungen im Balken sowie die dadurch hervorgerufenen Verformungen. Die „Technische Biegelehre" bietet eine durch Näherungsannahmen vereinfachte Theorie der Balkenbiegung, deren Ergebnisse im allgemeinen ausreichend genau sind.

3.4.1. Flächenmomente 2. Ordnung. Analog zu dem bei der Berechnung der Torsion aufgetretenen polaren Flächenträgheitsmoment I_p nach (3.35) werden auch bei der Biegung Flächenmomente 2. Ordnung benötigt. Sie sollen zuvor untersucht werden. Flächenmomente 1. Ordnung wurden bereits bei der Definition des Flächenschwerpunktes (2.23) eingeführt.

Für die Querschnittfläche eines Balkens mit dem in der Fläche liegenden y,z-System (Fig. 3.20) werden definiert:

die Flächen-Trägheitsmomente

$$I_y = \int_A z^2 \, dA \,, \quad I_z = \int_A y^2 \, dA \,, \tag{3.42}$$

das Flächen-Deviationsmoment

$$I_{yz} = \int_A yz \, dA \,. \tag{3.43}$$

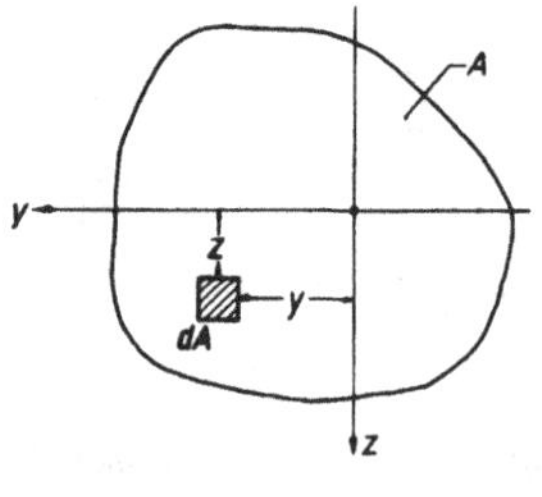

Fig. 3.20
Zur Berechnung des Flächenträgheitsmomentes

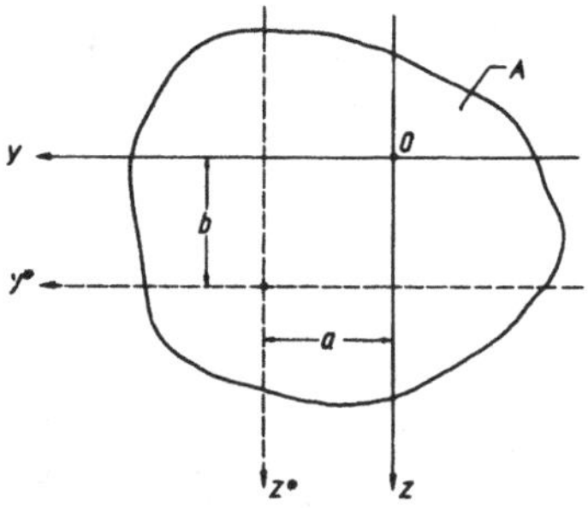

Fig. 3.21
Parallel verschobenes Koordinatensystem

Man beachte, daß wegen $y^2 + z^2 = r^2$ und (3.35)

$$I_p = I_y + I_z \tag{3.44}$$

gilt. Es ist stets $I_y > 0$, $I_z > 0$, während I_{yz} positiv, negativ oder auch null sein kann. Die Flächenmomente (3.42) und (3.43) hängen von der Gestalt der Querschnittfläche sowie vom Koordinatensystem ab. Für ein gegenüber dem Ausgangssystem y,z parallel-verschobenes y^*, z^*-System (Fig. 3.21) folgt mit $y = y^* + a$, $z = z^* + b$ aus (3.42)

$$I_y^* = I_y - 2b \int_A z \, dA + b^2 A \,,$$

$$I_z^* = I_z - 2a \int_A y \, dA + a^2 A \,,$$

und aus (3.43)

$$I_{yz}^* = I_{yz} - b \int_A y\,dA - a \int_A z\,dA + abA\,.$$

Wird O in den Flächenschwerpunkt gelegt, dann verschwinden die linearen Momente $\int z\,dA$ und $\int y\,dA$, so daß

$$I_y^* = I_y + b^2 A\,, \quad I_z^* = I_z + a^2 A\,, \quad I_{yz}^* = I_{yz} + abA \tag{3.45}$$

folgt (Satz von Huygens-Steiner).

F o l g e r u n g : Die Flächenträgheitsmomente für Achsen durch den Flächenschwerpunkt sind ein Minimum, verglichen mit den für parallele Achsen geltenden Werten.

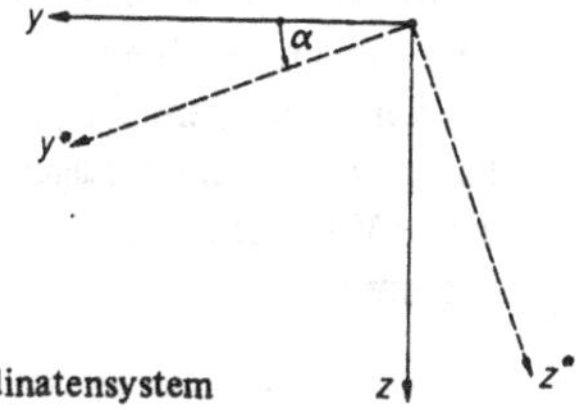

Fig. 3.22 Gedrehtes Koordinatensystem

Für ein v e r d r e h t e s B e z u g s s y s t e m y^*, z^* (Fig. 3.22) folgt mit

$$y^* = y \cos\alpha + z \sin\alpha$$

$$z^* = -y \sin\alpha + z \cos\alpha$$

aus (3.42) und (3.43) nach trigonometrischer Umformung

$$\left.\begin{aligned} I_y^* &= \int_A z^{*2}\,dA = \frac{1}{2}(I_y + I_z) + \frac{1}{2}(I_y - I_z)\cos 2\alpha - I_{yz}\sin 2\alpha\,, \\ I_z^* &= \int_A y^{*2}\,dA = \frac{1}{2}(I_y + I_z) - \frac{1}{2}(I_y - I_z)\cos 2\alpha + I_{yz}\sin 2\alpha\,, \\ I_{yz}^* &= \int_A y^* z^*\,dA = \qquad\qquad \frac{1}{2}(I_y - I_z)\sin 2\alpha + I_{yz}\cos 2\alpha\,. \end{aligned}\right\} \tag{3.46}$$

Die Ausdrücke für I_y^* bzw. I_{yz}^* sind analog zu den in (3.5) abgeleiteten Formeln für σ_φ und τ_φ. Daraus folgt, daß die in Abschn. 3.1.1.1 erhaltenen Ergebnisse sinngemäß übertragen werden können:

- Für jede beliebige ebene Fläche existieren stets zwei zueinander senkrechte H a u p t a c h s e n (Haupt-Trägheitsachsen), für die die Flächenträgheitsmomente Extremwerte annehmen, während das Deviationsmoment verschwindet.
- Für die H a u p t - T r ä g h e i t s m o m e n t e gilt analog zu (3.9)

$$\left.\begin{matrix} I_1 \\ \\ I_2 \end{matrix}\right\} = \frac{1}{2}(I_y + I_z) \pm \sqrt{\left(\frac{I_y - I_z}{2}\right)^2 + I_{yz}^2}\,. \tag{3.47}$$

- Das Deviationsmoment I_{yz}^* wird extrem für solche Bezugsrichtungen, die gegenüber den Hauptachsen um 45° verdreht sind.
- Für eine gegebene Fläche und festen Bezugspunkt O gelten die Invarianten analog zu (3.11) und (3.12):

$$I_1 + I_2 = I_y + I_z = \text{const}\,, \tag{3.48}$$

$$I_1 I_2 = I_y I_z - I_{yz}^2 = \text{const.} \tag{3.49}$$

- Die Hauptträgheitsmomente I_1 und I_2, sowie die Winkel α_1 und α_2, die die Hauptrichtungen mit der y-Achse des ursprünglichen Bezugssystems bilden, können aus dem Mohrschen Trägheitskreis abgelesen werden. Dabei muß der Winkel 2α aus dem Trägheitskreis entnommen und im gleichen Richtungssinn mit halben Betrag in die Lageskizze übertragen werden. Fig. 3.23 zeigt ein Beispiel für dieses Vorgehen. Die Lage des Punktes P ist dabei durch I_y und I_{yz} eindeutig bestimmt.

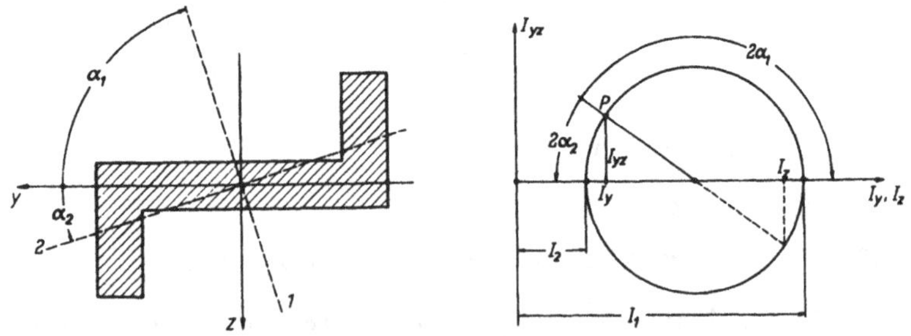

Fig. 3.23 Bestimmung der Hauptachsen mit Hilfe des Mohrschen Trägheitskreises

Die beiden von der y-Achse aus abzutragenden Winkel α_1 und α_2 für die Richtungen der Hauptträgheitsachsen können auch aus der zu (3.8) analogen Beziehung

$$\tan 2\alpha = \frac{2\ I_{yz}}{I_z - I_y} \tag{3.50}$$

berechnet werden.

3.4.2. Die Spannungsverteilung im Balken. Das Aufsuchen der Spannungen im Innern eines auf Biegung belasteten Balkens ist ein statisch unbestimmtes Problem; außer den Gleichgewichtsbedingungen müssen auch noch die Verformungen berücksichtigt werden. Dazu ist die Lösung der recht komplizierten Grundgleichungen der Elastizitätstheorie (s. Abschn. 7.3) notwendig. Im Rahmen der technischen Biegelehre wird der rechnerische Aufwand durch plausible Annahmen über die Verformungen erheblich reduziert. Das soll für die beiden Fälle der „symmetrischen (geraden) Biegung" und der „unsymmetrischen (schiefen) Biegung" gezeigt werden.

Als Voraussetzungen werden in beiden Fällen angenommen:

- die Balken sind gerade und schlank, d.h. die Querschnittabmessungen sind klein gegenüber der Länge L;
- der Bereich der elastischen Verformung wird an keiner Stelle überschritten, also gilt das Hookesche Gesetz.

3.4.2.1. Symmetrische reine Biegung. In diesem Fall wird zusätzlich vorausgesetzt:

- die Belastung erfolgt durch Momente M, deren Vektorpfeile parallel zu einer Hauptrichtung der Querschnittfläche sind (Fig. 3.24).

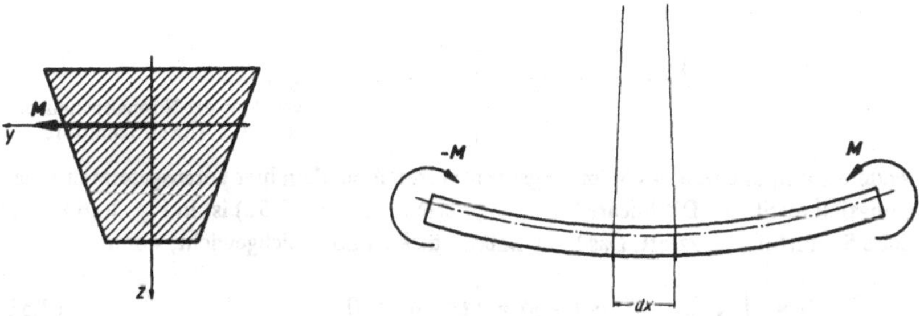

Fig. 3.24 Biegung eines Stabes durch ein Moment in Richtung einer Hauptachse des Querschnitts

Die letztgenannte Bedingung ist sicher erfüllt, wenn die Querschnittfläche eine Symmetrieachse hat und der Vektor des Biegemomentes senkrecht auf dieser Symmetrieachse in der Querschnittebene liegt.

Bei der angenommenen Belastung muß nach dem Schnittprinzip in jedem Querschnitt das Moment M übertragen werden. Daher muß auch die Verformung des Balkens für jeden Wert von x die gleiche sein. Das ist nur möglich, wenn die Stabachse die Form eines Kreisbogens annimmt. Dabei verformt sich ein aus dem Balken herausgeschnittenes Element von der Länge dx so, wie es in Fig. 3.25 skizziert ist: die oberen Fasern

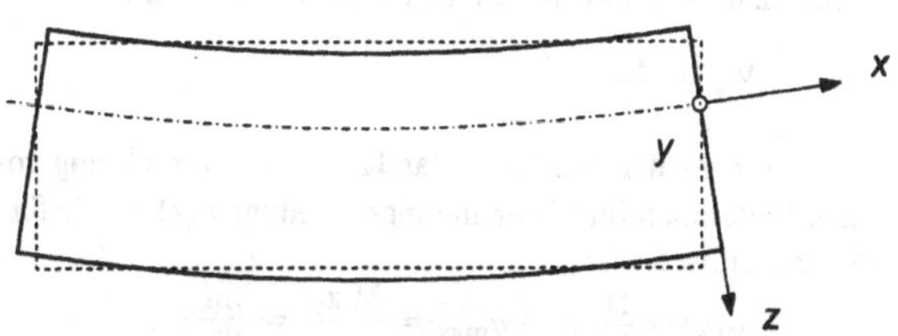

Fig. 3.25 Verformung eines Balkenstücks bei Biegebeanspruchung

des Balkens werden gestaucht ($\epsilon < 0$). die unteren gedehnt ($\epsilon > 0$). Dazwischen gibt es in der x, y-Ebene eine n e u t r a l e F a s e r mit $\epsilon = 0$. Zählt man die Koordinate z von dieser neutralen Faser aus, dann folgt mit den für den oberen (oder unteren) Profilrand geltenden Werten ϵ_0 und z_0 für die Dehnung des Balkens

$$\epsilon = \epsilon_x(z) = \frac{\epsilon_0}{z_0}\, z\,. \tag{3.51}$$

wegen $\sigma = E\epsilon$ folgt daraus

$$\sigma = \sigma_x(z) = \frac{\sigma_0}{z_0}\, z\,. \tag{3.52}$$

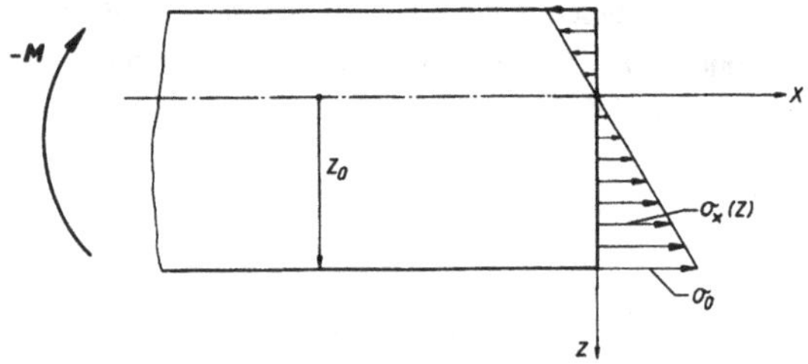

Fig. 3.26
Verteilung der Normalspannungen $\sigma_x(z)$ am positiven Schnittufer

Andere Komponenten des Spannungsvektors treten bei dem hier vorausgesetzten Belastungsfall nicht auf. Die lineare Spannungsverteilung nach (3.52) ist in Fig. 3.26 für das linke Schnittufer skizziert. Das linke Balkenstück ist im Gleichgewicht, wenn

$$N = \int_A \sigma_x \, dA = 0 \quad \text{und} \quad -M + \int_A z\sigma_x \, dA = 0 \tag{3.53}$$

gilt. Aus der ersten dieser Bedingungen folgt mit (3.52)

$$\frac{\sigma_0}{z_0} \int_A z dA = \frac{\sigma_0}{z_0}\, z_s A = 0, \text{ folglich } z_s = 0\,. \tag{3.54}$$

S a t z: Die neutrale Faser eines gebogenen Balkens geht durch den Flächenmittelpunkt des Querschnittes.

Aus der zweiten der Bedingungen (3.53) folgt mit (3.42) und (3.52)

$$\frac{\sigma_0}{z_0} \int_A z^2 \, dA = \frac{\sigma_0}{z_0}\, I_y = M\,. \tag{3.55}$$

Führt man darin das W i d e r s t a n d s m o m e n t

$$W_y = \frac{I_y}{z_0} \tag{3.56}$$

ein, worin z_0 der maximale Randabstand in z-Richtung von der neutralen Faser ist, dann findet man für die Spannungsverteilung $\sigma(z)$, sowie für die maximale Spannung die Ergebnisse:

$$\sigma(z) = \frac{M}{I_y}\, z\,; \quad \sigma_{max} = \frac{M\, z_0}{I_y} = \frac{M}{W_y}\,. \tag{3.57}$$

Beispiele für Flächen-Trägheits- und -Widerstandsmomente: für eine rechteckige Querschnittfläche mit der Breite b und der Höhe h gilt:

$$I_y = \frac{1}{12}\, b\, h^3\,, \quad W_y = \frac{1}{6}\, b\, h^2\,; \tag{3.58}$$

für einen Kreis-Querschnitt mit dem Radius R gilt:

$$I_y = \frac{\pi}{4} R^4\,, \quad W_y = \frac{\pi}{4} R^3\,. \tag{3.59}$$

3.4.2.2. Gerade Biegung. Der allgemeinere Fall liegt vor, wenn die Belastung durch Kräfte geschieht, die in der x,z-Ebene des Balkens liegen, und wenn die z-Achse zugleich eine der durch den Schwerpunkt des Querschnitts gehenden Hauptachsen (z.B. Symmetrie-Achse) ist. Unter diesen Bedingungen biegt sich der Balken in der x,z-Ebene, also in der Belastungsebene durch. Da jedoch die Komponenten des Schnittwinders im vorliegenden Belastungsfall selbst noch von x abhängen, kann aus einfachen Symmetrieüberlegungen keine allgemeine Aussage über die Art der Verformung gewonnen werden. Man hilft sich hier mit der

Bernoullischen Hypothese: Querschnittflächen bleiben auch nach Aufbringen der Belastung eben.

Diese Annahme trifft für schlanke Träger in guter Näherung zu. Bei hohen Trägern muß dagegen der Einfluß von Schubspannungen τ_{xz} berücksichtigt werden, die in den Querschnittflächen wirksam sind, weil sonst ein Gleichgewicht der Kräfte in der z-Richtung nicht erreicht werden kann. Wie in Abschn. 3.4.4 gezeigt werden wird, führen diese Schubspannungen zu einer Verwölbung der Querschnitte. Diese Verwölbungen – und damit zugleich die Schubspannungen τ_{xz} selbst – werden in der technischen Biegelehre vernachlässigt. Das ist gleichbedeutend mit der Annahme, daß die Verformungen allein durch die Momente $M_y(x)$ hervorgerufen werden, die aufgrund der einwirkenden Kräfte in den Querschnitten übertragen werden. Damit aber können die gesamten Ergebnisse des Falles der reinen Biegung (Abschn. 3.4.2.1) als Näherungen auf den allgemeineren Fall der geraden Biegung übertragen werden. Insbesondere gilt für die Spannungsverteilung das lineare Gesetz:

$$\sigma = \sigma_x(x,z) = \frac{M(x)}{I_y}\, z\,, \tag{3.60}$$

sowie für die maximale Spannung im Balken

$$\sigma_{max} = \frac{M_{max}\, z_0}{I_y} = \frac{M_{max}}{W_y}\,. \tag{3.61}$$

Die maximale Spannung tritt in dem Querschnitt auf, zu dem das maximale Biegemoment M_{max} gehört, und dort an der Stelle, die den größten Abstand z_0 von der neutralen Faser hat.

3.4.2.3. Schiefe Biegung. Dieser Fall liegt vor, wenn die belastenden Kräfte zwar durch den Profilschwerpunkt (Mittelpunkt der Querschnittfläche) gehen, aber nicht mit einer der beiden Hauptachsen zusammenfallen. Der Vektor des Biegemomentes **M** möge mit der Hauptachse y einen Winkel α einschließen (Fig. 3.27). Dieser Fall läßt

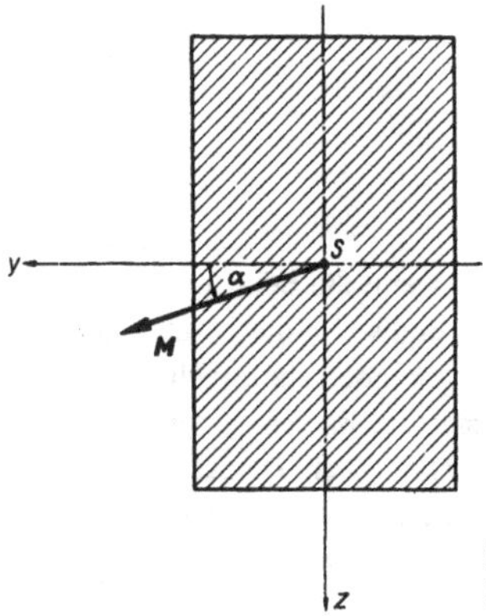

Fig. 3.27
Lage des Momentenvektors bei schiefer Biegung

sich als Überlagerung von zwei geraden Biegungen auffassen und berechnen, da die Komponente $M_y = M \cos\alpha$ eine Biegung in der x,z-Ebene und die Komponente $M_z = M \sin\alpha$ eine Biegung in der x,y-Ebene hervorruft. Die dadurch in der Querschnittfläche wirkenden Normalspannungen σ_x hängen von y und z ab. Hierfür wird mit den noch unbekannten Koeffizienten a, b, c der lineare Ansatz

$$\sigma_x\,(y,z) = a + by + cz \tag{3.62}$$

gewählt. Wenn die y- und z-Achsen Hauptachsen durch den Profilschwerpunkt S (Fig. 3.27) sind, dann erhält man mit (3.62) aus den Gleichgewichtsbedingungen:

$$N = \int_A \sigma_x \, dA = \int_A a \, dA = aA = 0, \text{ folglich } a = 0\,,$$

$$M_y = \int_A \sigma_x z \, dA = b \int_A yz \, dA + c \int_A z^2 \, dA = b\, I_{yz} + c\, I_y\,,$$

$$M_z = -\int_A \sigma_x y \, dA = -b \int_A y^2 \, dA - c \int_A yz \, dA = -b\, I_z - c\, I_{yz}\,.$$

Für Hauptachsen ist $I_{yz} = 0$, so daß

$$b = -\frac{M_z}{I_z} = -\frac{M \sin\alpha}{I_z}\,, \quad c = \frac{M_y}{I_y} = \frac{M \cos\alpha}{I_y}$$

und damit aus (3.62)

$$\sigma_x\,(y,z) = -\frac{M \sin\alpha}{I_z}\, y + \frac{M \cos\alpha}{I_y}\, z \tag{3.63}$$

folgt. Die neutralen Fasern bilden innerhalb des Balkens eine Ebene, deren Lage aus der Bedingung $\sigma_x = 0$ ausgerechnet werden kann. Damit folgt aus (3.63) als Gleichung für die neutrale Linie, d.h. für den Schnitt der neutralen Fasern mit der Querschnittfläche:

$$z = \left(\frac{I_y}{I_z} \tan\alpha \right) y = y \tan\beta\,. \tag{3.64}$$

Für $I_y = I_z$ ist jede Achse durch den Profilschwerpunkt eine Hauptachse. Dafür wird $\beta = \alpha$, und die neutrale Linie fällt immer mit der Richtung des Momentenvektors zusammen. Im allgemeinen sind jedoch beide Richtungen bei der schiefen Biegung verschieden (Fig. 3.28).

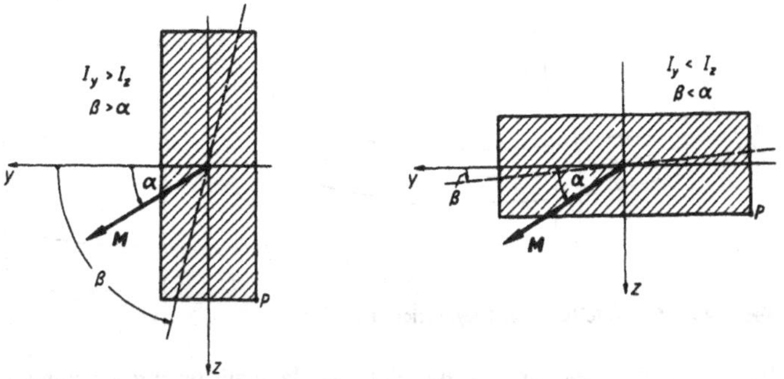

Fig. 3.28 Lage der neutralen Linie bei schiefer Biegung

Die Kurven konstanter Spannung σ in der Querschnittfläche sind Geraden, für die aus (3.63)

$$z = y \tan\beta + \frac{\sigma I_y}{M \cos\alpha} \tag{3.65}$$

erhalten wird. Das sind Parallelen zur neutralen Linie (3.64), die einen umso größeren Abstand von ihr haben, je größer σ gewählt wird. Daraus folgt, daß bei der schiefen Biegung die maximalen Normalspannungen in den Punkten im Querschnitt auftreten, die den größten Abstand von der neutralen Linie haben.
Wenn P (Fig. 3.28) ein derartiger Punkt ist, dann erhält man die maximale Normalspannung

$$\sigma_{max} = \sigma_x(y_P, z_P) = M_{max} \left(\frac{\cos\alpha}{I_y} z_P - \frac{\sin\alpha}{I_z} y_P \right). \tag{3.66}$$

3.4.3. Die Biegelinie. Die Verbindungslinie der Querschnittschwerpunkte eines gebogenen Balkens wird Biegelinie genannt. Ihre Bestimmungsgleichung kann aus geometrischen Überlegungen und statischen Beziehungen leicht gewonnen werden, sofern man die Verformung des Balkens als klein voraussetzt.

3.4.3.1. Gerade Biegung. In diesem Fall neigen sich zwei ursprünglich parallele Querschnittflächen im Abstand dx um einen Winkel $d\varphi$ gegeneinander (Fig. 3.29). Mit dem lokalen Krümmungsradius R der Biegelinie gilt $R d\varphi = dx$. Andererseits kann aus dem verformten Balkenelement die Beziehung $z d\varphi = \epsilon dx$ abgelesen werden. Durch Einsetzen folgt

$$\frac{1}{R} = \frac{\epsilon}{z}. \tag{3.67}$$

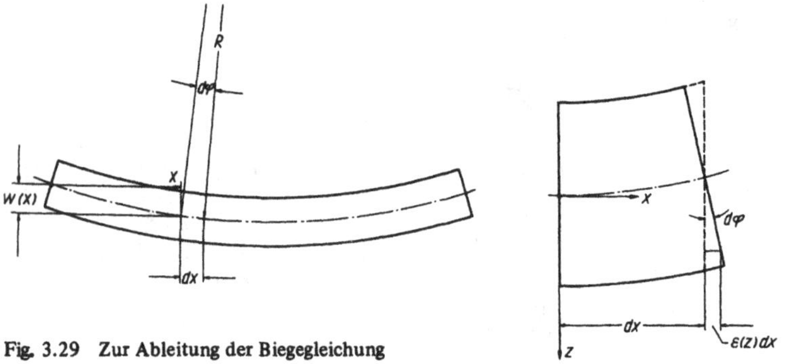

Fig. 3.29 Zur Ableitung der Biegegleichung

Wenn w(x) die Gleichung der Biegelinie ist, dann gilt für ihre Krümmung k

$$k = -\frac{1}{R} = \frac{w''}{(1 + w'^2)^{\frac{3}{2}}} \approx w''(x). \tag{3.68}$$

Bei kleinen Verformungen ist $w' \ll 1$; das Minuszeichen bei 1/R ist zu verwenden, weil der in Fig. 3.29 skizzierte Balken eine negative Krümmung besitzt. Weiter folgt aus (3.57):

$$\sigma = \frac{M}{I_y} z = E\epsilon \quad \text{also} \quad \frac{\epsilon}{z} = \frac{M}{E I_y}. \tag{3.69}$$

Somit erhält man aus (3.67) mit (3.68) und (3.69) als Differentialgleichung für die Biegelinie (Biegegleichung):

$$E I_y w''(x) = -M(x). \tag{3.70}$$

Wegen der Beziehungen (2.36) läßt sich die Biegegleichung bei konstantem EI_y auch wie folgt schreiben:

$$\left. \begin{aligned} E I_y w'''(x) &= -Q(x), \\ E I_y w^{IV}(x) &= q(x). \end{aligned} \right\} \tag{3.71}$$

Das hier vorkommende Produkt EI hat bei Biegeproblemen eine besondere Bedeutung; es wird als Biegesteifigkeit bezeichnet. Je größer die Biegesteifigkeit ist, umso geringer wird die Durchbiegung.

Man beachte, daß die Ableitungen der Funktion w(x) nach x den folgenden Größen proportional sind: Neigung der Biegelinie (w′), Krümmung der Biegelinie und Biegemoment (w″), Querkraft (w‴) und spezifische Längenbelastung (w^{IV}).
Die Integration der Biegegleichung (3.70) kann auf analytischem oder grafischem Wege geschehen. Dabei kann auch I = I (x) sein, d.h. der Balken darf veränderliche Querschnitte haben. Ein auf Mohr zurückgehendes grafisches Lösungsverfahren macht von der Analogie der Biegegleichung (3.70) mit der Gleichung (2.54) für eine Seilkurve Gebrauch.

3.4.3.2. Zwei Beispiele. Es soll die Biegelinie w(x), die maximale Durchbiegung w_{max} und die maximale Beanspruchung σ_{max} für den in Fig. 3.30 skizzierten Balken mit konstantem Querschnitt bestimmt werden. Wegen Q = F erhält man durch Integration von (3.71/1) mit den Integrationskonstanten C_1, C_2, C_3

$$E I_y w''' = -F ,$$
$$E I_y w'' = -Fx + C_1 ,$$
$$E I_y w' = -\frac{1}{2} Fx^2 + C_1 x + C_2 ,$$
$$E I_y w = -\frac{1}{6} Fx^3 + \frac{1}{2} C_1 x^2 + C_2 x + C_3 .$$

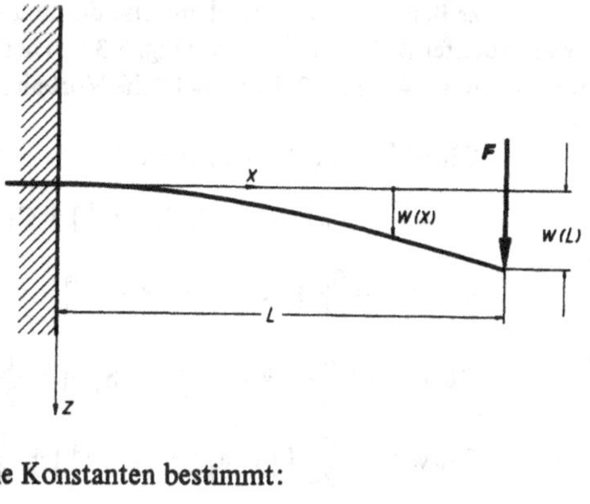

Fig. 3.30
Der einseitig fest eingespannte, am Ende belastete Stab

Aus den Randbedingungen werden die Konstanten bestimmt:

$$w''(L) = 0 \; : \; C_1 = FL ,$$
$$w'(0) = 0 \; : \; C_2 = 0 ,$$
$$w(0) = 0 \; : \; C_3 = 0 .$$

Damit folgt die Biegelinie

$$w(x) = \frac{Fx^2}{2EI_y}\left(L - \frac{x}{3}\right). \tag{3.72}$$

Die Durchbiegung am Ende ist

$$w_{max} = w(L) = \frac{FL^3}{3EI_y} \ . \tag{3.73}$$

Die maximale Beanspruchung tritt im Querschnitt des größten Momentes auf. Wegen $M(x) = -EI_y w'' = F(x-L)$ ist $M_{max} = FL$, also folgt aus (3.61)

$$\sigma_{max} = \frac{FL}{W_y} \ . \tag{3.74}$$

Wenn das Profil symmetrisch zur y-Achse ist, tritt diese Spannung an der Einspannstelle auf der Oberseite als Zug ($\sigma > 0$), an der Unterseite als Druck ($\sigma < 0$) auf. Bei einem unsymmetrischen Dreieckprofil (Fig. 3.31) ist dagegen die Beanspruchung des Werkstoffs an der Spitze doppelt so groß wie an der Basis.

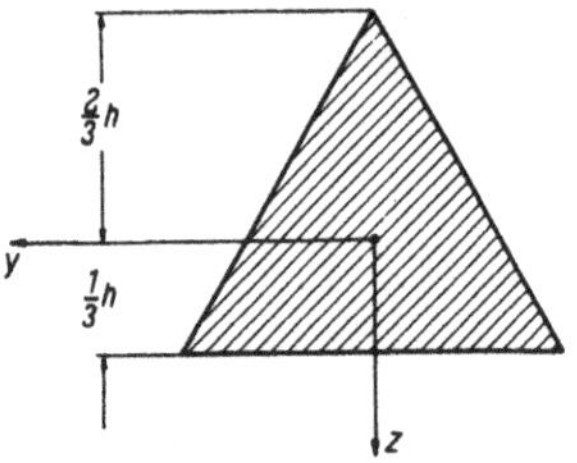

Fig. 3.31 Stabquerschnitt von Dreiecksform

Als zweites Beispiel sei ein streckenweise durch die konstante, stetig verteilte Last q_o beanspruchter Balken untersucht (Fig. 3.32). Hier bietet die Verwendung der Klammerfunktionen (s. Abschn. 2.5.2) erhebliche Vorteile. Man erhält:

$$EI_y w^{IV} = q(x) = q_o [\{x-a\}^0 - \{x-b\}^0] \ .$$

$$EI_y w''' = q_o [\{x-a\}^1 - \{x-b\}^1] + C_1 \ ,$$

$$EI_y w'' = \frac{q_o}{2} [\{x-a\}^2 - \{x-b\}^2] + C_1 x + C_2 \ ,$$

$$EI_y w' = \frac{q_o}{6} [\{x-a\}^3 - \{x-b\}^3] + \frac{1}{2} C_1 x^2 + C_2 x + C_3 \ ,$$

$$EI_y w = \frac{q_o}{24} [\{x-a\}^4 - \{x-b\}^4] + \frac{1}{6} C_1 x^3 + \frac{1}{2} C_2 x^2 + C_3 x + C_4 \ .$$

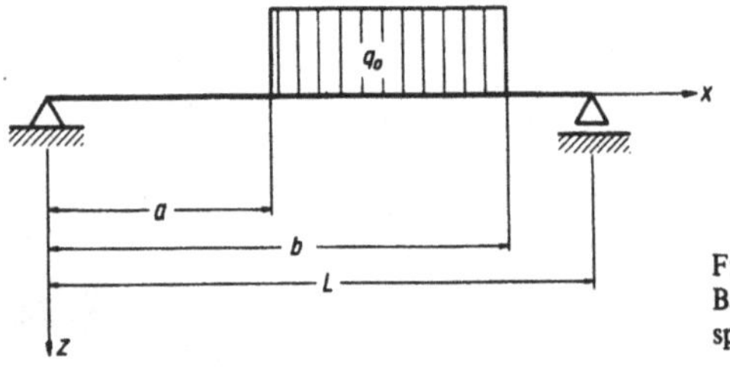

Fig. 3.32
Balken mit bereichsweise konstanter spezifischer Längenbelastung

Die Randbedingungen sind:

$$w''(0) = 0\ , \qquad w''(L) = 0\ ,$$
$$w\ (0) = 0\ , \qquad w\ (L) = 0\ .$$

Daraus findet man:

$$C_1 = \frac{q_0}{2L}\,[\,(L-b)^2 - (L-a)^2\,]\ ,\ C_2 = 0\ ,$$

$$C_3 = \frac{q_0}{24L}[\,(L-b)^4 - (L-a)^4\,] - \frac{q_0 L}{12}\,[\,(L-b)^2 - (L-a)^2\,]\ .$$

$$C_4 = 0\ .$$

Die Biegelinie wird somit:

$$w(x) = \frac{q_0}{24\,EI_y}\Big\langle \{x-a\}^4 - \{x-b\}^4 - \frac{x}{L}\,[\,(L-a)^4 - (L-b)^4\,] -$$
$$- \frac{2x}{L}\,(L^2 - x^2)\,[\,(L-b)^2 - (L-a)^2\,]\Big\rangle\ . \tag{3.75}$$

Der Ort der größten Durchbiegung wird aus der Forderung $w'(x) = 0$, der Ort der größten Beanspruchung aus $w'''(x) = 0$ gefunden.
Wird der Balken auch durch Einzelkräfte belastet, dann kann es vorkommen, daß der Differentialquotient $w'''(x)$ am Ort der größten Beanspruchung nicht erklärt ist, weil die Querkraftfunktion einen Sprung macht. Wenn $Q(x)$ an der Sprungstelle das Vorzeichen wechselt, dann zeigt dies in jedem Falle einen Extremwert für $M(x)$ an.

3.4.3.3. Schiefe Biegung. In diesem Fall kann die Durchbiegung für jede der Hauptebenen gesondert berechnet und dann überlagert werden. Es gelten die Biegegleichungen in der

$$\left.\begin{aligned} &x,z\text{-Ebene:}\quad EI_y\,w'' = -M_y = -M\cos\alpha\ ,\\ &x,y\text{-Ebene:}\quad EI_z\,v'' = M_z = M\sin\alpha\ . \end{aligned}\right\} \tag{3.76}$$

Darin ist v die Durchbiegung in der y-Richtung; bei dem gewählten Koordinatensystem wird $v'' > 0$ für $M_z > 0$. Durch Integration von (3.76) werden v(x) und w(x) berechnet. Die gesamte Durchbiegung ist:

$$f(x) = \sqrt{v^2 + w^2}\ .$$

Wenn Lagerung und Belastung für beide Hauptebenen gleichartig sind, dann folgt aus (3.76) mit (3.64)

$$\frac{w''}{v''} = -\frac{I_z}{I_y\tan\alpha} = -\frac{1}{\tan\beta} = \frac{w}{v} = \tan\vartheta\ . \tag{3.77}$$

Der Winkel ϑ gibt dabei die Richtung der Auslenkung von der y-Achse aus gemessen an. Aus (3.77) folgt:

$$\vartheta = \frac{\pi}{2} + \beta\,, \tag{3.78}$$

d.h. die Ausbiegung erfolgt senkrecht zur neutralen Linie des Querschnitts (Fig. 3.33). Der Balken weicht in Richtung der geringeren Biegesteifigkeit aus.

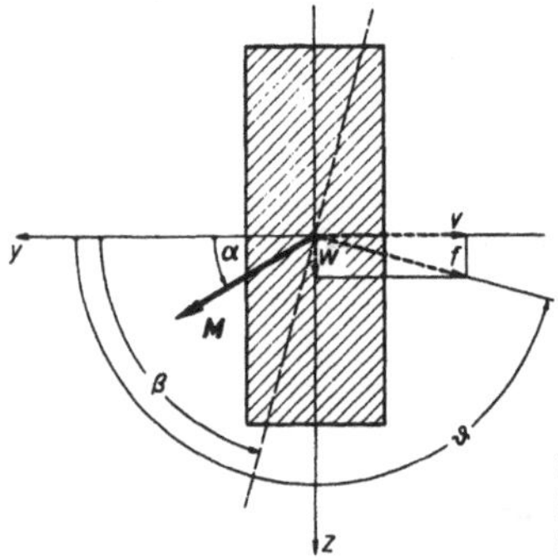

Fig. 3.33
Richtung der Durchbiegung eines Stabes bei schiefer Biegung

3.4.4. Der Einfluß der Schubspannungen. Die in den Querschnitten eines durch Kräfte belasteten Balkens auftretenden Schubspannungen bewirken

- eine Verwölbung der Querschnittflächen,
- eine zusätzliche Durchbiegung, die Schubdeformation,
- bei Belastungen, die durch den Profilschwerpunkt gehen, aber nicht in einer Profilsymmetrieachse liegen, eine zusätzliche Torsion.

Im Querschnitt eines Balkens treten bei nicht verschwindenden Querkräften Q stets Schubspannung τ_{xz} auf, da die Bedingung

$$\int_A \tau_{xz}\, dA = Q \tag{3.79}$$

erfüllt sein muß. Die Schubspannungen verschwinden an den oberen und unteren Rändern der Querschnittfläche, weil sonst z.B. für Elementarquader wegen $\tau_{zx} = 0$ dort kein Gleichgewicht möglich ist (Fig. 3.34). In der Querschnittmitte wird τ_{xz} maximal. Den Schubspannungen entspricht eine Gleitung $\gamma_{xz} = \tau_{xz}/G$. Man erkennt daraus, daß die Querschnittfläche S-förmig verwölbt wird, wie dies in Fig. 3.34 skizziert ist.

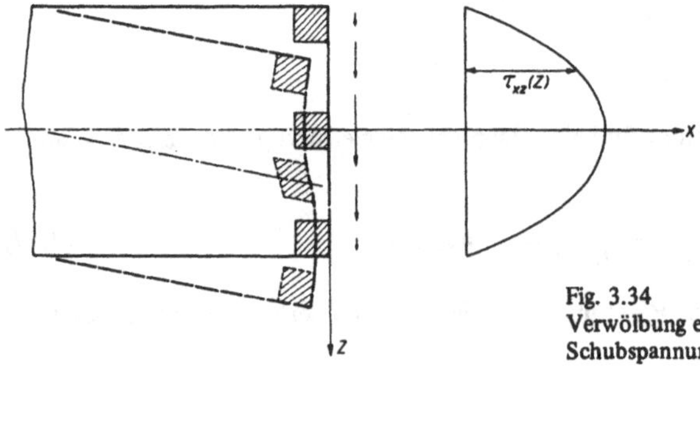

Fig. 3.34
Verwölbung einer Querschnittfläche durch Schubspannungen

Die Schubdeformation kann näherungsweise berechnet werden, indem man mit mittleren Werten für τ und γ rechnet

$$\tau_{\text{mittel}} = \frac{Q}{A}, \quad \gamma_{\text{mittel}} = \lambda \frac{\tau_m}{G} = \lambda \frac{Q}{AG}.$$

Dabei ist λ ein von der Querschnittform abhängiger Korrekturfaktor, der nicht viel vom Wert 1 abweicht. Der Gleitwinkel γ_m gibt zugleich die durch die Schubdeformation bedingte zusätzliche Neigung der Biegelinie an:

$$w_S'(x) = \gamma_m(x) = \lambda \frac{Q(x)}{AG}. \tag{3.80}$$

Daraus kann durch Integration eine Näherung für die Schubdeformation gewonnen werden. So erhält man z.B. für den in Fig. 3.30 skizzierten Fall mit $Q(x) = F$

$$w_S(x) = \frac{\lambda F}{AG} x. \tag{3.81}$$

Das Verhältnis des Maximalwertes $w_S(L)$ zu (3.73) wird

$$\frac{w_S(L)}{w(L)} = \frac{3\lambda E I_y}{AG L^2}.$$

Für einen quadratischen Querschnitt mit der Seitenlänge a ($A = a^2$, $I = a^4/12$) folgt daraus

$$\frac{w_S(L)}{w(L)} = \frac{\lambda E}{4G}\left(\frac{a}{L}\right)^2. \tag{3.82}$$

Daraus ist ersichtlich, daß die Schubdeformation für schlanke Träger ($a \ll L$) vernachlässigt werden kann.

Bei gerader Biegung ist vorausgesetzt worden, daß eine durch den Profilschwerpunkt gehende Hauptachse in der Lastebene, z.B. in der x,z-Ebene, liegt. Bei Kräften, deren Wirkungslinien nicht durch den Profilschwerpunkt laufen, entstehen Momentkomponenten M_x, also Torsionsmomente. Derartige Torsionsmomente treten aber auch bei zentrisch wirkenden Kräften auf, wenn das Profil unsymmetrisch bezüglich der Hauptachse ist, in der die Belastung liegt.

Ein Beispiel zeigt Fig. 3.35: in dem gezeichneten Profil wird bei positiver Querkraft Q

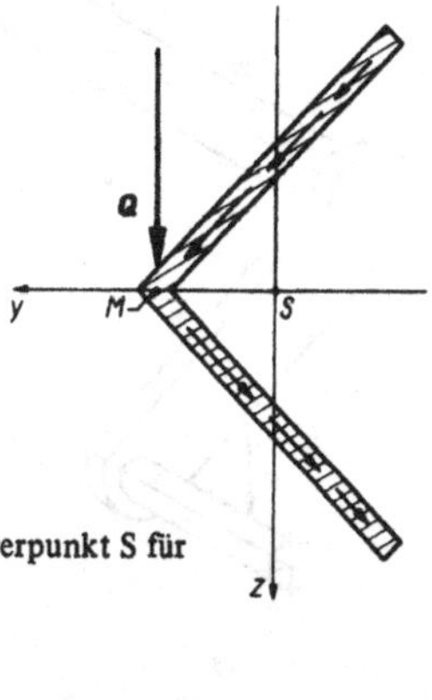

Fig. 3.35
Lage von Schubmittelpunkt M und Profilschwerpunkt S für ein dünnwandiges offenes Profil

eine Schubspannungsverteilung hervorgerufen, die im wesentlichen wie skizziert verläuft. Sie genügt den Gleichgewichtsbedingungen

$$\int_A \tau_{xz}\, dA = Q\,, \qquad \int_A \tau_{xy}\, dA = 0\,.$$

Das von den Schubkraftanteilen τdA gebildete Kräftesystem muß der Einzelkraft Q äquivalent sein. Das ist jedoch nur dann möglich, wenn Q durch den Punkt M, nicht aber durch den Schwerpunkt S läuft. Bezüglich des Schwerpunktes S ergeben die Schubkräfte ein Torsionsmoment, das bei dünnwandigen offenen Profilen nicht vernachlässigt werden darf. Es wird kompensiert, wenn die Belastungsebene nicht durch S, sondern durch den Punkt M – den Schubmittelpunkt – läuft. Die Lage des Schubmittelpunktes kann für alle gängigen Profile aus Tabellen entnommen werden.

3.5. Überlagerung einfacher Belastungsfälle

Die bisher behandelten Belastungsfälle Zug, Druck, Torsion und Biegung kommen in der Praxis selten allein vor. Fast immer sind die Belastungen komplizierter. Im Rahmen der linearen Elastizitätstheorie ist es jedoch möglich, beliebig komplizierte Belastungsfälle als eine Überlagerung (Superposition) einfacher Fälle aufzufassen und zu berechnen. Diese Überlagerungsmöglichkeit gilt sowohl für die Spannungsverteilungen – wegen der linearen Beziehungen zwischen Kräften und Spannungen –, als auch für die Verformungen – wegen der Linearität des Hookeschen Gesetzes.

Bereits bei der Behandlung der schiefen Biegung (Abschn. 3.4.2.3 und 3.4.3.3) wurde von dem Superpositionsprinzip Gebrauch gemacht. Ein anderes Beispiel zeigt Fig. 3.36. In dem gezeichneten Kurbelmechanismus wird unter dem Einfluß der Einzelkraft F zwar der Griff G nur auf Biegung belastet, jedoch wird die Welle W gebogen und tordiert. Für die Kurbelstange K muß in der gezeichneten Stellung sogar Zug, Torsion und Biegung berücksichtigt werden.

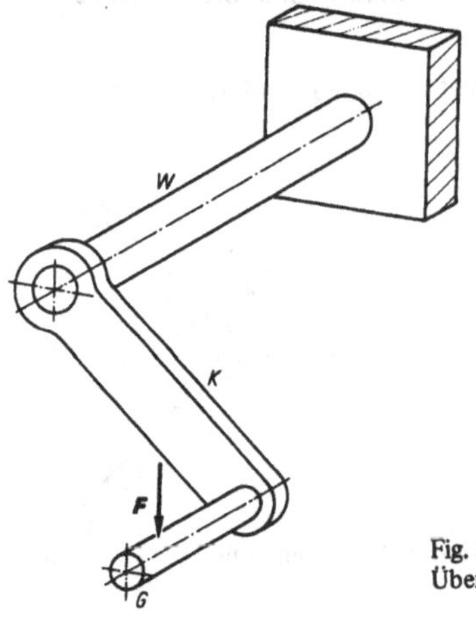

Fig. 3.36
Überlagerte Beanspruchungen bei einem Kurbelmechanismus

3.5.1. Der exzentrisch belastete Zug- oder Druck-Stab. Es sei ein gerader Stab betrachtet, der durch eine zur Längsachse parallele Kraft **F** auf Zug belastet wird (Fig. 3.37). Die Wirkungslinie der Kraft soll jedoch nicht mit der Stabachse zusammenfallen, sondern den Querschnitt im Punkte O schneiden.

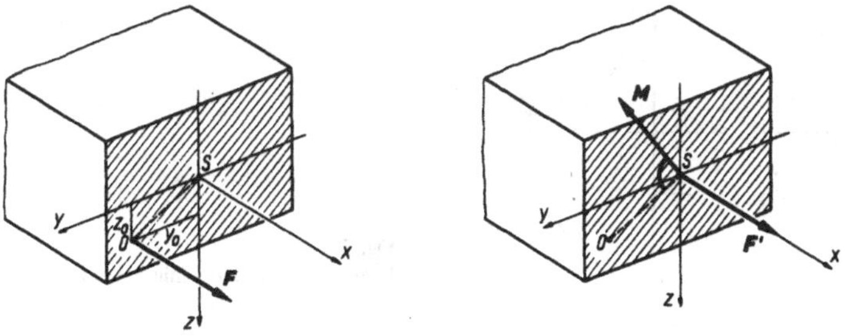

Fig. 3.37 Exzentrisch angreifende Zugkraft **F** und der äquivalente Kraftwinder (**F**′, **M**) für den Profilschwerpunkt

Zur Bestimmung der Spannungsverteilung $\sigma_x(y,z)$ im Stabquerschnitt bei diesem Belastungsfall können die Gleichgewichtsbedingungen unter Berücksichtigung des P r i n - z i p s v o n d e S a i n t V e n a n t angewendet werden. Dieses Prinzip sagt aus:

Die Wirkung (Spannungen und Verformungen) eines Kräftesystems an einem elastischen Körper hängt in hinreichender Entfernung vom Angriffsbereich nicht mehr von der speziellen Verteilung der Kräfte, sondern nur von der statischen Resultierenden ab.

F o l g e r u n g: Statisch äquivalente Kräftesysteme sind demnach außerhalb des Bereiches der unmittelbaren Krafteinleitung in den Stab auch elastisch äquivalent, d.h. sie ergeben dieselben Spannungen und Verformungen. Für den in Fig. 3.37 skizzierten Fall kann deshalb die in O angreifende Einzelkraft **F** Durch den auf S bezogenen Kraftwinder

$$(\mathbf{F}', \mathbf{M}) \text{ mit } \mathrm{F} = \mathrm{F}', \mathbf{F} \uparrow\uparrow \mathbf{F}' \text{ und } \mathbf{M} = \mathbf{r}_{SO} \times \mathbf{F}$$

ersetzt werden. Die jetzt zentrisch angreifende Kraft **F**′ belastet den Stab auf Zug, das Moment **M** ergibt eine schiefe Biegung. Durch Überlagerung der Zug-Spannung $\sigma = F/A$ mit der Biegespannung (3.63) erhält man im vorliegenden Fall:

$$\sigma_x(y,z) = \frac{F}{A} - \frac{M_z}{I_z}\, y + \frac{M_y}{I_y}\, z \tag{3.83}$$

mit $M_y = z_0 F$, $M_z = -y_0 F$. Daraus folgt mit $\sigma_x = 0$ als Gleichung für die neutrale Linie:

$$\frac{Ay_0}{I_z}\, y + \frac{Az_0}{I_y}\, z + 1 = 0\,. \tag{3.84}$$

Die neutrale Linie verläuft stets so, daß sie den Quadranten, in dem der Kraftangriffspunkt O liegt, nicht schneidet (Fig. 3.38). Sie trennt die Querschnittfläche in zwei Bereiche, in denen Zugspannung ($\sigma_x > 0$) bzw. Druckspannung ($\sigma_x < 0$) herrscht.

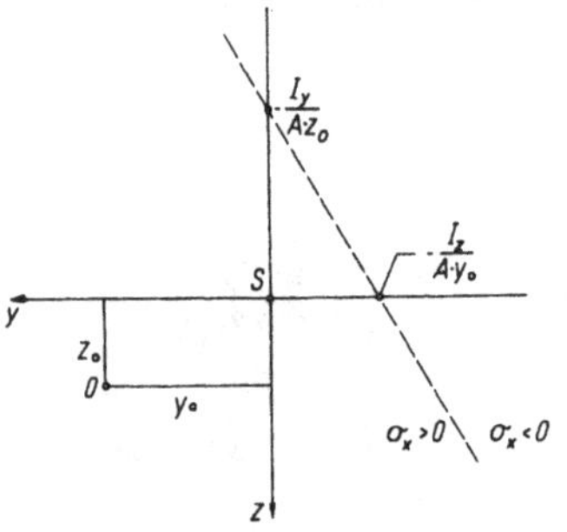

Fig. 3.38
Lage der neutralen Linie bei exzentrischem Zug

Da bei manchen Anwendungen nur Spannungen eines Vorzeichens (z.B. bei gemauerten Tragpfeilern $\sigma_x < 0$) erwünscht sind, interessiert die Frage, unter welchen Bedingungen die neutrale Linie die Querschnittfläche nicht schneidet. Wenn O näher an S heranrückt, dann entfernt sich die neutrale Linie von S – und umgekehrt. Den geometrischen Ort aller der Punkte O, die zu einer die Querschnittfläche nicht schneidenden neutralen Linie führen, nennt man den K e r n d e s Q u e r s c h n i t t s. Wenn die zur Belastung äquivalente Einzelkraft eines auf Druck beanspruchten Tragpfeilers innerhalb des Kerns angreift, dann ist man sicher, daß der Pfeiler an keiner Stelle auf Zug beansprucht wird.

Als Beispiel sei der Kern eines Kreisquerschnitts berechnet (Fig. 3.39). Soll am Rande des Querschnitts im Punkt y = – R, z = 0 die Spannung $\sigma_x = 0$ werden, dann findet man mit $A = \pi R^2$ und $I = \pi R^4/4$ aus (3.84)

$$y_0 = -\frac{I}{Ay} = \frac{R}{4}. \tag{3.85}$$

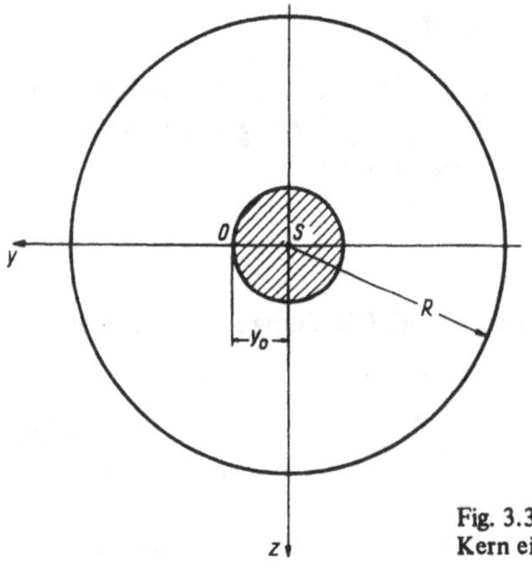

Fig. 3.39
Kern eines Kreisquerschnitts

Der Kern ist demnach ein Kreis mit dem Radius R/4. Die für andere Querschnittprofile geltenden Kerne können aus Tabellen (z.B. Hütte, Bd. I) entnommen werden.

3.5.2. Festigkeitshypothesen. Bei mehrachsigen überlagerten Spannungszuständen ist es schwierig, die von einem Bauteil zu erwartende Festigkeit genügend sicher zu beurteilen. Normalerweise kennt man von einem Werkstoff nur die bei einem einachsigen Zugversuch aufgenommene Spannungs-Dehnungs-Kurve. Aus ihr lassen sich die Fließgrenze σ_F und die Zugfestigkeit σ_B ablesen.

Für die Beurteilung des im Bauteil wirklich vorliegenden mehrachsigen Spannungszustandes benötigt man eine Vergleichsspannung σ_v, die mit σ_F oder σ_B verglichen werden kann. Die Vergleichsgröße σ_v hängt nicht nur von den im Bauteil vorliegenden Hauptspannungen sondern auch von dem Festigkeitsverhalten des Werkstoffes ab. Drei Festigkeitshypothesen haben sich in der Praxis für die verschiedenen Ursachen des Werkstoffversagens bewährt. Sie geben eine Vorschrift, wie σ_v aus den Hauptspannungen $\sigma_1 \geq \sigma_2 \geq \sigma_3$ des im allgemeinen dreiachsigen Spannungszustandes berechnet werden kann.

3.5.2.1. Normalspannungshypothese. Hier wird

$$\sigma_v = \sigma_{max} = \sigma_1 < \sigma_B \tag{3.86}$$

verlangt. Dieses Kriterium paßt für sprödes Material, bei dem das Versagen durch einen sog. Trennbruch erfolgt. Maßgebend für das Materialversagen ist die größte Zug-Normalspannung.

3.5.2.2. Schubspannungshypothese. Bei dieser wird

$$\sigma_v = 2\,\tau_{max} = \sigma_1 - \sigma_3 < \sigma_F \tag{3.87}$$

verlangt. Dieses Kriterium bewährt sich bei zähem Material und bei Berechnung auf Dauerbruch. Der Werkstoff versagt hier durch sog. Fließbruch bzw. durch Gleitzerrüttung.

3.5.2.3. Hypothese der Gestaltänderungsenergie. In diesem Fall wird die vom Werkstoff bei elastischer Verformung aufgenommene Energie mit der beim Zugversuch bis zum Fließbeginn verbrauchten Arbeit verglichen. Daraus ergibt sich die Forderung

$$\sigma_v = \sqrt{\frac{1}{2}[\,(\sigma_1 - \sigma_2)^2 + (\sigma_2 - \sigma_3)^2 + (\sigma_3 - \sigma_1)^2\,]} < \sigma_F\,. \tag{3.88}$$

Dieses Kriterium stimmt bei zähem, durch sog. Gleitbruch versagendem Material und bei Berechnung auf Dauerbruch meist besser mit Versuchsergebnissen überein, als dies bei (3.87) der Fall ist.

3.6. Energiemethoden in der Elasto-Statik

Das Prinzip der virtuellen Arbeit wurde bereits in der Stereo-Statik (Abschn. 2.8) besprochen und zur Bestimmung unbekannter Kräfte verwendet. In der Elasto-Statik ist es zu einem wichtigen Arbeits-Hilfsmittel geworden, das weite Anwendung findet. Zum Unterschied von der Stereo-Statik muß jetzt neben der Arbeit der äußeren auch die der inneren Kräfte berücksichtigt werden, so daß das Prinzip (2.68) in der Form

$$\delta W = \delta (W_a + W_i) = 0 \tag{3.89}$$

geschrieben werden kann. Ohne auf die allgemeine Formulierung des Prinzips einzugehen, die in vielfältig verschiedener Weise durchgeführt werden kann, sollen im folgenden nur einige für die Praxis besonders wichtige Sätze besprochen werden. Dabei wollen wir uns auch in diesem Kapitel auf linear-elastische Systeme beschränken, bei denen Verformungen und Kräfte proportional zueinander sind.

3.6.1. Die Sätze von Maxwell, Castigliano und Menabrea. Es sei ein beliebig gestaltetes linear-elastisches System vorgegeben, an dem die äußeren Kräfte $\mathbf{F}_i (i = 1,2,\ldots, n)$ angreifen (Fig. 3.40). Unter dem Einfluß der Kräfte werden die Kraft-Angriffspunkte

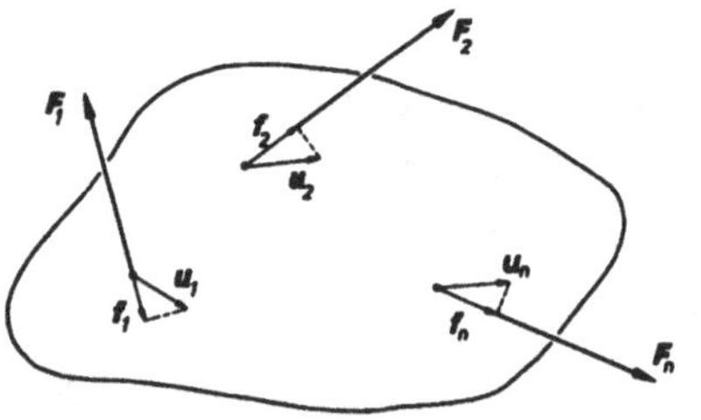

Fig. 3.40
Zur Ableitung der Arbeitssätze für ein linear-elastisches System

um die gerichteten Strecken $\mathbf{u}_i$ verschoben, deren in die Wirkungslinien der Kräfte fallende Komponenten mit f_i bezeichnet werden sollen. Man kann nun die durch eine Kraft $\mathbf{F}_j$ verursachte Verschiebung f_i des Angriffspunktes der Kraft $\mathbf{F}_i$ in Richtung dieser Kraft mit einer E i n f l u ß z a h l α_{ij} durch $(f_i)_j = \alpha_{ij} F_j$ ausdrücken. Die Größe α_{ij} ist demnach die Verschiebung am Ort und in Richtung von $\mathbf{F}_i$ (erster Index), verursacht durch eine Einheitskraft $\mathbf{F}_j$ (zweiter Index). Wegen der vorausgesetzten Linearität zwischen Kräften und Verformungen kann allgemein

$$f_i = \alpha_{i1} F_1 + \alpha_{i2} F_2 + \ldots + \alpha_{in} F_n = \sum_{j=1}^{n} \alpha_{ij} F_j \tag{3.90}$$

angesetzt werden. Für die Einflußzahlen gilt der R e z i p r o z i t ä t s - S a t z v o n M a x w e l l:

$$\alpha_{ij} = \alpha_{ji} \,. \tag{3.91}$$

B e w e i s : Es seien die von den Kräften geleisteten Arbeiten W betrachtet. Zunächst mögen alle Kräfte bis auf eine, z.B. $\mathbf{F}_k$, verschwinden. Wenn F_k von Null beginnend langsam bis zum Endwert gesteigert wird, dann steigt auch $f_k = \alpha_{kk} F_k$ proportional an. Die geleistete Arbeit ist

$$W_k = \int_0^{f_k} F_k \, df_k = \frac{1}{\alpha_{kk}} \int_0^{f_k} f_k \, df_k = \frac{f_k^2}{2\alpha_{kk}} = \frac{1}{2} F_k f_k = \frac{1}{2} \alpha_{kk} F_k^2 \,. \quad (3.92)$$

Im nächsten Schritt nehmen wir an, daß die Kräfte $\mathbf{F}_k$ und $\mathbf{F}_m$ von Null verschieden seien. Dann sind die Verschiebungsanteile

$$f_k = \alpha_{kk} F_k + \alpha_{km} F_m \,, \quad f_m = \alpha_{mk} F_k + \alpha_{mm} F_m \,.$$

Werden beide Kräfte von Null beginnend gleichmäßig so gesteigert, daß sie zugleich ihre Endwerte erreichen, dann ist die geleistete Arbeit:

$$W_I = \frac{1}{2} (\alpha_{kk} F_k + \alpha_{km} F_m) F_k + \frac{1}{2} (\alpha_{mk} F_k + \alpha_{mm} F_m) F_m \,. \quad (3.93)$$

Man kann aber auch zuerst die Kraft F_k aufbringen und danach F_m. In diesem Fall erhält man die Arbeit

$$W_{II} = \left(\frac{1}{2} \alpha_{kk} F_k^2\right) + \left(\frac{1}{2} \alpha_{mm} F_m^2 + \alpha_{km} F_m F_k\right) , \quad (3.94)$$

oder bei Umkehren der Reihenfolge

$$W_{III} = \left(\frac{1}{2} \alpha_{mm} F_m^2\right) + \left(\frac{1}{2} \alpha_{kk} F_k^2 + \alpha_{mk} F_k F_m\right) . \quad (3.95)$$

Da in allen drei Fällen dieselbe Formänderungsenergie im Körper gespeichert ist, muß auch die bei langsamem Aufbringen von den äußeren Kräften geleistete Arbeit gleich sein. Daraus folgt (3.91).

F o l g e r u n g aus dem Maxwellschen Satz (3.91): zwei Kräfte mit gleichem Betrag bewirken an einem linear-elastischen System gleichgroße Verschiebungsanteile am Ort und in Richtung der jeweils anderen Kraft. Ein Beispiel hierfür zeigt Fig. 3.41.

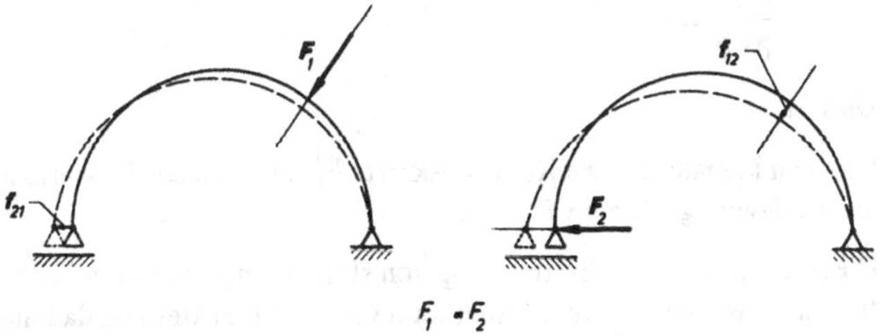

Fig. 3.41 Zur Demonstration des Satzes von Maxwell

Im allgemeinen Fall ist die Arbeit der äußeren Kräfte wegen (3.92) und (3.90)

$$W = \frac{1}{2} \sum_{i=1}^{n} F_i f_i = \frac{1}{2} \sum_{i=1}^{n} \sum_{j=1}^{n} \alpha_{ij} F_i F_j \,. \tag{3.96}$$

Daraus findet man durch partielles Ableiten nach einer Kraft unter Berücksichtigung von (3.91) und (3.90)

$$\frac{\partial W}{\partial F_k} = \sum_{i=1}^{n} \alpha_{ki} F_i = f_k \,. \tag{3.97}$$

Da nun bei langsamem Aufbringen der Belastungen die von den äußeren Kräften geleistete Arbeit W gleich der im verformten Körper gespeicherten Formänderungsenergie V ist, kann (3.97) auch in der Form

$$\frac{\partial V}{\partial F_k} = f_k \tag{3.98}$$

geschrieben werden:

Satz von Castigliano: Die partielle Ableitung der in einem linear-elastischen Körper gespeicherten Formänderungsenergie nach einer äußeren Kraft ist gleich der Verschiebung des Kraftangriffspunktes in Richtung dieser Kraft.

Der hier nur für äußere Kräfte gezeigte Satz gilt entsprechend auch bei Einwirkung von äußeren Momenten M:

$$\frac{\partial V}{\partial M_k} = \varphi_k \,. \tag{3.99}$$

Dabei ist φ_k der Verdrehungswinkel am Angriffsort und um die Achse des Momentes M_k.
Wendet man den Satz (3.98) auf Reaktionskräfte F_k^R (oder Reaktionsmomente M_k^R) an, die keine Arbeit leisten, weil ihr Angriffspunkt entweder fest ist oder nur senkrecht zur Kraftrichtung verschoben werden kann (z.B. beim verschiebbaren Gelenklager), dann ist wegen $f_k = 0$

$$\frac{\partial V}{\partial F_k^R} = 0 \,. \tag{3.100}$$

Dies ist der

Satz von Menabrea: Die Reaktionskräfte F_k^R nehmen solche Werte an, daß die Formänderungsenergie V zum Extremwert wird.

Dieser Satz kann zur Bestimmung von statisch unbestimmten Schnitt- oder Lagerreaktionen verwendet werden. Dabei muß vorausgesetzt werden, daß die Lagerkräfte keine Arbeit leisten. Für die Schnittkräfte folgt dies aus der Tatsache, daß sich die Arbeiten der Schnittreaktionen an beiden Schnittufern gerade aufheben. Wäre dies nicht der Fall, dann ließen sich die belasteten Teile eines Körpers an der Schnittstelle nicht wieder genau passend zusammenfügen.

3.6.2. Die Formänderungsenergie. Um die genannten Sätze anwenden zu können, muß die gesamte im Körper gespeicherte Formänderungsenergie V berechnet werden. Hierzu betrachten wir einen Elementarquader mit den Kanten dx, dy, dz. Infolge der Spannung σ_x dehnt sich die Kante dx um $\epsilon_x dx$ (Fig. 3.42). Dabei wird die Arbeit $dW = (1/2)\,\sigma_x\, dy\, dz \cdot \epsilon_x\, dx$ geleistet. Entsprechende Anteile kommen von den Spannungen σ_y und σ_z. Für die von den Schubspannungen τ am Elementarquader geleistete Arbeit erhält man für die Komponenten $\tau_{xy} = \tau_{yx}$ (Fig. 3.43) den Anteil $dW = (1/2)\,\tau_{xy}\, dy\, dz \cdot \gamma_{xy}\, dx$ und entsprechende Werte für τ_{yz} und τ_{zx}. Die am gesamten Körper K geleistete Arbeit der äußeren Kräfte und damit die in ihm gespeicherte Formänderungsenergie V ist

$$V = \frac{1}{2}\int_K (\sigma_x \epsilon_x + \sigma_y \epsilon_y + \sigma_z \epsilon_z + \tau_{xy}\gamma_{xy} + \tau_{yz}\gamma_{yz} + \tau_{zx}\gamma_{zx})\, dx\, dy\, dz\,. \tag{3.101}$$

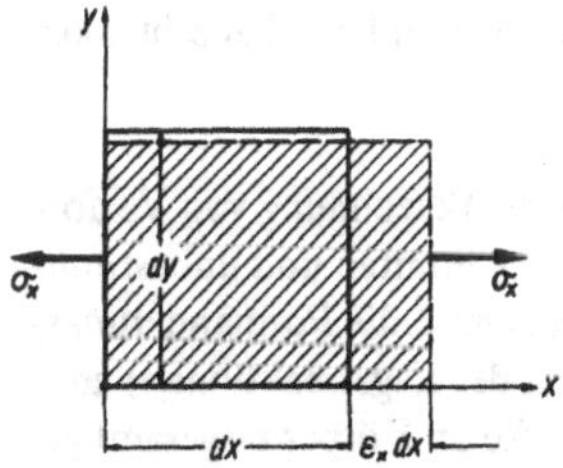

Fig. 3.42
Verformung eines Elementarquaders durch Normalkräfte

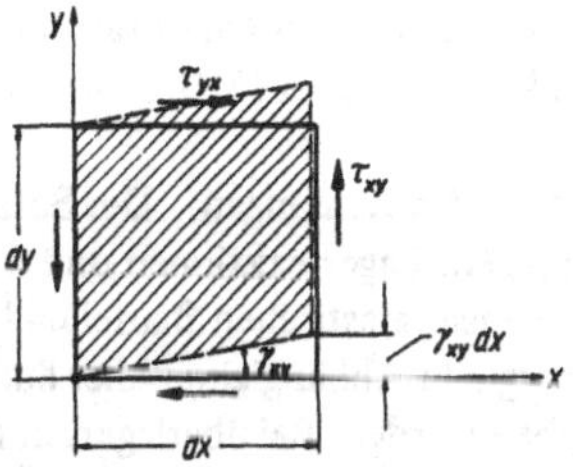

Fig. 3.43
Verformung eines Elementarquaders durch Schubkräfte

Unter Berücksichtigung des verallgemeinerten Hookeschen Gesetzes (3.25) läßt sich (3.101) als Funktion der Spannungen allein formulieren:

$$V = \int_K \left[\frac{1}{2E}\left(\sigma_x^2 + \sigma_y^2 + \sigma_z^2\right) - \frac{\mu}{E}\left(\sigma_x\sigma_y + \sigma_y\sigma_z + \sigma_z\sigma_x\right) + \frac{1}{2G}\left(\tau_{xy}^2 + \tau_{yz}^2 + \tau_{zx}^2\right)\right] dx\, dy\, dz\,. \tag{3.102}$$

Für die zuvor behandelten einfachen Belastungsfälle soll dieser allgemeine Ausdruck ausgerechnet werden.

Wenn in einem Stab mit der Länge L und dem Querschnitt A ein einachsiger Spannungszustand mit $\sigma_x = F/A$ vorliegt, dann kann man das Volumenintegral (3.102) mit $dy\, dz = dA$ in ein Linienintegral überführen:

$$V_{Zug} = \frac{1}{2}\int_0^L \left[\frac{F^2}{E\,A^2}\int_A dA\right] dx = \frac{1}{2}\int_0^L \frac{F^2(x)}{EA(x)}\, dx\,. \tag{3.103}$$

Für die Torsion von Balken mit Kreisquerschnitt folgt mit $\tau = M_t r/I_p$ entsprechend:

$$V_{\text{Torsion}} = \frac{1}{2}\int_0^L \left[\frac{M_t^2}{G I_p^2} \int_A r^2\, dA\right] dx = \frac{1}{2}\int_0^L \frac{M_t^2(x)}{G\, I_p(x)}\, dx\,. \tag{3.104}$$

Bei der Biegung eines Balkens soll nur die vom Biegemoment herrührende Energie angegeben werden. Mit der Biegenormalspannung $\sigma_x = Mz/I_y$ von (3.60) erhält man

$$V_{\text{Biegung}} = \frac{1}{2}\int_K \frac{M^2 z^2}{EI_y^2}\, dx\, dy\, dz = \frac{1}{2}\int_0^L \left[\frac{M^2}{EI_y^2} \int_A z^2\, dA\right] dx\,,$$

woraus mit $I_y = \int_A z^2\, dA$

$$V_{\text{Biegung}} = \frac{1}{2}\int_0^L \frac{M^2(x)}{E\, I_y(x)}\, dx \tag{3.105}$$

folgt. Der von der Querkraft im Körper aufgebrachte Energieanteil kann bei schlanken Balken gegenüber (3.105) vernachlässigt werden.

3.6.3. Anwendungen. Der Satz von Castigliano kann für die Berechnung von Verformungen, Lagerreaktionen und Schnittkräften bei statisch bestimmten und unbestimmten linear-elastischen Bauteilen herangezogen werden. Dabei muß die Formänderungsenergie in Abhängigkeit aller äußeren Kräfte (einschließlich der Lagerreaktionen) angegeben werden. Bei überlagerten Belastungsfällen setzt sich die im Körper insgesamt gespeicherte Formänderungsenergie aus mehreren der im Abschn. 3.6.2 behandelten Anteilen zusammen.

Für die praktische Durchführung der Rechnung nach (3.98) ist es zweckmäßig, die in V eingehenden Integrale (3.103), (3.104) bzw. (3.105) nicht sofort auszurechnen, sondern Integration und Differentiation zu vertauschen. Wenn z.B. V* die auf die Stablänge bezogene Formänderungsenergie ist, dann wird aus (3.98)

$$\frac{\partial V}{\partial F_k} = \frac{\partial}{\partial F_k}\int_0^L V^*\, dx = \int_0^L \frac{\partial V^*}{\partial F_k}\, dx = f_k\,. \tag{3.106}$$

Will man die Verschiebung an einem Punkt bestimmen, an dem keine Kraft angreift, dann führt man eine in Richtung der gesuchten Verschiebung weisende Hilfskraft F_H ein. Sie geht in den Ausdruck für die Formänderungsenergie V ein. Die Verschiebung selbst folgt dann aus

$$\left[\frac{\partial V}{\partial F_H}\right]_{F_H=0} = f\,. \tag{3.107}$$

Nach dem Gesagten sind die Sätze von Castigliano und Menabrea anwendbar

- zur Bestimmung von Verschiebungen am Ort und in Richtung von angreifenden äußeren Kräften,

- zur Bestimmung der Verschiebungen von beliebigen Punkten, auch wenn keine Kräfte dort angreifen,
- zur Bestimmung von statisch unbestimmten Lager- oder Schnittreaktionen.

Für alle drei Fälle soll je ein Beispiel gerechnet werden.

1. Beispiel: Zunächst sei nach dem Satz von Castigliano die Durchbiegung w(L) für den in Fig. 3.30 skizzierten Balken bestimmt. Man erhält mit $M = -F(L-x)$ aus (3.105)

$$V_B = \frac{F^2}{2EI} \int_0^L (L-x)^2 \, dx = \frac{F^2 L^3}{6EI} .$$

Nach (3.98) folgt daraus – wie schon in (3.73) –

$$\frac{\partial V_B}{\partial F} = w(L) = \frac{F L^3}{3 EI} .$$

2. Beispiel: Bei dem zweiten Beispiel soll die Verschiebung eines Punktes bestimmt werden, an dem keine äußere Kraft angreift. Fig. 3.44 zeigt ein in A und B gelagertes Fachwerk, das durch die Kraft **F** belastet wird. Die horizontale Verschiebung f_B des verschiebbaren Gelenklagers sei gesucht. Die Stäbe sollen gleiche Werte für die Zugsteifigkeit EA haben.

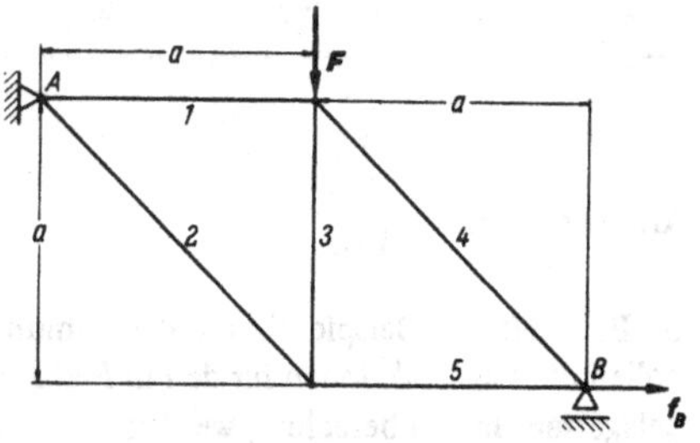

Fig. 3.44
Beispiel für die Anwendung des Satzes von Castigliano

Mit den Stabkräften S_i ($i = 1, \ldots, 5$) erhält man nach (3.103) die Formänderungsenergie

$$V = \sum_{i=1}^{5} \frac{S_i^2 L_i}{2 EA} .$$

Um die gesuchte Verschiebung f_B mit Hilfe des Satzes von Castigliano (3.98) berechnen zu können, wird eine Hilfskraft F_{BH} am Lager B in Richtung von f_B angenommen. Da das Superpositionsgesetz gilt, erhält man für die Stabkräfte mit den Faktoren b_i und c_i den linearen Ausdruck

$$S_i = c_i F + b_i F_{BH} .$$

Damit folgt aus (3.98)

$$\frac{\partial V}{\partial F_{BH}} = \sum_{i=1}^{5} \frac{\partial V}{\partial S_i}\frac{\partial S_i}{\partial F_{BH}} = \sum_{i=1}^{5} \frac{S_i L_i}{EA} b_i = f_B^* \; .$$

Die gesuchte Größe f_B erhält man aus der Verschiebung f_B^* durch Einsetzen von $F_{BH} = 0$, also aus (3.107) mit $S_i = c_i F$:

$$f_B = \frac{F}{EA} \sum_{i=1}^{5} c_i b_i L_i \; . \tag{3.108}$$

Die Größen c_i und b_i lassen sich mit den bei starren Fachwerken besprochenen Methoden (Abschn. 2.6) bestimmen. Man erhält im vorliegenden Fall:

Stab	c_i	b_i	L_i	$c_i b_i L_i$
1	$-\frac{1}{2}$	$\frac{1}{2}$	a	$-\frac{a}{4}$
2	$\frac{1}{\sqrt{2}}$	$\frac{1}{\sqrt{2}}$	$a\sqrt{2}$	$\frac{a}{\sqrt{2}}$
3	$-\frac{1}{2}$	$-\frac{1}{2}$	a	$\frac{a}{4}$
4	$-\frac{1}{\sqrt{2}}$	$\frac{1}{\sqrt{2}}$	$a\sqrt{2}$	$-\frac{a}{\sqrt{2}}$
5	$\frac{1}{2}$	$\frac{1}{2}$	a	$\frac{a}{4}$

$$\sum_{i=1}^{5} = \frac{a}{4}$$

Also wird $\quad f_B = \dfrac{Fa}{4\,EA}$.

3. **Beispiel:** Als Beispiel für die Bestimmung statisch unbestimmter Auflagerkräfte sollen die Lagereaktionen für den in Fig. 3.45 skizzierten, einfach statisch unbestimmt gelagerten Balken berechnet werden.

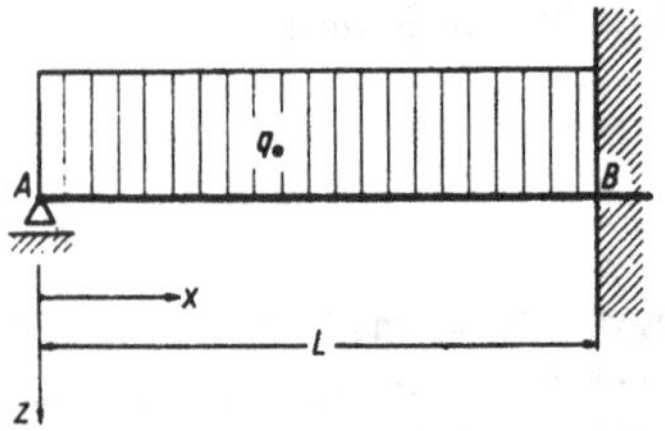

Fig. 3.45
Beispiel für ein einfach statisch unbestimmtes System

Mit der unbekannten Auflagerkraft F_{Az} hat man das Moment

$$M(x) = -F_{Az}x - \frac{q_0 x^2}{2} \; . \tag{3.109}$$

Aus (3.105) folgt:

$$V_B = \frac{1}{2\,EI} \int_0^L M^2(x)\,dx$$

und aus dem Satz von Menabrea (3.100) bei Vertauschen der Reihenfolge von Differentiaton und Integration:

$$\frac{\partial V_B}{\partial F_{Az}} = \frac{1}{EI} \int_0^L M \frac{\partial M}{\partial F_{Az}}\,dx = 0\,.$$

Die Ausrechnung mit (3.109) ergibt

$$\int_0^L \left(F_{Az}x + \frac{q_0 x^2}{2}\right) x\,dx = \frac{1}{3} F_{Az} L^3 + \frac{1}{8} q_0 L^4 = 0\,,$$

$$F_{Az} = -\frac{3}{8} q_0 L\,. \tag{3.110}$$

Damit erhält man für die Lagerreaktionen in B:

$$\left.\begin{aligned} F_{Bz} &= -q_0 L - F_{Az} = -\frac{5}{8} q_0 L\,,\\ M_B &= -F_{Az} L - \frac{1}{2} q_0 L^2 = -\frac{1}{8} q_0 L^2\,. \end{aligned}\right\} \tag{3.111}$$

3.7. Knickung

Bei den bisher betrachteten Belastungsfällen stellte sich nach Aufbringen der Belastung stets eine stabile Gleichgewichtslage des belasteten Körpers im verformten Zustand ein. Im Fall der Knickung, die bei Druckbeanspruchungen schlanker Stäbe auftritt, gibt es auch die Möglichkeit instabiler Gleichgewichtslagen. Das bedeutet physikalisch, daß sich der belastete Körper bei der geringsten Störung – die stets vorhanden ist – weiter aus der Gleichgewichtslage entfernt, als es der Größe der Störung entspricht. Bei stabilen Gleichgewichtslagen sucht der Körper bei Störungen stets in die Ausgangslage zurückzukehren. Analoge Typen von Gleichgewichtslagen kommen auch in der Stereo-Statik vor: ein auf der Spitze stehender Bleistift befindet sich im instabilen Gleichgewicht; er fällt bei der geringsten Störung um. Dagegen ist ein hängender Stab, dessen Schwerpunkt unter dem Aufhängepunkt liegt, im stabilen Gleichgewicht.

Andere Fälle von elastischer Instabilität sind das Kippen von Trägern und das Beulen von Platten oder Schalen. Hier sollen als Beispiele lediglich einige Ergebnisse für das Biege-Knicken schlanker, auf Druck beanspruchter Stäbe behandelt werden.

3.7.1. Die Knickgleichung und ihre Lösung. Zur Ableitung der Knickgleichung betrachten wir den in Fig. 3.46 skizzierten Fall eines einseitig fest eingespannten Stabes, der durch eine Kraft **F** auf Druck belastet wird. Die Wirkungslinie von **F** soll stets parallel zur x-Achse sein. Der Kraftangriffspunkt möge um den kleinen Betrag a vom Profilmittelpunkt abweichen, er soll jedoch auf einer Hauptachse des Querschnitts liegen, so daß eine Überlagerung von Druck und gerader Biegung vorhanden ist. Wie bei der Berechnung der Biegung soll $w'(x) \ll 1$ vorausgesetzt werden.

Entscheidend für die weiteren Überlegungen ist die Tatsache, daß in den Querschnitten des Balkens ein von der Durchbiegung $w = w(x)$ abhängiges Moment übertragen wird. Dadurch unterscheidet sich die Knickung von den bisher behandelten Belastungsfällen. Bisher war es bei der Berechnung der Schnittreaktionen zulässig, von der – als klein vorausgesetzten – Verformung des betrachteten Bauteils abzusehen (Theorie erster Ordnung). Das ist jedoch bei Stabilitätsproblemen nicht mehr möglich. So erhält man für ein abgeschnittenes Teilstück des Stabes in Fig. 3.47 aus der Gleichgewichtsbedingung ein Biegemoment

$$M(w) = F\,(w_L - w + a)$$

für das obere Schnittufer. Bei dem gewählten Koordinatensystem ist aber das für das untere (positive) Schnittufer geltende entgegengesetzt gerichtete Biegemoment in die Differentialgleichung (3.70) für die Biegelinie einzusetzen:

$$E\,I\,w'' = +\,M(w) = F(w_L - w + a)\,. \tag{3.112}$$

Mit der Abkürzung

$$\frac{F}{EI} = k^2 \tag{3.113}$$

folgt aus (3.112) die lineare inhomogene Differentialgleichung

$$w'' + k^2 w = k^2\,(w_L + a)\,. \tag{3.114}$$

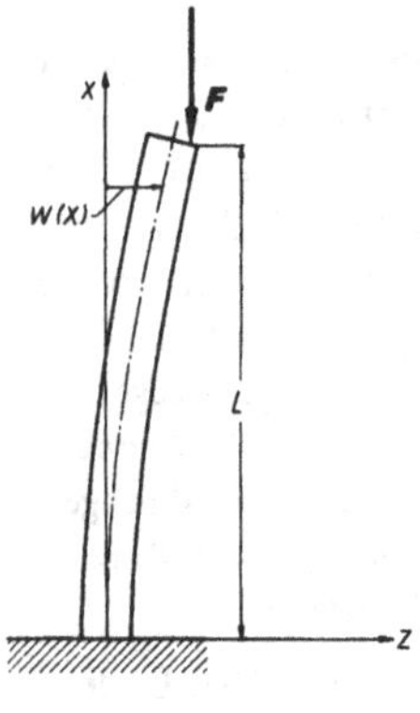

Fig. 3.46
Knickstab mit exzentrisch angreifender Last

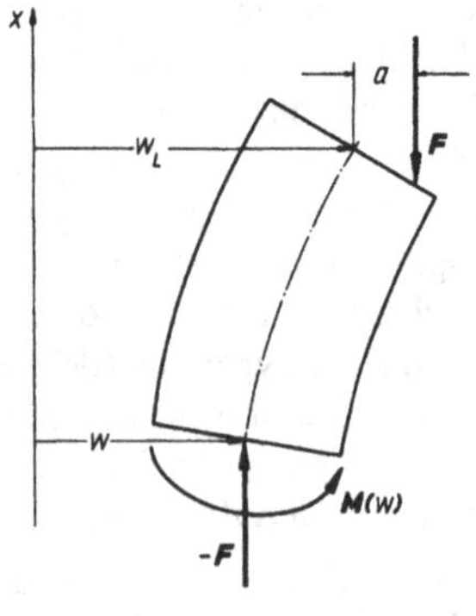

Fig. 3.47
Gleichgewicht am oberen Teil des Knickstabes

Linear unabhängige Lösungen des homogenen Teiles dieser Gleichung sind – wie man durch Einsetzen leicht bestätigen kann: $w_1 = \sin kx$ und $w_2 = \cos kx$, während die inhomogene Gleichung die partikuläre Lösung $w_3 = w_L + a$ besitzt. Als allgemeine Lösung von (3.114) wird demnach mit den Integrationskonstanten C_1 und C_2 erhalten

$$w = C_1 \sin kx + C_2 \cos kx + w_L + a\,. \tag{3.115}$$

Zur Bestimmung von C_1 und C_2, sowie der noch unbekannten Auslenkung w_L am oberen Ende des Stabes stehen die Bedingungen

$$w(0) = 0\,, \quad w'(0) = 0\,, \quad w(L) = w_L$$

zur Verfügung. Damit folgt aus (3.115)

$$C_1 = 0\,, \quad C_2 = -(w_L + a)\,, \quad w_L = \frac{a(1-\cos kL)}{\cos kL}\,, \tag{3.116}$$

und die Gleichung der Biegelinie geht über in

$$w(x) = \frac{a(1-\cos kx)}{\cos kL}\,. \tag{3.117}$$

Die Durchbiegung ist der Exzentrizität a des Kraftangriffs proportional, so daß für $a = 0$ auch $w = 0$ folgt. Bei zentrischem Kraftangriff bleibt der Stab demnach ungebogen in vertikaler Stellung – aber er kann dennoch ausknicken! Der Nenner von (3.117) kann nämlich zu Null werden, so daß dann w in der unbestimmten Form 0/0 erscheint. Das ist der Fall für

$$kL = \pm\frac{\pi}{2},\ \pm\frac{3\pi}{2}\,,\ \pm\frac{5\pi}{2}\,,\ldots\,. \tag{3.118}$$

Um die Form der Biegelinie für diesen kritischen Sonderfall zu erkennen, eliminieren wir a aus (3.117) mit Hilfe von w_L nach (3.116) und erhalten zunächst allgemein:

$$w(x) = w_L\,\frac{1-\cos kx}{1-\cos kL}\,. \tag{3.119}$$

Mit (3.118) folgt $\cos kL = 0$, so daß für diesen Sonderfall

$$w(x) = w_L\,(1-\cos kx) \tag{3.120}$$

erhalten wird. Die Biegelinie ist also auch im kritischen Fall eine Kosinuskurve, die den Bedingungen $w(0) = 0$ und $w'(0) = 0$ genügt, jedoch bleibt w_L selbst unbestimmt. Das bedeutet, daß Gleichgewicht bei beliebigen Werten von w_L vorhanden ist (solange $w' \ll 1$ noch gültig bleibt!). Man kann diese Situation so erklären, daß die zur Normallage zurücktreibenden Kräfte des gebogenen Stabes im Gleichgewicht mit der von der Normallage fortgerichteten, senkrecht zur Balkenachse liegenden Komponente der Last **F** sind. Auch diese Komponente wächst – wie die rücktreibenden Kräfte – bei $w'(x) \ll 1$ linear mit w_L an. Der Stab befindet sich demnach in einem indifferenten Gleichgewicht.

Die kritischen Werte (3.118) ergeben wegen (3.113) kritische Belastungen F_k. Die kleinste kritische Last wird im betrachteten Fall (sog. 1. Euler-Fall):

$$F_{krit}^{I} = \frac{\pi^2 EI}{4 L^2} . \qquad (3.121)$$

Bei dieser Last weicht der Stab nach Fig. 3.46 seitlich aus – er knickt. Man erkennt diesen Sachverhalt deutlicher aus dem Diagramm von Fig. 3.48. Dort ist die maximale Auslenkung w_L über der Last F aufgetragen, wobei die Exzentrizität a des Lastangriffs variiert wurde. Die dargestellten Kurven genügen der Formel

$$w_L = w_L(F) = a \left(\frac{1}{\cos kL} - 1 \right) = a \left[\frac{1}{\cos \sqrt{\frac{F}{EI}}\, L} - 1 \right] . \qquad (3.122)$$

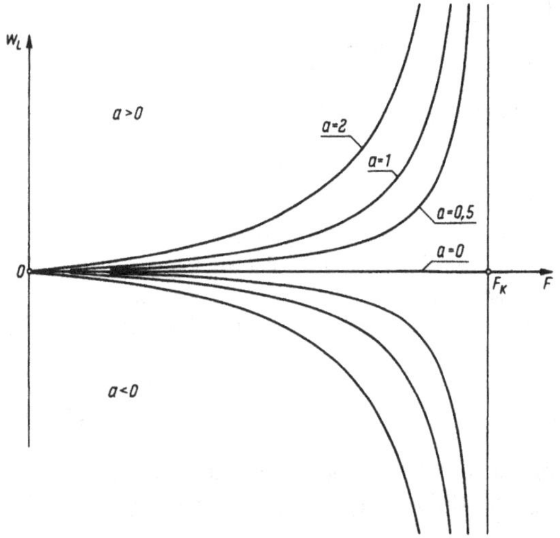

Fig. 3.48 Die Ausbiegung w_L (F) des Knickstabes für verschiedene Größe der Exzentrizität a

Bemerkenswert ist die Tatsache, daß sich der Druckstab dabei nicht linear-elastisch verhält: Last und Verformung sind nicht mehr proportional. Für sehr kleines a wird $w_L \approx 0$ im Bereich $0 \leq F < F_k$, steigt dann aber bei $F \to F_k$ außerordentlich stark an. Für $F > F_k$ ist die vertikale Lage mit $w \equiv 0$ bei $a = 0$ zwar noch eine Gleichgewichtslage, sie ist jedoch instabil. Ein mit $F > F_k$ belasteter Stab würde sofort soweit ausknicken, daß die der Theorie zugrundeliegende Voraussetzung $w' \ll 1$ nicht mehr erfüllt ist.

H i n w e i s : Mit a = 0 läßt sich aus dem Ort des Kraftangriffs nichts mehr über die Richtung des Ausknickens aussagen. Man erkennt jedoch aus (3.113) bzw. (3.121), daß der Stab stets in Richtung des kleinsten Trägheitsmomentes I ausweicht, weil zu diesem die kleinste kritische Last gehört.

3.7.2. Die Eulerschen Knickfälle. L e o n h a r d E u l e r hat (1744) vier einfache Knickfälle untersucht, deren Berechnung völlig analog zu dem Vorgehen in Abschn.

3.7.1, nur mit anderen Randbedingungen, durchgeführt werden kann. In Fig. 3.49 sind die vier Euler-Fälle skizziert. Man erhält für jeden dieser Fälle eine kritische Knicklast

$$F_{krit} = \alpha \frac{\pi^2 EI}{L^2} \tag{3.123}$$

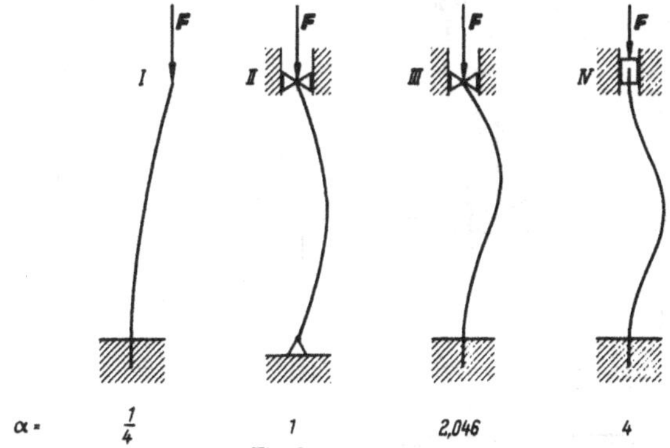

Fig. 3.49 Die vier Eulerschen Knickfälle

mit dem in der Fig. 3.49 angegebenen Zahlenfaktor α.

Die verschiedenen Knickfälle stehen in engem Zusammenhang, so daß die Knicklast eines Falles aus der eines anderen abgeleitet werden kann. Hierzu ein Beispiel: wenn man sich den Fall I an der Einspannungsebene gespiegelt vorstellt (Fig. 3.50), dann erhält man die Situation von Fall II. Wegen $L_{II} = 2 L_I$ findet man deshalb die kritische Knicklast F_{krit}, aus (3.121):

$$F^{II}_{krit} = \frac{\pi^2 EI}{4\left(\frac{L_{II}}{2}\right)^2} = \frac{\pi^2 EI}{L^2_{II}} \ . \tag{3.124}$$

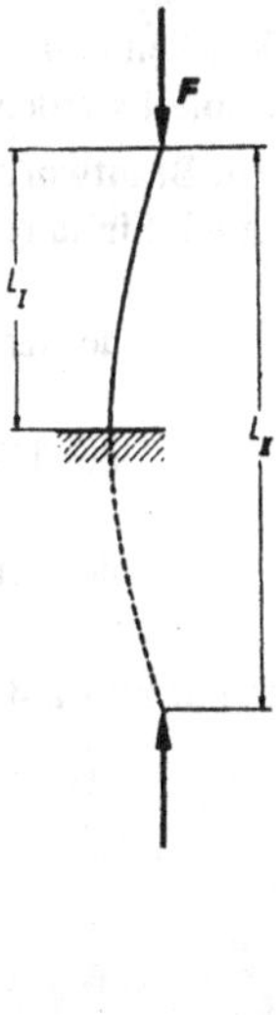

Fig. 3.50 Zusammenhang zwischen erstem und zweitem Knickfall

Entsprechend lassen sich oft die Knicklasten höherer Ordnung ableiten. Wenn z.B. im Fall II das Ausweichen in der Mitte des Stabes durch Anschläge verhindert wird, dann knickt der Stab S-förmig aus (Fig. 3.51). Die zugehörige Knicklast wird wegen $L_{II} = 2\,L_{II}^{*}$ und (3.124)

$$F_{krit}^{II*} = \frac{4\,\pi^2\,EI}{L_{II}^2} \,. \tag{3.125}$$

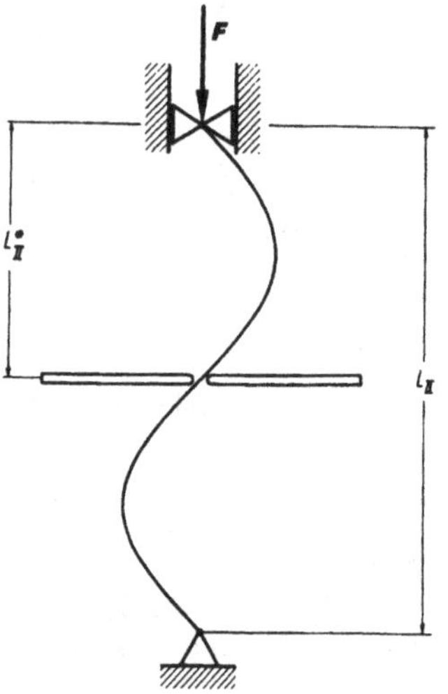

Fig. 3.51 Knickform zweiter Ordnung

3.7.3. Die Berechnung von Druckstäben. Die kritischen Knicklasten sind bei schlanken Stäben erheblich kleiner, als diejenigen Lasten, bei denen der Stab aufgrund der Druckspannung versagen würde. Es interessiert deshalb die Frage, wann ein Stab auf Knicken und wann er auf Zerquetschen (Druck) berechnet und entsprechend dimensioniert werden muß.

Zur Beantwortung dieser Frage formen wir die für F_{krit} erhaltenen Formeln um durch Einführen

der Knickspannung $\sigma_k = \dfrac{F_{krit}}{A}$,

des Trägheitsradius $i^2 = \dfrac{I}{A}$,

des Schlankheitsgrades $\lambda = \dfrac{L}{i} = L\sqrt{\dfrac{A}{I}}$. (3.126)

Damit geht z.B. der Ausdruck (3.124) für den zweiten Knickfall über in

$$\sigma_k^{II} = \frac{\pi^2\,E}{\lambda^2} \,. \tag{3.127}$$

Die σ_k, λ-Kurve ist eine Hyperbel (Euler-Hyperbel, Fig. 3.52). Für $\lambda \to 0$ wird $\sigma_k \to \infty$ erhalten, d.h. die Knickspannung wird für kurze dicke Stäbe außerordentlich groß, jedenfalls größer als zum Zerquetschen des Stabes notwendig ist. Der Quetschspannung σ_Q kann nun ein Schlankheitsgrad λ_Q, der Grenzspannung σ_P, (Proportionalitätsgrenze) ein $\lambda_P^{II} = \pi \sqrt{E/\sigma_P}$ zugeordnet werden. Die hier betrachteten Knickformeln dürfen nur für schlanke Stäbe mit $\lambda > \lambda_P$ (Bereich des elastischen Knickens) verwendet werden, da bei ihrer Ableitung ein linear-elastisches Materialverhalten vorausgesetzt wurde. Dickere Stäbe mit $\lambda < \lambda_Q$ (Quetschbereich) müssen dagegen auf Druck berechnet werden. Die Bereiche des Quetschens und des elastischen Knickens werden durch einen Zwischenbereich $\lambda_Q < \lambda < \lambda_P$ getrennt, für den in Fig. 3.52 eine gestrichelte Übergangskurve von der Quetschgeraden zur Euler-Hyperbel eingetragen wurde. Hier muß ebenfalls mit Ausknicken gerechnet werden, jedoch wird das Material dabei teilweise plastisch beansprucht (Bereich des plastischen Knickens).

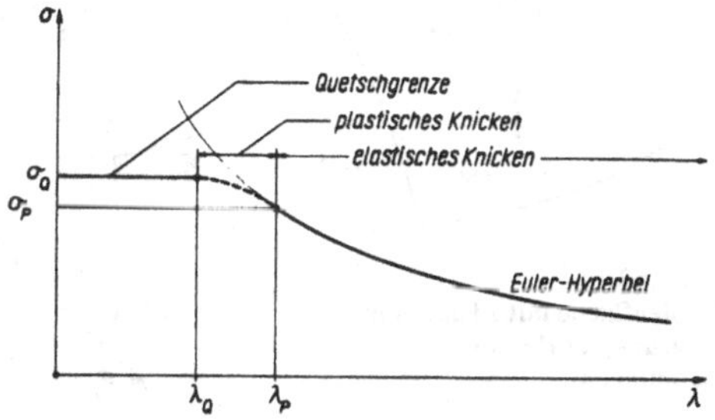

Fig. 3.52
Grenzkurven für die Spannungen bei einem Druckstab

Beispiel: Für einen Stab aus Baustahl St 37 erhält man für den zweiten Knickfall aus (3.127) für λ_P^{II}

$$\lambda_P^{II} = \pi \sqrt{\frac{E}{\sigma_P}} \approx 100 .$$

Für einen Kreisquerschnitt mit dem Durchmesser d hat man i = d/4, also $\lambda = L/i = 4L/d$. Folglich ist $L^{II}/d \approx 25$. Das entspricht etwa der Schlankheit eines Bleistiftes.

H i n w e i s: Für die praktische Berechnung von Druckstäben ist die dreiteilige Grenzkurve von Fig. 3.52 unter Berücksichtigung eines Sicherheitsfaktors in Tabellenform niedergelegt worden. Damit lassen sich die Stababmessungen für die wichtigsten Materialien leicht bestimmen (ω-Verfahren).

3.8. Membrantheorie der Schalen

Schalen sind vielseitig verwendbare Flächentragwerke. Ihre allgemeine Berechnung erfordert weitreichende mathematische Hilfsmittel; jedoch kann man für dünne Schalen, wie sie z.B. im Behälterbau und für Dachkonstruktionen viel verwendet werden, zu einfachen Näherungen kommen. Bei dünnen Schalen können die normal zur Schalenfläche wirkenden Spannungen gegenüber den tangentialen Spannungen vernachlässigt werden. Der Spannungszustand entspricht dann dem einer biegeweichen Membran. Die Näherungstheorie dünner Schalen wird deshalb als Membrantheorie bezeichnet. Einige einfache Ergebnisse dieser Theorie sollen hier besprochen werden.

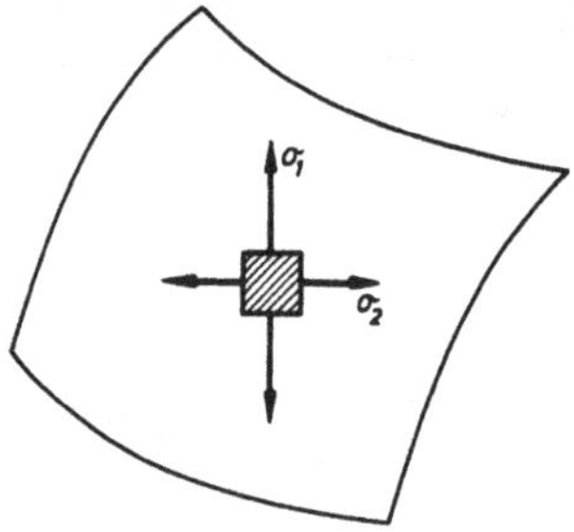

Fig. 3.53
Schalenfläche mit Element in Richtung der Hauptspannungen

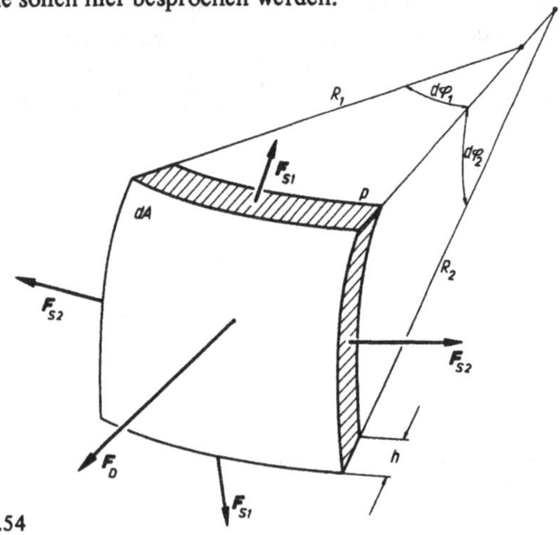

Fig. 3.54
Zur Ableitung der Grundgleichung der Menbrantheorie von Schalen

Zur Ableitung der Grundgleichung der Membrantheorie betrachten wir eine Schalenfläche (Fig. 3.53) und denken uns aus ihr ein kleines rechteckiges Element herausgeschnitten, dessen Ränder zu den lokalen Hauptspannungsrichtungen parallel sind. Auf das betrachtete Element (Fig. 3.54) wirken die von den Hauptspannungen σ_1 und σ_2 kommenden Schnittkräfte $\mathbf{F}_{S1}$ und $\mathbf{F}_{S2}$, ferner wirkt sich jede Druckdifferenz p zu beiden Seiten der Schale als Kraft $\mathbf{F}_D$ normal zur Schalenfläche aus. Die Druckkraft

$$F_D = p\,dA = p\,R_1\,d\varphi_1\,R_2\,d\varphi_2$$

muß im Gleichgewicht stehen mit der Resultierenden der Schnittkräfte $\mathbf{F}_S$. Hierfür erhält man wegen $d\varphi \ll 1$

$$F_S = -2R_1\,d\varphi_1\,h\sigma_1\,\frac{d\varphi_2}{2} - 2\,R_2\,d\varphi_2\,h\sigma_2\,\frac{d\varphi_1}{2},$$

wobei das Minuszeichen ausdrückt, daß diese Kraft nach innen gerichtet ist. Aus der Gleichgewichtsbedingung $\mathbf{F}_D + \mathbf{F}_S = 0$ folgt:

$$(pR_1\,R_2 - R_1\,h\sigma_1 - R_2\,h\sigma_2)\,d\varphi_1\,d\varphi_2 = 0$$

oder

$$\frac{\sigma_1}{R_2} + \frac{\sigma_2}{R_1} = \frac{p}{h}. \tag{3.128}$$

Bereits diese Grundgleichung reicht zur Berechnung einfacher Fälle aus. So erhält man für einen k u g e l f ö r m i g e n B e h ä l t e r mit konstantem innerem Überdruck p mit $R_1 = R_2 = R$ einen gleichförmigen ebenen Spannungszustand mit

$$\sigma_1 = \sigma_2 = \sigma = \frac{pR}{2h}. \tag{3.129}$$

Für eine Z y l i n d e r s c h a l e mit $R_1 = R$, $R_2 \to \infty$ folgt

$$\sigma_2 = \frac{pR}{h}. \tag{3.130}$$

Diese senkrecht zur Zylinderachse gerichtete Ringspannung ist demnach doppelt so groß, wie im Falle der Kugelschale (3.129) bei gleichem Druck. Die andere Hauptspannung σ_1 (Meridianspannung) läßt sich durch folgende Überlegung bestimmen: denkt man sich den Zylinder an einer Stelle durch einen senkrecht zur Zylinderachse eingeschweißten Deckel abgeschlossen, dann ändert sich nichts an der Druckverteilung im Kessel. Der Deckel nimmt eine Kraft $F_D = \pi R^2 p$ auf, die durch die Wandung weitergeleitet wird. Es muß gelten

$$2\pi R h \sigma_1 = F_D = \pi R^2 p,$$

also

$$\sigma_1 = \frac{pR}{2h}. \tag{3.131}$$

Für r o t a t i o n s s y m m e t r i s c h e S c h a l e n mit rotationssymmetrischer Belastung lassen sich die Meridianspannungen $\sigma_1 = \sigma_{meridian}$ allgemein in Integralform angeben. Wir betrachten hierzu eine bezüglich der z-Achse rotationssymmetrische Schale (Fig. 3.55), deren Form durch $r = r(z)$ gegeben sei. Für einen Schnitt senkrecht zur z-Achse erhält man als Resultierende der Schnittkräfte in der Schnittfläche mit einem Radius r^* die in z-Richtung wirkende Kraft

$$F_{Sz} = \int_0^{2\pi} \sigma_1 \sin\varphi \, h r^* d\alpha = 2\pi r^* h \sigma_1 \sin\varphi(r^*).$$

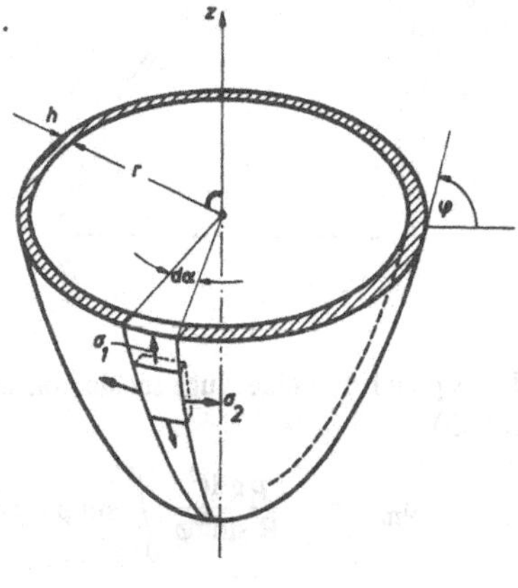

Fig. 3.55
Zur Berechnung rotationssymmetrischer Schalen

Sie muß mit der durch den Innendruck $p = p(z)$ entstehenden Kraft auf die Behälterwand im Gleichgewicht sein. Diese Druckkraft ist

$$F_{Dz} = -\int_0^{r^*} p \cdot 2\pi r\, dr = -2\pi \int_0^{r^*} p\, r\, dr\,.$$

Aus $\mathbf{F}_{Sz} + \mathbf{F}_{Dz} = 0$ folgt die Meridianspannung

$$\sigma_{mer} = \frac{1}{h\, r^* \sin\varphi(r^*)} \int_0^{r^*} p[z(r)]\, r\, dr\,. \tag{3.132}$$

Man überzeugt sich leicht, daß für eine Zylinderschale mit $r^* = R$ und $p = \text{const}$ wegen $\sin\varphi = 1$ wieder der Wert (3.131) erhalten wird.

In entsprechender Weise wie bei Druckbehältern lassen sich die Spannungen auch in rotationssymmetrischen Schalen oder Kuppeln berechnen, die durch Eigengewicht belastet werden. Mit den Bezeichnungen von Fig. 3.56 hat man in diesem Fall als Resultierende der Meridianspannungen

$$F_{Sz} = 2\pi r^* h \sigma_{mer} \sin\varphi(r^*)\ ,$$

als Resultierende der Gewichtskraft wegen $dr = ds\cos\varphi$ und mit der Erdbeschleunigung g

$$G(r^*) = \int_0^{r^*} dG = \int_0^{r^*} \rho g h \cdot 2\pi r\, ds = 2\pi\rho g \int_0^{r^*} \frac{h r dr}{\cos\varphi(r)}\ ,$$

wobei ρ die Dichte des Schalenwerkstoffes ist. Aus $\mathbf{F}_{Sz} + \mathbf{G} = 0$ folgt

$$\sigma_{mer} = -\frac{\rho g}{h\, r^* \sin\varphi(r^*)} \int_0^{r^*} \frac{h r dr}{\cos\varphi(r)}\,. \tag{3.133}$$

Für (3.132) und (3.133) darf die Schalendicke veränderlich sein: $h = h(r)$.

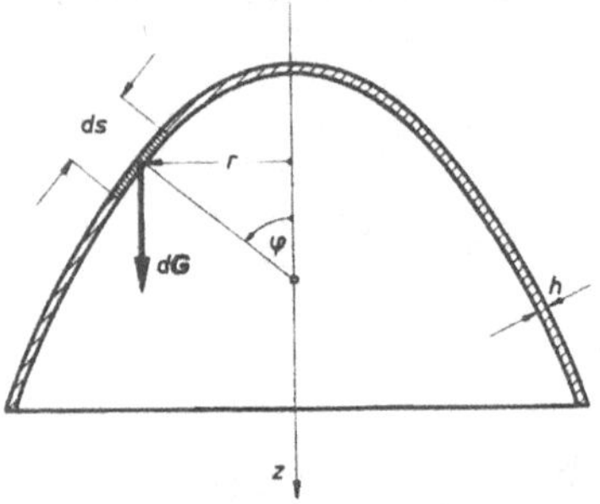

Fig. 3.56
Rotationssymmetrische Kuppel unter Eigengewicht

B e i s p i e l: Für eine Kugelschale konstanter Dicke findet man mit $r = R\sin\varphi$ aus (3.133)

$$\sigma_{mer} = -\frac{\rho g R^2}{R\sin^2\varphi} \int_0^{\varphi} \sin\varphi\, d\varphi = -\frac{\rho g R}{1 + \cos\varphi}\,. \tag{3.134}$$

Die Ringspannung σ_1 kann aus (3.128) zu

$$\sigma_1 = \sigma_{ring} = \frac{pR}{h} - \sigma_{mer} \tag{3.135}$$

erhalten werden. Anstelle des Druckes p ist hier die Normalkomponente der auf die Fläche bezogenen Gewichtskraft einzusetzen:

$$p = -\frac{dG}{dA}\cos\varphi = -\frac{dAh\rho g}{dA}\cos\varphi = -h\rho g\cos\varphi\,.$$

Damit folgt aus (3.135) mit (3.134)

$$\sigma_{ring} = \rho g R\,\frac{1-\cos\varphi - \cos^2\varphi}{1+\cos\varphi}\,. \tag{3.136}$$

Den Verlauf von Ring- und Meridianspannung für diesen Fall zeigt Fig. 3.57. Während die Kuppel in Meridianrichtung stets gedrückt wird, wechselt das Vorzeichen der Ringspannung bei $\varphi = 51{,}8°$. An der Basis der Halbkugel-Kuppel herrscht der ebene Spannungszustand reinen Schubes mit $\sigma_{mer} = -\sigma_{ring}$. Allerdings kann die Schalenspannung an den Einspannstellen selbst nicht mit Hilfe der Membrantheorie berechnet werden, weil die Einspannung den Membranspannungszustand stört. Diese Störungen klingen jedoch umso mehr ab, je größer die Entfernung von der Einspannstelle ist. Bei der gegenüber der Membrantheorie genaueren Biegetheorie der Schalen werden diese Störungen durch Biegespannungen berücksichtigt.

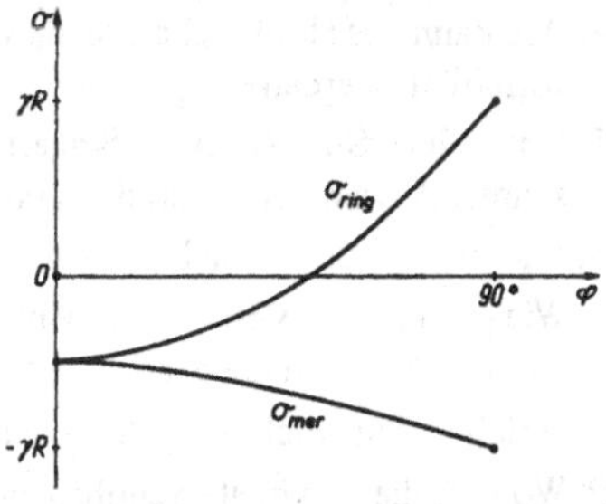

Fig. 3.57
Verlauf von Ring- und Meridian-Spannung in einer durch Eigengewicht belasteten Halbkugelkuppel konstanter Dicke

Mit den angegebenen Formeln lassen sich z.B. pneumatische Konstruktionen (Traglufthallen) berechnen. Hierbei sind die Belastungen durch Eigengewicht und Überdruck zu überlagern.

3.9. Fragen

1. Wie wird der Spannungsvektor an einem Punkt einer Schnittfläche definiert?
2. Wie kann der Spannungszustand im Innern eines belasteten Körpers beschrieben werden?
3. Wie groß ist 1 MPa ausgedrückt in den Einheiten m, kg, s?

4. Welches ist das Kennzeichen für einen ebenen Spannungszustand?
5. Wieviele skalare Spannungsgrößen benötigt man zur vollständigen Beschreibung eines ebenen Spannungszustandes?
6. Wie sieht der Mohrsche Spannungskreis bei ebenem Spannungszustand aus für:
   a) einachsigen Zug,
   b) gleichförmigen Druck.
7. Wodurch sind die Haupt-Spannungsrichtungen ausgezeichnet und wieviele gibt es?
8. Welche Winkel bilden die Schnittrichtungen extremaler Schubspannung mit den Schnittrichtungen extremaler Normalspannung?
9. Wie ändert sich die Summe der Normalspannungen bei Verdrehungen des (kartesischen) Koordinatensystems?
10. Wie kann man bei einem ebenen Spannungszustand die zur größeren Hauptspannung σ_1 gehörende Hauptrichtung qualitativ angeben, wenn die Schubspannungen bekannt sind?
11. Warum reduziert sich (in der klassischen Elastomechanik) die Zahl der voneinander unabhängigen Elemente des Spannungstensors im allgemeinen Fall eines dreiachsigen Spannungszustandes auf sechs?
12. Durch welche dimensionslosen (kleinen) Größen kann man die lokalen Verformungen im Innern eines belasteten Bauteils beschreiben?
13. Was sind Verzerrungshauptachsen?
14. Wie kann das Hookesche Stoffgesetz in einfacher und in verallgemeinerter Form formuliert werden?
15. Um welche Strecke ΔL verlängert sich ein Stab von der Länge L und dem Querschnitt A, wenn er durch die Kraft F auf Zug belastet wird?
16. Wie ist das polare Flächen-Trägheitsmoment I_p definiert?
17. Wie groß ist der Verdrillungswinkel φ eines Stabes mit Kreisquerschnitt unter dem Einfluß eines um die Stabachse wirkenden Torsionsmomentes M_t?
18. Welchen Ausdruck bezeichnet man als Torsionssteifigkeit?
19. Wo tritt die maximale Schubspannung τ in einem Torsionsstab mit Kreisquerschnitt (Radius R) auf und wie groß ist sie?
20. Wie ändert sich das Flächenträgheitsmoment I_z einer Querschnittfläche, wenn die Bezugsachse z um die Strecke c parallel zu einer durch den Flächenschwerpunkt laufenden Bezugsachse verschoben wird, für die der Wert I_{zS} gilt?
21. Wie sind die Trägheits-Hauptachsen einer Querschnittfläche definiert?
22. Wann liegt bei einem Balken symmetrische reine Biegung vor?
23. Wann liegt schiefe Biegung vor?
24. Mit Hilfe welcher vereinfachenden Annahme berechnet man die Biegung eines Balkens unter dem Einfluß von Einzelkräften in der Technischen Biegelehre? Wann ist diese Annahme zulässig?
25. Wie groß ist die maximale Spannung in einem gebogenen Balken und wo tritt sie auf?

26. Welche Formen gibt es für die Gleichung der Biegelinie w(x) eines Balkens?
27. In welcher Richtung biegt ein Stab bei schiefer Biegung aus?
28. Welche Bedeutung hat der Kern eines Querschnitts?
29. Wie kann man die Einflußzahl α_{ij} physikalisch deuten?
30. Welches sind die Aussagen der Sätze von Castigliano und Menabrea?
31. Wie groß ist die Formänderungsenergie V eines auf Zug $\sigma_x > 0$, $\sigma_y = \sigma_z = 0$ belasteten Körpers K?
32. Wie kann man die Verschiebung an einer Stelle, an der keine äußere Kraft angreift, mit Hilfe des Satzes von Castigliano bestimmen?
33. Welcher wichtige Unterschied besteht zwischen den Biegemomenten, die in die Knickgleichung und in die Biegegleichung eines Stabes eingehen?
34. Wie hängt die kritische Knicklast von der Biegesteifigkeit EI und von der Länge L des auf Druck beanspruchten Stabes ab?
35. Ist das Gleichgewicht eines Stabes bei zentrischer Belastung durch die kritische Last stabil, instabil oder indifferent?
36. In welchem Bereich von Schlankheitsgraden λ kann man die Eulerschen Knickformeln verwenden?
37. In welcher Richtung knickt ein Stab aus, wenn er zentrisch belastet wird und sein Querschnitt verschiedene Haupt-Trägheitsmomente I_1 und I_2 besitzt?
38. Welche Näherungsannahme liegt der Membrantheorie der Schalen zugrunde?
39. Wie lautet die Grundgleichung für die Membrantheorie der Schalen?
40. Wann sind Ring- und Meridianspannungen in einer Rotationsschale Hauptspannungen?

4. Fluid-Statik

Nach der Statik starrer Körper (Kapitel 2) und elastischer Körper (Kapitel 3) werden nun die Grundgesetze der Statik flüssiger und gasförmiger Kontinua (Fluide) besprochen. Sie sind wichtig für den gesamten Wasserbau, für den Schiffbau, sowie für die Berechnung der Druckverteilung in bewegten, mit Flüssigkeit gefüllten Behältern (z.B. in Zentrifugen) oder in ruhenden Gasschichten (z.B. in der Atmosphäre). In der Hydro-Statik wird das Gleichgewicht flüssiger, in der Aero-Statik das Gleichgewicht gasförmiger Kontinua untersucht.

4.1. Eigenschaften der Fluide, Arbeitshypothesen

Flüssigkeiten und Gase – allgemein Fluide – sind gekennzeichnet durch die leichte Verschieblichkeit ihrer Teile gegeneinander. Das Verschieben erfolgt unter dem Einfluß von Schubspannungen und dauert an, solange die Schubspannungen wirken. Im Gegensatz dazu verschieben sich die Teile eines festen Körpers nur bei Einsetzen, nicht aber beim weiteren Einwirken konstanter Schubspannungen gegeneinander.

In einem ruhenden Fluid kann demnach keine Schubspannung vorhanden sein. Das gilt unabhängig davon, ob das Fluid absolut in Ruhe ist oder relativ zu einem eventuell bewegten Behälter. In beiden Fällen sind die von den begrenzenden Wänden eines Behälters auf das Fluid ausgeübten Kräfte stets senkrecht zu den Flächen gerichtet; andernfalls würden Schubspannungen auftreten.

Für die Berechnung des Gleichgewichtes in ruhenden Fluiden sind zwei Arbeitshypothesen besonders nützlich. Das bereits im Kapitel 2 verwendete Schnittprinzip besagt hier:

Befindet sich ein Fluid im Gleichgewicht, dann ist jeder beliebig herausgeschnittene Teilbereich des Fluids für sich im Gleichgewicht.

Die an den Schnittstellen auftretenden Schnittkräfte müssen dabei als äußere Kräfte für den herausgeschnittenen Teilbereich berücksichtigt werden. Ähnlich wie in der Elasto-Mechanik wird das Schnittprinzip auch in der Fluid-Mechanik verwendet, um die Kräfte zu bestimmen, die im Innern eines im Gleichgewicht befindlichen Kontinuums wirksam sind. Komplementär zum Schnittprinzip ist das

Erstarrungsprinzip: Ein im Gleichgewicht befindliches Fluid bleibt im Gleichgewicht, auch wenn Teile davon erstarren.

Nach dem Erstarrungsprinzip ist es möglich, Teile eines Fluidbehälters als erstarrtes Fluid zu betrachten, ohne daß sich am Gleichgewichtszustand etwas ändert. Daher ist dieses Prinzip besonders nützlich, wenn die Kräfte berechnet werden sollen, die ein im Gleichgewicht befindliches Fluid auf kompliziert gestaltete Berandungsflächen ausübt.

4.2. Der hydrostatische Druck

Definition: Als Druck p im Innern eines Fluids wird die skalare Größe

$$p = \lim_{\Delta A \to 0} \frac{\Delta F}{\Delta A} = \frac{dF}{dA} \tag{4.1}$$

bezeichnet. Dabei ist ΔF der Betrag der senkrecht auf das Flächenelement ΔA (z.B. einer Behälterwand) wirkenden Normalkraft (Fig. 4.1).

Die Einheit des Druckes ist das Pascal: 1 Pa = 1 N/m^2. Vielfache davon sind das Bar (bar) und das Millibar (mbar):

$$1\ \text{bar} = 10^5\ \text{Pa} = 10\ \text{N/cm}^2\ ; \quad 1\ \text{mbar} = 100\ \text{Pa}.$$

Diese Einheiten entsprechen dem SI-System. Im technischen Maßsystem wurde früher als Druckeinheit die Atmosphäre (at) verwendet:

$$1\ \text{at} \mathrel{\widehat{=}} 0{,}981\ \text{bar}\,.$$

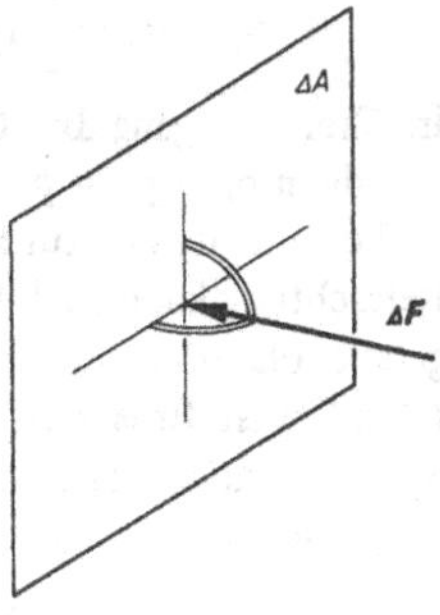

Fig. 4.1 Zur Definition des Drucks

4.2.1. Der Druck als Ortsfunktion. An einem vorgegebenen Ort im Fluid hängt der Betrag der Normalkraft ΔF nur von der Größe, nicht aber von der Richtung der Bezugsfläche ΔA ab. Es gilt:

Der Druck p in einem ruhenden Fluid ist eine skalare Funktion des Ortes.

B e w e i s: Wir betrachten das Kräftegleichgewicht an einem kleinen Volumenelement und wählen dazu das in Fig. 4.2 skizzierte Dreieck-Prisma. Auf die begrenzenden Flächen dieses Prismas wirken Druckkräfte $\Delta F_p = p\Delta A$ (Oberflächenkräfte), außerdem seien noch Volumenkräfte (z.B. die Gewichtskraft) vorhanden mit einer Resultierenden $\Delta F_V = f_V \Delta V$. Für das Gleichgewicht der Kräfte in Richtung der x- und y-Achsen muß gelten:

$$\Delta F_{Px} - \Delta F_{P\alpha} \sin\alpha + \Delta F_{Vx} = 0$$

$$\Delta F_{Py} - \Delta F_{P\alpha} \cos\alpha + \Delta F_{Vy} = 0\,.$$

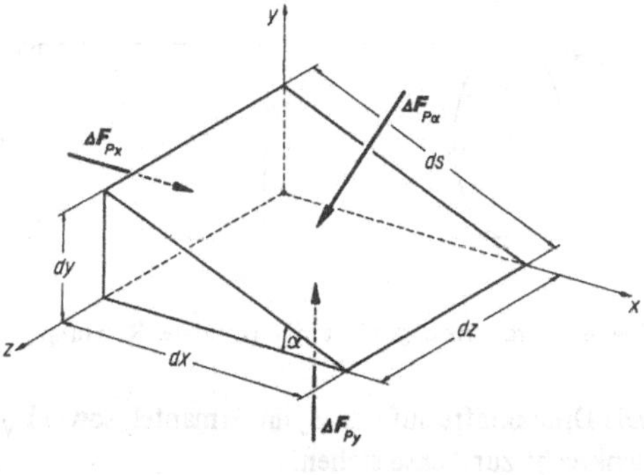

Fig. 4.2
Kräftegleichgewicht an einem Volumenelement von der Form eines Dreieck-Prismas

Mit $\Delta F_{Px} = p_x\,dydz$, $\Delta F_{Py} = p_y\,dxdz$, $\Delta F_{P\alpha} = p_\alpha\,dsdz$, $\Delta F_V = \frac{1}{2} f_V\,dxdydz$, sowie mit $dx = ds\cos\alpha$ und $dy = ds\sin\alpha$ folgt daraus

$$p_x - p_\alpha + \frac{1}{2} f_{Vx}\,dx = 0\,,$$

$$p_y - p_\alpha + \frac{1}{2} f_{Vy}\,dy = 0\,.$$

Im Grenzübergang $dx \to 0$, $dy \to 0$ zieht sich das Prisma auf einen Punkt zusammen, für den dann $p_x = p_y = p_\alpha$ erhalten wird. Der Druck ist also unabhängig vom Winkel α und danach für alle zur xy-Ebene senkrechten Bezugsflächen gleichgroß. Die gleiche Betrachtung kann auch für ein beliebig orientiertes Prisma angestellt werden. Als Ergebnis folgt, daß der Druck unabhängig von der Richtung der Bezugsfläche am betrachteten Ort ist. Er ist eine skalare Ortsfunktion p(x,y,z). Deshalb ist – im Gegensatz zum Spannungstensor elastischer Körper (Abschn. 3.1.1) – der „Drucktensor" in der Hydrostatik stets ein Kugeltensor von der Form

$$\begin{bmatrix} p & 0 & 0 \\ 0 & p & 0 \\ 0 & 0 & p \end{bmatrix}.$$

4.2.2. Die Druckverteilung in einem schweren Fluid. Untersucht man endlich ausgedehnte Fluidbereiche, dann fallen die Volumenkräfte (Massenkräfte) nicht heraus. So muß z.B. die Gewichtskraft $\mathbf{G} = m\mathbf{g}$ berücksichtigt werden. Es gilt zunächst:

Der Druck p in einem Fluid ist auf allen Flächen konstant, die senkrecht zum Vektor der resultierenden Massenkraft stehen.

B e w e i s: Man betrachte ein aus dem Fluid herausgeschnitten gedachtes Volumenelement in der Form eines geraden Kreiszylinders (Fig. 4.3), dessen Achse senkrecht zur Richtung der resultierenden Massenkraft (Volumenkraft) $\mathbf{F}_V$ steht. Gleichgewicht der Kräfte in Richtung der Zylinderachse ergibt:

$$F_0 - F_1 = \Delta A(p_0 - p_1) = 0\,, \quad \text{also: } p_1 = p_0\,.$$

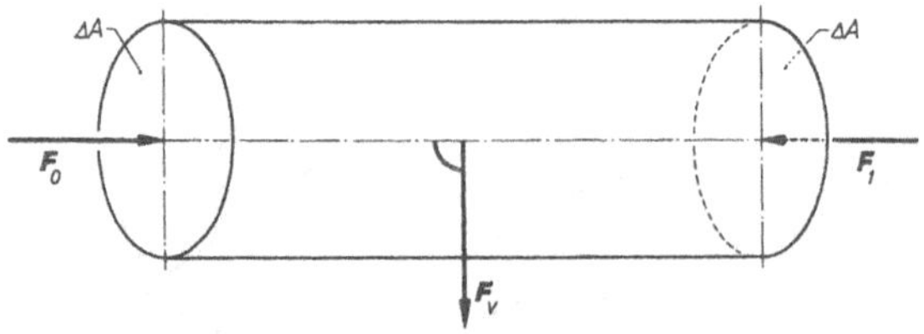

Fig. 4.3 Kräftegleichgewicht in horizontaler Richtung

Die Druckkräfte auf den Zylindermantel, sowie $\mathbf{F}_V$ liefern hierzu keinen Beitrag, da sie senkrecht zur Achse stehen.

Flächen konstanten Drucks heißen N i v e a u f l ä c h e n oder Ä q u i p o t e n t i a l f l ä c h e n. Für die Gewichtskraft gilt mit dem Potential V_G

$$G = -\operatorname{grad} V_G = -\left[\frac{\partial V_G}{\partial x}, \frac{\partial V_G}{\partial y}, \frac{\partial V_G}{\partial z}\right]. \qquad (4.2)$$

Die Gewichtskraft ist der (negativ genommene) Gradient des Schwerepotentials. Die durch V_G = const. definierten Äquipotentialflächen stehen senkrecht zur Richtung von G. Sie sind deshalb mit den Niveauflächen $p = p_0$ = const. identisch, sofern außer der Gewichtskraft keine andere Massenkraft vorhanden ist. Der allgemeinere Fall wird in Abschn. 4.5 behandelt.

Das stärkste Potentialgefälle und zugleich das stärkste Druckgefälle ist in Richtungen senkrecht zu den Äquipotentialflächen vorhanden. Diese Richtungen werden durch die gleichgerichteten Vektoren grad V_G und grad p angezeigt. Für die Druckverteilung in dieser Richtung gilt:

Schreitet man in einem Fluid in Richtung der Gewichtskraft um eine Strecke Δh fort, dann steigt der Druck um den Betrag $\Delta p = \rho g \Delta h$ an.

B e w e i s: Man betrachte einen geraden Zylinder, dessen Achse in die Richtung der Gewichtskraft G fällt (Fig. 4.4). Gleichgewicht in Richtung der Zylinderachse erfordert jetzt:

$$F_1 - F_0 - G = \Delta A(p_1 - p_0 - \Delta h \rho g) = 0$$

$$p_1 = p_0 + \rho g \Delta h. \qquad (4.3)$$

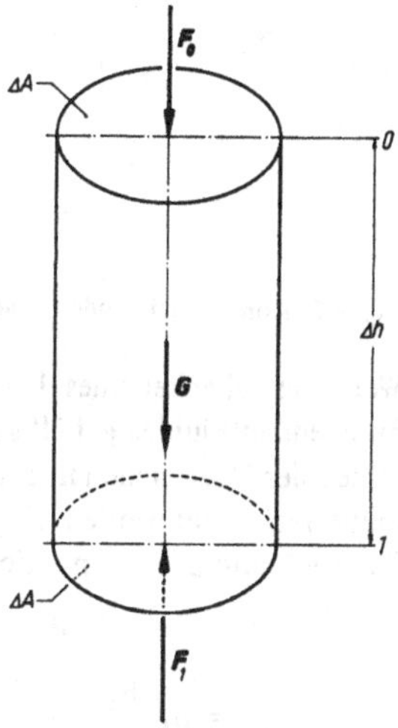

Fig. 4.4 Kräftegleichgewicht in vertikaler Richtung

Für inkompressible, dichtebeständige Fluide ist ρ konstant. Damit folgt aus (4.3) für beliebige Höhen $h = \Sigma \Delta h$ zwischen den Niveauflächen 0 und 1 die h y d r o s t a t i s c h e D r u c k g l e i c h u n g:

$$p_1 = p_0 + \rho g h . \qquad (4.4)$$

Im allgemeinen, auch für nicht dichtebeständige Gase anwendbaren Fall, schreibt man (4.3) meist in der Form

$$\frac{dp}{dz} = -\rho g \quad \text{oder} \quad p = p_0 - \int_{z_0}^{z} \rho g \, d\zeta . \qquad (4.5)$$

Hierbei ist die z-Richtung vertikal nach oben, also entgegen der Gewichtskraft gewählt.

4.2.3. Anwendungen der hydrostatischen Druckgleichung. In kommunizierenden Gefäßen (Fig. 4.5) sind die Höhen der Flüssigkeitsspiegel gleich. Ist z die Höhenkoordinate (entgegen der Schwerkraftrichtung), dann ist der Druck $p = p_0 - \rho g(z - z_0) = p(z)$ nur noch von z, nicht aber von x und y abhängig. An Punkten mit gleicher Höhe z ist demnach auch der Druck gleich. Umgekehrt liegen Punkte, an denen der gleiche Druck herrscht in gleicher Höhe: aus $p_1 = p_2$ folgt $z_1 = z_2$. Sind die miteinander verbundenen Gefäße oben offen, dann sind die Drücke an den Oberflächen gleich groß – folglich liegen sie in gleicher Höhe $z = z_0$.

Dieses Ergebnis läßt sich auch ohne Rechnung allein aus dem Erstarrungsprinzip gewinnen: Man denke sich ein größeres Gefäß mit einem Fluid gefüllt. Im Gleichgewichtsfall ist die Oberfläche horizontal. Wenn nun der in Fig. 4.6 schraffierte Bereich des Fluids erstarrt gedacht wird, dann bleibt das Gleichgewicht erhalten, also bleibt auch die Oberfläche unverändert.

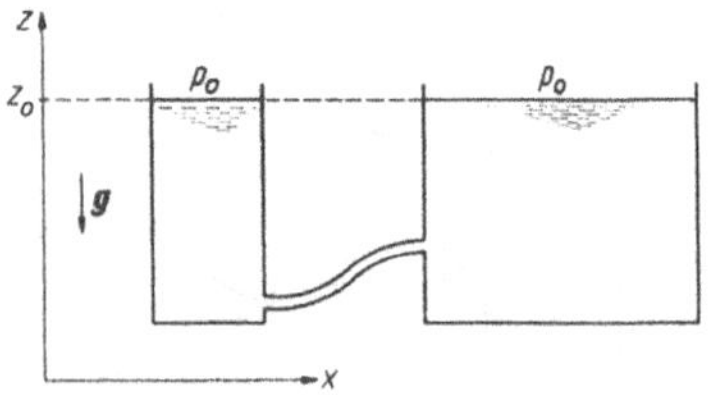

Fig. 4.5 Kommunizierende Gefäße

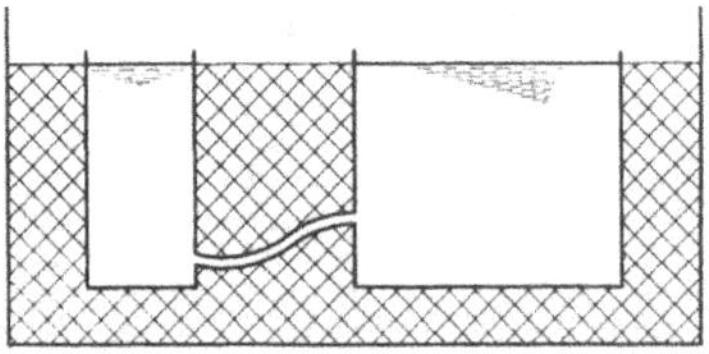

Fig. 4.6
Zur Erklärung der kommunizierenden Gefäße mit Hilfe des Erstarrungsprinzips

Wenn die Schenkel eines U-Rohres (Fig. 4.7) mit verschiedenen, sich nicht vermischenden Fluiden gefüllt sind, dann ist ein von den Dichten abhängiger Höhenunterschied der Oberflächen in beiden Schenkeln vorhanden. Das kann zur Dichtebestimmung verwendet werden. Es gilt für die im gleichen Fluid in gleicher Höhe liegenden Punkte 1 und 2: $p_1 = p_2$. Folglich wird mit (4.4):

$$p_1 = p_0 + \rho_1 g h_1 = p_2 = p_0 + \rho_2 g h_2$$

$$\rho_2 = \rho_1 \frac{h_1}{h_2} . \qquad (4.6)$$

In einer hydraulischen Presse (Fig. 4.8) gilt bei gleichhoher Unterseite der Kolben $p_1 = p_2$. Damit wird $F_1/A_1 = F_2/A_2$, so daß eine Kraftverstärkung

$$\frac{F_2}{F_1} = \frac{A_2}{A_1} \tag{4.7}$$

vorhanden ist.

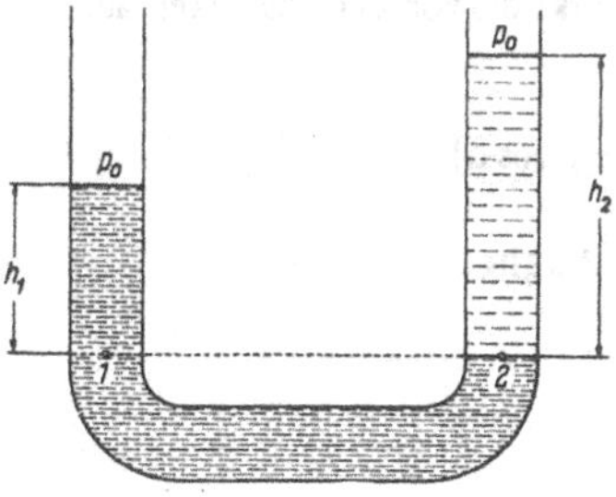

Fig. 4.7 Gleichgewicht im U-Rohr

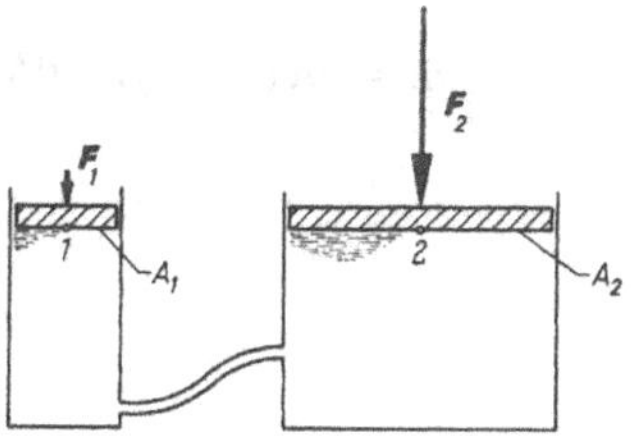

Fig. 4.8 Prinzip der hydraulischen Presse

Die Kraft **F** auf den Boden eines Fluidbehälters (Fig. 4.9) ist unabhängig von der Form der seitlichen Begrenzungswände. Sie hängt nur von der Füllhöhe h und der Bodenfläche A ab. Gleiche Füll h ö h e vorausgesetzt ist demnach die Füll m e n g e ohne Einfluß. Es gilt

$$F = A(p - p_0) = A\rho g h . \tag{4.8}$$

Auch dieses Ergebnis läßt sich sofort aus dem Erstarrungsprinzip ableiten, wenn man sich die wirkliche Gefäßform aus einem flüssigkeitsgefüllten geraden Kreiszylinder durch Erstarrung entstanden denkt (Fig. 4.9 rechts). Die Kraft **F** auf den Boden ist

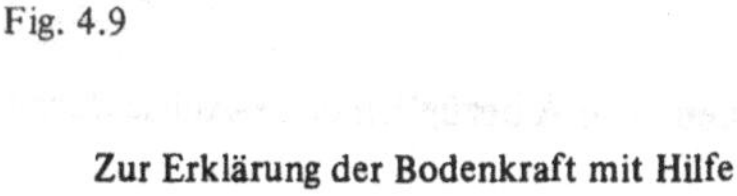

Fig. 4.9

Fig. 4.10

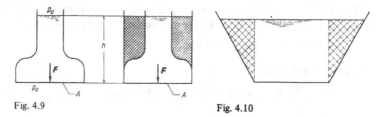

Zur Erklärung der Bodenkraft mit Hilfe des Erstarrungsprinzips

demnach gleich dem Gewicht des in einem Kreiszylinder mit der Füllhöhe h enthaltenen Fluids. Das gilt auch für Gefäße, die sich nach oben erweitern (Fig. 4.10). Der über den geraden Kreiszylinder hinausgehende Teil des Fluids wird dabei nicht vom Boden, sondern von den schrägen Seitenwänden getragen.

D r u c k k r ä f t e a u f e b e n e W ä n d e : Ein Fluid übt auf eine ebene Behälterwand eine Druckkraft **F** aus, die gleich dem Produkt des Flächeninhaltes A mit der in der Höhe des Flächenschwerpunktes S wirkenden Druckdifferenz $p_S - p_0$ ist, wobei p_0 der äußere Luftdruck ist:

$$F = A(p_S - p_0) = A\rho g h_S \,. \tag{4.9}$$

B e w e i s: Auf ein Flächenelement dA (Fig. 4.11) wirkt die von der Flüssigkeit ausgeübte Kraft

$$dF = dA\,(p - p_0) = dA\,\rho g h = dA\,\rho g(h_S - \zeta \cos\alpha)\,,$$

$$F = \int_A dF = A\rho g h_S - \rho g \cos\alpha \int_A \zeta\, dA = A\rho g h_S \,.$$

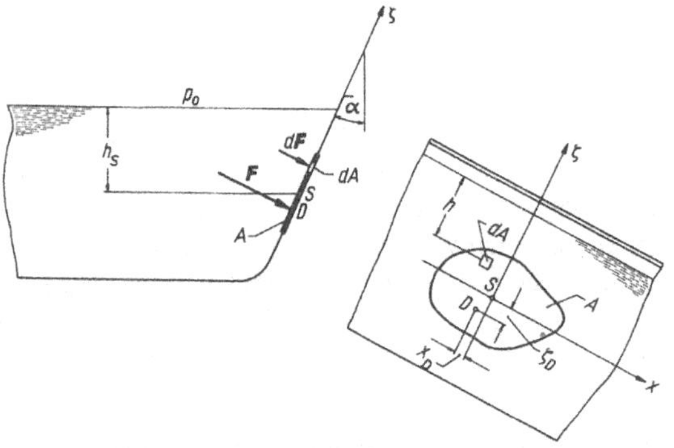

Fig. 4.11
Zur Berechnung der Kraft auf eine schräge ebene Fläche

Das Integral $\int_A \zeta\, dA$ verschwindet, da ζ von der horizontalen, durch den Flächenmittelpunkt S gehenden x-Achse aus gemessen wird. Die Kraft **F** nach (4.9) greift nicht in S an. Ihr A n g r i f f s p u n k t wird wie folgt gefunden: das Moment der auf das Flächenstück dA wirkenden Druckkraft bezüglich der x-Achse (Fig. 4.11) ist:

$$dM_x = -\,dA\,\rho g(h_S - \zeta \cos\alpha)\,\zeta \,.$$

Durch Integration folgt:

$$M_x = \int_A dM_x = \rho g \cos\alpha \int_A \zeta^2\, dA = \rho g\, I_{xS} \cos\alpha \,. \tag{4.10}$$

Dabei ist I_{xS} das Flächenträgheitsmoment von A bezüglich der x-Achse durch den Schwerpunkt von A.

Das Moment M_x nach (4.10) ist gleich dem Moment der resultierenden Kraft **F** des Wasserdrucks bezüglich der x-Achse. Wegen $M = -\zeta_D F$ folgt für die ζ-Koordinate des Kraftangriffspunktes (Druckpunkt) D:

$$\zeta_D = -\frac{M}{F} = -\frac{I_{xS}\cos\alpha}{A h_S} \,. \tag{4.11}$$

Da alle darin vorkommenden Größen positiv sind, wird $\zeta_D < 0$. Folglich liegt der

Druckpunkt unter dem Flächenschwerpunkt S. Die x-Koordinate des Druckpunktes kann in gleicher Weise erhalten werden. Für das Moment der Druckkraft bezüglich der ζ-Achse erhält man jetzt:

$$M_\zeta = F x_D = \int_A dA\, \rho g (h_S - \zeta \cos\alpha)\, x$$

$$= -\rho g \cos\alpha \int_A x\zeta\, dA = -\rho g \cos\alpha I_{x\zeta S}\ ,$$

und mit (4.9):

$$x_D = -\frac{I_{x\zeta S} \cos\alpha}{A h_S}\ . \tag{4.12}$$

Hierbei ist $I_{x\zeta S}$ das Flächendeviationsmoment bezüglich des x,ζ-Systems mit dem Ursprung S.

Für eine vertikale ebene Fläche A bleibt (4.9) erhalten, dagegen geht (4.11) und (4.12) über in:

$$\alpha = 0:\ \zeta_D = -\frac{I_{xS}}{A h_S}\ ;\ x_D = -\frac{I_{x\zeta S}}{A h_S}\ . \tag{4.13}$$

Für die Berechnung der Wasserkräfte auf gekrümmte Wandflächen wendet man zweckmäßigerweise das Erstarrungsprinzip und den Satz vom Auftrieb an (Abschn. 4.3.2).

4.3. Auftrieb

4.3.1. Das Archimedische Prinzip. Auf Körper, die in einem Fluid untergetaucht sind, wirkt eine Auftriebskraft F_A, die dem Gewicht der verdrängten Fluidmenge entspricht (Archimedisches Prinzip). Das kann ohne Rechnung sofort durch Anwenden des Erstarrungsprinzips bewiesen werden. Man denke sich in einem im Gleichgewicht befindlichen Fluid eine Teilmenge K erstarrt, die dieselbe Gestalt wie der zu untersuchende Körper hat (Fig. 4.12). Das Fluid bleibt auch nach der Erstarrung von K im Gleichgewicht. Folglich muß das Gewicht von K im Gleichgewicht sein mit der Resultierenden aller Druckkräfte, die auf die Oberfläche von K wirken. Diese Resultierende wird

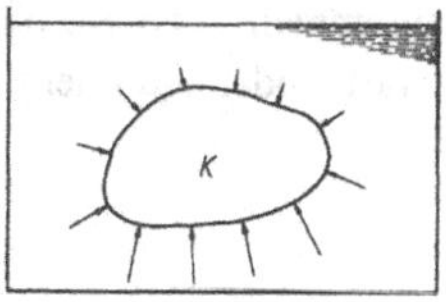

Fig. 4.12 Zur Erklärung der Auftriebskraft

A u f t r i e b genannt. Sie greift nach dem Gesagten im Volumenmittelpunkt von K, also im Schwerpunkt der erstarrten Fluidmenge an, ist der Gewichtskraft entgegen gerichtet und hat denselben Betrag wie das Gewicht der Fluidmenge K.

Denkt man sich nun die erstarrte Teilmenge K des Fluids durch einen Körper gleicher Gestalt ersetzt, dann ändert sich nichts an der Druckverteilung auf der Oberfläche, also auch nichts am Auftrieb. Damit ist das Archimedische Prinzip bewiesen und zugleich gezeigt, daß die Auftriebskraft durch eine im Volumenmittelpunkt des untergetauchten Körpers angreifende Einzelkraft ersetzt werden kann. Für die auf den untergetauchten Körper wirkende Auftriebskraft gilt also

$$F_A = \rho_{\text{Fluid}}\, g V_K = G_{K,\text{Fluid}} \ . \tag{4.14}$$

4.3.2. Anwendungen der Auftriebsformel. Die Dichte ρ eines Körpers kann bestimmt werden, indem man sein Gewicht G_1 in Luft (genauer: im Vakuum), sowie das Gewicht G_2 nach dem Eintauchen in ein Fluid bekannter Dichte ρ_F mißt. Ist V das Volumen des Körpers, dann gilt:

$$G_1 = \rho g V,$$

$$G_2 = \rho g V - F_A = gV(\rho - \rho_F) = \frac{G_1}{\rho}\,(\rho - \rho_F)\,,$$

$$\rho = \rho_F\,\frac{G_1}{G_1 - G_2}\ . \tag{4.15}$$

Mit Hilfe der Auftriebsformel kann auch die Druckkraft eines Fluids auf g e - k r ü m m t e F l ä c h e n berechnet werden. Es sei nach der Resultierenden der Druckkräfte auf die in Fig. 4.13 links skizzierte nicht-ebene Wand 1–2 eines Fluid-Behälters gefragt. Das kann wie folgt beantwortet werden: man denke sich die Wand durch Erstarrung einer Fluidmenge in einem Behälter mit vertikaler Seitenwand entstanden (Fig. 4.13 rechts). Auf den von der Wand abgetrennten Teilkörper K wirkt nur die vertikale Auftriebskraft F_A nach (4.14), die im Volumenmittelpunkt S von K angreift. Die Horizontalkomponente der Druckkraft auf der gekrümmten Fläche 1–2 muß demnach mit der Seitenkraft F_S, die auf die rechte Schnittfläche von K einwirkt, im Gleichgewicht sein. Diese Kraft kann nach (4.9), die Lage ihrer Wirkungslinie nach (4.11) berechnet werden. F_S bildet die Horizontalkomponente, F_A die Vertikalkomponente der auf die gekrümmte Wand wirkenden gesamten Druckkraft F.

Bei beliebigen, räumlich gekrümmten Wandflächen lassen sich die Komponenten der Fluidkraft auf die Behälterwand meist nicht mehr zu einer resultierenden Einzelkraft zusammenfassen. Sie bilden dann ein räumlich verteiltes Kräftesystem, das einem Kraftwinder äquivalent ist.

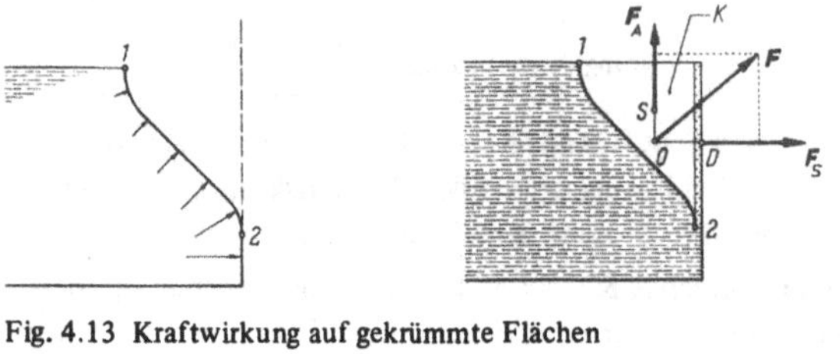

Fig. 4.13 Kraftwirkung auf gekrümmte Flächen

4.4. Schwimmende Körper

Die Auftriebsformel gilt sinngemäß auch für schwimmende Körper: der Auftrieb ist gleich dem Gewicht der verdrängten Fluidmenge. Ein im Gleichgewicht befindlicher schwimmender Körper taucht gerade soweit ein, daß $F_A = G$ wird.

Anwendungsbeispiel: Zur Bestimmung der Wichte $\gamma = \rho g$ von Flüssigkeit kann das Aräometer (Fig. 4.14) verwendet werden. Seine Eintauchtiefe h ist ein Maß für die Wichte. Hat das Aräometer das Gewicht G, das Volumen V_0 für den verdickten Teil und den Querschnitt A für den zylindrischen Stab, dann gilt

$$G = F_A = \gamma(V_0 + Ah)\,,$$

also
$$\gamma = \frac{G}{V_0 + Ah} = \gamma(h)\ . \tag{4.16}$$

Aus dieser Funktion wird die auf dem zylindrischen Teil angebrachte Skala berechnet.

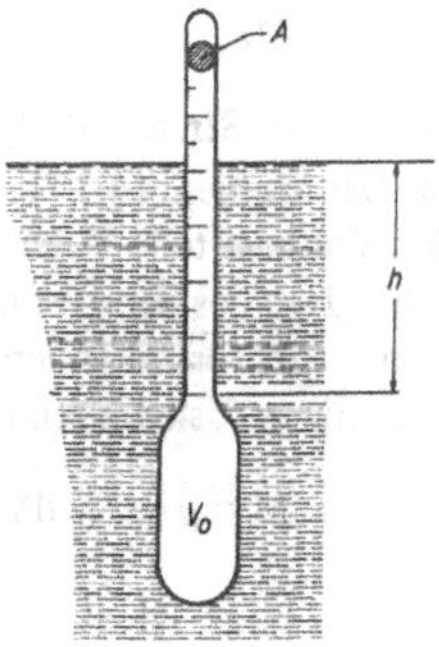

Fig. 4.14 Aräometer

Die Frage nach der Stabilität der Schwimmlage ist für den Schiffbau besonders wichtig. Ein Schiff kann auch dann stabil schwimmen, wenn sein Schwerpunkt S über dem Angriffspunkt P der Auftriebskraft F_A liegt (Fig. 4.15). Das hängt mit der Tatsache zusammen, daß der Punkt P – zum Unterschied von vollkommen untergetauchten Körpern – nicht relativ zum Schiff festliegt. Er kann sich je nach der Schräglage des Schiffes verschieben. In Fig. 4.15 ist der Querschnitt eines Schiffes in

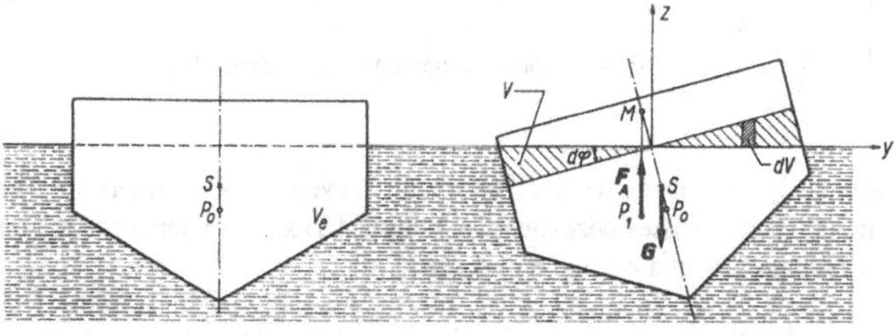

Fig. 4.15 Zur Berechnung des Metazentrums

der Normallage sowie in Schräglage skizziert. Wegen der Veränderung der Gestalt des Eintauchvolumens bei einer Schräglage – die Änderungen sind durch die schraffierten Dreiecke angegeben – wandert der Auftriebspunkt von P_0 nach P_1. Das Kräftepaar $\mathbf{F}_A$ und **G** ergibt im gezeichneten Fall ein rücktreibendes Moment, so daß das Schiff stabil schwimmt: es wird nach einer Störung, die zur Auslenkung aus der Normallage führt, wieder in diese zurückgebracht. Das Schiff verhält sich so, als sei es im Punkte M wie ein Pendel aufgehängt. Dieses Metazentrum M ergibt sich als Schnittpunkt der Wirkungslinie von $\mathbf{F}_A$ mit der Geraden durch die Punkte S und P_0 bei kleinen Schräglagen des Schiffes.

Die Schwimmlage des Schiffes ist stabil, wenn das Metazentrum M über dem Schwerpunkt S liegt, sie ist instabil, wenn M tiefer liegt als S. Die von S aus abzutragende Strecke $SM = h_M$, die Metazenterhöhe, ist ein Maß für die Schwimmstabilität.

Die Größe h_M kann aus der Verschiebung der Auftriebskraft $\mathbf{F}_A$ vom Punkt P_0 nach P_1 bei einer kleinen Schräglage des Schiffes berechnet werden. Das Moment der verschobenen Auftriebskraft bezüglich P_0 ist

$$M_{P_0} = aF_A = a\rho g V_e \,, \tag{4.17}$$

worin a die Strecke P_0P_1 (Fig. 4.16) und V_e das Eintauchvolumen des Schiffskörpers ist. Das Moment (4.17) entsteht durch den Auftrieb der in Fig. 4.15 schraffierten beiden Volumenteile V des Schiffskörpers. Da sich am gesamten Eintauchvolumen bei Schräglage des Schiffes nichts ändert, muß das links hinzukommende Volumen gleich dem rechts fortfallenden sein. Die zugehörigen Auftriebsanteile heben sich daher gegenseitig auf; sie bilden jedoch ein Kräftepaar mit dem Moment

$$M = \rho g \int_V y \, dV = \rho g \int_A y^2 \, d\varphi \, dA \,,$$

$$M = \rho g \, d\varphi \, I_x \,. \tag{4.18}$$

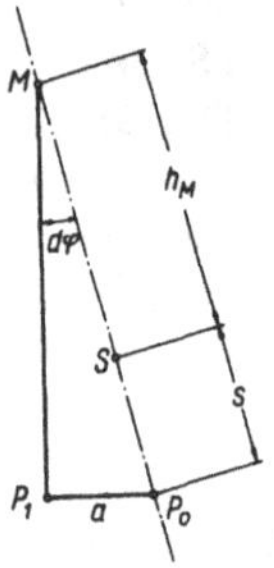

Fig. 4.16 Definition der Metazenterhöhe h_M

Darin ist I_x das Flächenträgheitsmoment des von der Fluidoberfläche herausgeschnittenen Schiffsgrundrisses bezüglich der Längsachse x. Das Gleichsetzen von (4.18) mit (4.17) führt wegen $a = (h_M + s)\, d\varphi$ zu

$$h_M = \frac{I_x}{V_e} - s \,. \tag{4.19}$$

Dabei zeigt $h_M > 0$ stabiles, $h_M < 0$ instabiles Schwimmen des Schiffes an. Die Kunst des Schiffbaus besteht u.a. darin, die Schiffsform so zu gestalten, daß bei verschiedener Beladung und bei endlichen Rollwinkeln φ stets $h_M > 0$ bleibt.

Als einfaches B e i s p i e l sei ein Balken mit Rechteckquerschnitt betrachtet. Wenn t der Tiefgang ist, dann folgt mit den Bezeichnungen von Fig. 4.17 mit

$$I_x = \frac{1}{12} Lb^3 \, , V_e = L\,bt \, , \quad s = \frac{1}{2}(c - t)$$

aus (4.19):

$$h_M = \frac{1}{12}\frac{b^2}{t} - \frac{1}{2}(c - t) \, . \tag{4.20}$$

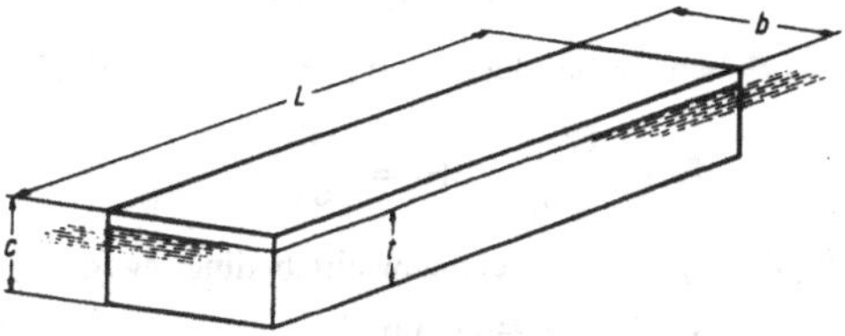

Fig. 4.17 Ein schwimmender Quader

Bei Variation von b wird $h_M = 0$ für $b = b_0 = \sqrt{6t(c-t)}$. Das Brett schwimmt stabil für $b > b_0$ (Flaches Brett), instabil für $b < b_0$ (Brett hochkant).
Bei Variation von t hat man $h_M = 0$ für

$$\left.\begin{matrix} t_1 \\ t_2 \end{matrix}\right\} = \frac{c}{2} \mp \sqrt{\frac{c^2}{4} - \frac{b^2}{6}} \, .$$

Stabiles Schwimmen wird hier für $t < t_1$ und $t > t_2$ erhalten, mit $t_1 < t < t_2$ kann der Balken in der skizzierten Lage nicht stabil schwimmen. Bei einem Balken mit quadratischem Querschnitt hat man $t_1 = 0{,}211\ c$ und $t_2 = 0{,}789\ c$. Zwei stabile Schwimmlagen sind in Fig. 4.18 skizziert. Ein zur Hälfte eintauchender Balken ist dagegen instabil und pendelt sich in eine um 45° gedrehte Lage ein.

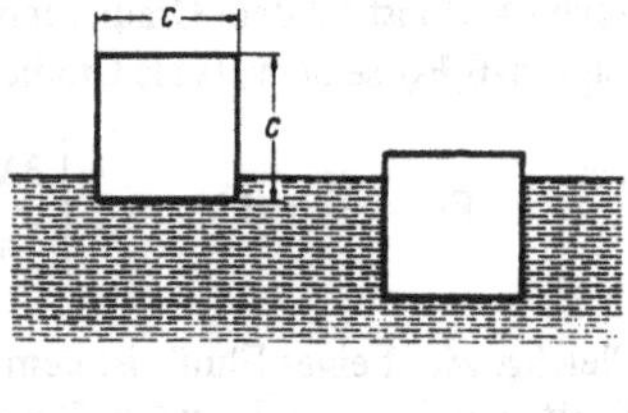

Fig. 4.18
Stabile Schwimmlagen für einen Balken mit quadratischem Querschnitt

4.5. Gleichgewicht bei allgemeineren Volumenkräften

Außer der Schwerkraft können auch andere Volumenkräfte, z.B. Trägheitskräfte in bewegten Systemen, auf ein Fluid einwirken.
Für diesen Fall sollen die Gleichgewichtsbedingungen untersucht werden. Ist allgemein F_V die auf ein Fluidteilchen wirkende Volumenkraft und F_P die entsprechende aus

der Druckverteilung im Fluid resultierende Oberflächenkraft, dann gilt bei Gleichgewicht

$$\mathbf{F}_V + \mathbf{F}_P = 0 \,. \tag{4.21}$$

Zur Bestimmung der Oberflächenkraft sei ein kleiner Zylinder mit der Achse in x-Richtung betrachtet (Fig. 4.19). In x-Richtung hat man hier die Druckkräfte:

$$dF_{Px} = F_{P0} - F_{P1} = dA\,[p(x) - p(x + dx)] = -\frac{\partial p}{\partial x}\,dx\,dA\,,$$

da $p(x + dx) = p(x) + \frac{\partial p}{\partial x}\,dx$ gesetzt werden kann. Entsprechendes gilt auch für die anderen Koordinatenrichtungen, so daß die Druckkraft mit dxdA = dV in der Form

$$d\mathbf{F}_P = -\left[\frac{\partial p}{\partial x}\,,\,\frac{\partial p}{\partial y}\,,\,\frac{\partial p}{\partial z}\right] dV = -\,\mathrm{grad}\;p\;dV \tag{4.22}$$

geschrieben werden kann. Führt man die auf das Volumen bezogenen Kräfte

$$\mathbf{f}_P = \frac{d\mathbf{F}_P}{dV}\,, \quad \mathbf{f}_V = \frac{d\mathbf{F}_V}{dV}$$

ein, dann geht die Gleichgewichtsbedingung (4.21) über in

$$\mathbf{f}_V = -\,\mathbf{f}_P = \mathrm{grad}\;p\,. \tag{4.23}$$

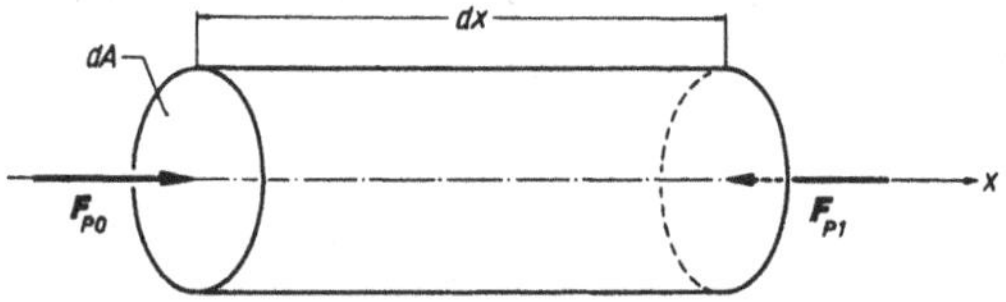

Fig. 4.19
Zur Berechnung des Zusammenhangs von Druck und Kräften in einem Fluid

F o l g e r u n g: wenn eine äußere Volumenkraft auf ein Fluid einwirkt, dann ist im Gleichgewichtsfall ein Druckgradient vorhanden, der gleich der spezifischen Volumenkraft $\mathbf{f}_V$ ist. Umgekehrt zeigt jeder Druckgradient das Vorhandensein äußerer Volumenkräfte an.

Nach (4.23) ist $\mathbf{f}_V$ dem Gradienten einer skalaren Ortsfunktion p(x,y,z) gleich. Daraus folgt, daß $\mathbf{F}_V$ seinerseits als Gradient eines Potentials V_F dargestellt werden kann

$$\mathbf{F}_V = -\,\mathrm{grad}\;V_F = -\left[\frac{\partial V_F}{\partial x}\,,\,\frac{\partial V_F}{\partial y}\,,\,\frac{\partial V_F}{\partial z}\right].$$

Gleichgewicht eines Fluids ist demnach nur möglich, wenn die einwirkenden äußeren Kräfte ein Potential besitzen. Die Flächen konstanten Potentials sind zugleich auch Flächen konstanten Drucks, so wie dies bereits im Abschn. 4.2.2 für den Fall der Gewichtskraft erkannt worden war.

1. Beispiel: Auf ein Massenteilchen dm = ρdV in einem mit konstanter Beschleunigung $\mathbf{a} = [a_x, a_y, a_z]$ im Schwerefeld ($\mathbf{g} = [0, 0, -g]$) bewegten System, z.B. in einer aufsteigenden Rakete, wirken die Volumenkräfte

$$dF_V = \rho\, dV(g-a) = -\rho\, dV\,[a_x, a_y, (g+a_z)]\ .$$

Für das Potential V_F der auf das Volumen V bezogenen Volumenkraft F_V gilt

$$V_F(x,y,z) = -\int \frac{dF_V}{dV}\, dr = \rho\ [a_x x + a_y y + (g+a_z)\, z] + V_{F0}\ .$$

Damit folgt für ein im bewegten System ruhendes Fluid die verallgemeinerte hydrostatische Druckgleichung

$$p = p_0 - \rho\,[a_x x + a_y y + (g+a_z)\, z]\,, \tag{4.24}$$

die für $a \equiv 0$ in (4.4) mit $h = -z$ übergeht. Die Flächen konstanten Drucks sind Ebenen, die durch Konstantsetzen des Ausdrucks in der eckigen Klammer erhalten werden.

2. **Beispiel:** In einem gleichförmig mit der Winkelgeschwindigkeit ω um die vertikale z-Achse rotierenden Behälter wirken auf ein Fluidteilchen die Kräfte:

$$dF_V = \rho\, dV\,[\omega^2 x\,,\ \omega^2 y, -g]\ .$$

Das zugehörige Potential der auf das Volumen bezogenen Volumenkräfte ist

$$V_F = -\rho\,[\tfrac{1}{2}\,\omega^2\,(x^2 + y^2) - gz]\ .$$

Die Flächen konstanten Drucks sind jetzt Rotationsparaboloide, die durch

$$z = z_0 + \frac{\omega^2}{2g}\, r^2 \tag{4.25}$$

mit $r^2 = x^2 + y^2$ bestimmt werden. Die Druckverteilung folgt aus:

$$p = p_0 + \rho\left(\frac{1}{2}\,\omega^2 r^2 - gz\right). \tag{4.26}$$

Daraus kann z.B. der Trenneffekt bei Zentrifugen berechnet werden.

4.6. Aerostatik

In einem Fluid mit veränderlicher Dichte, z.B. in einem Gas, gilt die Druckgleichung (4.5), wobei $\rho = \rho(p)$ selbst noch vom Druck p abhängt. Diese Abhängigkeit folgt aus den Gasgesetzen. So gilt für ideale Gase

$$pv = \frac{p}{\rho} = RT \tag{4.27}$$

mit der Gaskonstante R, der absoluten Temperatur T und dem spezifischen Volumen $v = 1/\rho$. Mit $\rho = p/RT$ folgt aus (4.5)

$$\frac{dp}{dz} = -\frac{gp}{RT} \quad \text{oder} \quad \int \frac{dp}{p} = -\frac{1}{R}\int \frac{g\, dz}{T}\ . \tag{4.28}$$

Wenn das Temperaturprofil T = T(z) bekannt ist, dann kann

$$\frac{1}{R}\int_{z_0}^{z}\frac{g\,d\zeta}{T} = f(z) \tag{4.29}$$

als Funktion der Höhenkoordinate z ausgerechnet werden. Aus (4.28) folgt dann nach Ausführen der Integration:

$$\ln p - \ln p_0 = -f(z) \quad \text{oder} \quad p = p_0 e^{-f(z)} . \tag{4.30}$$

Damit kann bei bekanntem Temperaturprofil das Druckprofil p(z) einer Gasschichtung (z.B. der Atmosphäre) ausgerechnet werden. Für eine isotherme Atmosphäre mit $T = T_0$ = const und nicht zu große Höhen, so daß auch $g = g_0$ = const angenommen werden kann, folgt aus (4.29)

$$f(z) = \frac{g}{R\,T_0}(z - z_0) = \frac{z - z_0}{H_0}$$

und damit aus (4.30):

$$p = p_0\, e^{-(z-z_0)/H_0} \tag{4.31}$$

Die Konstante $H_0 = RT_0/g$ wird als Höhe der gleichförmigen Atmosphäre bezeichnet. Es ist dies diejenige Höhe, die eine Atmosphäre mit der konstanten Dichte $\rho(p_0)$ haben würde. Für die Erdatmosphäre gilt etwa H_0 = 7,7 km.

Die Formeln (4.30) bzw. (4.31) bilden die Grundlage zur Eichung von barometrischen Höhenmessern. Man bezeichnet sie als Barometrische Höhenformel. Dabei legt man der Berechnung ein Temperatur-Normalprofil T(z) zugrunde.

Die isotherme Atmosphäre ist stabil. Man erkennt das aus einem Gedankenversuch: wenn ein Luftteilchen aus seiner Gleichgewichtslage an einen höher gelegenen Ort gebracht wird, dann dehnt es sich wegen des dort geringeren Druckes aus und kühlt sich gleichzeitig ab. Damit hat das Teilchen eine geringere Temperatur und eine größere Dichte als die umgebenden Teilchen. Es hat also das Bestreben, wieder in die ursprüngliche Gleichgewichtslage herabzusinken.

Eine adiabatische Luftschichtung ist indifferent. Bei ihr hat ein verschobenes Teilchen stets die gleiche Temperatur wie die neue Umgebung. Zur adiabatischen Schichtung gehört ein spezielles Temperaturprofil T(z) mit nach der Höhe abnehmender Temperatur. Luftschichtungen mit stärkerem Temperaturabfall sind instabil; sie führen zu vertikalem Luftaustausch (Thermik), wie er besonders an heißen Sommertagen beobachtet wird. Luftschichtungen mit geringerem Temperaturabfall als dem der adiabatischen Atmosphäre sind stabil.

4.7. Fragen

1. Warum kann das Gefrieren von Wasser nicht als ein Erstarren im Sinne des Erstarrungsprinzips betrachtet werden?
2. Welcher Zusammenhang besteht zwischen den Druckeinheiten Millibar (mb) und Atmosphäre (at)?
3. Wie ändert sich der Druck p in einer schweren Flüssigkeit bei Fortschreiten um eine Strecke h von einem Punkte mit dem Druck p_0
   a) in Richtung der Schwerkraft?
   b) senkrecht zur Richtung der Schwerkraft?
4. Welche Kraft F wird auf eine vollkommen untergetauchte ebene Fläche A einer Behälterwand ausgeübt?
5. Welche Richtung hat die Auftriebskraft $\mathbf{F}_A$ bei eingetauchten oder untergetauchten Körpern und wo greift sie an?
6. In einem Wasserbehälter schwimmt ein Boot. Aus dem Boot wird eine Kiste ins Wasser geworfen und versinkt. Ist der Wasserspiegel im Behälter gestiegen, gesunken, oder gleich geblieben. Warum?
7. In einem Trinkglas mit Wasser schwimmen Eiswürfel, die z.T. über die Flüssigkeitsoberfläche hinausragen. Wird der Wasserspiegel steigen, sinken oder gleichbleiben, wenn das Eis schmilzt? Warum?
8. Was ist ein Aräometer und wie funktioniert es?
9. Wann ist die Lage eines schwimmenden Körpers stabil?
10. Welche Kraft $\Delta \mathbf{F}_P$ wirkt als Druckkraft auf ein Fluidteilchen $\Delta m = \rho\, \Delta V$, wenn im Fluid infolge der Anwesenheit äußerer Kräfte ein Druckgradient vorhanden ist?

5. Kinematik

Aufgabe der Kinematik ist es, die Lage von Systemen im Raum, sowie die Lageänderungen als Funktion der Zeit zu beschreiben. Kinematik kann daher als Geometrie von Lagebeziehungen und Bewegungen aufgefaßt werden. Nach der Ursache der Bewegungen wird dabei nicht gefragt. In der einleitenden Übersicht (Abschn. 1.4) wurden bereits einige Grundbegriffe der Kinematik eingeführt. Hier sollen die früheren Darstellungen erweitert und durch eine Behandlung verschiedener Beschreibungsmethoden der Kinematik vertieft werden. Dabei muß vor allem die wichtige Frage nach der Wahl geeigneter Koordinatensysteme untersucht werden.

5.1. Punkt-Bewegungen

Der O r t eines Punktes P im Raum wird durch den Ortsvektor **r** von einem Bezugspunkt O zum betrachteten Punkt P eindeutig beschrieben. Verändert der Punkt seine Lage im Laufe der Zeit, dann bildet die Folge der Aufenthaltsorte zu verschiedenen Zeiten $t_0, t_1, \ldots, t_n$ die B a h n des Punktes P. Diese Bahn wird vom Endpunkt des beschreibenden Ortsvektors $\mathbf{r} = \mathbf{r}(t)$ durchlaufen (Fig. 5.1).

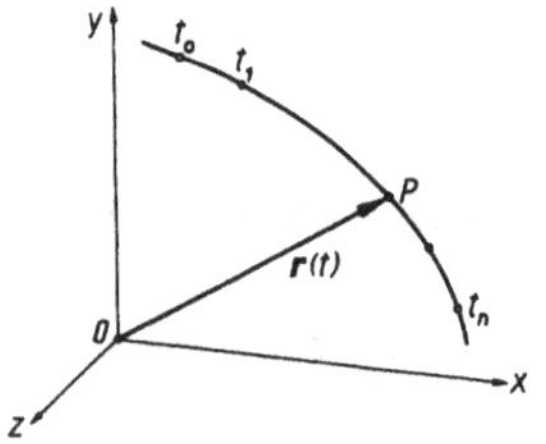

Fig. 5.1 Ortsvektor und Bahnverlauf

5.1.1. Geschwindigkeit und Beschleunigung. Die Geschwindigkeit **v**, mit der der Endpunkt des Ortsvektors **r** seine Bahn durchläuft, kann aus dem Differenzenquotienten

$$\frac{\mathbf{r}(t_1) - \mathbf{r}(t_0)}{t_1 - t_0} = \frac{\Delta \mathbf{r}}{\Delta t} \tag{5.1}$$

durch den Grenzübergang

$$\lim_{\Delta t \to 0} \frac{\Delta \mathbf{r}}{\Delta t} = \frac{d\mathbf{r}}{dt} = \dot{\mathbf{r}} = \mathbf{v} \tag{5.2}$$

gewonnen werden. Diese momentane Geschwindigkeit ist im allgemeinen selbst wieder eine Funktion der Zeit: $\mathbf{v} = \mathbf{v}(t)$. Der Vektor $\Delta\mathbf{r} = \mathbf{r}(t_1) - \mathbf{r}(t_0)$ hat die Richtung der Sekante und fällt im Grenzübergang in die Tangente an die Bahn. Folglich hat auch der Vektor **v** nach (5.2) stets die Richtung der Bahntangente; sein Richtungssinn ist gleich dem Durchlaufungssinn der Bahn.

Der Vektorgleichung (5.2) entsprechen drei Koordinatengleichungen. Bei Verwendung eines kartesischen Koordinatensystems gilt

$$\mathbf{r} = [x, y, z] = x\mathbf{e}_x + y\mathbf{e}_y + z\mathbf{e}_z\,. \tag{5.3}$$

Daraus erhält man durch Differentiation

$$\mathbf{v} = \frac{d\mathbf{r}}{dt} = \dot{\mathbf{r}} = \dot{x}\mathbf{e}_x + \dot{y}\mathbf{e}_y + \dot{z}\mathbf{e}_z + x\dot{\mathbf{e}}_x + y\dot{\mathbf{e}}_y + z\dot{\mathbf{e}}_z\,.$$

Wenn das mit O verbundene Koordinatensystem unveränderliche Achsrichtungen hat, dann ist $\dot{\mathbf{e}}_x = \dot{\mathbf{e}}_y = \dot{\mathbf{e}}_z = 0$, so daß $\mathbf{v} = [\dot{x}, \dot{y}, \dot{z}]$ erhalten wird. Man beachte, daß dieses Ergebnis nur für Bezugssysteme mit raumfesten Achsrichtungen gilt.

Geschwindigkeitsvektoren können nach den Regeln der Vektorrechnung addiert werden. Beispiel: Wenn sich ein Flugzeug in der umgebenden Luft mit $\mathbf{v}_F$ bewegt und eine Windgeschwindigkeit $\mathbf{v}_W$ vorhanden ist, dann ist die Über-Grund-Geschwindigkeit des Flugzeuges $\mathbf{v}_{GF} = \mathbf{v}_F + \mathbf{v}_W$ (Fig. 5.2).

Die Beschleunigung **a** eines Punktes ist ein Maß für die zeitliche Änderung seiner Geschwindigkeit. Sie wird aus der Geschwindigkeit **v** in derselben Weise gebildet wie diese aus dem Ortsvektor **r**. Es gilt demnach

$$\mathbf{a} = \lim_{\Delta t \to 0} \frac{\mathbf{v}(t+\Delta t) - \mathbf{v}(t)}{\Delta t} = \frac{d\mathbf{v}}{dt} = \dot{\mathbf{v}}, \tag{5.4}$$

oder mit (5.2)

$$\mathbf{a} = \frac{d\mathbf{v}}{dt} = \frac{d^2\mathbf{r}}{dt^2} = \ddot{\mathbf{r}}. \tag{5.5}$$

Für ein Bezugssystem mit raumfesten Achsrichtungen erhält man aus (5.3)

$$\mathbf{a} = \ddot{x}\,\mathbf{e}_x + \ddot{y}\,\mathbf{e}_y + \ddot{z}\,\mathbf{e}_z = [\ddot{x}, \ddot{y}, \ddot{z}]. \tag{5.6}$$

Die Beträge von **v** und **a** lassen sich aus

$$\left.\begin{aligned} |\mathbf{v}| &= v = \sqrt{\dot{x}^2 + \dot{y}^2 + \dot{z}^2} \\ |\mathbf{a}| &= a = \sqrt{\ddot{x}^2 + \ddot{y}^2 + \ddot{z}^2} \end{aligned}\right\} \tag{5.7}$$

bestimmen.

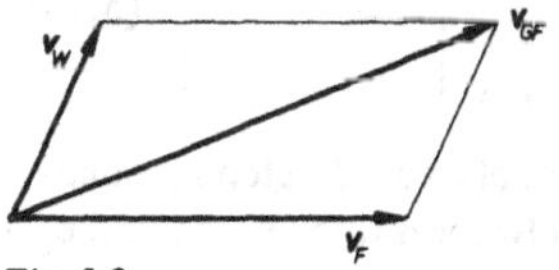

Fig. 5.2
Addition von Geschwindigkeitsvektoren

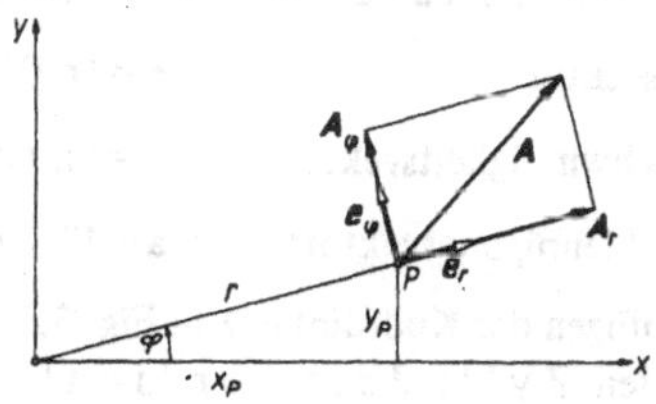

Fig. 5.3
Radial- und Transversal-Komponenten eines Vektors

5.1.2. Geschwindigkeit und Beschleunigung in verschiedenen Koordinaten. Es ist bei kinematischen Aufgaben häufig zweckmäßig, anstelle der kartesischen Koordinaten geeignete andere Koordinaten zu verwenden. Hierzu sollen einige Beispiele betrachtet werden, an denen zugleich gezeigt werden kann wie die Koordinaten von Geschwindigkeit und Beschleunigung bei zeitlich veränderlichen Richtungen der Bezugsachsen berechnet werden.

Bei Bewegung eines Punktes P in einer Ebene können Polarkoordinaten r und φ verwendet werden, die mit seinen kartesischen Koordinaten durch

$$x = r\cos\varphi; \quad y = r\sin\varphi \tag{5.8}$$

zusammenhängen (Fig. 5.3). Ein beliebiger Vektor **A** in P kann dann in eine radiale und eine transversale Komponente zerlegt werden:

$$\mathbf{A} = \mathbf{A}_r + \mathbf{A}_\varphi = A_r\mathbf{e}_r + A_\varphi\mathbf{e}_\varphi. \tag{5.9}$$

Für die zeitliche Ableitung von **A** folgt:

$$\frac{d\mathbf{A}}{dt} = \dot{\mathbf{A}} = \dot{A}_r\mathbf{e}_r + A_r\dot{\mathbf{e}}_r + \dot{A}_\varphi\mathbf{e}_\varphi + A_\varphi\dot{\mathbf{e}}_\varphi. \tag{5.10}$$

Da die Einsvektoren den konstanten Betrag 1 haben, ist ihre Ableitung nach der Zeit nur dann von Null verschieden, wenn sich ihre durch φ bestimmte Richtung ändert. Es gilt, wie man aus $\Delta \mathbf{e}_r = \Delta\varphi \mathbf{e}_\varphi$ und $\Delta \mathbf{e}_\varphi = -\Delta\varphi \mathbf{e}_r$ durch Bezug auf die Zeit Δt und Grenzübergang $\Delta t \to 0$ erkennt:

$$\dot{\mathbf{e}}_r = \dot{\varphi}\mathbf{e}_\varphi \ , \ \dot{\mathbf{e}}_\varphi = -\dot{\varphi}\mathbf{e}_r \, . \qquad (5.11)$$

Eingesetzt in (5.10) ergibt das

$$\dot{\mathbf{A}} = \mathbf{e}_r(\dot{A}_r - A_\varphi\dot{\varphi}) + \mathbf{e}_\varphi(\dot{A}_\varphi + A_r\dot{\varphi}) \, . \qquad (5.12)$$

Damit sind die Komponenten von **A** in Polarkoordinaten (die Radial- und die Transversal-Komponente) gefunden. Die allgemeine Beziehung (5.12) soll nun auf den Ortsvektor **r** mit der Radialkomponente r und der Transversalkomponente Null angewendet werden. Man erhält:

$$\dot{\mathbf{r}} = \mathbf{v} = \mathbf{e}_r\dot{r} + \mathbf{e}_\varphi r\dot{\varphi} \, . \qquad (5.13)$$

Nochmaliges Anwenden von (5.12) auf den Vektor $\mathbf{v} = [\dot{r}, r\dot{\varphi}]$ ergibt die Beschleunigung

$$\dot{\mathbf{v}} = \mathbf{a} = \mathbf{e}_r(\ddot{r} - r\dot{\varphi}^2) + \mathbf{e}_\varphi(r\ddot{\varphi} + 2\dot{r}\dot{\varphi}) \, . \qquad (5.14)$$

In Polarkoordinaten hat man daher den

$$\left.\begin{array}{ll} \text{Ortsvektor:} & \mathbf{r} = [r, 0] \, , \\ \text{Geschwindigkeitsvektor:} & \mathbf{v} = [\dot{r}, r\dot{\varphi}] \, , \\ \text{Beschleunigungsvektor:} & \mathbf{a} = [\ddot{r} - r\dot{\varphi}^2, r\ddot{\varphi} + 2\dot{r}\dot{\varphi}] \, . \end{array}\right\} \qquad (5.15)$$

Durch Hinzufügen der Koordinate z in Fig. 5.3 werden die Polarkoordinaten zu raumbeschreibenden Zylinderkoordinaten mit den Basisvektoren $\mathbf{e}_r$, $\mathbf{e}_\varphi$ und $\mathbf{e}_z$. Da die z-Richtung unverändert bleibt ($\dot{\mathbf{e}}_z = 0$), gilt jetzt für den

$$\left.\begin{array}{ll} \text{Ortsvektor:} & \boldsymbol{\rho} = [r, 0, z] \, , \\ \text{Geschwindigkeitsvektor:} & \mathbf{v} = [\dot{r}, r\dot{\varphi}, \dot{z}] \, , \\ \text{Beschleunigungsvektor:} & \mathbf{a} = [\ddot{r} - r\dot{\varphi}^2 \, , r\ddot{\varphi} + 2\dot{r}\dot{\varphi} \, , \ddot{z}] \, . \end{array}\right\} \qquad (5.16)$$

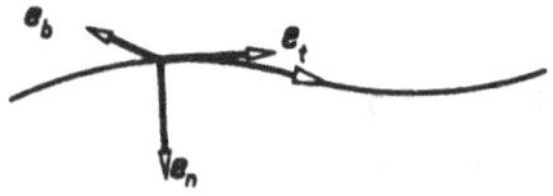

Fig. 5.4
Das begleitende Dreibein (natürliches Koordinatensystem) einer Raumkurve

Als natürliches Koordinatensystem, das einer Bahnkurve zugeordnet werden kann, wird das begleitende Dreibein bezeichnet, das aus der Tangentenrichtung (Einsvektor $\mathbf{e}_t$) und den beiden dazu senkrechten Richtungen, der Hauptnormalen (Einsvektor $\mathbf{e}_n$) und der Binormalen (Einsvektor $\mathbf{e}_b$) besteht (Fig. 5.4). Tangente und

Hauptnormale liegen in der sogenannten Schmiegungsebene, die der Bahnkurve in jedem Punkt zugeordnet ist. Der Vektor $\mathbf{e}_n$ zeigt dabei zum lokalen Krümmungsmittelpunkt; $\mathbf{e}_t$ zeigt tangential in Richtung des Durchlaufungssinnes; $\mathbf{e}_t$, $\mathbf{e}_n$ und $\mathbf{e}_b$ bilden in dieser Reihenfolge ein Rechtssystem.

Da **v** stets die Richtung der Tangente hat, gilt

$$\mathbf{v} = \mathrm{v}\,\mathbf{e}_t = [\mathrm{v}, 0, 0]\,. \tag{5.17}$$

Durch Differentiation nach der Zeit folgt

$$\dot{\mathbf{v}} = \mathbf{a} = \dot{\mathrm{v}}\,\mathbf{e}_t + \mathrm{v}\,\dot{\mathbf{e}}_t\,.$$

Wenn $\Delta\varphi$ der Winkel ist, um den sich das begleitende Dreibein beim Durchlaufen eines Bahnabschnittes um die Binormale dreht, dann ist $\dot{\mathbf{e}}_t = \dot{\varphi}\mathbf{e}_n$. Also gilt

$$\mathbf{a} = \dot{\mathrm{v}}\,\mathbf{e}_t + \mathrm{v}\,\dot{\varphi}\mathbf{e}_n = [\dot{\mathrm{v}}, \mathrm{v}\dot{\varphi}, 0]\,. \tag{5.18}$$

Man bezeichnet v als Bahngeschwindigkeit, $\dot{\mathrm{v}}$ als Bahnbeschleunigung und $a_n = \mathrm{v}\dot{\varphi}$ als Normalbeschleunigung. Mit dem Krümmungsradius ρ und der Winkelgeschwindigkeit $\omega = \dot{\varphi}$ kann wegen $\rho\omega = \mathrm{v}$ auch geschrieben werden

$$a_n = \mathrm{v}\omega = \rho\omega^2 = \frac{\mathrm{v}^2}{\rho}\,. \tag{5.19}$$

Man erkennt aus (5.18), daß der Beschleunigungsvektor **a** stets in der Schmiegungsebene liegt und „nach innen", d.h. von der konvexen zur konkaven Seite der Bahnkurve zeigt. Bei Bewegungen mit konstanter Bahngeschwindigkeit wird $a_t = \dot{\mathrm{v}} = 0$; dann steht der Beschleunigungsvektor senkrecht zur Bahnkurve und zeigt zum lokalen Krümmungsmittelpunkt (Zentripetalbeschleunigung). Bei geradliniger Bahn ist $a_n = 0$. Die Komponente a_t ist ein Maß für die Änderung des Betrages von **v**, a_n ist ein Maß für die Änderung der Richtung von **v**.

5.1.3. Grafische Darstellungsmethoden für Bewegungen. Trägt man die Wegstrecke s über der Zeit t auf (Fig. 5.5), dann läßt sich aus dem so erhaltenen Weg-Zeit-Diagramm (grafischer Fahrplan) auch die Bahngeschwindigkeit v ablesen:

$$\mathrm{v} = \lim_{\Delta t \to 0} \frac{\Delta s}{\Delta t} = \frac{ds}{dt} \sim \tan\alpha\,. \tag{5.20}$$

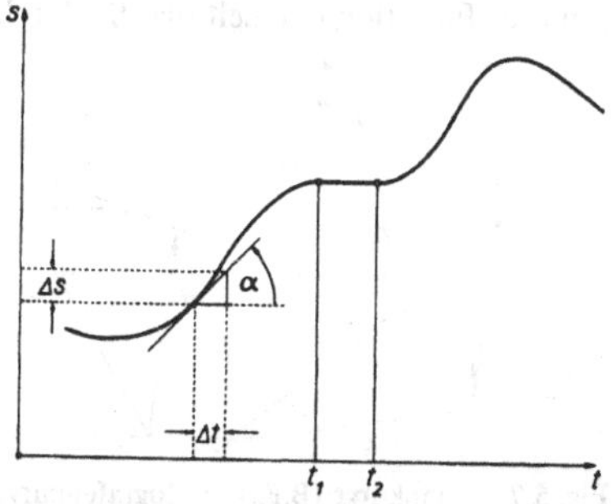

Fig. 5.5 Weg-Zeit-Diagramm einer Bewegung

Die Bahngeschwindigkeit ist der Steigung $\tan\alpha$ des s,t-Diagramms proportional. Horizontale Anteile der s,t-Kurve zeigen momentane Ruhe an (in Fig. 5.5 für $t_1 \leq t \leq t_2$).

Durch grafische Differentiation der s,t-Kurve läßt sich die v,t-Kurve konstruieren. Fig. 5.6 zeigt diese Konstruktion: Man wählt einen Punkt auf der s,t-Kurve (in Fig. 5.6 durch Kreise bezeichnet) und zieht zu der dort vorhandenen Tangente eine Parallele durch den auf der Abszisse liegenden Pol P. Diese Parallele schneidet die Ordinate in einem Punkt, dessen Ordinatenwert der momentanen Geschwindigkeit v proportional ist. Durch Abtragen von Ordinaten- und Abszissenwert erhält man einen Punkt der v,t-Kurve (durch Kreuze bezeichnet).

Wiederholt man diese Konstruktion von der v,t-Kurve ausgehend, dann erhält man die $\dot{v}$,t-Kurve für die Bahnbeschleunigung. Die Normalbeschleunigung läßt sich auf diese Weise nicht ermitteln, da die Krümmung der Bahnkurve im s,t-Diagramm nicht erfaßt wird.

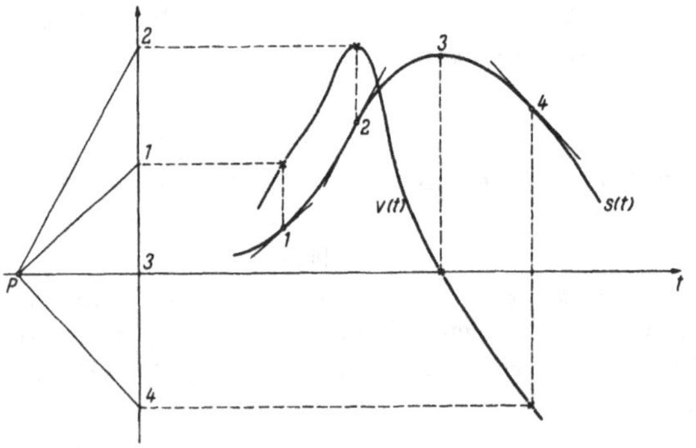

Fig. 5.6 Konstruktion der v(t)-Kurve aus der s(t)-Kurve

Eine andere, in manchen Fällen sehr nützliche grafische Darstellung von Bewegungen erhält man durch Konstruktion der Bahnen, die von den Endpunkten der Orts-, Geschwindigkeits- und Beschleunigungs-Vektoren durchlaufen werden (Fig. 5.7). Trägt man die Ortsvektoren **r**(t) vom Bezugspunkt O aus ab, dann durchläuft der Endpunkt von **r** als Funktion der Zeit die Bahnkurve B.K. Die lokalen Geschwindigkeiten

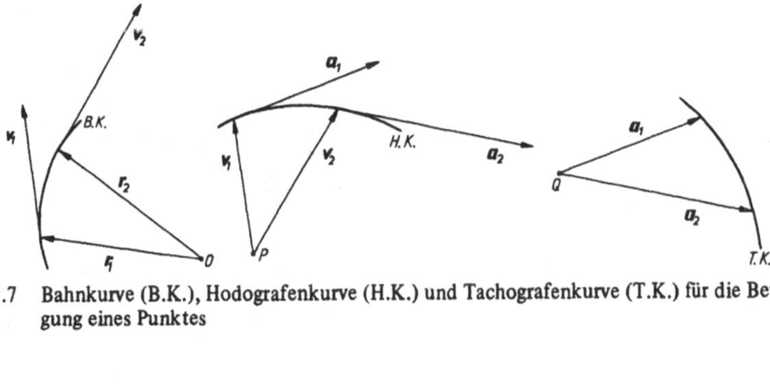

Fig. 5.7 Bahnkurve (B.K.), Hodografenkurve (H.K.) und Tachografenkurve (T.K.) für die Bewegung eines Punktes

v lassen sich wie zuvor gezeigt bestimmen. Trägt man nun die v-Vektoren ihrerseits von einem festen Bezugspunkt P aus ab, dann durchläuft ihr Endpunkt als Funktion der Zeit die sogenannte Hodografen-Kurve H.K. Aus dieser Kurve können nun die Beschleunigungen a in derselben Weise bestimmt werden wie v aus der Bahnkurve B.K. Aus der Definition (5.4) folgt, daß die Beschleunigungsvektoren a tangential zur Hodografen-Kurve sind. Ihr Betrag entspricht der Geschwindigkeit, mit der der Bildpunkt (Endpunkt des v-Vektors) die Hodografen-Kurve durchläuft. Trägt man weiterhin die Beschleunigungsvektoren a von einem festen Bezugspunkt Q aus ab, dann liegen die Endpunkte der zu verschiedenen Zeiten gehörenden a-Vektoren auf der sogenannten Tachografen-Kurve T.K.
Die drei Diagramme von Fig. 5.7 werden auch als r-Plan, v-Plan und a-Plan bezeichnet. Aus dem v-Plan lassen sich die vorkommenden Geschwindigkeiten, aus dem a-Plan die auftretenden Beschleunigungen erkennen.

1. Beispiel: Ein Punkt bewege sich mit konstanter Bahngeschwindigkeit auf einer Spirale, deren Achse als z-Achse gewählt wird (Fig. 5.8 links). Zum Beschreiben der Bewegung werden zweckmäßigerweise Zylinderkoordinaten r, φ, z verwendet. Im vorliegenden Fall ist

$$r = R\,;\quad \varphi = \omega t\,;\quad z = ct\,. \tag{5.21}$$

Daraus folgt wegen (5.16)

$$\left.\begin{aligned} &v_r = \dot{r} = 0\,;\, v_\varphi = r\dot{\varphi} = R\omega\,;\, v_z = \dot{z} = c\,,\\ &a_r = -r\dot{\varphi}^2 = -R\omega^2\,;\, a_\varphi = 0\,;\, a_z = 0\,. \end{aligned}\right\} \tag{5.22}$$

Die Hodografenkurve ist ein Kreis mit dem Radius $R\omega$ in einer Parallelebene zur x,y-Ebene im Abstand c. Die Tachografenkurve wird zu einem Kreis mit dem Radius $R\omega^2$ in der x,y-Ebene. Die mit gleichen Nummern bezeichneten Punkte der drei Kurven gehören jeweils zu gleichen Zeitpunkten.

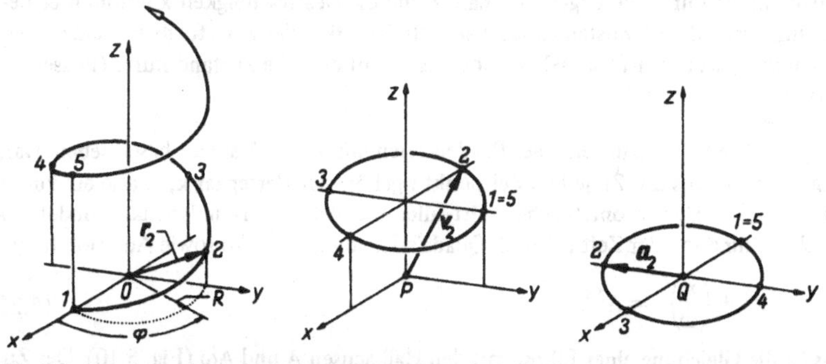

Fig. 5.8 Bahnkurve, Hodografenkurve und Tachografenkurve für die gleichförmige Bewegung eines Punktes auf einer Spirale

2. Beispiel: Ein Punkt bewege sich in der x,y-Ebene auf einer Wurfparabel (s. Kap. 6), die durch

$$x = c_x t \; ; \; y = y_0 + c_y t - \frac{1}{2} g t^2 \tag{5.23}$$

gegeben ist. Man erhält durch Differentiation

$$\left. \begin{aligned} v_x &= \dot{x} = c_x \; ; \; v_y = \dot{y} = c_y - gt \, , \\ a_x &= \ddot{x} = 0 \, , \quad a_y = \ddot{y} = -g \quad . \end{aligned} \right\} \tag{5.24}$$

Der r-Plan ist eine Parabel, der v-Plan eine Gerade, während der a-Plan zu einem Punkt auf der negativen y-Achse zusammenschrumpft (Fig. 5.9). Wieder sind die mit gleichen Ziffern bezeichneten Punkte einander zugeordnet.

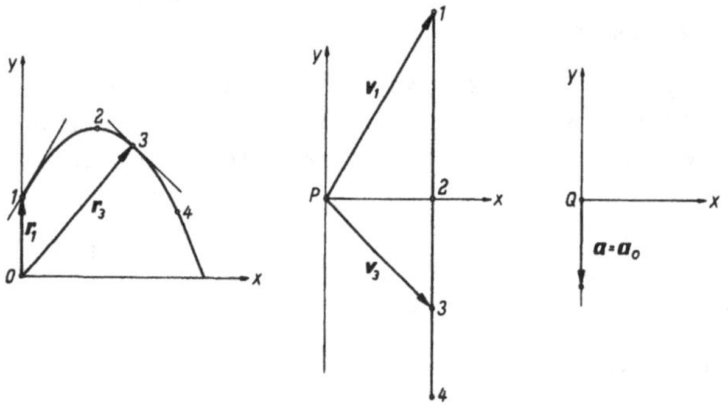

Fig. 5.9 Bahnkurve, Hodografenkurve und Tachografenpunkt für den Wurf ohne Widerstand

Als dritte Möglichkeit für die Darstellung von Bewegungsvorgängen soll das P h a s e n d i a g r a m m erwähnt werden. Es eignet sich besonders zur Darstellung von eindimensionalen Bewegungen, die durch eine einzige Ortskoordinate beschrieben werden können. Ist z.B. x diese Koordinate, dann wird eine $x,\dot{x}$-Ebene, die Phasenebene, zur Kennzeichnung des Bewegungszustandes verwendet. Jedem Punkt der Phasenebene entspricht ein durch die Lagekoordinate x und die Geschwindigkeit $\dot{x}$ bestimmter Bewegungszustand. Der Zustand ändert sich als Funktion der Zeit; folglich wandert der Zustandspunkt in der Phasenebene und beschreibt dort die Zustandskurve (Phasenkurve).

Beispiel: Die Schwingungen eines Pendels seien durch $x = A \sin \omega t$ beschrieben. Daraus folgt $\dot{x} = A\omega \cos \omega t$. Zu jedem Zeitpunkt t gehört ein Wertepaar $x, \dot{x}$, also ein Punkt der Phasenebene. Den geometrischen Ort aller möglichen Zustandspunkte findet man durch Elimination der Zeit t. Durch Quadrieren von x und $\dot{x}/\omega$ sowie Addition folgt

$$x^2 + \left(\frac{\dot{x}}{\omega}\right)^2 = A^2 \, . \tag{5.25}$$

Das ist die Gleichung einer Ellipse mit den Halbachsen A und $A\omega$ (Fig. 5.10). Der Zustandspunkt durchläuft diese Ellipse als Funktion der Zeit im eingezeichneten Sinne.

Für einen vollen Umlauf wird die Schwingungszeit $T = 2\pi/\omega$ benötigt. Es sei noch erwähnt, daß Phasenkurven in der oberen Halbebene stets nach rechts (bei $\dot{x} > 0$ wächst x an), in der unteren Halbebene stets nach links (bei $\dot{x} < 0$ wird x kleiner) laufen. Die Abszisse wird von den Phasenkurven stets senkrecht durchlaufen.

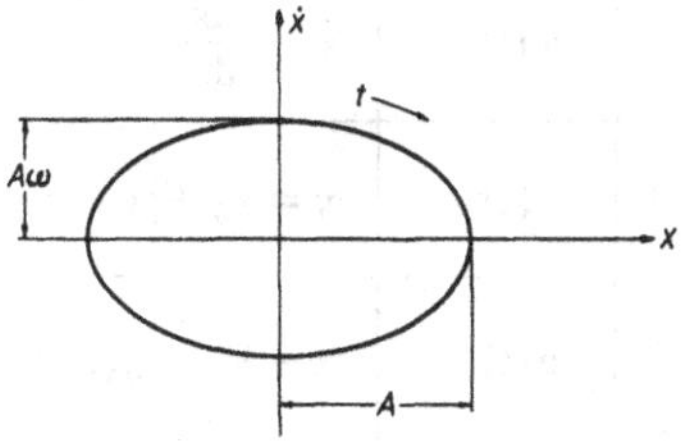

Fig. 5.10
Phasenkurve einer harmonischen Schwingung in der x,ẋ-Ebene

5.1.4. Grundaufgaben für Punktbewegungen. Zwei Arten von Aufgaben sind in der Kinematik zu lösen: Entweder ist die Bahn durch die Funktion **r**(t) gegeben und es sind Geschwindigkeit und Beschleunigung zu bestimmen; oder es sollen für gegebene Beschleunigungen **a** die Geschwindigkeiten und die Bahn berechnet werden. Aufgaben der ersten Art können durch Differentiation

$$\mathbf{v} = \frac{d\mathbf{r}}{dt}\ ;\ \mathbf{a} = \frac{d\mathbf{v}}{dt} = \frac{d^2\mathbf{r}}{dt^2} \tag{5.26}$$

gelöst werden. Aufgaben der zweiten Art müssen umgekehrt durch Integration unter Berücksichtigung der jeweiligen Anfangsbedingungen gelöst werden. Diese Art von Aufgaben tritt häufiger auf, weil aus kinetischen Überlegungen (s. Kapitel 6) im allgemeinen nur Aussagen über die Beschleunigungen **a** gewonnen werden können. Dabei kommt es jedoch häufig vor, daß **a** nicht als Funktion der Zeit, sondern als Funktion des Ortes oder auch der Geschwindigkeit gegeben ist. Für gradlinige Bewegungen lassen sich dann die Lösungen explizit angeben. Sie sind in der folgenden Tabelle für die wichtigsten vorkommenden Fälle zusammengestellt. Wenn die Bewegung längs der x-Achse erfolgt, dann interessieren $v = v_x = \dot{x}$ und $a = a_x = \ddot{x}$. Ist von den vier Variablen x, v, a, t eine als Funktion einer anderen gegeben, dann können die beiden anderen daraus berechnet werden. Als wichtige Umformung wird dabei die Beziehung

$$a = \frac{dv}{dt} = \frac{dv}{dx}\frac{dx}{dt} = v\frac{dv}{dx} = \frac{d}{dx}\left(\frac{v^2}{2}\right) \tag{5.27}$$

benötigt. Durch Integration von einem durch x_0 gekennzeichneten Anfangspunkt zu einem laufenden Punkt folgt daraus

$$\int_{x_0}^{x} a\,dx = \frac{1}{2}\,[v^2(x) - v_0^2]\,. \tag{5.28}$$

Alle in der Tabelle vorkommenden Integrale sind bestimmte Integrale, die von einem durch t_0, x_0 oder v_0 bestimmten Anfangswert zu einem entsprechenden laufenden Wert t, x oder v erstreckt werden müssen. Auf eine gesonderte Bezeichnung der Integrationsvariablen ist hier verzichtet worden.

Lösungsfälle für einachsige Bewegungen

Nr.	Gegebene Funktion	Gesuchte Funktionen	
1	$x(t)$	$v = \dfrac{dx}{dt}$	$a = \dfrac{d^2x}{dt^2}$
2	$v(t)$	$x = x_0 + \int v\,dt$	$a = \dfrac{dv}{dt}$
3	$a(t)$	$x = x_0 + v_0(t-t_0) + \iint a(dt)^2$	$v = v_0 + \int a\,dt$
4	$v(x)$	$a = v\,\dfrac{dv}{dx}$	$t = t_0 + \int \dfrac{dx}{v}$
5	$a(x)$	$v = \sqrt{2\int a\,dx + {v_0}^2}$	$t = t_0 + \int \dfrac{dx}{\sqrt{2\int a\,dx + {v_0}^2}}$
6	$t(x)$	$v = \dfrac{1}{dt/dx}$	$a = \dfrac{1}{dt/dx}\,\dfrac{d}{dx}\left[\dfrac{1}{dt/dx}\right]$
7	$x(v)$	$a = \dfrac{v}{dx/dv}$	$t = t_0 + \int \dfrac{1}{v}\,\dfrac{dx}{dv}\,dv$
8	$a(v)$	$x = x_0 + \int \dfrac{v\,dv}{a}$	$t = t_0 + \int \dfrac{dv}{a}$
9	$t(v)$	$x = x_0 + \int v\,\dfrac{dt}{dv}\,dv$	$a = \dfrac{1}{dt/dv}$

Die Formeln der ersten drei Zeilen der Tabelle können auch auf allgemeine räumliche Bewegungen angewendet werden, wenn man kartesische Koordinaten eines ruhenden Bezugssystems zugrunde legt. Eine Übertragung der anderen Formeln ist jedoch nur dann möglich, wenn als unabhängige Variable der gegebenen Funktionen nur die gerade betrachtete Komponente der Vektor-Variablen auftritt, z.B. in Zeile 4: $v_x = v_x(x)$, $v_y = v_y(y)$, $v_z = v_z(z)$.

5.2. Die Bewegung von Punktsystemen

Reale Systeme können als ein Verband von Punkten (Punkthaufen) aufgefaßt werden. Ihr Bewegungszustand ist bekannt, wenn die Orte $\mathbf{r}_i$ und die Geschwindigkeiten $\mathbf{v}_i$ ($i = 1,2,\ldots, n$) aller zum Verband gehörenden Punkte P_i für jeden Zeitpunkt bekannt sind. Die $\mathbf{r}_i$ und $\mathbf{v}_i$ sind jedoch im allgemeinen nicht voneinander unabhängig, weil jeder Verband einschränkenden Bedingungen unterliegt. So behalten z.B. die Punkte eines starren Körpers stets ihren gegenseitigen Abstand bei. Die Räder eines Getriebes sind jedes für sich drehbar gelagert. Trotzdem können sie sich nicht frei bewegen, weil sie miteinander verzahnt sind. Diese Einschränkungen der Bewegungsmöglichkeit lassen sich durch Beziehungen zwischen den Ortsvektoren $\mathbf{r}_i$ oder ihren Koordinaten ausdrücken. Derartige Beziehungen sollen anschließend (Abschn. 5.3.1) für den starren Körper, später (Kapitel 7) für kontinuierlich ausgedehnte Gebilde formuliert werden. Als wichtiger Hilfsbegriff zur Beschreibung der Bewegungsmöglichkeiten von Systemen wird der Freiheitsgrad eingeführt durch die

Definition: Die Zahl der Freiheitsgrade eines Systems ist gleich der Zahl der Koordinaten, die notwendig sind, um die Lage des Systems eindeutig zu beschreiben.

Beispiele: Ein längs einer Kurve beweglicher Punkt (z.B. ein schienengebundenes Fahrzeug) hat 1 Freiheitsgrad, weil sein Ort durch Angabe der Kurvenlänge, von einem Bezugspunkt aus gemessen, eindeutig gekennzeichnet werden kann. Ein im Raum frei beweglicher Punkt besitzt 3 Freiheitsgrade. Ein System von 4 unabhängigen Punkten im Raum hat 12 Freiheitsgrade. Zwei durch eine starre Stange verbundene Punkte (Hantel), die sich sonst frei im Raum bewegen können, haben $2 \cdot 3 - 1 = 5$ Freiheitsgrade. Zwischen den 6 skalaren Koordinaten der beiden Punkte besteht die Beziehung

$$(x_2 - x_1)^2 + (y_2 - y_1)^2 + (z_2 - z_1)^2 = L^2 , \tag{5.29}$$

durch die die Konstanz der Länge L der Stange ausgedrückt wird. Diese skalare Beziehung hat zur Folge, daß das System einen Freiheitsgrad weniger hat, als dies bei zwei unabhängigen Punkten der Fall ist. Das läßt sich auch wie folgt einsehen: Die Lage eines der beiden Punkte kann frei gewählt werden; damit ist über 3 Freiheitsgrade verfügt. Bei festgehaltenem ersten Punkt kann sich der zweite nur noch auf der Fläche einer Kugel vom Radius L bewegen. Die Lage dieses Punktes kann dann durch 2 Koordinaten, z.B. Längen- und Breiten-Winkel eindeutig bestimmt werden. Das ergibt insgesamt 5 Freiheitsgrade.

Ergänzt man die Hantel durch Hinzunahme eines dritten Punktes, der nicht auf der Verbindungslinie der beiden ersten liegt, zu einem starren Dreieck, dann hat man $3 \cdot 3 - 3 = 6$ Freiheitsgrade. Es sind 3 skalare Bedingungen vom Typ (5.29) vorhanden, die die Konstanz der gegenseitigen Abstände der Punkte ausdrücken. Bei Festhalten zweier Punkte kann sich der dritte nur noch auf einem Kreise in einer Ebene senkrecht zur Verbindungslinie der ersten beiden Punkte bewegen. Dort kann seine Lage durch Angabe eines Winkels beschrieben werden, so daß zu den 5 Freiheitsgraden der Hantel nur noch ein weiterer Freiheitsgrad hinzukommt. Das starre, nicht-ausgeartete Dreieck kann zugleich als Repräsentant eines starren Körpers aufgefaßt werden, weil die Hinzunahme weiterer Punkte mit festen Abständen zu den drei bereits vorhandenen keinerlei zusätzliche Bewegungsfreiheit mit sich bringt. Also besitzt ein frei im Raum beweglicher starrer Körper 6 Freiheitsgrade. Wird ein Punkt des Körpers festgehalten (Fixpunkt), dann reduziert sich die Zahl der Freiheitsgrade auf 3. Ein System von zwei miteinander durch ein Kugelgelenk verbundenen starren Körpern, die sich sonst im Raum frei bewegen können, hat $6 + 3 = 9$ Freiheitsgrade. Bei kontinuierlich ausgedehnten Systemen, z.B. bei elastischen Körpern oder Fluiden wird die Zahl der Freiheitsgrade unendlich groß.

5.3. Kinematik des starren Körpers

Absolut starre Körper existieren in der realen Welt nicht. Dennoch ist das idealisierte Gedankenmodell des starren Körpers ein überaus nützlicher Hilfsbegriff, von dem bereits in der Stereo-Statik (Kapitel 2) Gebrauch gemacht wurde. Als mathematisches Kennzeichen des starren Körpers kann die Konstanz der Abstände aller zum Körper gehörenden Punkte voneinander verwendet werden.

5.3.1. Allgemeine Bewegungen des starren Körpers. Die Konstanz des Abstandes der beiden Punkte O und P eines starren Körpers (s. Fig. 5.11) kann durch

$$\mathbf{r}_{OP}^2 = (\mathbf{r}_P - \mathbf{r}_O)^2 = \text{const} \tag{5.30}$$

ausgedrückt werden. Durch Differentiation nach der Zeit folgt daraus

$$2\,(\mathbf{r}_P - \mathbf{r}_O)\;(\mathbf{v}_P - \mathbf{v}_O) = 0$$

oder $$\mathbf{r}_{OP}\,\mathbf{v}_P = \mathbf{r}_{OP}\,\mathbf{v}_O\,. \tag{5.31}$$

Dies bedeutet, daß die Projektionen der Geschwindigkeitsvektoren $\mathbf{v}_O$ und $\mathbf{v}_P$ auf die Verbindungslinie OP bei beliebigen Bewegungen des starren Körpers stets gleich groß sind (Fig.5.11). Daraus läßt sich die allgemein mögliche Bewegungsform für einen starren Körper erkennen. Hierzu denken wir uns zunächst den Punkt O festgehalten. Dann ist wegen $\mathbf{v}_O = 0$ auch $\mathbf{r}_{OP}\,\mathbf{v}_P = 0$, folglich steht $\mathbf{v}_P$ senkrecht auf $\mathbf{r}_{OP}$ (Fig. 5.12). Die Verbindungslinie OP dreht sich dabei momentan um den Fixpunkt O wie ein starrer Stab, so daß das Feld der Geschwindigkeitsvektoren aller Punkte auf der durch O und P gehenden Geraden unmittelbar einzusehen ist: Alle zum betrachteten Zeitpunkt gehörenden v-Vektoren sind parallel zu $\mathbf{v}_P$, ihre Endpunkte liegen auf einer ebenfalls durch O laufenden Geraden. Die Vektoren eines derartigen Vektorfeldes lassen sich aber – wie in Abschn. 1.3 gezeigt wurde – durch

$$\mathbf{v}_P = \boldsymbol{\omega} \times \mathbf{r}_{OP} \tag{5.32}$$

ausdrücken. Der Vektor $\boldsymbol{\omega}$ ist der D r e h g e s c h w i n d i g k e i t s v e k t o r (Vektor der Winkelgeschwindigkeit). Er hat die Richtung der momentanen Drehachse und einen solchen Betrag, daß das Vektorprodukt (5.32) den Betrag v_P hat. Aus der Vorgabe der Geschwindigkeit $\mathbf{v}_P$ allein läßt sich der Drehgeschwindigkeitsvektor $\boldsymbol{\omega}$ eines starren Körpers noch nicht eindeutig festlegen. Hierzu muß vielmehr noch die Geschwindigkeit $\mathbf{v}_Q$ eines weiteren Punktes Q bekannt sein. Die

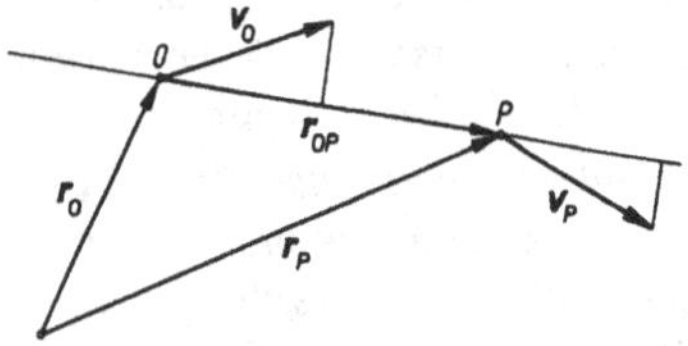

Fig. 5.11
Bewegungen der Punkte O und P eines starren Körpers

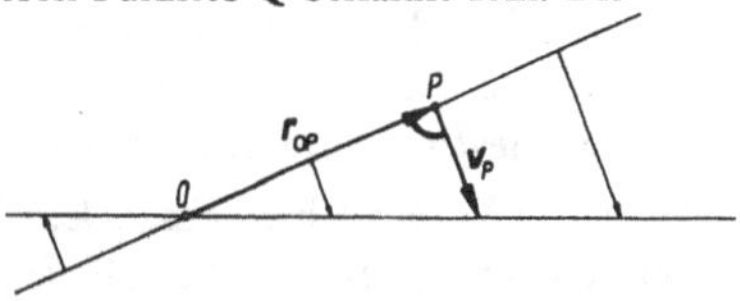

Fig. 5.12
Geschwindigkeitsvektoren bei Bewegung eines starren Körpers um den Fixpunkt O

Richtungslinie von $\boldsymbol{\omega}$ liegt dann in der Schnittgeraden der beiden Ebenen, die durch P bzw. Q senkrecht zu $\mathbf{v}_P$ bzw. $\mathbf{v}_Q$ gelegt werden können (Fig. 5.13).

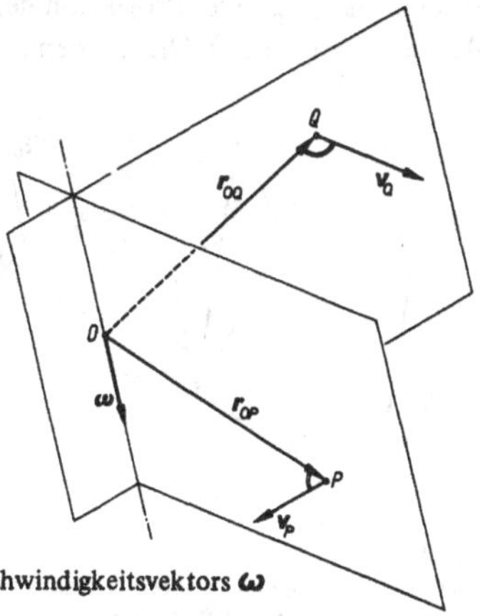

Fig. 5.13
Zur Definition des Drehgeschwindigkeitsvektors $\boldsymbol{\omega}$

Die Formel (5.32) gilt unter der Voraussetzung $\mathbf{v}_O = 0$. Ist $\mathbf{v}_O \neq 0$, dann gilt eine entsprechende Beziehung für die Differenz $\mathbf{v}_P - \mathbf{v}_O$, da ja aus (5.31) $\mathbf{r}_{OP}\,(\mathbf{v}_P - \mathbf{v}_O) = 0$ folgt. Also geht (5.32) für allgemeine Bewegungen eines starren Körpers über in

$$\mathbf{v}_P = \mathbf{v}_O + \boldsymbol{\omega} \times \mathbf{r}_{OP} \,. \qquad (5.33)$$

Der hierdurch charakterisierte Bewegungszustand kann als Überlagerung einer Schiebebewegung $\mathbf{v}_O$ (Translation) mit einer Drehbewegung $\boldsymbol{\omega} \times \mathbf{r}_{OP}$ (Rotation) gedeutet werden. Translation und Rotation lassen sich aus dem Bewegungswinder ($\boldsymbol{\omega}$, $\mathbf{v}_O$) ableiten, der das Feld der Geschwindigkeitsvektoren aller Punkte des starren Körpers eindeutig bestimmt (s. auch Abschn. 1.4.2 und 1.4.3).

Wegen der grundlegenden Bedeutung des erhaltenen Ergebnisses soll es auch noch auf einem völlig anderen Wege bestätigt werden. Hierzu beweisen wir zunächst den

Satz: Jede beliebige Lageänderung eines starren Körpers läßt sich durch eine Kombination von Parallelverschiebung (Translation) und Drehung (Rotation) erreichen.

Zum Beweis betrachten wir ein den starren Körper repräsentierendes starres Dreieck OPQ (Fig. 5.14). Um das Dreieck in eine beliebig vorgegebene Lage O'P'Q' zu bringen, kann man wie folgt vorgehen:

1. OPQ wird parallel so verschoben, daß O in O' übergeht. Dabei gehen P in P'', Q in Q'' über.

2. Man verbinde P' mit P'' und Q' mit Q''. Durch P_m in der Mitte der Strecke P'P'' lege man eine Ebene E_P senkrecht zu P'P''. Durch Q_m in der Mitte von Q'Q'' lege man eine Ebene E_Q senkrecht zu Q'Q''. Da O' nach dieser Konstruktion sowohl auf E_P als auch auf E_Q liegen muß, läuft die Schnittgerade beider Ebenen durch O'; sie sei durch a-a bezeichnet.

3. Durch eine Drehung des Dreiecks O'P''Q'' um einen Winkel φ_O um die Achse a-a können nun sowohl P'' mit P' als auch Q'' mit Q' zur Deckung gebracht werden. Dies erkennt man aus einer Projektion der beiden Dreiecke auf eine Ebene senkrecht zur Achse a-a (Fig. 5.15). Die Ebenen E_P und E_Q werden in dieser Darstellung zu Geraden,

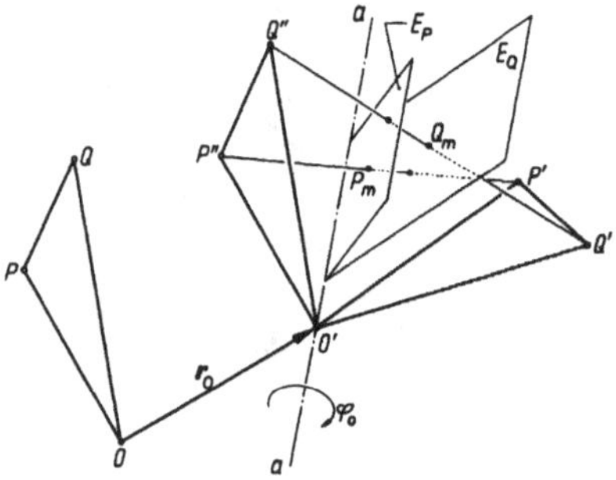

Fig. 5.14
Lageveränderung eines starren Dreiecks im Raum durch Translation und Rotation

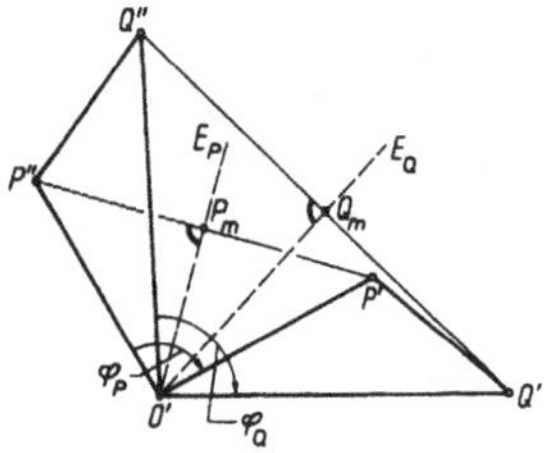

Fig. 5.15
Drehung eines starren Dreiecks um O'

die Achse a-a wird zum Punkt O'. Die Dreiecke O'P'P'' und O'Q'Q'' sind nach Konstruktion gleichschenklig. Wegen der Starrheit des Dreiecks sind dann O'P'Q' und O'P''Q'' kongruent. Daraus aber folgt die Gleichheit der Winkel $\varphi_P = \varphi_Q = \varphi_O$, um die die Strecken O'P'' bzw. O'Q'' gedreht werden müssen, damit sie mit O'P' bzw. O'Q' zur Deckung kommen.

E r g e b n i s: Durch eine Parallelverschiebung um $\mathbf{r}_O$ und eine Drehung mit φ_O um die Achse a-a kann OPQ in die vorgegebene Lage O'P'Q' gebracht werden.

Um den Bewegungszustand zu erkennen, betrachte man zwei benachbarte Lagen des Dreiecks OPQ, zu denen die Verschiebung $d\mathbf{r}_O$ und der Drehwinkel $d\varphi_O$ gehört. Bezieht man diese Größen auf das Zeitelement dt, dann findet man, daß der Übergang aus der ersten Lage in die benachbarte durch die Translationsgeschwindigkeit $\mathbf{v}_O = d\mathbf{r}_O/dt$ und die Rotationsgeschwindigkeit $\omega = d\varphi_O/dt$ beschrieben werden kann. Der Rotationsgeschwindigkeit kann der Vektor $\boldsymbol{\omega}$ in Richtung der Achse a-a zugeordnet werden. Damit sind die Komponenten des momentanen Bewegungswinders $(\boldsymbol{\omega}, \mathbf{v}_O)$ gefunden.

Auf einen sehr wichtigen Sachverhalt muß noch hingewiesen werden:

Infinitesimal kleine Winkeländerungen $d\varphi$ dürfen wie Vektoren $d\boldsymbol{\varphi}$ addiert werden, nicht aber endliche Drehwinkel φ.

Für $d\boldsymbol{\varphi}$ oder den daraus abgeleiteten Drehgeschwindigkeitsvektor $\boldsymbol{\omega} = d\boldsymbol{\varphi}/dt$ gelten die Regeln der Vektoralgebra – nicht aber für endliche Winkel φ. Man erkennt das aus dem folgenden B e i s p i e l (Fig. 5.16):

Es sei ein starres rechtwinkliges Dreieck in der xy-Ebene eines kartesischen Koordinatensystems gegeben (Lage A). Dieses Dreieck soll durch zwei nacheinander ausgeführte Drehungen im positiven Sinne um je 90° um die x- und y-Achsen in eine andere Lage gebracht werden. Dreht man zuerst um die x-, danach um die y-Achse, dann geht das Dreieck aus der Lage A über die Lage B in die Lage C über. Vertauscht man jedoch die Reihenfolge der Drehungen, dann folgt aus A über D die Endlage E, die von C verschieden ist. Wenn Drehungen wie Vektoren addiert werden dürften, dann müßte wegen der Gültigkeit der Vertauschungsregel (1.8) in beiden Fällen das gleiche Endergebnis herauskommen.

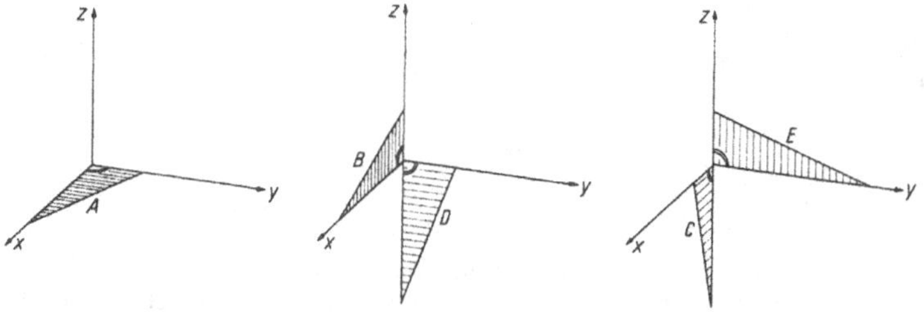

Fig. 5.16 Zur Nichtvertauschbarkeit von endlichen Winkeldrehungen

5.3.2. Sonderfälle der Bewegung des starren Körpers. Zwei Sonderfälle spielen bei den Anwendungen eine besondere Rolle: Die ebene Bewegung starrer Körper, bei der die Geschwindigkeitsvektoren $\mathbf{v}_P$ aller Punkte P des Körpers zu einer festen Ebene parallel sind, und die Bewegung eines starren Körpers mit einem Fixpunkt F. Hierfür gilt $\mathbf{v}_F \equiv 0$.

5.3.2.1. Ebene Bewegungen starrer Körper. Aus (5.33) folgt, daß $\mathbf{v}_P$ für beliebige P nur dann stets parallel zu einer vorgegebenen festen Ebene E ist, wenn $\mathbf{v}_O$ selbst parallel zu ihr ist und $\boldsymbol{\omega}$ senkrecht zu ihr steht. Einfaches Beispiel: Ein Blatt Papier auf einem Tisch kann in der Tischebene verschoben werden und es kann um eine Achse senkrecht zur Tischebene gedreht werden. Es gilt der

Satz: Jede ebene Bewegung eines starren Körpers kann zu jedem Zeitpunkt als Drehung um einen Pol aufgefaßt werden.

Für den Drehpol P selbst gilt $\mathbf{v}_P = 0$. Seine Lage kann berechnet werden, wenn man (5.33) vektoriell mit $\boldsymbol{\omega}$ multipliziert und mit (1.30) umformt:

$$0 = \mathbf{v}_O \times \boldsymbol{\omega} + (\boldsymbol{\omega} \times \mathbf{r}_{OP}) \times \boldsymbol{\omega}$$

$$= \mathbf{v}_O \times \boldsymbol{\omega} + \mathbf{r}_{OP}\,(\boldsymbol{\omega}\,\boldsymbol{\omega}) - \boldsymbol{\omega}\,(\mathbf{r}_{OP}\boldsymbol{\omega}).$$

Wegen $\mathbf{r}_{OP}\boldsymbol{\omega} = 0$ folgt

$$\mathbf{r}_{OP} = \frac{\boldsymbol{\omega} \times \mathbf{v}_O}{\omega^2}. \tag{5.34}$$

Der Vektor vom Bezugspunkt O zum Drehpol P ist also stets senkrecht zu $\mathbf{v}_O$. Sind die Geschwindigkeiten für zwei Punkte des starren Körpers bekannt, dann kann damit

– von ausgearteten Fällen abgesehen – der Drehpol als Schnittpunkt der zu den Geschwindigkeitsrichtungen senkrechten Geraden gefunden werden.

Beispiel: Wenn eine Leiter L (Fig. 5.17) so abrutscht, daß ihr oberer Punkt A stets an einer vertikalen Wand, der untere Punkt B stets am Boden bleibt, dann sind die Richtungen von $\mathbf{v}_A$ und $\mathbf{v}_B$ bekannt. Der Drehpol P kann dann leicht als Schnittpunkt der Senkrechten zu $\mathbf{v}_A$ und $\mathbf{v}_B$ gefunden werden.

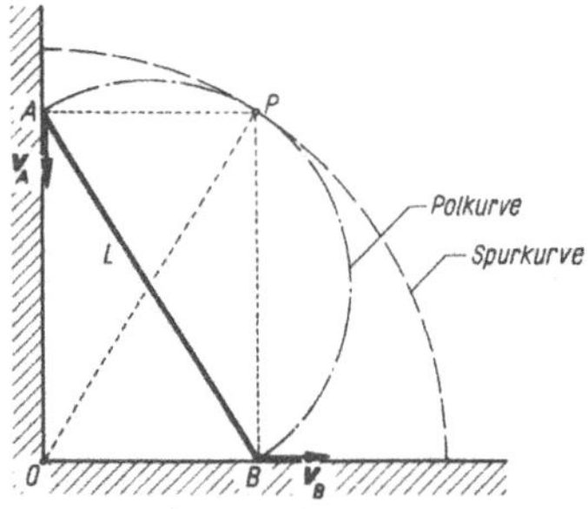

Fig. 5.17
Ebene Bewegung beim Abrutschen einer Leiter

Der Drehpol gilt im allgemeinen nur für einen bestimmten Zeitpunkt t. Als Funktion der Zeit wandert P sowohl in der betrachteten Ebene als auch gegenüber einem mit dem bewegten Körper fest verbundenen Koordinatensystem. In der festen Ebene bewegt sich P längs der S p u r k u r v e , seine Bahn relativ zum bewegten Körper wird als P o l k u r v e bezeichnet. Die Bewegung selbst kann in einem endlichen Zeitintervall als Abrollen der körperfesten Polkurve auf der raumfesten Spurkurve gedeutet werden.

Beispiel: Für die abrutschende Leiter von Fig. 5.17 erhält man als Spurkurve einen Viertelkreis um O mit dem Radius L, da die Diagonale OP im Rechteck OAPB stets dieselbe Länge wie die Leiter (Diagonale AB) hat. Die Polkurve ist der Halbkreis über der Leiter („Thales-Kreis“).

Die bei der Leiter beschriebene Bewegungsform wird in der Technik bei Kreuzschiebern und in Getrieben verwendet. Dabei sind Spur- und Polkurven oft als Zahnräder ausgebildet, die aufeinander abrollen (Fig. 5.18).

5.3.2.2. Bewegungen eines starren Körpers mit Fixpunkt. Wird der Fixpunkt F als Bezugspunkt gewählt, dann ist $\mathbf{v}_O = \mathbf{v}_F = 0$, so daß aus (5.33)

$$\mathbf{v}_P = \boldsymbol{\omega} \times \mathbf{r}_{FP} \tag{5.35}$$

folgt. Das ist eine reine Drehbewegung um eine durch den Fixpunkt gehende Drehachse, deren Richtung durch den Vektor $\boldsymbol{\omega}$ bestimmt wird. Der Bewegungswinder reduziert sich dabei auf $(\boldsymbol{\omega}, 0)$.

Die momentane Drehachse kann sich als Funktion der Zeit verschieben. Sie umfährt dabei im Raum den Mantel eines Kegels mit F als Spitze; dieser raumfeste Kegel wird als Spurkegel (auch Rastpolkegel) bezeichnet (Fig. 5.19). Außerdem verändert sich die

Lage der Drehachse relativ zu einem mit dem bewegten Körper fest verbundenen Koordinatensystem. Hier umfährt die Drehachse den körperfesten Polkegel (auch Gangpolkegel), der ebenfalls seine Spitze in F hat. Es gilt der

Satz: Die Bewegung eines starren Körpers mit Fixpunkt kann als ein Abrollen des körperfesten Polkegels auf dem raumfesten Spurkegel gedeutet werden.

Die Kegelflächen brauchen im allgemeinen Fall nicht geschlossen zu sein. Die momentane Drehachse ist die gerade vorhandene Berührungslinie beider Kegel.

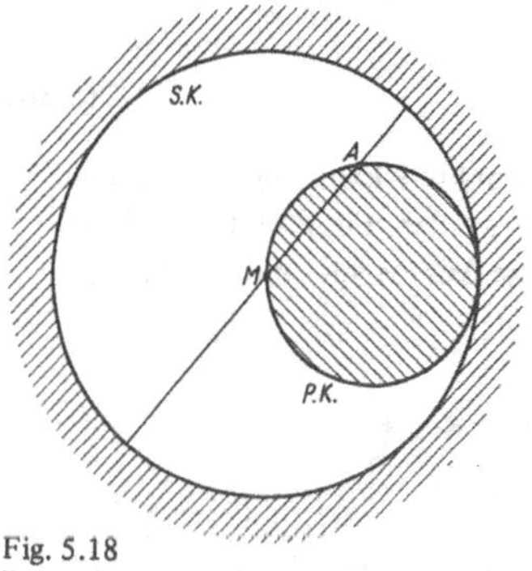

Fig. 5.18
Ebene Bewegung beim Abrollen eines Kreises im Innern eines Kreises mit doppeltem Durchmesser

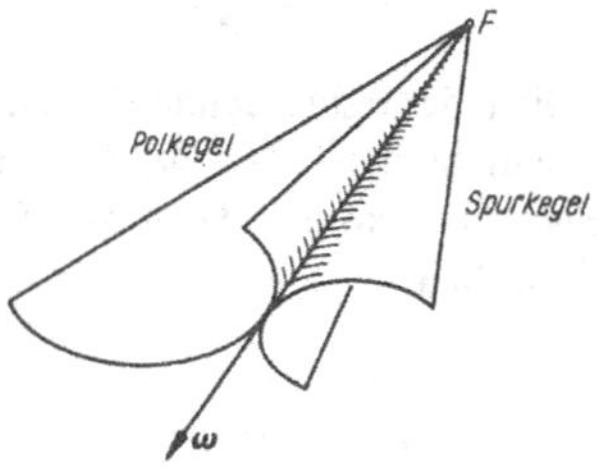

Fig. 5.19
Zur räumlichen Bewegung eines starren Körpers mit Fixpunkt

Beispiel: Bei dem in Fig. 5.20 skizzierten einfachen Fall einer sogenannten Kollermühle rollen zwei Räder auf einer horizontalen Ebene dadurch ab, daß ihre Achsen von einem antreibenden Motor mit einer Winkelgeschwindigkeit ω_A um die vertikale Achse gedreht werden. Der Schnittpunkt F von Antriebsachse und Radachsen ist der Fixpunkt. Ein weiterer Punkt mit $v = 0$ ist der Berührungspunkt A zwischen Rad und Unterlage. Die momentane Drehachse ist deshalb die Verbindungslinie FA. Sie umfährt im Raum einen flachen Spurkegel, der den Rollkreis der Räder als Basis und F als Spitze hat. Relativ zum Körper, d.h. zum Rad, bewegt sich der Punkt A auf dem Umfang des Rades, so daß der körperfeste Polkegel als Basis den Radumfang und als Spitze F besitzt. Bei der Bewegung rollt der (gedachte) körperfeste Polkegel auf dem (ebenfalls gedachten) raumfesten Spurkegel ab.

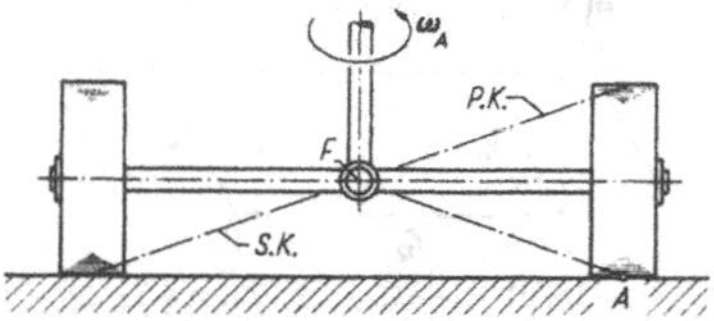

Fig. 5.20 Prinzip der Kollermühle

Man kann die wirklich auftretende Drehbewegung ω_{abs} eines Rades der Kollermühle auch durch Überlagerung von zwei Teildrehungen, der Antriebsdrehung ω_A um die vertikale Achse und der Eigendrehung $\boldsymbol{\omega}_R$ des Rades um seine horizontale Achse entstanden denken. Die vektorielle Summe der beiden Teil-Drehvektoren ergibt einen Drehvektor, dessen Richtung in die Berührungslinie von Spur- und Polkegel fällt.

Allgemein folgt die Zulässigkeit der vektoriellen Addition von Drehvektoren aus der Verteilungsregel für Vektorprodukte. Sind $\boldsymbol{\omega}_1$ und $\boldsymbol{\omega}_2$ die Drehgeschwindigkeitsvektoren von zwei gleichzeitig stattfindenden Teildrehungen (Fig. 5.21), dann induziert jede dieser Drehungen für einen beliebigen Punkt P des Raumes momentane Geschwindigkeiten $\mathbf{v}_{P1}$ und $\mathbf{v}_{P2}$. Ihre Summe ist

$$\mathbf{v}_P = \mathbf{v}_{P1} + \mathbf{v}_{P2} = \boldsymbol{\omega}_1 \times \mathbf{r}_{FP} + \boldsymbol{\omega}_2 \times \mathbf{r}_{FP}$$

$$= (\boldsymbol{\omega}_1 + \boldsymbol{\omega}_2) \times \mathbf{r}_{FP} = \boldsymbol{\omega} \times \mathbf{r}_{FP} \,. \qquad (5.36)$$

Das Feld der resultierenden Geschwindigkeiten aller Punkte P kann demnach aus einer Einzeldrehung mit $\boldsymbol{\omega} = \boldsymbol{\omega}_1 + \boldsymbol{\omega}_2$ entstanden gedacht werden. Für Punkte P auf der Achse von ω kommt dabei $\mathbf{v}_P = 0$ heraus, weil sich die Anteile $\mathbf{v}_{P1}$ und $\mathbf{v}_{P2}$ hier gerade aufheben.

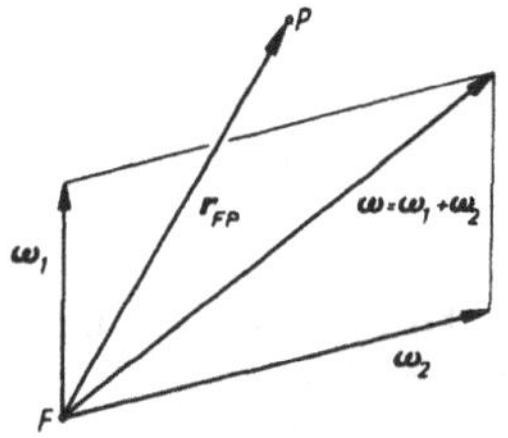

Fig. 5.21
Addition von Drehgeschwindigkeitsvektoren

5.3.2.3. Das Drehpaar. Die im Abschn. 1.4 behandelte Analogie legt es nahe, als Analogon zum Vektorpaar oder Kräftepaar auch von einem D r e h p a a r als einer Kombination aus zwei antiparallelen Drehvektoren gleichen Betrages zu sprechen: $(\boldsymbol{\omega}_1, \boldsymbol{\omega}_2)$ mit $\boldsymbol{\omega}_1 \uparrow\downarrow \boldsymbol{\omega}_2$ und $\omega_1 = \omega_2$. Nach dem im Abschn. 1.3.3 Gesagten induziert ein Drehpaar für jeden Punkt eines starren Körpers dieselbe momentan konstante Geschwindigkeit $\mathbf{v}_O$. Ein Drehpaar ist demnach äquivalent zu einer Translationsgeschwindigkeit (Fig. 5.22):

$$(\boldsymbol{\omega}_1, \boldsymbol{\omega}_2) \sim \mathbf{v}_O = \boldsymbol{\omega}_1 \times \mathbf{r}_{12} = \boldsymbol{\omega}_2 \times \mathbf{r}_{21} \,. \qquad (5.37)$$

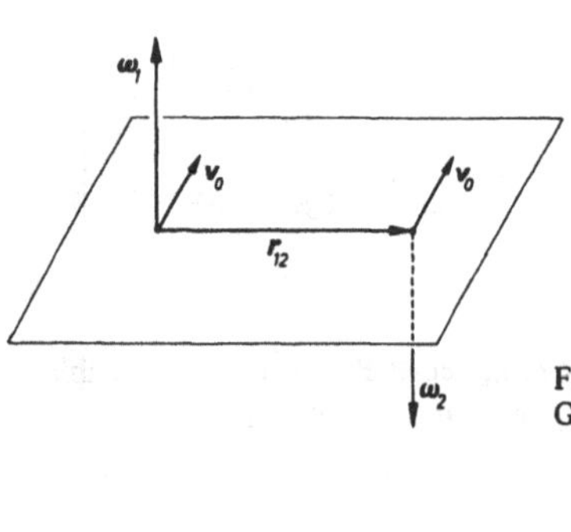

Fig. 5.22
Geschwindigkeitsfeld eines Drehpaars $(\boldsymbol{\omega}_1, \boldsymbol{\omega}_2)$

(Analogon: Ein Kräftepaar ist einem freien Moment äquivalent). Die in Abschn. 1.3.3 abgeleiteten Sätze für Vektorpaare können sinngemäß auch auf Drehpaare angewendet werden.

Beispiel: Auf der um M mit $\boldsymbol{\omega}_1$ drehenden Scheibe (Karussell) von Fig. 5.23 sei ein starrer Körper (Rechteck) um A drehbar gelagert und drehe dort mit $\boldsymbol{\omega}_2$ gegenüber der Scheibe. Beide Drehachsen seien parallel zueinander und senkrecht zur Scheibenebene. Wenn $\boldsymbol{\omega}_1 \uparrow\downarrow \boldsymbol{\omega}_2$ und $\omega_1 = \omega_2$ gilt, dann sind die Drehwinkel φ_1 der Scheibe und φ_2 des Körpers relativ zur Scheibe stets entgegengesetzt gleich groß. Als Folge davon führt der Körper im Raum eine Translationsbewegung aus, bei der jeder seiner Punkte eine Kreisbahn mit dem Radius MA durchläuft.

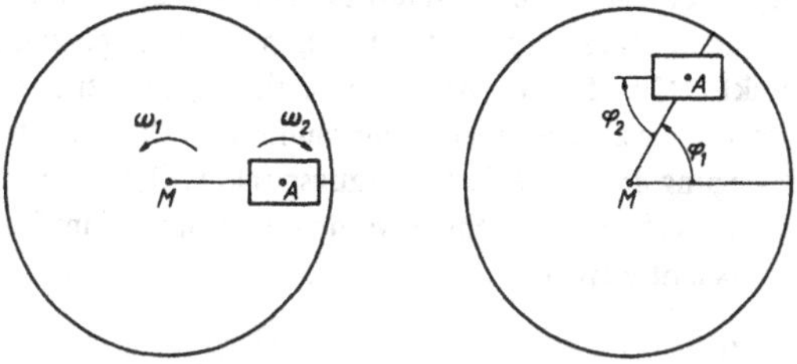

Fig. 5.23 Beispiel für ein Drehpaar

5.3.2.4. Die Schraubenbewegung. Nach Abschn. 1.3.4 kann der Bezugspunkt O eines Vektorwinders stets so gewählt werden, daß dieser zur Vektorschraube wird. Das gilt analog für den Bewegungswinder $(\boldsymbol{\omega}, \mathbf{v}_O)$. Wenn für einen Bezugspunkt S die Vektoren des Bewegungswinders $(\boldsymbol{\omega}, \mathbf{v}_S)$ parallel zueinander werden $\boldsymbol{\omega} \| \mathbf{v}_S$, dann ist S ein Punkt der Schraubenachse. Ein Spezialfall hierzu ist bereits behandelt worden: Im Falle der ebenen Bewegung ist der momentane Drehpol ein Punkt der Schraubenachse. Die B e - w e g u n g s s c h r a u b e $(\boldsymbol{\omega}, \mathbf{v}_S)$ wird auch als K i n e m a t e bezeichnet.

Die Schraubenbewegung eines starren Körpers entspricht der Bewegung beim Herein- oder Herausdrehen einer Schraube: Drehen um eine Achse und gleichzeitiges Verschieben längs dieser Achse.

Die Schraubenachse kann sich als Funktion der Zeit verlagern; sie beschreibt dann im Raum eine sogenannte Regelfläche, deren erzeugende Gerade die Drehachse ist. Dieser raumfesten S p u r f l ä c h e entspricht eine körperfeste P o l f l ä c h e , die den Weg der momentanen Drehachse relativ zum Körper kennzeichnet. Spurfläche und Polfläche berühren sich in jedem Augenblick längs der Drehachse. Die Bewegung des Körpers kann aufgefaßt werden als ein Abrollen der körperfesten Polfläche auf der raumfesten Spurfläche, wobei gleichzeitig ein Verschieben der Polfläche längs der Berührungslinie, also der Drehachse, stattfindet. Diese Bewegung wird auch als S c h r o t e n bezeichnet.

In der Technik kommen derartige Bewegungen bei Zahnrädern vor, deren Achsen windschief zueinander sind (Hyperbelräder). Dabei ist dem Abrollen der Wälzkreise der

Räder aufeinander stets noch ein Verschieben der Zahnflanken in Richtung der Berührungslinie überlagert (Fig. 5.24).

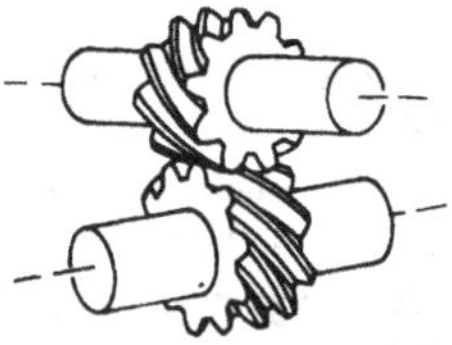

Fig. 5.24 Hyperbelräder

5.3.3. Analytische Beschreibung der Bewegungen eines starren Körpers. Ein frei beweglicher starrer Körper hat 6 Freiheitsgrade; sie können als 3 Freiheitsgrade der Verschiebung eines körperfesten Bezugspunktes O′ gegenüber einem raumfesten Bezugspunkt O (Fig. 5.25), sowie als 3 Freiheitsgrade der Drehung des körperfesten Bezugssystems x′y′z′ gegenüber einem raumfesten Bezugssystem xyz aufgefaßt werden. Die Bewegung des körperfesten Bezugspunktes O′ kann mit dem in Abschn. 5.1 beschriebenen Verfahren berechnet werden. Deshalb soll im Folgenden nur die Drehbewegung untersucht werden.

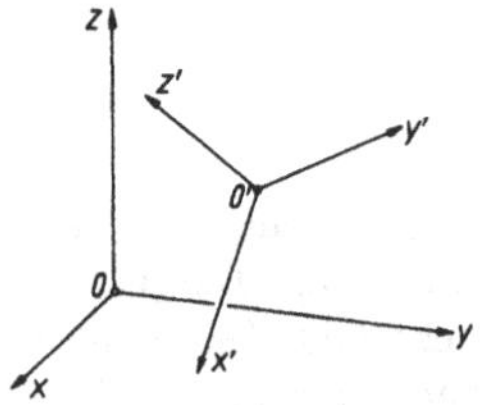

Fig. 5.25
Zur Beschreibung der Verschiebung und Drehung von zwei Koordinatensystemen gegeneinander

Die Verdrehung eines körperfesten Systems x′y′z′ gegenüber einem raumfesten System xyz ist eindeutig definiert, wenn der Zusammenhang zwischen den Kordinaten eines beliebigen Vektors $\mathbf{A} = [A_x, A_y, A_z] \mathrel{\widehat{=}} [A_x{}', A_y{}', A_z{}'] = \mathbf{A}'$ in den beiden betrachteten Systemen bekannt ist. Dieser Zusammenhang wird zweckmäßigerweise in Matrizenform wie folgt geschrieben:

$$\begin{bmatrix} A_x{}' \\ A_y{}' \\ A_z{}' \end{bmatrix} = \begin{bmatrix} h_{11} & h_{12} & h_{13} \\ h_{21} & h_{22} & h_{23} \\ h_{31} & h_{32} & h_{33} \end{bmatrix} \begin{bmatrix} A_x \\ A_y \\ A_z \end{bmatrix} \tag{5.38}$$

oder $\mathbf{A}' = \mathrm{H}\,\mathbf{A}$.

Man beachte, daß hierbei **A** und **A′** denselben Vektor, dargestellt in verschiedenen Systemen, kennzeichnen. Die Elemente der Transformationsmatrix H müssen für die verschiedenen Bewegungsfälle ausgerechnet werden. So erhält man z.B. für den Fall der Verdrehung des x′y′z′-Systems um eine sowohl im Raum wie im Körper feste z-Achse (Fig. 5.26) die Matrix:

$$H^{\varphi} = \begin{bmatrix} \cos\varphi & \sin\varphi & 0 \\ -\sin\varphi & \cos\varphi & 0 \\ 0 & 0 & 1 \end{bmatrix}. \tag{5.39}$$

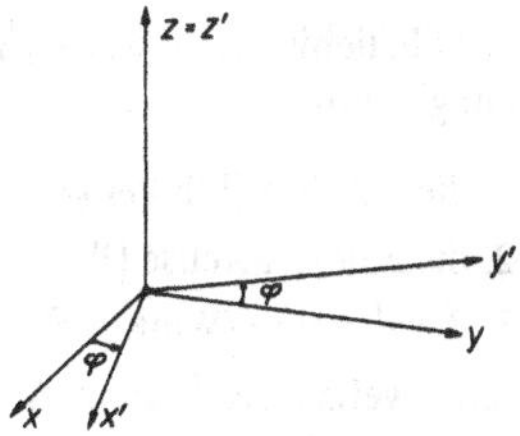

Fig. 5.26
Drehung eines Koordinatensystems um die z-Achse.

Häufig braucht man auch die Umkehrung von (5.38) $A = H^{-1} A'$.

Die hier vorkommende Matrix H^{-1} ist die sogenannte Kehrmatrix von H. Sie wird durch $HH^{-1} = E$ mit der Einheitsmatrix

$$E = \begin{bmatrix} 1 & 0 & 0 \\ 0 & 1 & 0 \\ 0 & 0 & 1 \end{bmatrix} \tag{5.40}$$

definiert. So erhält man z.B. aus (5.39):

$$(H^{\varphi})^{-1} = \begin{bmatrix} \cos\varphi & -\sin\varphi & 0 \\ \sin\varphi & \cos\varphi & 0 \\ 0 & 0 & 1 \end{bmatrix}. \tag{5.41}$$

Im vorliegenden Fall einer Koordinatentransformation zwischen orthogonalen Systemen ist die Kehrmatrix H^{-1} gleich der transponierten Matrix H^T, die durch Vertauschen von Zeilen und Spalten entsteht.

Für die Berechnung der Koordinatenbeziehungen bei allgemeinen Verdrehungen des x'y'z'-Systems gegenüber dem xyz-System kann man die Eulerschen Winkel ψ, ϑ, φ verwenden. Sie sind in Fig. 5.27 eingetragen. Die Schnittlinie zwischen der

Fig. 5.27 Die Euler-Winkel ψ, ϑ, φ

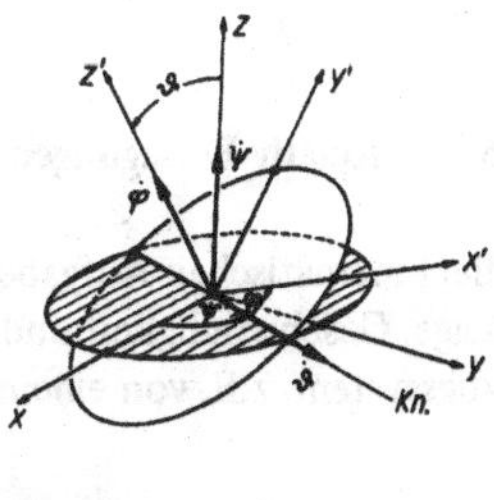

raumfesten xy-Ebene (schraffiert) und der körperfesten x'y'-Ebene wird – nach einer der Astronomie entnommenen Bezeichnung – Knotenlinie Kn genannt. Dabei ist:

- ψ der Winkel zwischen x-Achse und Knotenlinie,
- ϑ der Winkel zwischen z-Achse und z'-Achse,
- φ der Winkel zwischen Knotenlinie und x'-Achse.

Jede beliebige Lage des x'y'z'-Systems kann durch 3 nacheinander ausgeführte Drehungen um

1. die z-Achse (Winkel ψ),
2. die Knoten-Achse (Winkel ϑ),
3. die z'-Achse (Winkel φ)

um jeweils festgehaltene Achsen erreicht werden. Für jede dieser Teildrehungen gilt eine Transformationsmatrix vom Typ (5.39). Die Matrix für die gesamte Verdrehung erhält man durch Multiplikation der Teilmatrizen:

$$H = H^{\varphi} H^{\vartheta} H^{\psi} \quad . \tag{5.42}$$

Die Elemente von H sind Funktionen der ψ, ϑ, φ, die im allgemeinen Fall recht unübersichtlich sind und deshalb hier nicht angegeben werden sollen.

Aus kinetischen Überlegungen (Kapitel 6) erhält man häufig Aussagen über Drehgeschwindigkeiten eines Körpers. Um daraus seine Lage berechnen zu können, benötigt man den Zusammenhang zwischen den Komponenten der Drehgeschwindigkeiten ω'_x, ω'_y, ω'_z im körperfesten System und den Änderungsgeschwindigkeiten $\dot\psi$, $\dot\vartheta$, $\dot\varphi$ der Eulerwinkel (Fig. 5.27). Es gilt für die Koordinaten von $\boldsymbol{\omega}$ im körperfesten System:

$$\begin{aligned} \omega'_x &= \dot\psi \sin\vartheta \sin\varphi + \dot\vartheta \cos\varphi \\ \omega'_y &= \dot\psi \sin\vartheta \cos\varphi - \dot\vartheta \sin\varphi \\ \omega'_z &= \dot\psi \cos\vartheta \quad + \dot\varphi \end{aligned} \tag{5.43}$$

oder

$$\begin{bmatrix} \omega'_x \\ \omega'_y \\ \omega'_z \end{bmatrix} = \begin{bmatrix} \sin\vartheta \sin\varphi & \cos\varphi & 0 \\ \sin\vartheta \cos\varphi & -\sin\varphi & 0 \\ \cos\vartheta & 0 & 1 \end{bmatrix} \begin{bmatrix} \dot\psi \\ \dot\vartheta \\ \dot\varphi \end{bmatrix} . \tag{5.44}$$

Diese Beziehungen werden als kinematische Euler-Gleichungen bezeichnet. Ihre Integration, d.h. die Berechnung der Lage eines Körpers aus bekannten Winkelgeschwindigkeiten ist eine klassische, im allgemeinen recht schwierige Aufgabe der Kinematik.

5.4. Relativ-Bewegungen

Bei kinematischen Aufgaben der Praxis kommt es häufig vor, daß Informationen über Lage, Geschwindigkeit und Beschleunigung eines Punktes nur von einem bewegten Bezugssystem, z.B. von einem Fahrzeug oder von der drehenden Erde aus gewonnen werden können. Andererseits nehmen die Grundgesetze der Kinetik (Kapitel 6) nur dann eine einfache Gestalt an, wenn raumfeste, nicht-drehende Bezugssysteme zugrunde gelegt werden. Es ist daher notwendig, den Zusammenhang der in festen und bewegten Bezugssystemen geltenden kinematischen Größen zu kennen.

Wir betrachten (Fig. 5.28) ein raumfestes Bezugssystem x y z mit dem Ursprung O sowie ein bewegtes System x′ y′ z′ mit dem Ursprung O′. Der Ort eines Punktes P sei im ersten System durch **r**, im zweiten durch **r**′ gekennzeichnet. Es gilt

$$\mathbf{r}_{OP} = \mathbf{r}_{OO'} + \mathbf{r}_{O'P} \quad \text{oder abgekürzt} \quad \mathbf{r} = \mathbf{r}_{O'} + \mathbf{r}' . \qquad (5.45)$$

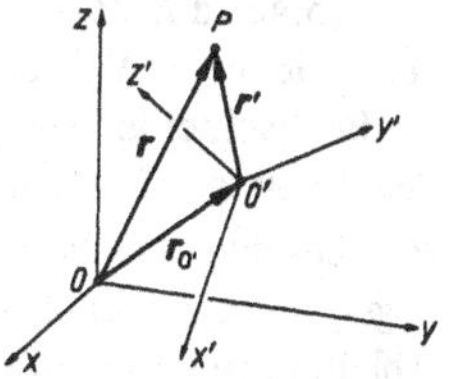

Fig. 5.28 Zur Berechnung der Relativbewegung eines Punktes P

Als Vektorgleichung ist diese Beziehung unabhängig vom Koordinatensystem; sie kann in den Koordinaten des raumfesten oder des bewegten Bezugssystems angeschrieben werden. Die Frage nach dem Bezugssystem ist jedoch von grundlegender Bedeutung, wenn zeitliche Änderungen betrachtet werden sollen. Zwischen der zeitlichen Änderung $d\mathbf{A}/dt$ eines beliebigen Vektors **A** relativ zum festen System und der vom bewegten System aus beobachteten Änderung $d'\mathbf{A}/dt$ besteht der Zusammenhang

$$\frac{d\mathbf{A}}{dt} = \frac{d'\mathbf{A}}{dt} + \boldsymbol{\omega} \times \mathbf{A} . \qquad (5.46)$$

Darin ist $\boldsymbol{\omega}$ der Vektor der Drehgeschwindigkeit des bewegten Systems. Die relative Änderung $d'\mathbf{A}/dt$ erhält man durch Ableiten des Vektors **A**, wenn dieser in Koordinaten des bewegten Systems beschrieben wird. Man erhält also bei Verwendung kartesischer Koordinaten aus $\mathbf{A} = [A_{x'}, A_{y'}, A_{z'}]$ die relative zeitliche Ableitung $d'\mathbf{A}/dt = [\dot{A}_{x'}, \dot{A}_{y'}, \dot{A}_{z'}]$, deren Koordinaten einfach die Ableitungen der Relativkoordinaten sind.

Man erkennt die Richtigkeit der wichtigen Beziehung (5.46) wie folgt: Wenn **A** im bewegten System konstant ist, dann gilt $d'\mathbf{A}/dt = 0$. Der Endpunkt von **A** (Fig. 5.29) bewegt sich dabei im Raum auf einem Kreise in einer Ebene senkrecht zum Vektor $\boldsymbol{\omega}$

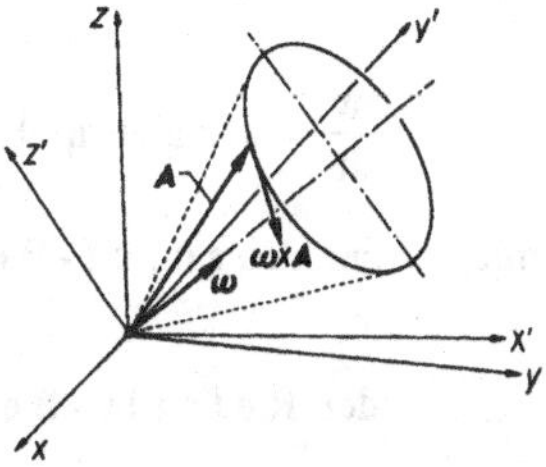

Fig. 5.29
Zur Berechnung der zeitlichen Ableitungen eines Vektors **A** in einem drehenden Bezugssystem

der Drehgeschwindigkeit des bewegten Systems; die zugehörige Geschwindigkeit ist $\boldsymbol{\omega} \times \mathbf{A}$. Wenn $\mathbf{A}$ in x'y'z' nicht konstant ist, dann überlagert sich die Relativbewegung des Endpunktes von $\mathbf{A}$ in x'y'z' der Führungsgeschwindigkeit $\boldsymbol{\omega} \times \mathbf{A}$. Die Relativbewegung wird durch $d'\mathbf{A}/dt$ erfaßt. In Worten bedeutet (5.46):

Die absolute Änderung ist gleich der Summe von relativer Änderung und Führungsänderung.

Zum Verständnis dieses Zusammenhanges trägt auch die Betrachtung eines anderen Sonderfalles bei: Es sei $\mathbf{A}$ im raumfesten System konstant. Dann ist $d\mathbf{A}/dt = 0$ und nach (5.46) $d'\mathbf{A}/dt = -\boldsymbol{\omega} \times \mathbf{A}$. Der Vektorpfeil von $-(\boldsymbol{\omega} \times \mathbf{A})$ ist dem in Fig. 5.29 eingezeichneten Vektor $\boldsymbol{\omega} \times \mathbf{A}$ entgegengesetzt. Das entspricht der Tatsache, daß ein Beobachter im bewegten System eine Bewegung des Endpunktes von $\mathbf{A}$ entgegen der Drehung $\boldsymbol{\omega}$ feststellt.

Man beachte, daß die Vektorbeziehung (5.46) zwar in Koordinaten für beliebige Bezugssysteme geschrieben werden kann, daß aber die Koordinaten für die Bildung der Ableitungen vorgeschrieben sind: $d\mathbf{A}/dt$ kann nur mit den raumfesten Koordinaten, $d'\mathbf{A}/dt$ nur mit den Koordinaten im bewegten Bezugssystem gebildet werden. Die erhaltenen Ableitungen können danach – wenn notwendig – mit (5.38) in das jeweils andere System transformiert werden.

Wird (5.46) auf P u n k t b e w e g u n g e n angewendet, dann erhält man mit (5.45):

$$\mathbf{v} = \frac{d\mathbf{r}}{dt} = \frac{d}{dt}(\mathbf{r}_{O'} + \mathbf{r}') = \frac{d\mathbf{r}_{O'}}{dt} + \frac{d'\mathbf{r}'}{dt} + \boldsymbol{\omega} \times \mathbf{r}' . \tag{5.47}$$

Hierin ist der Anteil $d\mathbf{r}'/dt$ zerlegt worden, weil $\mathbf{r}'$ im allgemeinen nur in Koordinaten des Führungssystems bekannt ist, also nur $d'\mathbf{r}'/dt$ gebildet werden kann. Das Ergebnis (5.47) kann in der Form

$$\mathbf{v} = \mathbf{v}_{O'} + \mathbf{v}' + \boldsymbol{\omega} \times \mathbf{r}' = \mathbf{v}' + \mathbf{v}_F \tag{5.48}$$

geschrieben werden. In Worten:

Die A b s o l u t g e s c h w i n d i g k e i t (gegenüber einem ruhenden Bezugssystem) ist die Summe von R e l a t i v - und F ü h r u n g s - G e s c h w i n d i g k e i t.

Die Führungsgeschwindigkeit $\mathbf{v}_F = \mathbf{v}_{O'} + \boldsymbol{\omega} \times \mathbf{r}'$ ist dabei die Geschwindigkeit, mit der ein im bewegten x'y'z'-System fester Punkt, der sich am momentanen Ort des bewegten Punktes P befindet, mitgeführt wird.

Durch nochmaliges Anwenden von (5.46) erhält man aus (5.48) die Beschleunigung:

$$\frac{d\mathbf{v}}{dt} = \mathbf{a} = \mathbf{a}' + \mathbf{a}_F + \mathbf{a}_C \tag{5.49}$$

mit der A b s o l u t - B e s c h l e u n i g u n g $\mathbf{a} = \dfrac{d\mathbf{v}}{dt} = \dfrac{d^2\mathbf{r}}{dt^2}$,

der R e l a t i v - B e s c h l e u n i g u n g $\mathbf{a}' = \dfrac{d'\mathbf{v}'}{dt} = \dfrac{d'^2\mathbf{r}'}{dt^2}$, der Führungs-Beschleunigung

$$a_F = \frac{d^2 r_{O'}}{dt^2} + \frac{d\boldsymbol{\omega}}{dt} \times r' + \boldsymbol{\omega} \times (\boldsymbol{\omega} \times r'), \tag{5.50}$$

der Coriolis-Beschleunigung

$$a_C = 2(\boldsymbol{\omega} \times v'). \tag{5.51}$$

Nach (5.49) setzt sich die Absolut-Beschleunigung a eines Punktes bei Beschreiben von einem bewegten x'y'z'-System additiv aus den drei Anteilen Relativ-, Führungs- und Coriolis-Beschleunigung zusammen:

- Die Relativbeschleunigung a' kann ein mitbewegter Beobachter durch Bestimmen der Relativbahn r'(t) des Punktes und zweimaliges Ableiten nach der Zeit $a' = d'^2(r')/dt^2$ erhalten. Die Drehung des Systems, also die zeitliche Veränderung der Einsvektoren des x'y'z'-Systems bleibt dabei unberücksichtigt.
- Die Führungsbeschleunigung a_F ist die Beschleunigung eines im bewegten x'y'z'-Systems festen Punktes, der sich am momentanen Ort des betrachteten Punktes befindet (koinzidierender Punkt). Die drei Anteile der Führungsbeschleunigung entstehen: 1. durch die Beschleunigung $a_{O'} = d^2 r_{O'}/dt^2$ des Ursprungs O' des bewegten Systems, 2. durch die Winkelbeschleunigung $d\boldsymbol{\omega}/dt$ des bewegten Systems und 3. durch die Zentripetalbeschleunigung $\boldsymbol{\omega} \times (\boldsymbol{\omega} \times r')$ des systemfesten Punktes. Sie ist identisch mit der schon früher in (5.19) ausgerechneten Normalkomponente der Beschleunigung eines Punktes auf gekrümmter Bahn. Wenn ρ der senkrechte Abstand des systemfesten Punktes von der Richtung des $\boldsymbol{\omega}$-Vektors des bewegten Systems durch O' ist, dann hat sie den Betrag $\rho\omega^2$.
- Während die Relativbeschleunigung a' ohne Berücksichtigung der Bewegung des Beobachtungssystems und die Führungsbeschleunigung a_F ohne Information über die Bewegung des betrachteten Punktes angeschrieben werden kann, müssen zur Berechnung der Coriolisbeschleunigung die Bewegungen sowohl des Punktes als auch des Beobachtungssystems bekannt sein. Der Vektor a_C steht senkrecht auf der Relativgeschwindigkeit v' und auf der Richtung der Winkelgeschwindigkeit $\boldsymbol{\omega}$ des bewegten Systems. Für Punkte, die im bewegten System in Ruhe sind ($v' = 0$), sowie für den Fall $\boldsymbol{\omega} \parallel v'$ wird $a_C = 0$.

Die hier gefundenen Beschleunigungsanteile werden bei der Behandlung kinetischer Probleme in drehenden Bezugssystemen (z.B. der Erde als Bezugssystem) gebraucht. Bei nicht drehenden, aber translatorisch bewegten Bezugssystemen, also für $\boldsymbol{\omega} = 0$ und $v_{O'} \neq 0$ werden die Ausdrücke für Geschwindigkeit und Beschleunigung besonders einfach. Anstelle von (5.48) und (5.49) erhält man:

$$\begin{aligned} v &= v' + v_{O'}, \\ a &= a' + a_{O'}. \end{aligned} \tag{5.52}$$

Nur in diesem Fall darf man also **v** und **a** durch unmittelbares Differenzieren von (5.45) so berechnen, wie dies bei raumfesten Bezugssystemen geschieht.

H i n w e i s: Die sehr wichtigen Vektorgleichungen (5.48) und (5.49) können – wie dies auch schon bei (5.46) gesagt wurde – als Koordinatengleichungen für beliebige Bezugssysteme geschrieben werden. Dabei müssen alle Glieder der Gleichung für dasselbe Bezugssystem ausgerechnet werden. Da jedoch beim Bilden der zeitlichen Ableitungen Koordinaten verschiedener Systeme verwendet werden müssen, sind im allgemeinen noch Koordinatentransformationen vom Typ (5.39) durchzuführen.

Beispiel: Es sollen die in (5.49) vorkommenden Beschleunigungsglieder für ein auf der Erdoberfläche mit der Relativ-Geschwindigkeit **v**′ unter einem Winkel ψ gegen Nord (Kurswinkel) fahrenden Fahrzeuges berechnet werden. Ist O′ der momentane Ort des Fahrzeugs auf der Erdoberfläche, dann soll hier ein erdfestes, also ein gegenüber dem Raum bewegtes Bezugssystem nach Fig. 5.30 mit x′ nach Norden, y′ nach Westen und

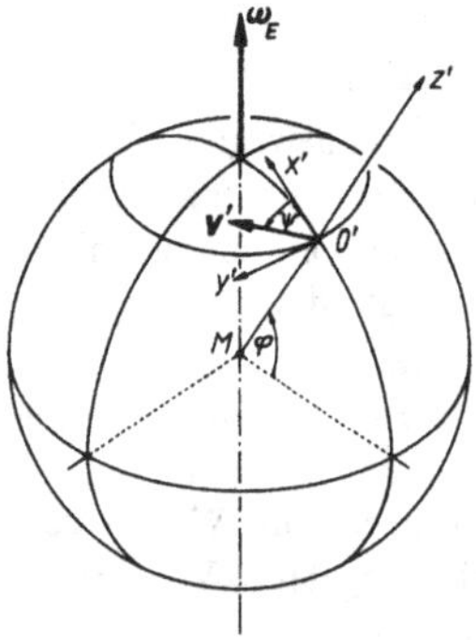

Fig. 5.30 Erdfestes Bezugssystem in Nord-, West- und Zenit-Richtung

z′ zum Zenit verwendet werden. Alle Vektoren sollen in den Koordinaten dieses Systems dargestellt werden. Als Drehgeschwindigkeitsvektor $\boldsymbol{\omega}_E$ des betrachteten Systems hat man:

$$\boldsymbol{\omega}_E = \begin{bmatrix} \omega_E \cos\varphi \\ 0 \\ \omega_E \sin\varphi \end{bmatrix},$$

wobei φ die geografische Breite von O′ ist. Mit

$$\mathbf{v}' = \begin{bmatrix} v\cos\psi \\ v\sin\psi \\ 0 \end{bmatrix}$$

hat man nun die Relativ-Beschleunigung

$$a' = \frac{d'v'}{dt} = \begin{bmatrix} \dot{v}\cos\psi - v\dot{\psi}\sin\psi \\ \dot{v}\sin\psi + v\dot{\psi}\cos\psi \\ 0 \end{bmatrix}$$

und die Coriolis-Beschleunigung

$$a_C = 2\,(\boldsymbol{\omega}_E \times v') = 2\,v\,\omega_E \begin{bmatrix} -\sin\varphi\sin\psi \\ \sin\varphi\cos\psi \\ \cos\varphi\sin\psi \end{bmatrix}.$$

Von der Führungsbeschleunigung (5.50) bleibt wegen $r' = 0$ im vorliegenden Fall nur

$$a_F = a_{O'} = \frac{d^2 r_{O'}}{dt^2} = a_M + \boldsymbol{\omega}_E \times (\boldsymbol{\omega}_E \times r_{MO'})$$

übrig. Es ist zweckmäßig, diesen Anteil in die Beschleunigung a_M des Erdmittelpunktes und die Zentripetalbeschleunigung von O′infolge der Erddrehung zu zerlegen. Der erste durch den Umlauf der Erde um die Sonne bedingte Anteil kann meist als klein vernachlässigt werden. Der zweite Anteil wird im allgemeinen mit der lokalen Fall-Beschleunigung g zusammengefaßt.

5.5. Fragen

1. Wie kann die Bahn eines Punktes im Raum beschrieben werden?
2. Wie erhält man bei raumfestem Bezugssystem aus den Koordinaten des Ortsvektors $r = [x,y,z]$ die Koordinaten von Geschwindigkeit v und Beschleunigung a?
3. Welche Bahn- und Normal-Beschleunigungen ergeben sich bei der Bewegung eines Punktes längs einer Bahn?
4. Wie groß ist die Beschleunigung eines Punktes bei gleichförmiger Bewegung auf einem Kreise und welche Richtung hat sie?
5. Wie erkennt man die Geschwindigkeit in einem s,t-Diagramm?
6. Was ist eine Hodografen-Kurve?
7. Welche Richtung hat der Beschleunigungsvektor a in einem v-Plan?
8. Warum läuft die Phasenkurve mit vertikaler Tangentenrichtung durch die Abszisse des Phasendiagrammes?
9. Wie erhält man den Ortsvektor $r = r(t)$ für einen Punkt, dessen Beschleunigung $a = a(t)$ gegeben ist?
10. Wie groß ist die Beschleunigung bei einer geradlinigen Bewegung, wenn die Geschwindigkeit $v = v(x)$ als Funktion des Weges x gegeben ist?

11. Wieviele Koordinaten benötigt man, um die Lage eines Systems von 6 Punkten zu beschreiben, die sich frei in einer vorgegebenen Fläche bewegen können?
12. Wieviele Freiheitsgrade hat ein starrer Körper, von dem ein Punkt nur längs einer festen Kurve gleiten kann, der aber sonst frei beweglich ist?
13. Welche kinematische Beziehung gilt für die Geschwindigkeit v_P der Punkte eines starren Körpers bei allgemeiner Bewegung?
14. Warum darf man einen endlich großen Drehwinkel nicht als Vektor auffassen?
15. Wie findet man den momentanen Drehpol bei ebener Bewegung eines starren Körpers, wenn die Geschwindigkeiten v_P und v_Q von zwei seiner Punkte bekannt sind?
16. Wie sind Spurkurve und Polkurve bei der ebenen Bewegung definiert?
17. Was ist ein Polkegel?
18. Wie kann man die Bewegungen eines starren Körpers analytisch beschreiben?
19. Was versteht man unter Führungs-Geschwindigkeit?
20. Aus welchen Anteilen setzt sich die Absolut-Beschleunigung eines Punktes zusammen, dessen Bewegungen von einem drehenden Bezugssystem aus beobachtet werden?

6. Kinetik

In der Kinetik wird der Zusammenhang zwischen Kräften und Bewegungen untersucht. Er kann durch Gleichungen mathematisch formuliert werden, von denen der Impuls-Satz und der Drall-Satz die wichtigsten sind. Ihr Inhalt und ihre Anwendung auf konkrete Probleme sollen hier behandelt werden. Außerdem werden die wesentlichsten Ergebnisse einiger kinetischer Teilgebiete, wie Kinetik von Bahn- und Kreiselbewegungen, Relativ-Kinetik, Schwingungen und Stoßaufgaben besprochen. Schließlich sollen einige für die Berechnung kinetischer Probleme nützliche analytische Methoden abgeleitet und in ihrer Anwendung beschrieben werden.

6.1. Kinetische Grundbegriffe

Die in den vorhergehenden Kapiteln eingeführten statischen und kinematischen Begriffe sollen jetzt durch die kinetischen Begriffe: Impuls, Drall und Bewegungsenergie ergänzt werden. Mit ihrer Hilfe lassen sich die kinetischen Grundgleichungen in übersichtlicher Weise formulieren.

Definition: Als I m p u l s dp eines Massenelementes dm, das sich mit der Geschwindigkeit v bewegt, wird das Produkt

$$dp = v\,dm = \frac{dr}{dt}\,dm \tag{6.1}$$

definiert. Der Impuls ist demnach ein mit der Geschwindigkeit gleichgerichteter Vektor. Die Geschwindigkeit kann hierbei gegenüber bewegten oder ruhenden Bezugspunkten genommen werden. Bei der Angabe des Impulses ist es folglich notwendig, das Bezugssystem mit anzugeben. Wenn nichts anderes gesagt wird, ist hier unter $\mathbf{v}$ stets die absolute Geschwindigkeit von dm zu verstehen.

Für einen Verband K von Teilmassen (System oder Körper) erhält man den Impuls

$$\mathbf{p} = \int_K d\mathbf{p} = \int_K \mathbf{v}\, dm\,, \tag{6.2}$$

wobei die Integration über den gesamten Verband zu erstrecken ist. Berücksichtigt man die Definitionsgleichung (2.21) für den Massenmittelpunkt, dann läßt sich (6.2) umformen. Aus

$$m\,\mathbf{r}_S = \int_K \mathbf{r}\, dm$$

folgt für ein System mit konstanter Masse („abgeschlossenes System") durch Ableitung nach der Zeit:

$$m\,\mathbf{v}_S = \int_K \mathbf{v}\, dm = \mathbf{p}\,. \tag{6.3}$$

Satz: Der Impuls $\mathbf{p}$ eines mechanischen Systems mit konstanter Masse ist gleich dem Produkt aus der Gesamtmasse m und der Geschwindigkeit $\mathbf{v}_S$ des Massenmittelpunktes.

Definition: Als Drall $d\mathbf{L}_O$ eines Massenelementes dm bezüglich eines Punktes O (Fig. 6.1) wird das Moment des Impulses definiert:

$$d\mathbf{L}_O = \mathbf{r}_{OK} \times d\mathbf{p} = \mathbf{r}_{OK} \times \mathbf{v}_K\, dm\,, \tag{6.4}$$

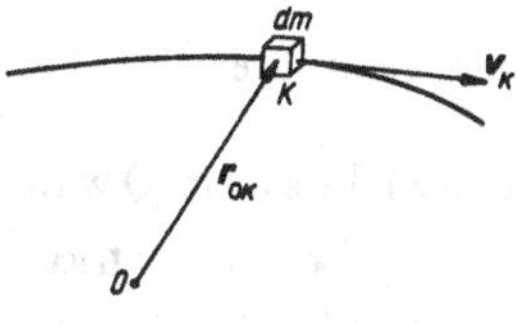

Fig. 6.1 Zur Definition von Impuls und Drall

worin $\mathbf{v}_K$ die Geschwindigkeit des Massenelementes am Punkt K gegenüber dem Bezugspunkt O ist. Demnach ist der Drall (auch „Drehimpuls" oder „Impulsmoment" genannt) ein Vektor, der senkrecht auf der von den Vektoren $\mathbf{r}_{OK}$ und $\mathbf{v}_K = d\mathbf{r}_{OK}/dt$ aufgespannten Ebene steht. Auch hier soll – wenn nichts anderes gesagt ist – mit der absoluten Geschwindigkeit $\mathbf{v}_K$, also mit einem festen Bezugspunkt O gerechnet werden. Es ist jedoch manchmal zweckmäßig, die Definitionsgleichung (6.4) auch auf bewegte Bezugspunkte anzuwenden.

Für ein Massensystem folgt aus (6.4) der Drallvektor

$$\mathbf{L}_O = \int_K d\mathbf{L}_O = \int_K (\mathbf{r}_{OK} \times \mathbf{v}_K)\, dm = \int_K \left(\mathbf{r}_{OK} \times \frac{d\mathbf{r}_{OK}}{dt}\right) dm\,. \tag{6.5}$$

Nach Definition hängt der Drall vom Bezugspunkt ab. Um die Änderung des Dralls bei einem Wechsel des Bezugspunktes zu erkennen, soll jetzt der allgemeinere Fall betrachtet werden, bei dem der neue Bezugspunkt Q (Fig. 6.2) als bewegt angenommen wird. Mit

$$\mathbf{r}_{OK} = \mathbf{r}_{QK} + \mathbf{r}_{OQ}$$

folgt aus (6.5) mit (6.2) und mit der Absolutgeschwindigkeit $\dot{\mathbf{r}}_{OQ} = \mathbf{v}_Q$ von Q, sowie der Relativgeschwindigkeit $\dot{\mathbf{r}}_{QK}$ des Punktes K gegenüber Q:

$$\mathbf{L}_O = \int_K [(\mathbf{r}_{QK} + \mathbf{r}_{OQ}) \times (\dot{\mathbf{r}}_{QK} + \dot{\mathbf{r}}_{OQ})] \, dm \, .$$

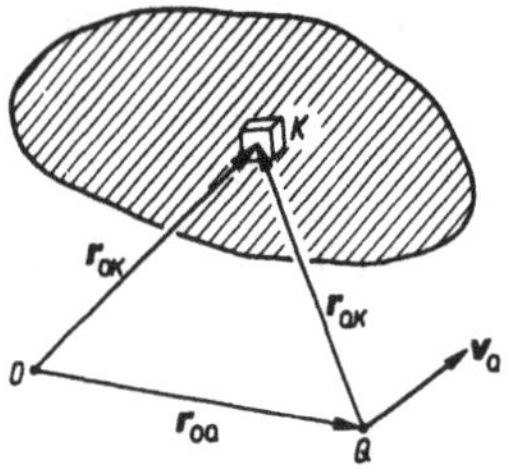

Fig. 6.2 Wechsel des Drallbezugspunktes von O nach Q

Da (6.5) auch für den Relativdrall (bezogen auf Q) gilt:

$$\mathbf{L}_Q = \int_K (\mathbf{r}_{QK} \times \dot{\mathbf{r}}_{QK}) \, dm \, ,$$

erhält man schließlich

$$\mathbf{L}_Q = \mathbf{L}_O - \mathbf{r}_{OQ} \times \mathbf{p} - m\,(\mathbf{r}_{QS} \times \mathbf{v}_Q) \, , \tag{6.6}$$

mit $\mathbf{p} = m\,\dot{\mathbf{r}}_{OS} = m\,\mathbf{v}_S$.

Aus dieser allgemeinen Beziehung lassen sich einige wichtige Sonderfälle ableiten:

a) B e i f e s t e m Q wird $\mathbf{v}_Q = 0$, also ist

$$\mathbf{L}_Q = \mathbf{L}_O - \mathbf{r}_{OQ} \times \mathbf{p} \, . \tag{6.7}$$

b) F ü r $Q \equiv S$, wenn also Q mit dem Massenmittelpunkt S zusammenfällt, wird wegen $\mathbf{r}_{QS} = 0$

$$\mathbf{L}_S = \mathbf{L}_O - \mathbf{r}_{OS} \times \mathbf{p} \, . \tag{6.8}$$

Diese Beziehung gilt – zum Unterschied von (6.7) – auch für b e w e g t e n S c h w e r p u n k t . Sie vereinfacht sich für festes S bei abgeschlossenen Systemen wegen (6.3) zu

$$\mathbf{L}_S = \mathbf{L}_O \, . \tag{6.9}$$

c) Im S o n d e r f a l l $\mathbf{r}_{QS} \parallel \mathbf{v}_Q$ gilt (6.7) allgemein auch für bewegten Bezugspunkt Q; Q darf sich dabei jedoch nur in Richtung $\mathbf{r}_{QS}$ bewegen.

Der allgemeinste Fall einer Umrechnung des Dralls von einem bewegten Bezugspunkt auf einen anderen ebenfalls bewegten Punkt läßt sich durch zweimaliges Anwenden von (6.6) erfassen.

Bereits im Abschn. 3.6 wurde die in einem elastischen Körper gespeicherte Formänderungsenergie V – auch potentielle Energie – berechnet. Sie ergab sich als Arbeit der äußeren Kräfte bei der Verformung. Die äußeren Kräfte müssen aber auch Arbeit leisten, wenn ein Körper in Bewegung gesetzt wird. Diese Arbeit kann als Energie der Bewegung oder kinetische Energie T aus dem Bewegungszustand des Körpers berechnet werden. Wie im Abschn. 6.2.4 gezeigt werden wird, ist die kinetische Energie eines Massenelementes dm, das sich mit der Geschwindigkeit v bewegt, durch

$$dT = \frac{1}{2} v v \, dm = \frac{1}{2} v^2 \, dm \tag{6.10}$$

gegeben. Es folgt nach Integration die

Definition: Als kinetische Energie eines Systems von Massen ist das über alle Punkte K des Systems erstreckte Integral

$$T = \int_K dT = \frac{1}{2} \int_K v^2 \, dm = \frac{1}{2} \int_K v \, dp \tag{6.11}$$

zu verstehen. Dieser sehr allgemeine Ausdruck wird später für den Sonderfall des starren Körpers (Abschn. 6.3) noch umgeformt werden.

6.2. Die kinetischen Grundgleichungen

Bei einem axiomatischen Aufbau der Kinetik können die verwendeten Grundbeziehungen in verschiedener Weise ausgewählt werden. Der in der folgenden Darstellung gewählte Weg geht im wesentlichen auf Newton und Euler zurück. Im Abschn. 6.8 wird eine zweite, auf d'Alembert und Lagrange zurückgehende Methode gezeigt.

6.2.1. Historische Bemerkungen und Allgemeines. Bei der Beschreibung der Grundlagen der Kinetik werden fast ausschließlich die von Newton 1687 veröffentlichten drei Grundgesetze als Ausgangspunkt verwendet: Das Trägheitsgesetz, das Bewegungsgesetz und das Gegenwirkungsgesetz. Das letzte ist bereits in der Statik (Abschn. 2.1.2) erklärt und verwendet worden.

Das Trägheitsgesetz wurde im wesentlichen schon um 1630 von Galilei ausgesprochen. Es besagt:

Jeder Körper bleibt im Zustand der Ruhe oder der gleichförmig geradlinigen Bewegung, sofern keine äußeren Kräfte auf ihn einwirken.

Das zweite Grundgesetz gibt eine Aussage darüber, wie die Änderung des Bewegungszustandes von der Kraft abhängt:

Die Änderung der Bewegungsgröße ist der einwirkenden äußeren Kraft proportional und erfolgt längs der Geraden, in der diese Kraft wirkt.

Hier soll weiterhin stets vom Bewegungsgesetz ausgegangen werden, da es das Trägheitsgesetz als Sonderfall mit einschließt. Zunächst muß festgestellt werden, daß die allgemein bekannte Form des Bewegungsgesetzes: „Kraft gleich Masse mal Beschleunigung“

$$\mathbf{F} = m\,\mathbf{a} \tag{6.12}$$

nicht allgemein gültig und zudem unklar ist. Sie bedarf in mehrfacher Hinsicht einer Präzisierung: In (6.12) muß als Kraft **F** die Resultierende aller am betrachteten Körper angreifenden äußeren Kräfte eingesetzt werden; m ist die als konstant vorauszusetzende Gesamtmasse des betrachteten Körpers; für **a** ist die gegenüber einem Fixpunkt gemessene Absolutbeschleunigung einzusetzen, die für alle Punkte des Körpers gleichgroß sein muß. Diese letztgenannte Einschränkung ist nur dann erfüllt, wenn der betrachtete Körper eine reine Translationsbewegung ausführt.

Die häufig verwendete Formulierung, das Gesetz (6.12) sei für einen „Massenpunkt“ gültig, sagt wenig aus, da der Begriff „Massenpunkt“ nicht unabhängig von der speziellen Problemstellung in eindeutiger Weise verwendet werden kann. Jedenfalls ist die Größe des betrachteten Körpers kein eindeutiges Maß für die Anwendung dieses Begriffes. So ist es für eine Untersuchung der Bahnbewegungen zulässig, die gesamte Erde als einen „Massenpunkt“ zu betrachten; andererseits darf ein winziges Atom nicht als „Massenpunkt“ behandelt werden, wenn dessen Drehbewegungen von Einfluß sind.

Das Newtonsche Bewegungsgesetz ist ein empirisches Gesetz, das als konzentriertes Ergebnis aus einer Vielzahl von verschiedenartigen Beobachtungen gewonnen wurde. Danach wurde es als Axiom postuliert und ist damit als Grundlage einer deduktiven „Klassischen Mechanik“ verwendbar. Im Rahmen einer „Technischen Mechanik“ kann diese Grundlage auch weiterhin als tragfähig angesehen werden. Dagegen haben sich Abweichungen ergeben, wenn man Vorgänge untersucht, bei denen sehr große Geschwindigkeiten nahe der Lichtgeschwindigkeit oder extrem kleine Wirkungen (d.h. Größen von der Dimension Energie mal Zeit) vorkommen. In solchen Fällen müssen die durch die Relativitätstheorie und die Quantentheorie erfaßten Erweiterungen der klassischen Mechanik berücksichtigt werden. Auch in der Satellitentechnik stößt man schon bis an die Grenzen der Klassischen Mechanik vor.

Zur Frage, in welchem Bezugssystem sich das Bewegungsgesetz (6.12) durch Messung nachweisen läßt, ist noch das Folgende zu bemerken: G a l i l e i hat bei seinen Fall-Versuchen verständlicherweise ein erdfestes Bezugssystem verwendet. Die in diesem Bezugssystem festzustellenden Relativbeschleunigungen $\mathbf{a}'$ genügten dem Newtonschen Bewegungsgesetz aber nur näherungsweise. Bei genaueren Messungen findet man seitliche Abweichungen bei freiem Fall (s. Abschn. 6.5). Diese Unterschiede lassen sich formal dadurch beseitigen, daß ein nicht mit der Erde drehendes Bezugssystem verwendet wird, dessen Ursprung z.B. in den Erdmittelpunkt gelegt wird. Bei sehr genauen Messungen kann man jedoch auch hier Bewegungen finden, für die das Newtonsche Bewegungsgesetz nicht streng gilt. Wieder kann man ein, jetzt z.B. mit seinem Ursprung in die Sonne verlegtes Bezugssystem finden, für das die zuvor beobachteten Abweichungen vom Newtonschen Bewegungsgesetz verschwinden. Man entgeht der Notwendigkeit, stets neue, von der Vollkommenheit der Meßverfahren abhängige Bezugssysteme zu suchen, indem man p o s t u l i e r t: Es gibt ein Bezugssystem, für das die darin gemessenen Beschleunigungen exakt dem Newtonschen Bewegungsgesetz gehorchen. Ein solches System wird I n e r t i a l s y s t e m genannt.

Wenn es überhaupt ein Inertialsystem Σ gibt, dann gibt es zugleich unendlich viele, weil von jedem gegen Σ mit konstanter Geschwindigkeit $\mathbf{v}_0$ translatorisch bewegten Bezugssystem Σ^* dieselben Beschleunigungen $\mathbf{a}$ gemessen werden. Aus

$$\mathbf{v} = \mathbf{v}^* + \mathbf{v}_0$$

folgt wegen der Konstanz von $\mathbf{v}_0$ bei nichtdrehendem System Σ' nach Differentiation:

$$\mathbf{a} = \mathbf{a}^* .$$

H i n w e i s : Die vielfach anzutreffende Aussage, daß das Newtonsche Bewegungsgesetz nur in einem Inertialsystem Gültigkeit besitze, ist mißverständlich. Die Vektorgleichung (6.12) kann selbstverständlich nach den bekannten Transformationsregeln (Abschn. 5.3.3) in jedes beliebige andere Bezugssystem transformiert werden. Es ist nur darauf zu achten, daß für $\mathbf{a}$ stets die vom Inertialsystem aus gemessene, also die absolute Beschleunigung zu verwenden ist.

Die Erfahrung hat mit einer allen experimentellen Möglichkeiten genügenden Genauigkeit gezeigt, daß die in (6.12) eingehende „träge Masse“ $m = F/a$ mit der auf völlig anderem Wege definierten „schweren Masse“ $m = G/g$ nach Abschn. 2.2.1 übereinstimmt. Die in (6.12) vorkommende träge Masse kann als Maß für die Trägheit, d.h. für den Widerstand eines Körpers gegenüber Änderungen seines Bewegungszustandes aufgefaßt werden.

Von den drei in das Bewegungsgesetz eingehenden physikalischen Größen wird die Masse m (Einheit: kg) als Grundgröße aufgefaßt. Die Beschleunigung $\mathbf{a}$ ist eine kinematische Größe, die in m/s^2 angegeben werden kann. Die Kraft $\mathbf{F}$ erscheint demnach als abgeleitete Größe: Ihre Einheit ist – wie schon in Abschn. 2.1.1 gesagt wurde – das Newton: $1\ N = 1\ kg\ m/s^2$.

Newton hat das Bewegungsgesetz in Worten formuliert, aus denen die Beziehung (6.12) kaum herausgedeutet werden kann. Von „Masse mal Beschleunigung“ ist bei ihm nichts zu finden, vielmehr heißt es „Änderung der Bewegungsgröße“. Unter Bewegungsgröße ist aber der Impuls $\mathbf{p} = m\,\mathbf{v}$ zu verstehen. Verwendet man diesen, dann gelangt man zu einer Impulsform des Bewegungsgesetzes, die weiterhin bevorzugt werden soll. Sie wird auch als I m p u l s s a t z bezeichnet.

6.2.2. Impulssatz und Schwerpunktsatz. Der für ein Massenelement dm geltende Impulssatz kann wie folgt formuliert werden:

$$\frac{d}{dt}(d\mathbf{p}) = \frac{d}{dt}(\mathbf{v}\,dm) = d\mathbf{F} = d\mathbf{F}_i + d\mathbf{F}_a\,. \tag{6.13}$$

Darin ist $\mathbf{dF}$ die Summe aller auf das Massenelement einwirkenden Kräfte; sie ist in die inneren und die äußeren Kräfte $\mathbf{dF}_i$ und $\mathbf{dF}_a$ aufgespalten worden.

Bei Summation über alle Massenelemente eines Systems erhält man nach Vertauschen von Integration und Differentiation:

$$\frac{d}{dt}\left(\int_K \mathbf{dp}\right) = \int_K \mathbf{dF}_i + \int_K \mathbf{dF}_a$$

oder $$\frac{\mathbf{dp}}{dt} = \mathbf{F}_a\,, \qquad (6.14)$$

da sich die inneren Kräfte wegen der Gültigkeit des Gegenwirkungsgesetzes aufheben.

Satz: Durch innere Kräfte kann der Impuls eines Systems nicht geändert werden.

Mit (6.3) erhält man aus (6.14) für abgeschlossene Systeme mit konstanter Masse

$$\frac{d}{dt}(m\,\mathbf{v}_S) = m\,\mathbf{a}_S = \mathbf{F}_a\,. \qquad (6.15)$$

Satz: Der Massenmittelpunkt eines abgeschlossenen Systems bewegt sich so, als ob die gesamte Masse in ihm vereinigt wäre und alle äußeren Kräfte an ihm angriffen („Schwerpunktsatz").

Im allgemeinen greift die Resultierende $\mathbf{F}_a$ der äußeren Kräfte nicht im Massenmittelpunkt S an (Fig. 6.3). Das hat jedoch auf die Bewegung von S keinen Einfluß. Man erkennt dies, wenn man sich in S den Nullvektor $\mathbf{F}, \mathbf{F}^*$ mit $\mathbf{F} \uparrow\uparrow \mathbf{F}_a$ und $F = F_a$ angebracht denkt. $\mathbf{F}$ greift in S an; das verbleibende Kräftepaar $\mathbf{F}_a, \mathbf{F}^*$ bewirkt aber nur eine Drehung des Systems, die den Bewegungszustand von S nicht ändert. F o l g e r u n g : Wenn nur die Bewegung des Massenmittelpunktes interessiert, dann kann jedes System durch eine Punktmasse in S ersetzt werden.

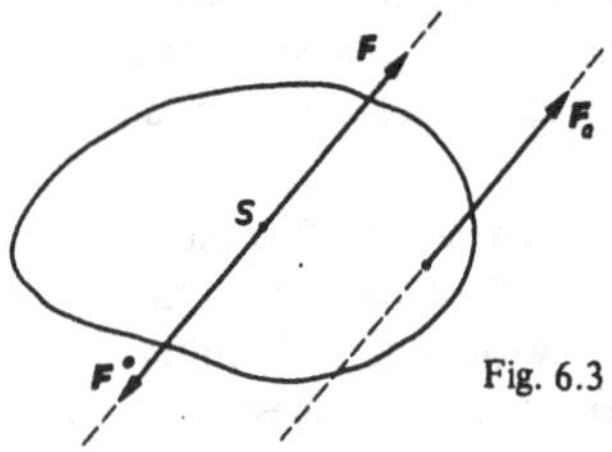

Fig. 6.3 Ergänzung einer exzentrisch angreifenden Kraft durch Nullkräfte im Schwerpunkt

Die Kombination der beiden genannten Sätze ergibt den

Satz: Die Bewegung des Massenmittelpunktes eines abgeschlossenen Systems kann durch innere Kräfte nicht geändert werden.

Dieser Satz hat weitreichende Folgen: Münchhausen kann sich nicht selbst an den Haaren aus dem Sumpf ziehen, weil die zwischen Hand und Haaren ausgeübten Kräfte innere Kräfte sind; Fahr- und Flugzeuge können nicht durch innere Kräfte bewegt werden; die Bahn des gemeinsamen Massenmittelpunktes zweier Raumschiffe verändert sich nicht, wenn sich die zunächst gekoppelten Raumschiffe durch Ausüben innerer Kräfte trennen.

Impulssatz (6.14) und Schwerpunktsatz (6.15) können zur Lösung von zwei Arten von Aufgaben verwendet werden: Bei gegebenem Bewegungszustand kann die Resultierende aller äußeren Kräfte durch Differentiation ermittelt werden; umgekehrt kann durch Integration die Bewegung des Massenmittelpunktes berechnet werden, wenn die äußeren Kräfte bekannt sind. Die zweitgenannte Art von Aufgaben führt im allgemeinen auf die Lösung von Differentialgleichungen zweiter Ordnung die als Bewegungsgleichungen bezeichnet werden. Beispiele für die Aufstellung und Lösung dieser Gleichungen werden in Abschn. 6.4 behandelt werden.

Bei der Berechnung konkreter Aufgaben geht man meist von den Vektorgleichungen (6.14) oder (6.15) zu den entsprechenden Koordinatengleichungen über. So erhält man mit den für ein Inertialsystem geltenden Beschleunigungskoordinaten $\mathbf{a}_S = [\ddot{x}_S, \ddot{y}_S, \ddot{z}_S]$ aus (6.15) das Gleichungssystem

$$\left.\begin{aligned} m\ddot{x}_S &= F_{ax}\,, \\ m\ddot{y}_S &= F_{ay}\,, \\ m\ddot{z}_S &= F_{az}\,. \end{aligned}\right\} \qquad (6.16)$$

Bei den hier eingehenden äußeren Kräften ist besonders auf die Abgrenzung des Systems zu achten. Bei Freischneiden des Systems sind die an den Schnittstellen auftretenden Kräfte als äußere Kräfte zu betrachten, wie dies bei der Besprechung des Schnittprinzips in Abschn. 2.1.4 erklärt worden ist. Die äußeren Kräfte $\mathbf{F}_a$ können dabei von der Zeit, von den Ortskoordinaten und von den Geschwindigkeiten abhängen.

Durch Einführen einer Trägheitskraft $\mathbf{F}_T = -\,d\mathbf{p}/dt$ läßt sich (6.14) in der Form

$$\Sigma\mathbf{F} = \mathbf{F}_a + \mathbf{F}_T = 0$$

schreiben. Damit nehmen die Bewegungsgleichungen formal dieselbe Gestalt an wie die statischen Gleichgewichtsbedingungen. Daraus darf jedoch nicht geschlossen werden, daß aus den statischen Gleichgewichtsbedingungen durch Hinzufügen der Trägheitskräfte die Bewegungsgleichungen erhalten werden. Es müssen vielmehr in jedem Falle auch die in der Statik („Ruhezustand“) nicht weiter interessierenden, von der Bewegung abhängigen äußeren Kräfte berücksichtigt werden.

Trägheitskräfte sollten nicht als Scheinkräfte bezeichnet werden; sie können bei Beschleunigen oder Abbremsen einer Masse oft sehr drastisch gefühlt und auch gemessen werden (Kugelstoßen oder Abfangen eines Balles).

Aus (6.14) erhält man durch Integration

$$\mathbf{p}_1 = \mathbf{p}_0 + \int_{t_0}^{t_1} \mathbf{F}_a\,dt\,. \qquad (6.17)$$

Das hier vorkommende Zeitintegral der äußeren Kräfte wird auch als Kraftstoß bezeichnet. Es gilt der

Satz: Der Impuls **p** ist gleich der Größe des Kraftstoßes, der notwendig ist, ein System aus der Ruhe heraus ($\mathbf{p}_0 = 0$) in seinen Bewegungszustand zu überführen.

Die Verwendung des Impulssatzes in der Form (6.17) ist vor allem bei der Berechnung von Stoßvorgängen, also bei stoßartigem Beschleunigen oder Abstoppen von Massen zu empfehlen.

Ein wichtiger Sonderfall des Impulssatzes ist der Impuls-Erhaltungs-Satz: Wenn $\mathbf{F}_a \equiv 0$ ist, folgt aus (6.14)

$$\mathbf{p} = \mathbf{p}_0 = \text{const.} \tag{6.18}$$

Satz: Bei Abwesenheit äußerer Kräfte bleibt der Impuls eines abgeschlossenen Systems konstant.

Entsprechend folgt aus (6.15) der

Satz: Die Geschwindigkeit $\mathbf{v}_S$ des Massenmittelpunktes eines abgeschlossenen Systems bleibt bei Abwesenheit äußerer Kräfte unverändert.

Beispiel: Wenn ein Schwimmer aus einem vorher ruhenden Boot mit einer Relativgeschwindigkeit $\mathbf{v}_R = \mathbf{v}_S - \mathbf{v}_B$ abspringt (Fig. 6.4), dann bleibt unmittelbar nach dem Absprung (solange sich die Widerstandskräfte des Wassers noch nicht ausgewirkt haben) der Ort des gemeinsamen Massenmittelpunktes erhalten. Der Gesamtimpuls

$$\mathbf{p} = m_S \mathbf{v}_S + m_B \mathbf{v}_B$$

verschwindet. Aus $\mathbf{p} = 0$ und $\mathbf{v}_R = \mathbf{v}_S - \mathbf{v}_B$ lassen sich die Eigengeschwindigkeiten berechnen:

$$\mathbf{v}_S = \mathbf{v}_R \frac{m_B}{m_B + m_S} \; ; \quad \mathbf{v}_B = -\mathbf{v}_R \frac{m_S}{m_B + m_S} \; . \tag{6.19}$$

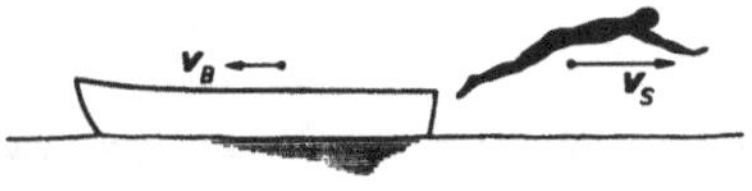

Fig. 6.4 Zur Demonstration des Impuls-Erhaltungssatzes

Die beim Absprung zwischen Schwimmer und Boot ausgeübten Kräfte sind innere Kräfte, sofern das „System" Schwimmer und Boot umfaßt; es sind äußere Kräfte, wenn z.B. das Boot allein als „System" betrachtet wird.

Das betrachtete Beispiel kann zum Verständnis der Raketenbewegung beitragen: Wie das Boot durch den abspringenden Schwimmer so wird eine Rakete durch Verbrennungsgase in Bewegung gesetzt, die aus der Brennkammer mit großer Geschwindigkeit ausgestoßen werden. Bei der Rakete verläuft dieser Vorgang während der Antriebsphase kontinuierlich; es ist dann zweckmäßig, als „System" nur die Rakete selbst zu betrachten. Dieses System ist aber nicht abgeschlossen, weil durch die Antriebsdüse ständig Masse aus dem abgegrenzten System entweicht.

Auch zur Berechnung von derartigen Systemen mit veränderlicher Masse kann der Impulssatz verwendet werden. Man kann in diesem Falle den Gesamtimpuls in zwei Anteile aufteilen: In den Impuls der zum eigentlichen System gehörenden Massen dm_S und den Impuls der hinzukommenden oder fortgehenden Massenteilchen dm_T. Damit nimmt der Impulssatz die Form

$$\frac{d\mathbf{p}}{dt} = \frac{d}{dt}\left[\int_S \mathbf{v}\, dm_S + \int_T \mathbf{v}\, dm_T\right] = \mathbf{F}_a \tag{6.20}$$

an. Je nach der Art des zu behandelnden Problems müssen die hier vorkommenden Impulsintegrale bzw. ihre zeitlichen Änderungen ausgerechnet und eventuell umgeformt werden. Ein Beispiel dieser Art – die Bewegung von Raketen – soll in Abschn. 6.4.3 untersucht werden. Die Gleichung (6.20) läßt sich aber auch auf die Berechnung von Strahltriebwerken anwenden, bei denen durch vorne liegende Eintrittsöffnungen Luft angesaugt wird, die nach Erhitzen hinten mit vergrößerter Geschwindigkeit wieder abströmt.

6.2.3. Der Drallsatz. Während der Impulssatz die Bewegungsgleichungen für die Translationsbewegungen abzuleiten gestattet, liefert der Drallsatz die notwendigen Gleichungen zur Berechnung von Drehbewegungen. Wie Euler erkannt hat, muß der Drallsatz als ein unabhängiges Grundgesetz angesehen werden, das im allgemeinen nicht aus dem Impulssatz abgeleitet werden kann. Eine derartige Ableitung ist nur möglich, wenn das „Boltzmannsche Axiom" $\tau_{ij} = \tau_{ji}$ als gültig vorausgesetzt wird. Diese, als Cauchysches Symmetriegesetz bereits in Abschn. 3.1.1 besprochene Beziehung gilt zwar für viele technisch wichtige Materialien, aber keineswegs allgemein. Der für einen r u h e n d e n B e z u g s p u n k t O geltende Drallsatz kann mit dem Drall (6.5) wie folgt formuliert werden:

$$\frac{d\mathbf{L}_O}{dt} = \mathbf{M}_O^a\,, \tag{6.21}$$

in Worten: die absolute zeitliche Änderung des Gesamtdralls eines Systems bezogen auf einen r u h e n d e n Bezugspunkt O ist gleich dem resultierenden Moment aller auf das System einwirkenden äußeren Kräfte bezogen auf O.
Wie bei dem Impulssatz (6.14) fallen auch beim Drallsatz die inneren Kräfte zwischen den Teilmassen des Systems heraus.

Satz: Der Drall eines Systems kann durch innere Kräfte nicht verändert werden.

Um den Gültigkeitsbereich von (6.21) zu erkennen, soll jetzt eine Umrechnung auf einen b e w e g t e n B e z u g s p u n k t Q vorgenommen werden. Man erhält durch Einsetzen von (6.6) unter Berücksichtigung von (2.5)

$$\frac{d\mathbf{L}_Q}{dt} + \mathbf{v}_Q \times \mathbf{p} + \mathbf{r}_{OQ} \times \frac{d\mathbf{p}}{dt} + m(\dot{\mathbf{r}}_{QS} \times \mathbf{v}_Q) + m(\mathbf{r}_{QS} \times \mathbf{a}_Q) =$$

$$= \mathbf{M}_Q + \mathbf{r}_{OQ} \times \mathbf{F}\,,$$

mit $\dot{\mathbf{r}}_{QS} = \mathbf{v}_S - \mathbf{v}_Q$. Darin heben sich wegen (6.14) das dritte und das letzte Glied gegenseitig auf. Das zweite kann für ein abgeschlossenes System wegen (6.3) umgeformt werden und hebt sich dann mit dem vierten Glied heraus. Es bleibt:

$$\frac{d\mathbf{L}_Q}{dt} + m\,(\mathbf{r}_{QS} \times \mathbf{a}_Q) = \mathbf{M}_Q \,. \tag{6.22}$$

Hierin ist $\mathbf{L}_Q$ der auf Q bezogene Relativdrall, $\mathbf{r}_{QS}$ der Ortsvektor von Q zum Massenmittelpunkt, $\mathbf{a}_Q$ die Absolutbeschleunigung von Q und $\mathbf{M}_Q$ das resultierende Moment aller äußeren Kräfte bezüglich Q.

Das mittlere Glied in (6.22) verschwindet in drei Fällen:

a) $\mathbf{r}_{QS} = 0$, d.h. $Q \equiv S$,

b) $\mathbf{a}_Q \;= 0$, d.h. Q unbeschleunigt,

c) $\mathbf{r}_{QS} \parallel \mathbf{a}_Q$.

F o l g e r u n g : Der Drallsatz in der Form (6.21) gilt allgemein für nicht beschleunigt bewegte Bezugspunkte O; er gilt stets für den Massenmittelpunkt S, auch wenn dieser beschleunigt ist.

Der unter c) genannte Sonderfall kann bei gewissen ebenen Bewegungen vorkommen. Fig. 6.5 zeigt ein Beispiel dafür: Das „System" ist hier ein Kreiszylinder Z_1, der auf

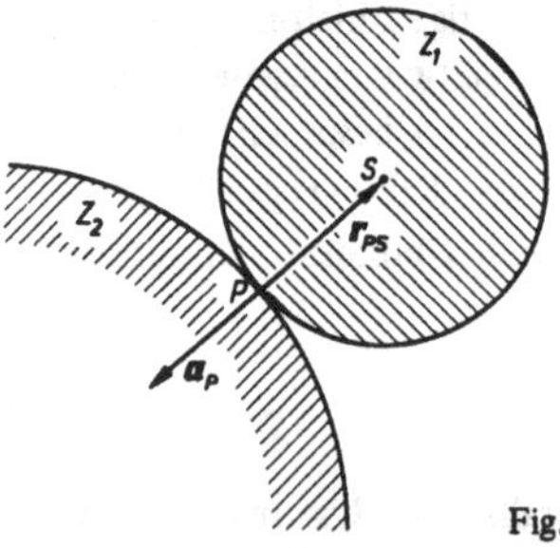

Fig. 6.5 Abrollen zweier Zylinder aufeinander

einem anderen Kreiszylinder Z_2 abrollt. Wenn der momentane Drehpol P als Drallbezugspunkt gewählt wird, dann ist $\mathbf{r}_{PS} \parallel \mathbf{a}_P$, so daß auch dafür der Drallsatz in der einfachen Form (6.21) gilt, obwohl P sich bewegt und nicht mit S zusammenfällt.

Die Gleichung (6.21) kann durch Einführen des Momentes der Trägheitskräfte $\mathbf{M}_O^T = -\,d\mathbf{L}_O/dt$ in die Form

$$\Sigma \mathbf{M}_O = \mathbf{M}_O^a + \mathbf{M}_O^T = 0$$

gebracht werden. Damit nimmt auch der Drallsatz formal dieselbe Gestalt an wie die Bedingung des statischen Momentengleichgewichtes. Jedoch müssen dabei außer $\mathbf{M}_O^T$ auch die von der Bewegung abhängigen äußeren Momente mit berücksichtigt werden, die in der statischen Bedingung nicht auftreten.

Durch Integration von (6.21) folgt:

$$\mathbf{L}_O(t_1) = \mathbf{L}_O(t_0) + \int_{t_0}^{t_1} \mathbf{M}_O^a \, dt \,. \tag{6.23}$$

Das hier vorkommende Integral wird als M o m e n t e n s t o ß bezeichnet. Es gilt der

Satz: Der Drall $\mathbf{L}_O$ ist gleich dem Momentenstoß, der notwendig ist, ein System aus der Ruhe heraus [$\mathbf{L}_O(t_0) = 0$] in seinen Bewegungszustand zu überführen.

Momentenstöße treten z.B. beim Einkuppeln drehender Systeme (Anlasser), aber auch bei exzentrischen Stößen auf.

Ein wichtiger Sonderfall des allgemeinen Drallsatzes ist der Drall-Erhaltung-Satz. Für $\mathbf{M}_O^a \equiv 0$ folgt aus (6.23)

$$\mathbf{L}_O(t) = \mathbf{L}_O(t_0) = \text{const.} \tag{6.24}$$

Satz: Bei Abwesenheit äußerer Momente bleibt der Drall eines Systems konstant.

Dieser Satz gilt z.B. für alle sogenannten Zentralbewegungen, die dadurch gekennzeichnet sind, daß die Wirkungslinien aller vorkommenden äußeren Kräfte durch ein nichtbeschleunigtes Zentrum Z gehen. Wählt man dieses als Bezugspunkt, dann sind keine äußeren Momente $\mathbf{M}_Z$ vorhanden. Bei der Berechnung von Satellitenbewegungen (Abschn. 6.4.1) wird von dieser Tatsache Gebrauch gemacht werden.

Beispiel: Änderung der Winkellage eines Raumfahrzeuges. In ein Raumfahrzeug R (Fig. 6.6) sei ein Drallrad D eingebaut, das um eine senkrecht zur Radebene stehende, im Raumschiff feste Achse P drehen kann. Da sich jedes Masseteilchen des Rades bei dieser Drehung in der Radebene bewegt und stets $\mathbf{v} \perp \mathbf{r}$ ist (Fig. 6.7), ist der Drall des Rades ein Vektor in der Richtung von $\boldsymbol{\omega}_D$ mit dem Betrag

$$L_P^D = \int_D r\, r\omega_D \, dm = \omega_D \int_D r^2 \, dm = J_P^D \, \omega_D \,. \tag{6.25}$$

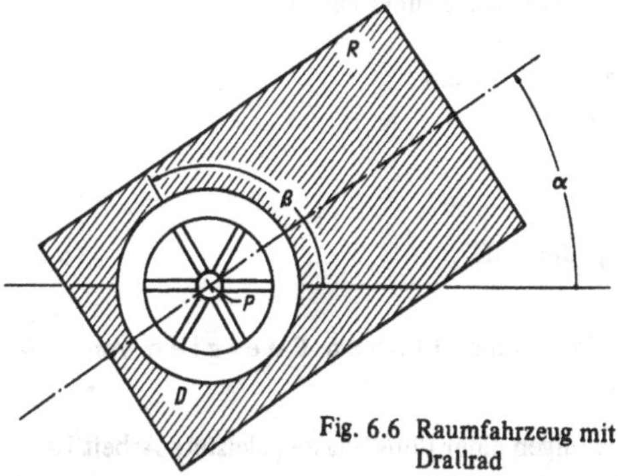

Fig. 6.6 Raumfahrzeug mit Drallrad

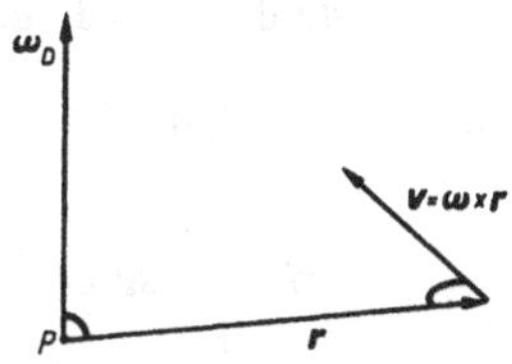

Fig. 6.7 Zur Berechnung des Dralls

Die Größe $J_P^D = \int_D r^2 \, dm$ hängt nur von der Massenverteilung des Rades in Bezug auf die Achse ab; sie wird als Massen-Trägheitsmoment bezeichnet. In Abschn. 6.3.1 wird genauer darüber zu sprechen sein. Wenn die Radachse eine sogenannte Hauptache des Raumschiffes (s. Abschn. 6.3.2) ist, dann kann auch dessen Drall bei Drehungen um die Drallradachse P entsprechend berechnet werden: $L_P^R = J_P^R \omega_R$. Wenn Raumschiff und Drallrad als ein System aufgefaßt werden, dann ist der Gesamtdrall in Richtung der Drallradachse

$$L_P = L_P^R + L_P^D = J_P^R\,\omega_R + J_P^D\,\omega_D\,. \tag{6.26}$$

Es sei zu Beginn $\omega_R = \omega_D = 0$, wobei zugleich die Längsachse des Raumschiffes eine bestimmte, durch α gekennzeichnete Winkellage einnehmen möge. Wenn nun α in $\alpha + \Delta\alpha$ geändert werden soll, dann ist das durch Verdrehen des Drallrades um einen Winkel $\Delta\beta$ möglich. Da der Antrieb des Drallrades nur durch innere Momente geschieht, bleibt $L_P = 0$. Folglich ist

$$L_P = J_P^R\,\alpha + J_P^D\,\dot{\beta} = 0\,.$$

Nach Integration folgt daraus

$$\Delta\beta = -\frac{J_P^R}{J_P^D}\,\Delta\alpha\,.$$

Das Drallrad muß in entgegengesetzter Richtung zu der gewünschten Verdrehung des Raumschiffes gedreht werden. Das Verhältnis der Drehwinkel entspricht dem umgekehrten Verhältnis der Trägheitsmomente.

6.2.4. Der Energiesatz. Es sei zunächst die Arbeit beim Beschleunigen eines Massenelementes dm berechnet. Wenn der hierfür geltende Impulssatz

$$dF = \frac{dv}{dt}\,dm$$

skalar mit der Verschiebung dr multipliziert wird, dann erhält man

$$dF\,dr = \frac{dv}{dt}\,dr\,dm = v\,dv\,dm = d\left(\frac{v^2}{2}\right)dm$$

und nach Integration

$$dW = \int_{r_0}^{r_1} dF\,dr = \frac{1}{2}\,(v_1^2 - v_0^2)\,dm = dT\,. \tag{6.27}$$

Da auf der rechten Seite die Differenz der kinetischen Energien von End- und Anfangszustand steht, gilt der

Satz: Die von einer Kraft beim Beschleunigen einer Punktmasse geleistete Arbeit ist gleich der Änderung der kinetischen Energie.

Besonders durchsichtig läßt sich dieser Arbeitssatz formulieren, wenn die äußeren Kräfte von einem Potential abgeleitet werden können. Das ist stets der Fall, wenn die geleistete Arbeit W nur eine Funktion der Ortskoordinaten ist; sie darf weder von den Geschwindigkeiten noch von dem durchlaufenen Weg abhängen. Die negative Arbeit $-W$ wird dann als Potential oder potentielle Energie V eingeführt, ähnlich wie dies auch in Abschn. 3.6 für die Formänderungsenergie eines elastischen Körpers geschehen ist. Aus W(x,y,z) folgt dann

$$dW = \frac{\partial W}{\partial x}\,dx + \frac{\partial W}{\partial y}\,dy + \frac{\partial W}{\partial z}\,dz = -\frac{\partial V}{\partial x}\,dx - \frac{\partial V}{\partial y}\,dy - \frac{\partial V}{\partial z}\,dz$$

und daraus durch Vergleich wegen

$$dW = \mathbf{F}\,d\mathbf{r} = F_x\,dx + F_y\,dy + F_z\,dz$$

$$F_x = -\frac{\partial V}{\partial x}\,;\; F_y = -\frac{\partial V}{\partial y}\;;\; F_z = -\frac{\partial V}{\partial z}\,. \tag{6.28}$$

Diese skalaren Beziehungen können vektoriell zu

$$\mathbf{F} = -\,\mathrm{grad}\,V \tag{6.29}$$

zusammengefaßt werden (s. auch Abschn. 4.5). Kräfte, die der Bedingung (6.29) genügen, heißen k o n s e r v a t i v .

Beispiele: Die auf eine M a s s e i m S c h w e r e f e l d ausgeübten Kräfte (Gewichtskräfte) sind konservativ; sie sind aus einem Potential ableitbar. Zum Beweis betrachten wir ein Koordinatensystem mit vertikaler z-Achse (Fig. 6.8). Mit $d\mathbf{r} = [dx, dy, dz]$ und $d\mathbf{F} = d\mathbf{G} = [0, 0, -g\,dm]$ erhält man beim Bewegen der Punktmasse dm auf einem beliebigen Wege vom Punkte O zum Punkte 1 die Arbeit:

$$dW = \int_0^1 d\mathbf{F}\,d\mathbf{r} = -\int_0^1 g\,dm\,dz = -g(z_1 - z_0)\,dm\,.$$

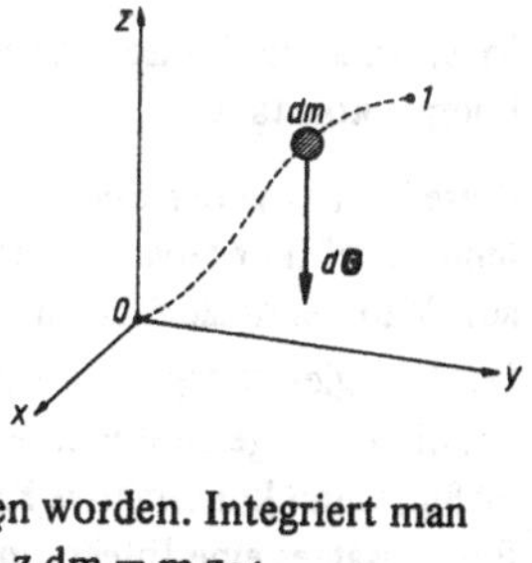

Fig. 6.8 Bewegung einer Punktmasse im Schwerefeld

Dabei ist die Fallbeschleunigung g als konstant angenommen worden. Integriert man noch über alle Teilmassen des Körpers, dann folgt wegen $\int_K z\,dm = m\,z_S$:

$$W_1 - W_0 = -\,mg(z_{1S} - z_{0S}) = -\,m\,g\,h\,.$$

Hierin ist h die Höhendifferenz des Massenmittelpunktes des Systems zwischen End- und Anfangslage. Als Potential der Gewichtskraft kann nun die Funktion

$$V_G = -\,W = m\,g\,z \tag{6.30}$$

verwendet werden. Aus ihr kann wieder die resultierende Gewichtskraft nach (6.28) für den Körper abgeleitet werden: $\mathbf{G} = [0, 0, -\,mg]$.

Als zweites Beispiel sei das P o t e n t i a l e i n e r S c h r a u b e n f e d e r berechnet (Fig. 6.9). Wie bei den linear elastischen Systemen von Abschn. 3.6 gilt zwischen dem Weg des Endpunktes der Feder und der Federkraft $\mathbf{F_f} = -\,\mathbf{F_a}$ die Beziehung $F_f = -\,cx$. Die von der Feder geleistete Arbeit ist

$$W = \int_0^1 F_f(x)\,dx = -\int_0^1 c\,x\,dx = -\frac{1}{2} c\,x^2 \,. \qquad (6.31)$$

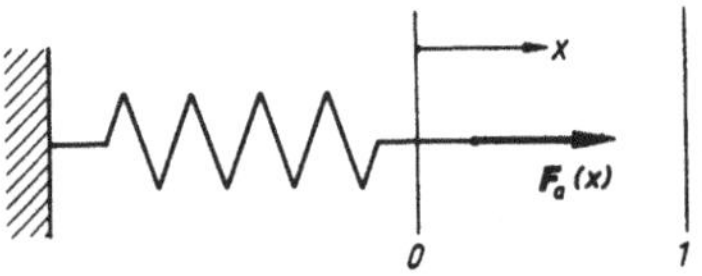

Fig. 6.9 Zur Berechnung des Potentials einer Schraubenfeder

Da dies eine Funktion der Koordinate x, also eine Ortsfunktion ist, kann als Potential

$$V_F = \frac{1}{2} c\,x^2 \qquad (6.32)$$

verwendet werden. Daraus folgt selbstverständlich wieder die Federkraft

$$F_f = -\partial V_F/\partial x = -cx.$$

Sind nur konservative Kräfte vorhanden, dann kann der Arbeitssatz (6.27) in der Form

$$dT + dV = d(T + V) = 0$$

geschrieben werden. Nach Integration über alle Teilmassen folgt daraus der Energiesatz:

$$T + V = T_0 + V_0 = \text{const.} \qquad (6.33)$$

Satz: In einem konservativen Kraftfeld ist die Summe aus kinetischer und potentieller Energie konstant.

Diese Konstanz der Energie rechtfertigt die Bezeichnung „konservativ" (energie-erhaltend). Nichtkonservative Kräfte treten z.B. bei Widerstandskräften (Reibungskräften) auf. Man nennt sie dissipativ (energie-zerstreuend).

Der Energiesatz sagt nichts prinzipiell Neues gegenüber dem Impulssatz aus, da er ja aus diesem abgeleitet wurde. Dennoch ist die Verwendung des Energiesatzes zweckmäßig, wenn konservative Kräfte vorhanden sind. Man spart durch Anwenden des Energiesatzes eine Integration, da in der kinetischen Energie T nur die Geschwindigkeiten, nicht aber – wie im Impulssatz – die Beschleunigungen vorkommen. Andererseits muß festgestellt werden, daß der Energiesatz als skalare Beziehung nicht soviel Information liefern kann, wie der vektorielle Impulssatz. Man kann z.B. den Betrag der Geschwindigkeit einer im Schwerefeld fallenden Masse nach dem Energiesatz leicht ermitteln, nicht aber die Richtung der Geschwindigkeit. So erhält man für eine Punktmasse die aus einer Höhe $h = z_0 - z$ herabfällt

$$T + V = \frac{1}{2} m v^2 + m g z = \frac{1}{2} m v_0^2 + m g z_0 \,.$$

Bei $v_0 = 0$ folgt daraus

$$v = \sqrt{2gh}\,. \qquad (6.34)$$

Dieser Betrag der Geschwindigkeit ist nur von der Höhendifferenz abhängig; die Richtung kann jedoch verschieden sein, da die Masse nicht notwendigerweise in der Lotrichtung fallen muß. Sie kann z.B. an einem Faden wie ein Pendel geführt herunterfallen; auch dafür gilt (6.34).

Als **Leistung** P wird die Ableitung der Arbeit nach der Zeit bezeichnet:

$$P = \frac{dW}{dt} . \tag{6.35}$$

Aus $W = \int \mathbf{F}\, d\mathbf{r} = \int \mathbf{F}\, \mathbf{v}\, dt$ folgt damit

$$P = \mathbf{F}\, \mathbf{v} . \tag{6.36}$$

Integriert folgt aus (6.35):

$$W = W_0 + \int_0^t P\, dt = W_0 + \int_0^t \mathbf{F}\, \mathbf{v}\, dt. \tag{6.37}$$

Als **Einheit der Arbeit** dient das **Joule** (J):

$$1\,\mathrm{J} = 1\,\mathrm{N\,m} = 1\,\frac{\mathrm{kg\,m^2}}{\mathrm{s^2}} . \tag{6.38}$$

Die **Einheit der Leistung** ist das **Watt** (W):

$$1\,\mathrm{W} = 1\,\frac{\mathrm{J}}{\mathrm{s}} = 1\,\frac{\mathrm{Nm}}{\mathrm{s}} = 1\,\frac{\mathrm{kg\,m^2}}{\mathrm{s^3}} . \tag{6.39}$$

6.3. Kinetik des starren Körpers

Ein technisch besonders wichtiger Sonderfall eines allgemeinen Massensystems ist der starre Körper. Wie in Abschn. 5.3 gezeigt wurde, gilt für die Geschwindigkeit beliebiger Punkte K des starren Körpers

$$\mathbf{v}_K = \mathbf{v}_P + \boldsymbol{\omega} \times \mathbf{r}_{PK} , \tag{6.40}$$

wobei P ein körperfester Bezugspunkt ist (Fig. 6.10). Die Bewegung kann in Translations- und Rotations-Anteil aufgeteilt werden. Mit (6.40) lassen sich die zuvor für

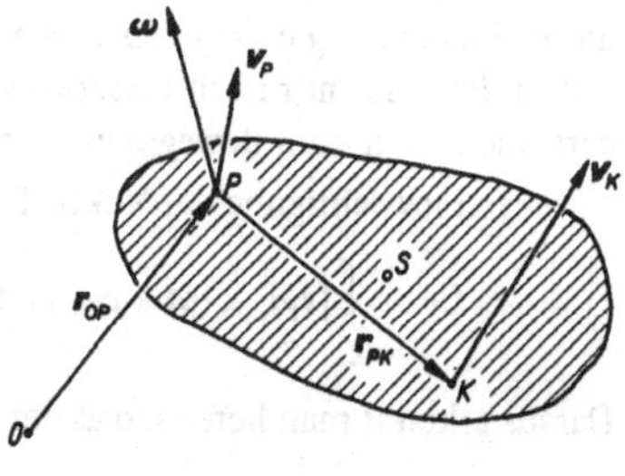

Fig. 6.10 Allgemeiner Bewegungszustand eines starren Körpers

allgemeine Massensysteme abgeleiteten Beziehungen weiter umformen und vereinfachen.

6.3.1. Impuls und Drall des starren Körpers. Für den Impuls folgt mit (6.40) keine neue Erkenntnis gegenüber dem allgemeinen Massensystem. Man erhält:

$$\mathbf{p} = \int_K \mathbf{v}\,dm = \int_K [\mathbf{v}_P + \boldsymbol{\omega} \times \mathbf{r}_{PK}]\,dm$$

$$= [\mathbf{v}_P + \boldsymbol{\omega} \times \mathbf{r}_{PS}]\,m = m\,\mathbf{v}_S\,.$$

Für den Drall bezüglich eines f e s t e n B e z u g s p u n k t e s O (Fig. 6.10) folgt

$$\mathbf{L}_O = \int_K [(\mathbf{r}_{OP} + \mathbf{r}_{PK}) \times (\mathbf{v}_P + \boldsymbol{\omega} \times \mathbf{r}_{PK})]\,dm$$

oder ausgerechnet

$$\mathbf{L}_O = \int_K [\mathbf{r}_{PK} \times (\boldsymbol{\omega} \times \mathbf{r}_{PK})]\,dm + m\,[\mathbf{r}_{OP} \times (\mathbf{v}_P + \boldsymbol{\omega} \times \mathbf{r}_{PS})] +$$

$$+ m\,(\mathbf{r}_{PS} \times \mathbf{v}_P)\,. \tag{6.41}$$

Das stimmt selbstverständlich mit der allgemeinen Formel für ein beliebiges System überein. Das vorkommende Integral ist der Relativdrall $\mathbf{L}_P$, bezogen auf den bewegten Körperpunkt P. Wenn P gleich dem Massenmittelpunkt S gewählt wird, vereinfacht sich (6.41) wegen $\mathbf{r}_{OP} + \mathbf{r}_{PS} = \mathbf{r}_{OS}$ zu

$$\mathbf{L}_O = \mathbf{L}_S + m\,(\mathbf{r}_{OS} \times \mathbf{v}_S)\,. \tag{6.42}$$

Der Absolutdrall $\mathbf{L}_O$ bezogen auf einen f e s t e n Bezugspunkt ist demnach gleich dem Relativdrall $\mathbf{L}_S$ zuzüglich eines Drallanteils $\mathbf{r}_{OS} \times \mathbf{p}$, den man für O erhält, wenn man sich die gesamte Masse m des Körpers im Massenmittelpunkt S vereinigt denkt. Aus (6.41) gewinnt man leicht auch den Drall für einen b e w e g t e n B e z u g s p u n k t Q. Man hat lediglich $\mathbf{v}_P - \mathbf{v}_Q$ anstelle von $\mathbf{v}_P$ einzusetzen. Nach Umformung folgt:

$$\mathbf{L}_Q = \mathbf{L}_P + m\,[\mathbf{r}_{QS} \times (\mathbf{v}_P - \mathbf{v}_Q)] + m\,[\mathbf{r}_{QP} \times (\boldsymbol{\omega} \times \mathbf{r}_{PS})]\,. \tag{6.43}$$

Weiterhin interessiert der Drall $\mathbf{L}_P$ für einen körperfesten Bezugspunkt P. Er läßt sich unter Verwendung eines körperfesten Bezugssystems mit P als Ursprung so umformen, daß im Ergebnis nur noch Integrale vorkommen, die von der Massenverteilung des Körpers, nicht aber vom Bewegungszustand abhängen.

Unter Berücksichtigung der Vektorformel (1.30) kann man umformen

$$\mathbf{L}_P = \int_K [\mathbf{r}_{PK} \times (\boldsymbol{\omega} \times \mathbf{r}_{PK})]\,dm = \int_K [\boldsymbol{\omega}\,(\mathbf{r}_{PK}\mathbf{r}_{PK}) - \mathbf{r}_{PK}\,(\boldsymbol{\omega}\mathbf{r}_{PK})]\,dm\,. \tag{6.44}$$

Daraus erkennt man bereits, daß der Vektor $\mathbf{L}$ im allgemeinen nicht die Richtung von

$\boldsymbol{\omega}$ besitzt. Rechnet man (6.44) für ein körperfestes Bezugssystem mit $\mathbf{r}_{PK} = [x,y,z]$ und $\boldsymbol{\omega} = [\omega_x, \omega_y, \omega_z]$ aus, dann erhält man

$$\mathbf{L}_P = \begin{bmatrix} A\,\omega_x - F\,\omega_y - E\,\omega_z \\ -F\,\omega_x + B\,\omega_y - D\,\omega_z \\ -E\,\omega_x - D\,\omega_y + C\,\omega_z \end{bmatrix} \tag{6.45}$$

mit den Abkürzungen:

$$\left.\begin{aligned} A &= \int_K (y^2 + z^2)\,dm\ ; & D &= \int_K y\,z\,dm\ ; \\ B &= \int_K (z^2 + x^2)\,dm\ ; & E &= \int_K z\,x\,dm\ ; \\ C &= \int_K (x^2 + y^2)\,dm\ ; & F &= \int_K x\,y\,dm\ . \end{aligned}\right\} \tag{6.46}$$

Die Größen A, B, C, D, E, F hängen von der Massenverteilung des Körpers und natürlich von der Wahl des Bezugssystems ab. A, B, C sind die Massenträgheitsmomente; D, E, F die Massendeviationsmomente des betrachteten Körpers. Wenn keine Verwechslungen mit den Flächenträgheitsmomenten oder Flächendeviationsmomenten (Abschn. 3.4.1) zu befürchten sind, wird einfach von Trägheits- und Deviations-Momenten gesprochen.

Die Beziehung (6.45) kann mit dem symmetrischen Trägheitstensor

$$\overline{\overline{J}}_P = \begin{bmatrix} A & -F & -E \\ -F & B & -D \\ -E & -D & C \end{bmatrix} \tag{6.47}$$

in der Form

$$\mathbf{L}_P = \overline{\overline{J}}_P\,\boldsymbol{\omega} \tag{6.48}$$

geschrieben werden. Der Drall ist demnach eine lineare Vektorfunktion der Drehgeschwindigkeit. Man beachte, daß die Trägheitsmomente in der Hauptdiagonalen, die Deviationsmomente außerhalb der Hauptdiagonalen der Matrix des Trägheitstensors stehen.

Ein wichtiger Sonderfall liegt vor, wenn der Körper um eine feste Achse dreht. Wählt man den Bezugspunkt P auf dieser Achse und die Achse selbst zur z-Achse des körperfesten Bezugssystems, dann ist $\omega_x = \omega_y = 0$ und nach (6.45):

$$\mathbf{L}_P = [-E\omega_z, -D\omega_z, C\omega_z]\,.$$

Hat der Körper eine bezüglich der z-Achse (Rotationsachse) symmetrische Massenverteilung, dann werden E und D nach (6.46) zu Null, so daß in diesem wichtigen Sonderfall

$$\mathbf{L}_P = C\,\omega_z\,\mathbf{e}_z = C\,\boldsymbol{\omega} \tag{6.49}$$

gilt. Hierfür sind also $\mathbf{L}_P$ und $\boldsymbol{\omega}$ gleichgerichtet. Nur in dem hier betrachteten Sonderfall einer Drehung um eine Symmetrieachse (genauer: „Hauptachse", s. Abschn. 6.3.2) darf man – wie dies häufig geschieht – die Beziehungen für Impuls $\mathbf{p} = m\,\mathbf{v}_S$ und Drall $\mathbf{L} = \bar{\bar{J}}\,\boldsymbol{\omega} = C\,\boldsymbol{\omega}$ eines starren Körpers in Analogie setzen. Der Impulsvektor $\mathbf{p}$ ist stets mit $\mathbf{v}_S$ gleichgerichtet; für $\mathbf{L}$ und $\boldsymbol{\omega}$ gilt das jedoch nur in dem betrachteten Sonderfall (6.49). Entsprechend kann von einer Analogie zwischen Translations- und Rotationsbewegungen eines starren Körpers nur bei Drehungen um eine Hauptachse gesprochen werden.

6.3.2. Trägheitseigenschaften des starren Körpers. Aus den Definitionsgleichungen (6.46) für die Trägheitsmomente findet man durch Addition

$$A + B + C = 2 \int_K (x^2 + y^2 + z^2)\,dm = 2 \int_K r^2\,dm\,.$$

Da dieses Integral nur von der Wahl des Bezugspunktes, nicht aber vom Bezugssystem abhängt, gilt der

Satz: Die Summe der drei Trägheitsmomente eines starren Körpers ist bei festgehaltenem Bezugspunkt von Verdrehungen des Koordinatensystems unabhängig.

Ferner erkennt man aus (6.46) die Gültigkeit der Beziehungen:

$$A + B \geq C\,; \quad B + C \geq A\,; \quad C + A \geq B\,. \tag{6.50}$$

Satz: Die Summe zweier Trägheitsmomente eines starren Körpers ist stets größer – oder höchstens gleich – dem dritten.

Da eine entsprechende Ungleichung für die Seiten eines ebenen Dreiecks gilt, bezeichnet man (6.50) als die Dreiecks-Ungleichungen.

Wie bei den Flächen-Trägheitsmomenten so interessiert auch bei den Massen-Trägheitsmomenten die Abhängigkeit von Verschiebungen des Bezugspunktes oder Verdrehungen des Bezugssystems. Wir betrachten zunächst eine Verschiebung des körperfesten Bezugspunktes von P nach Q bei festgehaltener Orientierung des Bezugssystems. Mit $\mathbf{r}_{PK} = \mathbf{r}_{PQ} + \mathbf{r}_{QK}$ (Fig. 6.11) und $\mathbf{r}_{PQ} = [a, b, c]$ erhält man aus (6.46)

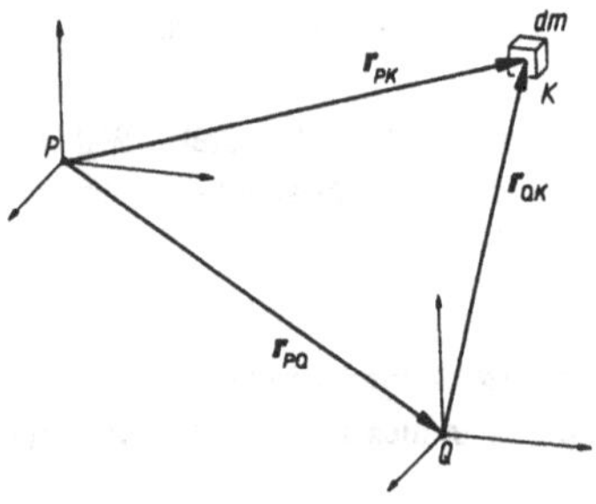

Fig. 6.11 Parallelverschiebung des Bezugssystems

$$A_P = A_Q + 2\,m\,b\,y_{QS} + 2\,m\,c\,z_{QS} + m\,(b^2 + c^2)\,,$$

$$D_P = D_Q + m\,b\,z_{QS} + m\,c\,y_{QS} + m\,b\,c$$

und entsprechende Ausdrücke für die anderen Größen. Wählt man nun Q ≡ S, dann bleibt:

$$\left.\begin{aligned} A_P &= A_S + m\,(b^2 + c^2)\,; \quad & D_P &= D_S + m\,b\,c\,; \\ B_P &= B_S + m\,(c^2 + a^2)\,; \quad & E_P &= E_S + m\,c\,a\,; \\ C_P &= C_S + m\,(a^2 + b^2)\,; \quad & F_P &= F_S + m\,a\,b\,. \end{aligned}\right\} \tag{6.51}$$

Diese wichtigen Beziehungen werden als Huygens-Steinerscher Satz bezeichnet.

Man erkennt aus (6.51) den

Satz: Die Trägheitsmomente A_S, B_S, C_S für Achsen durch den Massenmittelpunkt sind kleiner als die für parallele, nicht durch S laufende Achsen.

Ist r der Abstand zweier paralleler Achsen, von denen die eine durch S läuft, dann gilt allgemein für die Massenträgheitsmomente um diese Achsen

$$J_P = J_S + m\,r^2\,. \tag{6.52}$$

Als nächsten Schritt untersuchen wir den Einfluß einer Verdrehung des Bezugssystems – unter Beibehaltung des Bezugspunktes P. Hierzu betrachten wir eine beliebige Achse PQ, deren Richtung durch den Einsvektor $\mathbf{e}_Q$ definiert sein möge (Fig. 6.12). Die Richtungskosinus α, β, γ der Achse gegenüber den x, y, z-Achsen des Ausgangssystems sollen hier als Veränderliche betrachtet werden; es gilt $\mathbf{e}_Q = [\alpha, \beta, \gamma]$. Gesucht wird das Trägheitsmoment J des Körpers für die betrachtete Achse, wenn die Elemente des Trägheitstensors $\overline{\overline{J}}_P$ für das x, y, z-System bekannt sind.

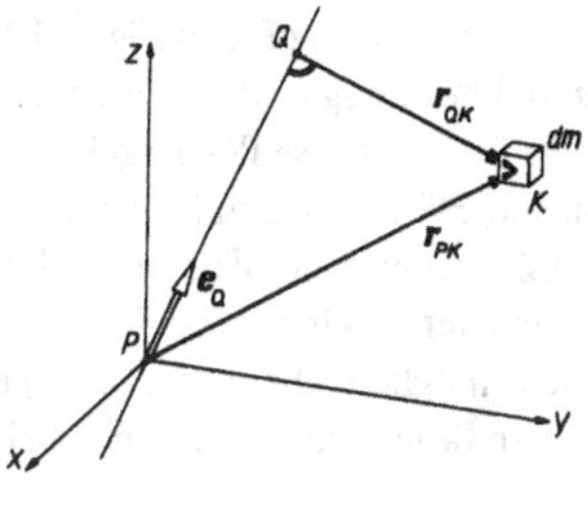

Fig. 6.12 Zur Berechnung des Trägheitsmomentes für eine schräge Achse PQ

Wenn r_{QK} den senkrechten Abstand eines Massenteilchens dm von der Achse PQ kennzeichnet, dann ist das gesuchte Trägheitsmoment nach (6.46)

$$J = \int_K r_{QK}^2\,dm\,. \tag{6.53}$$

Nun ist $r_{QK}^2 = r_{PK}^2 - \overline{PQ}^2 = r_{PK}^2 - (\mathbf{e}_Q\,\mathbf{r}_{PK})^2$. Mit $\mathbf{r}_{PK} = [x,y,z]$ folgt daraus

$$r_{QK}^2 = (x^2 + y^2 + z^2) - (\alpha^2 x^2 + \beta^2 y^2 + \gamma^2 z^2 + + 2\alpha\beta xy + 2\beta\gamma yz + 2\gamma\alpha zx) .$$

Einsetzen in (6.53) unter Berücksichtigung von $\alpha^2 + \beta^2 + \gamma^2 = 1$ und (6.46) ergibt schließlich:

$$J = \alpha^2 A + \beta^2 B + \gamma^2 C - 2\alpha\beta F - 2\beta\gamma D - 2\gamma\alpha E . \qquad (6.54)$$

Damit kann J für jede beliebige, durch α, β, γ gekennzeichnete Richtung berechnet werden. Zur Veranschaulichung des erhaltenen Ergebnisses führen wir ein:

den Trägheitsradius k durch $J = m k^2, k = \sqrt{\frac{J}{m}}$,
den Trägheitsmodul $\rho = \frac{1}{k} = \sqrt{\frac{m}{J}}$.

Der Trägheitsradius k ist gleich dem Radius eines Zylinders, auf dessen Mantel man sich die Masse eines Körpers verteilt denken muß, um für das Trägheitsmoment bezüglich der Zylinderachse den Wert J zu bekommen. Damit ist k eine für Abschätzungen sehr nützliche Größe. Aus

$$m k^2 = \int_K r^2 \, dm$$

erkennt man, daß k der quadratische Mittelwert für die Abstände der Massenteilchen von der betrachteten Achse ist.

Führt man nun $J = m/\rho^2$ in (6.54) ein und betrachtet

$$u = \rho \alpha ; v = \rho \beta ; w = \rho \gamma$$

als neue Variable, dann geht (6.54) in

$$m = u^2 A + v^2 B + w^2 C - 2 uvF - 2 vwD - 2 wuE \qquad (6.55)$$

über. Durch diese quadratische Form der Variablen u, v, w wird ein Ellipsoid definiert, auf dessen Oberfläche sich der Endpunkt des Ortsvektors $\mathbf{r} = [u, v, w]$ bewegt, wenn die Achsrichtung PQ in Fig. 6.12 variiert wird. Der Vektor $\mathbf{r}$ hat die Richtung von $\mathbf{e}_Q$ und den Betrag ρ, d.h. seine Länge ist der Wurzel aus dem Trägheitsmoment des Körpers für die Achse PQ umgekehrt proportional. Daß es sich bei der durch (6.55) gegebenen Fläche tatsächlich um ein Ellipsoid handelt, erkennt man wie folgt: der Wert ρ muß stets endlich bleiben, weil der Fall $\rho = \infty$ einem Trägheitsradius $k = 0$ und damit einem verschwindenden Trägheitsmoment entsprechen würde; das ist für reale Körper nicht möglich. Die durch (6.55) definierte Fläche 2. Ordnung muß also ganz im Endlichen liegen; das ist aber nur bei einem Ellipsoid – oder einer Kugel – der Fall.

Man bezeichnet das durch (6.55) definierte Ellipsoid als das dem gegebenen Körper zugeordnete Trägheitsellipsoid bezüglich P. Dieses Trägheitsellipsoid bestimmt in eindeutiger Weise die für Drehbewegungen maßgebenden Trägheitseigenschaften eines starren Körpers.

Die Hauptachsen des Trägheitsellipsoides werden Hauptträgheitsachsen oder kurz Hauptachsen genannt. Die für die Hauptachsen geltenden Trägheitsmomente heißen Hauptträgheitsmomente.

Satz: Jeder starre Körper besitzt für jeden Bezugspunkt drei zueinander senkrechte Hauptachsen, für die die Trägheitsmomente Extremwerte annehmen und die Deviationsmomente verschwinden.

Die erste Aussage dieses Satzes folgt aus der Geometrie eines Ellipsoides: Da die Halbachsen eines Ellipsoides Extremwerte für die Abstände der Punkte der Ellipsoidoberfläche vom Mittelpunkt bilden, gilt dies auch für die Abstände ρ beim Trägheitsellipsoid – und damit auch für $k = 1/\rho$ sowie J. Die zweite Aussage folgt mathematisch aus einer Hauptachsentransformation der gemischt quadratischen Form (6.55), durch die sie in die rein quadratische Form

$$m = u^2 A_0 + v^2 B_0 + w^2 C_0 \tag{6.56}$$

überführt wird. Hierin sind A_0, B_0, C_0 die Hauptträgheitsmomente.

Physikalisch kann man das Verschwinden der Deviationsmomente für bestimmte Achsrichtungen wie folgt erklären: Man betrachte z.B. das Deviationsmoment

$$F'_P = \int_K x'y' \, dm$$

für ein um die z-Achse gedrehtes Bezugssystem (Fig. 6.13). Mit

$$x' = x \cos\varphi + y \sin\varphi$$

$$y' = -x \sin\varphi + y \cos\varphi$$

folgt nach Integration und trigonometrischer Umformung

$$F_P' = \frac{1}{2}(A - B) \sin 2\varphi + F \cos 2\varphi \,. \tag{6.57}$$

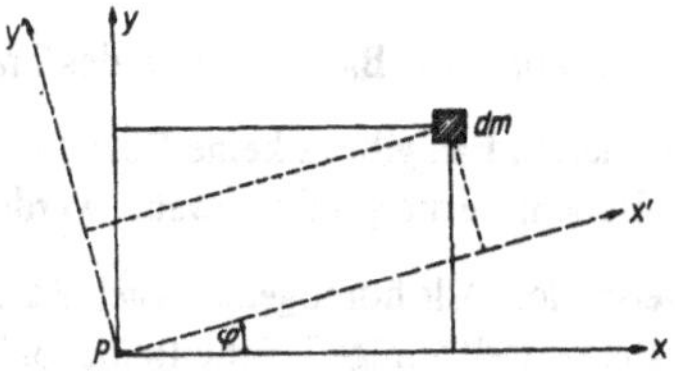

Fig. 6.13 Verdrehung des Bezugssystems um die z-Achse

Die Funktion $F'(\varphi)$ hat für $0 \leq \varphi \leq \pi$ sicher zwei Nullstellen bei

$$\varphi_0 = \frac{1}{2} \arctan \frac{2F}{B - A} \,,$$

die um $\Delta\varphi = \varphi_{02} - \varphi_{01} = \pi/2$ auseinanderliegen (Fig. 6.14). Die Winkel φ_{01} und φ_{02} bestimmen unmittelbar die Lage der Hauptachsen, sofern die z-Achse selbst Hauptachse ist. Andernfalls muß auch noch um zwei andere Achsen gedreht werden. Das Auffinden der Hauptachsen und Hauptträgheitsmomente ist ein Eigenwertproblem, das später in anderem Zusammenhang noch behandelt werden soll.

Aus (6.56) folgt wegen $\rho_A^2 = m/A_0$ usw. die Normalgleichung des Trägheitsellipsoides

$$\left(\frac{u}{\rho_A}\right)^2 + \left(\frac{v}{\rho_B}\right)^2 + \left(\frac{w}{\rho_C}\right)^2 = 1 . \qquad (6.58)$$

Andererseits geht (6.54) bei Bezug auf das Hauptachsensystem über in

$$J = \alpha^2 A_0 + \beta^2 B_0 + \gamma^2 C_0 . \qquad (6.59)$$

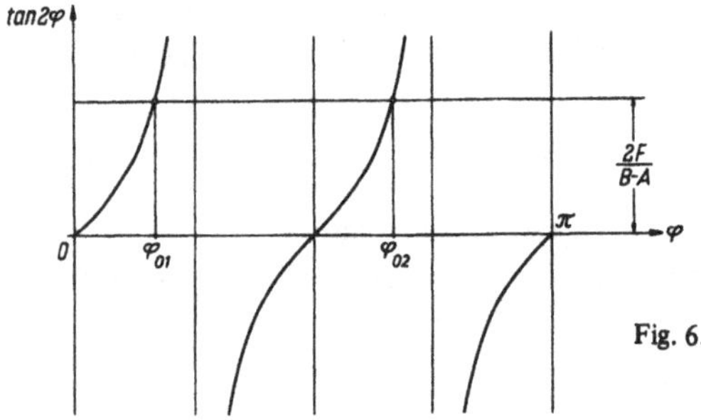

Fig. 6.14 Bestimmung der Lage der Hauptträgheitsachsen

Daraus folgt der

Satz: Wenn zwei der Hauptträgheitsmomente gleich groß sind, dann ist das Trägheitsellipsoid rotationssymmetrisch.

B e w e i s: Ist z.B. $A_0 = B_0$ dann ist

$$J = A_0 (\alpha^2 + \beta^2) + C_0 \gamma^2 .$$

Für jede Achse, die senkrecht zur z-Achse steht, ist aber $\gamma = 0$ und $\alpha^2 + \beta^2 = 1$; folglich wird $J = A_0$ für alle Achsen in der x, y-Ebene. Weiter gilt wegen $\alpha^2 + \beta^2 + \gamma^2 = 1$ der

Satz: Für $A_0 = B_0 = C_0$ wird das Trägheitsellipsoid zur Kugel.

In diesem Fall gibt es keine Deviationsmomente, wie auch das Bezugssystem bei festgehaltenem Bezugspunkt gewählt werden möge.

Beispiele: Alle homogenen regelmäßigen Polyeder wie Tetraeder, Würfel, Oktaeder usw. haben kugelförmige Trägheitsellipsoide bezüglich ihres Mittelpunktes. Alle homogenen Rotationskörper haben symmetrische Trägheitsellipsoide sofern der Bezugspunkt auf der Symmetrieachse liegt. Auch Körper von völlig unregelmäßiger Gestalt können rotationssymmetrische oder kugelförmige Trägheitsellipsoide besitzen. Allgemein gilt für homogene Körper, daß ihr Trägheitsellipsoid gestreckt oder abgeplattet ist, wenn der Körper selbst eine gestreckte oder abgeplattete Gestalt hat. In Fig. 6.15 ist ein Beispiel maßstäblich skizziert.

Die Symmetrieachsen homogener Körper sind stets zugleich auch Hauptachsen. Bei Körpern von allgemeiner Gestalt (A_0, B_0, C_0 voneinander verschieden) lassen sich die Hauptachsen aus der Forderung bestimmen, daß bei Drehung um diese Achsen die Vektoren $\boldsymbol{\omega}$ und **L** gleiche Richtung haben müssen. Tatsächlich folgt bei Bezug auf Hauptachsen

$$\mathbf{L} = \overline{\overline{\mathrm{J}}}\boldsymbol{\omega} = \begin{bmatrix} A_0 & 0 & 0 \\ 0 & B_0 & 0 \\ 0 & 0 & C_0 \end{bmatrix} \begin{bmatrix} \omega_x \\ \omega_y \\ \omega_z \end{bmatrix} = \begin{bmatrix} A_0\omega_x \\ B_0\omega_y \\ C_0\omega_z \end{bmatrix} . \qquad (6.60)$$

Wenn $\boldsymbol{\omega}$ in eine Hauptachse fällt, dann ist nur eine seiner Koordinaten $\omega_x, \omega_y, \omega_z$ von Null verschieden. Aus (6.60) folgt damit aber, daß dann auch bei **L** nur die zugeordnete Koordinate vorkommt; **L** und $\boldsymbol{\omega}$ haben also beide die Richtung dieser Hauptachse.

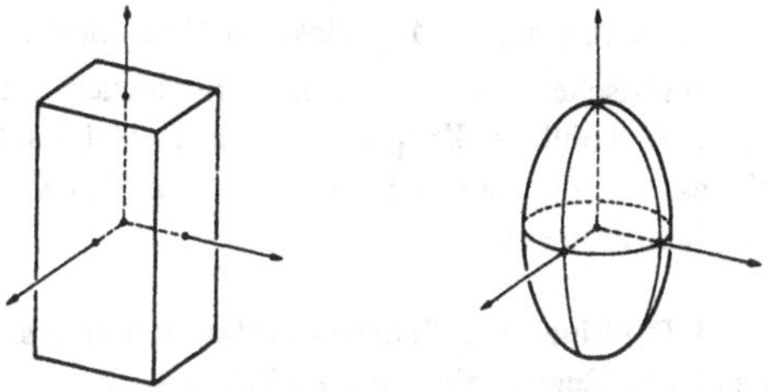

Fig. 6.15 Quader und sein Trägheitsellipsoid

Ist $\overline{\overline{\mathrm{J}}}$ für ein beliebiges körperfestes Bezugssystem bekannt, dann findet man Hauptachsen und Hauptträgheitsmomente aus der Forderung $\mathbf{L} \parallel \boldsymbol{\omega}$ wie folgt: Mit einem zunächst willkürlichen skalaren Faktor λ wird

$$\mathbf{L} = \overline{\overline{\mathrm{J}}}\boldsymbol{\omega} = \lambda\boldsymbol{\omega}$$

angesetzt.

Diese Beziehung geht mit dem Einheitstensor

$$\overline{\overline{\mathrm{E}}} = \begin{bmatrix} 1 & 0 & 0 \\ 0 & 1 & 0 \\ 0 & 0 & 1 \end{bmatrix}$$

über in

$$(\overline{\overline{\mathrm{J}}} - \lambda\overline{\overline{\mathrm{E}}})\,\boldsymbol{\omega} = 0 . \qquad (6.61)$$

Diese lineare homogene Vektorgleichung für $\boldsymbol{\omega}$ hat nur dann Lösungen, wenn ihre Determinante verschwindet:

$$\det(\overline{\overline{\mathrm{J}}} - \lambda\overline{\overline{\mathrm{E}}}) = \begin{vmatrix} A-\lambda & -F & -E \\ -F & B-\lambda & -D \\ -E & -D & C-\lambda \end{vmatrix} = 0 . \qquad (6.62)$$

Das führt auf eine algebraische Gleichung dritten Grades für λ, deren Lösungen die drei Eigenwerte $\lambda_1 = A_0$, $\lambda_2 = B_0$ und $\lambda_3 = C_0$, also die Hauptträgheitsmomente ergeben.

Die zugehörigen Hauptrichtungen erhält man durch Auflösen von (6.61), wobei jeweils einer der Eigenwerte einzusetzen ist. So erhält man z.B. die zu $\lambda_1 = A_0$ gehörende Hauptrichtung aus dem System

$$\left.\begin{aligned} (A - A_0)\,\omega_x - F\omega_y - E\omega_z &= 0\,, \\ - F\omega_x + (B - A_0)\omega_y - D\omega_z &= 0\,, \\ - E\omega_x - D\omega_y + (C - A_0)\omega_z &= 0\,. \end{aligned}\right\} \tag{6.63}$$

Da diese Gleichungen homogen sind, können aus ihnen nur die Verhältnisse der ω_x, ω_y, ω_z berechnet werden; diese aber bestimmen die gesuchte Hauptrichtung.

Für praktische Anwendungen ist es noch wichtig zu wissen, daß sich die Trägheitsmomente ähnlicher Körper aus gleichem Material wie die fünften Potenzen der Linearabmessungen verhalten. Ein doppelt so großer Körper hat also ein 32-fach größeres Trägheitsmoment.

6.3.3. Die kinetische Energie des starren Körpers. Aus (6.11) folgt mit (6.40) für die kinetische Energie eines starren Körpers

$$T = \frac{1}{2} \int_K v^2 \, dm = \frac{1}{2} \int_K (\mathbf{v}_P + \boldsymbol{\omega} \times \mathbf{r}_{PK})^2 \, dm\,.$$

Die Ausrechnung ergibt:

$$T = \frac{1}{2}\, m\, v_P^2 + m\, \mathbf{v}_P\, (\boldsymbol{\omega} \times \mathbf{r}_{PS}) + \frac{1}{2} \int_K (\boldsymbol{\omega} \times \mathbf{r}_{PK})^2 \, dm\,.$$

Der erste, nur von $\mathbf{v}_P$ abhängige Term ist die Translationsenergie, bei der man sich die Gesamtmasse des Körpers in P konzentriert denken kann. Der Energieanteil des mittleren Ausdrucks hängt sowohl von $\mathbf{v}_P$ als auch von $\boldsymbol{\omega}$ ab; er kann als Kopplungs-Energie bezeichnet werden. Der letzte Term gibt die nur von $\boldsymbol{\omega}$ abhängige Drehenergie wieder. Er kann wegen (1.29) wie folgt umgeformt werden:

$$\frac{1}{2} \int_K (\boldsymbol{\omega} \times \mathbf{r}_{PK})\,(\boldsymbol{\omega} \times \mathbf{r}_{PK})\, dm = \frac{1}{2}\, \boldsymbol{\omega} \int_K [\mathbf{r}_{PK} \times (\boldsymbol{\omega} \times \mathbf{r}_{PK})]\, dm = \frac{1}{2}\, \boldsymbol{\omega}\, \mathbf{L}_P\,.$$

Damit nimmt T die Form an

$$T = \frac{1}{2}\, m\, v_P^2 + m\, \mathbf{v}_P\, (\boldsymbol{\omega} \times \mathbf{r}_{PS}) + \frac{1}{2}\, \boldsymbol{\omega}\, \mathbf{L}_P\,. \tag{6.64}$$

Wählt man $P \equiv S$ dann erhält man aus (6.64) die wichtige Formel

$$T = \frac{1}{2}\, m\, v_S^2 + \frac{1}{2}\, \boldsymbol{\omega}\, \overline{\overline{J}}_S\, \boldsymbol{\omega} \tag{6.65}$$

Satz: Die kinetische Energie eines starren Körpers setzt sich bei Bezug auf den Massenmittelpunkt S aus der Summe der für S geltenden Translationsenergie und der Rotationsenergie um S zusammen.

Beispiel: Zur Veranschaulichung dieses Ergebnisses sei der einfache Fall einer ebenen Bewegung betrachtet (Fig. 6.16). Wenn P der Momentanpol der Bewegung und S der Massenmittelpunkt ist, dann gilt wegen des Huygens-Steinerschen Satzes für die momentane kinetische Energie

$$T = \frac{1}{2} J_P \omega^2 = \frac{1}{2} (J_S + m r_{PS}^2) \omega^2 = \frac{1}{2} m v_S^2 + \frac{1}{2} J_S \omega^2 .$$

Damit sind in einfacher Weise Translations- und Rotations-Anteile der kinetischen Energie erhalten worden.

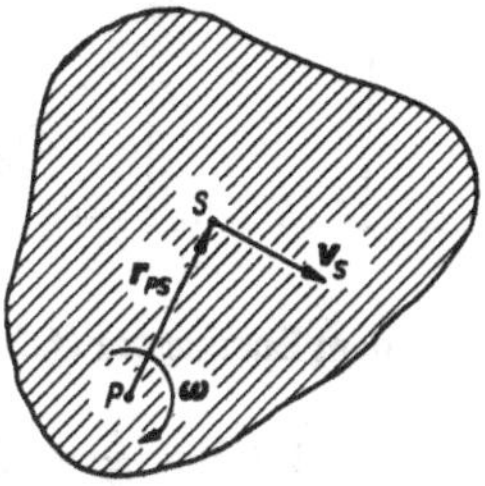

Fig. 6.16 Zur Berechnung der kinetischen Energie eines starren Körpers

Der Ausdruck für die Drehenergie in (6.65) wird im allgemeinen Fall wegen (6.45)

$$T = \frac{1}{2} [\omega_x, \omega_y, \omega_z] \begin{bmatrix} A\,\omega_x - F\,\omega_y - E\,\omega_z \\ -F\,\omega_x + B\,\omega_y - D\,\omega_z \\ -E\,\omega_x - D\,\omega_y + C\,\omega_z \end{bmatrix}$$

$$T = \frac{1}{2} (A\omega_x^2 + B\omega_y^2 + C\omega_z^2) - (D\omega_y\omega_z + E\omega_z\omega_x + F\omega_x\omega_y) . \tag{6.66}$$

Bei Bezug auf das Hauptachsensystem des Körpers bleibt:

$$T = \frac{1}{2} (A_0\omega_x^2 + B_0\omega_y^2 + C_0\omega_z^2) . \tag{6.67}$$

Wenn die momentane Bewegung des Körpers durch eine Drehung um eine Achse, die nicht notwendigerweise Hauptachse sein muß, beschrieben werden kann, (vergl. Fig. 5.19), dann gilt für die momentane kinetische Energie stets

$$T = \frac{1}{2} J\,\omega^2 , \tag{6.68}$$

wobei J das für die momentane Drehachse geltende Trägheitsmoment (6.53) ist.

Beispiel Als Anwendung sei das folgende konservative Problem betrachtet (Fig. 6.17): eine homogene Kugel möge auf ebener Bahn einen Hügel herunterrollen – ohne zu gleiten. Welche Geschwindigkeit hat sie in einer Höhe z, wenn sie bei z_0 stoßfrei losgelassen wurde? Das Problem ist konservativ, weil nur die von einem Potential ableitbare Gewichtskraft Arbeit leistet. Die Reibungskräfte leisten keine Arbeit, weil sich die kugelfesten Punkte, an denen die Reibung angreift, stets am Ort des momentanen Drehpols befinden, also in Ruhe sind. Man beachte jedoch, daß auf jeden Fall Reibungskräfte vorhanden sein müssen, weil sonst kein Rollen möglich ist.

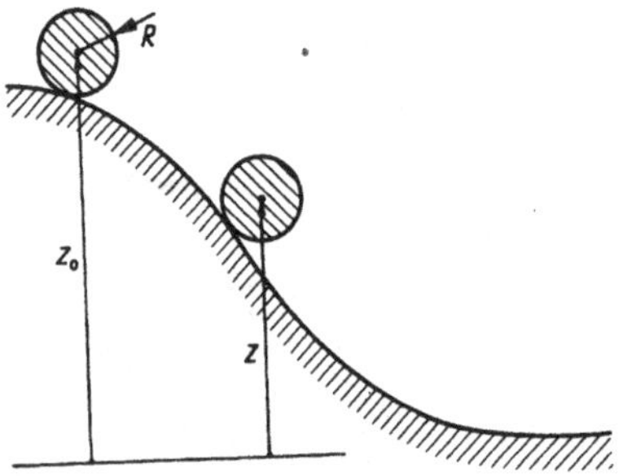

Fig. 6.17 Zur Anwendung des Energiesatzes

Aus dem Energiesatz (6.33) folgt mit (6.30) und (6.65)

$$T + V = \frac{1}{2} m v_S^2 + \frac{1}{2} J_S \omega^2 + mgz = mgz_0 .$$

Daraus erhält man mit der Rollbedingung $v_S = R\omega$ und dem Trägheitsradius $k = \sqrt{J_S/m}$ für die Kugel

$$v_S = R \sqrt{\frac{2g(z_0 - z)}{R^2 + k^2}} . \tag{6.69}$$

Bei freiem Fall gilt dagegen der früher ausgerechnete Wert (6.34). Derselbe Wert würde auch im vorliegenden Fall erhalten werden, wenn man die Bahn als vollkommen glatt voraussetzt. Dann würde die Kugel gleiten ohne zu rollen.

6.3.4. Drehbewegungen starrer Körper. Die Bewegungen von Körpern unter dem Einfluß beliebiger Kräftesysteme können stets mit Hilfe von Impuls- und Drall-Satz berechnet werden. Im allgemeinen Fall eines freien starren Körpers wählt man als Bezugspunkt zweckmäßigerweise den Massenmittelpunkt S. Dessen Bahn kann aus (6.15) berechnet werden. Wenn der Körper, dessen Drehbewegungen untersucht werden sollen, einen Fixpunkt P besitzt, dann gilt nach (6.22) für den Drallsatz die gleiche Form wie für den Massenmittelpunkt:

$$\frac{dL_P}{dt} = M_P^a . \tag{6.70}$$

Im folgenden soll daher als Drallbezugspunkt stets P verwendet werden. Dabei ist P entweder M a s s e n m i t t e l p u n k t oder (raum- und körperfester) F i x - p u n k t, der nicht notwendigerweise mit dem Massenmittelpunkt zusammenfallen muß. Auf diese, auch für technische Probleme sehr wichtigen Fälle wollen wir uns hier beschränken. Bei manchen komplizierten Aufgaben muß dagegen der Drallsatz in der Form (6.22) verwendet werden.

Wegen $\mathbf{L}_P = \overline{\overline{J}}_P \boldsymbol{\omega}$ gibt der Drallsatz einen Zusammenhang zwischen der Drehgeschwindigkeit $\boldsymbol{\omega}$ des Körpers und dem auf ihn wirkenden resultierenden äußeren Moment $\mathbf{M}_P^a$. Bei gegebenem Moment kann deshalb der Drehgeschwindigkeitszustand, also $\boldsymbol{\omega}$ durch Integration bestimmt werden. Will man jedoch die Lage des betrachteten Körpers im Raum ermitteln, dann müssen zusätzliche Gleichungen herangezogen werden, die den Zusammenhang zwischen $\boldsymbol{\omega}$ und den Lagewinkeln des Körpers vermitteln. Bei Verwendung der Euler-Winkel ψ, ϑ, φ leisten dies die bereits in Abschn. 5.3.3 betrachteten kinematischen Euler-Gleichungen (5.43). Zur Bestimmung der Lage eines Körpers im Raum bei vorgegebenem äußeren Moment wären demnach sechs Differentialgleichungen erster Ordnung zu lösen

Eine typische Schwierigkeit in der Anwendung des Drallsatzes liegt in der Tatsache begründet, daß in (6.70) die absolute, also aus den Koordinaten für ein nichtdrehendes Bezugssystem zu berechnende Änderung des Dralls eingeht. Die Elemente des Trägheitstensors $\overline{\overline{J}}$ sind jedoch nach Abschn. 6.3.2 nur konstant, wenn ein körperfestes Bezugssystem zugrundegelegt wird. Aus diesem Grunde transformiert man den Drallsatz (6.70) mit Hilfe der kinematischen Beziehung (5.46) auf das bewegte k ö r p e r - f e s t e B e z u g s s y s t e m. Dann folgt:

$$\frac{d\mathbf{L}_P}{dt} = \frac{d'\mathbf{L}_P}{dt} + \boldsymbol{\omega} \times \mathbf{L}_P = \mathbf{M}_P^a , \qquad (6.71)$$

oder mit $\mathbf{L}_P = \overline{\overline{J}}_P \boldsymbol{\omega}$ und wegen $d'\overline{\overline{J}}_P/dt = 0$

$$\overline{\overline{J}}_P \frac{d'\boldsymbol{\omega}}{dt} + \boldsymbol{\omega} \times \overline{\overline{J}}_P \boldsymbol{\omega} = \mathbf{M}_P^a . \qquad (6.72)$$

Das ist die Vektorform der sogenannten d y n a m i s c h e n E u l e r - G l e i - c h u n g , die in der Theorie drehender starrer Körper – der Kreiseltheorie – grundlegende Bedeutung hat. Bezieht man sich auf ein körperfestes H a u p t a c h s e n - s y s t e m , dann nimmt $\overline{\overline{J}}_P$ Diagonalform an:

$$\overline{\overline{J}}_P = \begin{bmatrix} A & 0 & 0 \\ 0 & B & 0 \\ 0 & 0 & C \end{bmatrix} , \qquad (6.73)$$

so daß die Koordinatengleichungen von (6.72) lauten:

$$\begin{aligned} A\,\dot{\omega}_x - (B - C)\,\omega_y\omega_z &= M_x , \\ B\,\dot{\omega}_y - (C - A)\,\omega_z\omega_x &= M_y , \qquad (6.74) \\ C\,\dot{\omega}_z - (A - B)\,\omega_x\omega_y &= M_z . \end{aligned}$$

Die allgemeinen Gleichungen (6.72) und (6.74) sollen nun auf einige t y p i s c h e P r o b l e m e der Kinetik starrer Körper angewendet werden:

- Die Berechnung der Kraftwirkungen bei vorgegebenem Bewegungszustand,

- die Berechnung der Bewegungen eines starren Körpers mit Fixpunkt P im Fall $M_P^a \equiv 0$ („momentenfreier Kreisel"),
- die Berechnung der Bewegungen eines Kreisels unter dem Einfluß äußerer Momente.

6.3.4.1. Die Kraftwirkung von Rotoren. Es soll zunächst der in Fig. 6.18 skizzierte zylindrische Rotor betrachtet werden, der um eine von der Symmetrieachse z um den Winkel α abweichende feste Achse mit der Winkelgeschwindigkeit $\boldsymbol{\omega}$ dreht. Gesucht sind die Kräfte, die dieser unwuchtige Rotor auf die Lager ausübt. In einem körperfesten x,y,z-System mit P als Ursprung gilt

$$\boldsymbol{\omega} = [0, \omega \sin\alpha, \omega \cos\alpha],$$

$$\overline{\overline{J}}_P = \begin{bmatrix} A & 0 & 0 \\ 0 & A & 0 \\ 0 & 0 & C \end{bmatrix}.$$

Einsetzen in (6.72) oder (6.74) ergibt die Momente

$$M_x = (C - A)\omega^2 \sin\alpha \cos\alpha ,$$

$$M_y = A\,\dot{\omega} \sin\alpha ,$$

$$M_z = C\,\dot{\omega} \cos\alpha .$$

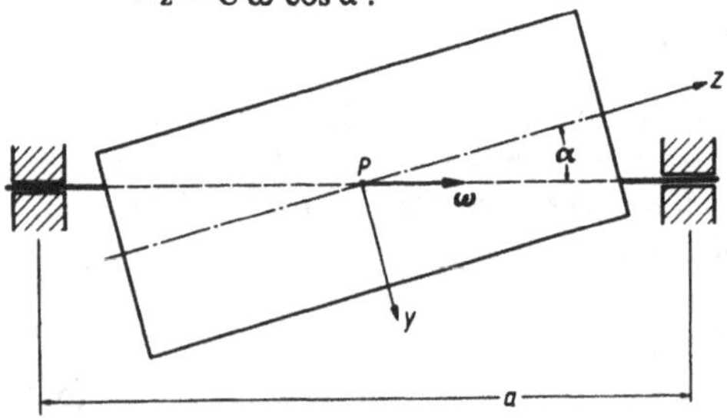

Fig. 6.18 Rotor mit dynamischer Unwucht

Bei gleichförmig laufendem Rotor ($\dot{\omega} = 0$) bleibt davon nur das Moment M_x übrig, das als äußeres Moment auf den Rotor wirkt. Das gesuchte, vom Rotor auf das Lager ausgeübte Moment, das Kreiselmoment $\mathbf{M}^K$ ist

$$M_x^K = -M_x = \frac{1}{2}(A - C)\omega^2 \sin 2\alpha . \tag{6.75}$$

Der Vektorpfeil dieses Momentes rotiert mit dem Körper, so daß die Lager in irgendeiner raumfesten Richtung senkrecht zur Lagerungsachse durch periodische Kräfte

$$F_L = \frac{(A - C)\omega^2 \sin 2\alpha}{2\,a} \sin\omega t$$

beansprucht werden.

Die Richtung des Kreiselmomentes (6.75) ist stets so, daß es den Drallvektor L_P in die Richtung der Lagerungsachse zu ziehen sucht. Man erkennt dies aus einer Betrachtung der Lage des Drallvektors:

$$L_P = \bar{\bar{J}}_P \boldsymbol{\omega} = [0\,,\; A\omega \sin\alpha\,,\; C\omega\cos\alpha]\,.$$

Bei gestrecktem Rotor (A > C) erhält man eine Reihenfolge der Achsen: e_z, $\boldsymbol{\omega}$, L mit $M_x^K > 0$ (Fig. 6.19 links). Bei abgeplattetem Rotor (C > A) ist die Reihenfolge e_z, L, $\boldsymbol{\omega}$ mit $M_x^K < 0$ (Fig. 6.19 rechts). Der Drallvektor hat also die Tendenz, sich stets gleichsinnig parallel zum Vektor der vorgegebenen Zwangsdrehung $\boldsymbol{\omega}$ einzustellen. Für den Rotor bedeutet dies, daß der gestreckte Rotor die Tendenz hat, seine Unwucht (Abweichung der Symmetrieachse von der Lagerache, also Winkel α) noch zu vergrößern, während ein abgeplatteter Rotor die vorhandene Unwucht zu verkleinern sucht. Dieser Effekt wird bei der Selbstzentrierung rotierender Scheiben mit elastischer Welle ausgenützt.

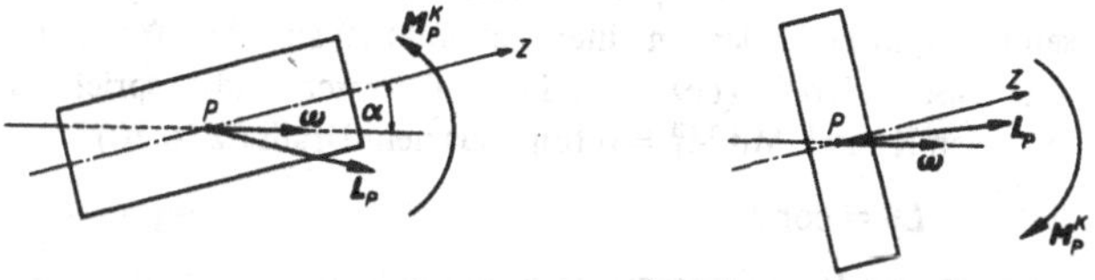

Fig. 6.19 Kreiselmomente bei Rotoren mit dynamischer Unwucht; links gestreckter Rotor, rechts abgeplatteter Rotor

Als zweites Beispiel soll ein Fall behandelt werden, bei dem zweckmäßigerweise ein weder körper- noch raumfestes Koordinatensystem verwendet wird. Es soll der zusätzliche Mahldruck der bereits in Abschn. 5.3.2.2 kinematisch untersuchten Kollermühle berechnet werden. Wir verwenden hierzu das in Fig. 6.20 skizzierte x,y,z-Bezugssystem, das nur die Drehung $\boldsymbol{\omega}_x$ um die vertikale x-Achse, nicht aber die Rotordrehung um die z-Achse mitmacht. Hierfür kann (6.71) sinngemäß übernommen werden:

$$\frac{d^*L_P}{dt} + \boldsymbol{\omega}_x \times L_P = M_P^a \tag{6.76}$$

mit $\quad \boldsymbol{\omega}_x = [\omega_x\,, 0\,, 0]$

$$L_P = [A\omega_x\,, 0\,, C\omega_z]\,.$$

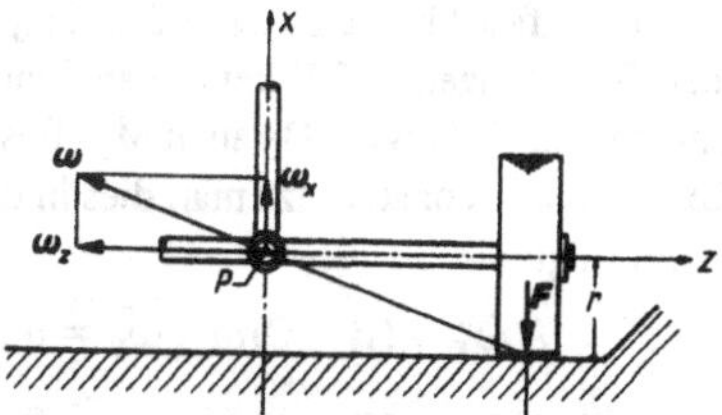

Fig. 6.20 Kollermühle

Wenn die Drehung gleichförmig ist, dann wird die zeitliche Ableitung $d^*\mathbf{L}_P/dt$ zu Null, so daß für das Kreiselmoment

$$\mathbf{M}_P^K = -\mathbf{M}_P^a = \mathbf{L}_P \times \boldsymbol{\omega}_x = [0\,,\, C\omega_x\omega_z\,,\, 0]$$

erhalten wird. Unter Berücksichtigung der Rollbedingung $r\omega_z + R\omega_x = 0$ ergibt das eine kinetische Preßkraft **F** des Mahlsteins auf die Unterlage vom Betrag

$$F = \frac{|M_y^K|}{R} = \frac{C}{r}\,\omega_x{}^2\,. \tag{6.77}$$

Auch in diesem Fall kann man die Richtung des Kreiselmomentes qualitativ finden, wenn man die Tendenz des Drallvektors $\mathbf{L}_P$ zum gleichsinnigen Parallelismus mit dem Vektor $\boldsymbol{\omega}_x$ der Zwangsdrehung berücksichtigt.

6.3.4.2. Bewegungen eines momentenfreien Kreisels. Als Kreisel bezeichnet man allgemein einen starren Körper, der beliebige Drehbewegungen (um den Massenmittelpunkt S oder um einen Fixpunkt P) ausführt. Wenn das resultierende Moment aller äußeren Kräfte (bezüglich S oder P) verschwindet, spricht man von einem momentenfreien Kreisel. Mit $\mathbf{M}_P^a \equiv 0$ folgt aus dem Drallsatz (6.70)

$$\mathbf{L}_P = \text{const.} \tag{6.78}$$

Legt man ein Hauptachsensystem zugrunde, dann folgt aus

$$\boldsymbol{\omega} = [\omega_x, \omega_y, \omega_z]$$

der Drall

$$\mathbf{L}_P = [A\omega_x, B\omega_y, C\omega_z]\,. \tag{6.79}$$

Ein einfacher Fall liegt vor, wenn $\boldsymbol{\omega}$ in eine Hauptachse fällt. Ist z.B. $\omega_y = \omega_z = 0$ dann folgt auch $L_y = L_z = 0$. Damit dann $L_x = A\omega_x = \text{const}$ ist, muß notwendigerweise $\omega_x = \text{const}$ sein. Dies bedeutet eine permanente Drehung um eine sowohl körper- wie raum-feste Hauptachse des Körpers. Für diese Drehungen gilt der

Satz: Die permanten Drehungen eines starren Körpers um seine Hauptachsen sind nur stabil, wenn sie um die Achsen des kleinsten oder größten Hauptträgheitsmomentes erfolgen. Drehungen um die Achse des mittleren Hauptträgheitsmomentes sind instabil.

Zum Beweis betrachten wir eine Nachbarbewegung zur Drehung um eine Hauptachse: $\boldsymbol{\omega}$ möge „fast" in die z-Achse des Hauptachsensystem fallen. Dann ist $\omega_z \gg \omega_x, \omega_y$. In den Gleichungen (6.74) kann man dann das Produkt $\omega_x\omega_y$ als klein von zweiter Ordnung vernachlässigen. Da auch $M \equiv 0$ ist, folgt zunächst aus (6.74/3) $\dot{\omega}_z \approx 0$ oder $\omega_z \approx \omega_{z0} = \text{const}$. Setzt man dies in die beiden ersten Gleichungen (6.74) ein, dann folgt

$$\left.\begin{aligned} A\,\dot{\omega}_x - (B - C)\omega_{z0}\,\omega_y &= 0\,, \\ B\,\dot{\omega}_y - (C - A)\omega_{z0}\,\omega_x &= 0\,. \end{aligned}\right\} \tag{6.80}$$

Durch Elimination von ω_y kann man zusammenfassen

$$A\,B\,\ddot{\omega}_x + (C - B)(C - A)\omega_{zo}^2\omega_x = 0\,,$$

oder
$$\ddot{\omega}_x + \mu^2\omega_x = 0 \quad \text{mit} \quad \mu^2 = \frac{(C-B)(C-A)}{AB}\,\omega_{zo}^2\,. \tag{6.81}$$

Für $\mu^2 > 0$ hat (6.81) partikuläre Lösungen vom Typ $\sin \mu t$ und $\cos \mu t$. Dies bedeutet. daß ω_x eine periodische Funktion ist. Dasselbe gilt wegen der Symmetrie der Gleichungen (6.80) auch für ω_y. Daraus aber folgt, daß der Vektor $\boldsymbol{\omega}$ in engen Grenzen um die z-Hauptachse pendelt. Die Bewegung bleibt benachbart zur Drehung um die Hauptachse und kann damit als stabil bezeichnet werden. Ist dagegen $\mu^2 < 0$, dann hat (6.81) die partikulären Lösungen $e^{\lambda t}$ und $e^{-\lambda t}$ mit $\lambda = \sqrt{-\mu^2} > 0$. Das bedeutet, daß ω_x exponentiell mit der Zeit anwächst, so daß die entstehende Bewegung dann nicht mehr benachbart zur Anfangsbewegung ist; sie ist instabil. Damit folgt wegen μ^2 nach (6.81):

stabile Bewegung für $\mu^2 > 0$, also $C > A$ und $C > B$
oder $C < A$ und $C < B$,
instabile Bewegung für $\mu^2 < 0$, also $A > C > B$
oder $B > C > A$,

womit der Satz bewiesen ist.

Als nächsten Fall betrachten wir eine Bewegung, bei der der Vektor $\boldsymbol{\omega}$ in eine Hauptebene, z.B. in die x,z-Ebene (Fig. 6.21) fällt. Nach (6.79) erhält man den Drallvektor

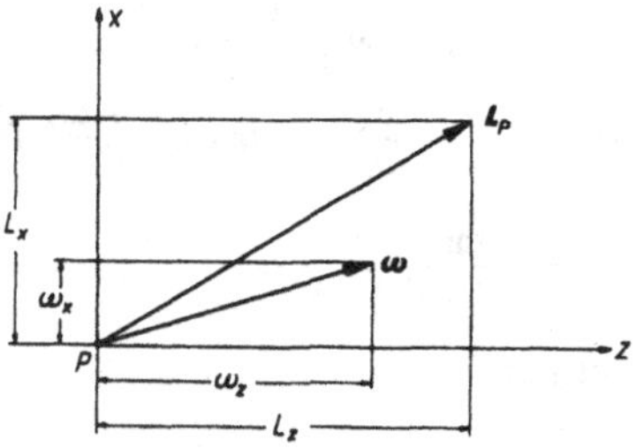

Fig. 6.21 Lage des Drallvektors Lp für den Fall, daß $\boldsymbol{\omega}$ nicht in einer Hauptachse liegt

$\mathbf{L_P}$ indem man aus ω_x und ω_z durch Multiplikation mit den Trägheitsmomenten A und C die Koordinaten L_x und L_z errechnet. Für $A \neq C$ sind $\boldsymbol{\omega}$ und $\mathbf{L_P}$ nicht parallel. Da aber wegen (6.78) $\mathbf{L_P}$ im Raum nach Größe und Richtung konstant bleibt, müssen Drehvektor $\boldsymbol{\omega}$ und die Hauptachsen x und z die raumfeste Drallrichtung umfahren. Diese Bewegung wird Nutation genannt. Wir beschränken uns darauf, die Nutationsbewegung für den Sonderfall des symmetrischen Kreisels mit $A = B$ näher zu erklären. In diesem Sonderfall bleibt nämlich die gegenseitige Lage der drei Achsen: „Figurenachse" z (Symmetrieachse), Drehachse (Richtung von $\boldsymbol{\omega}$) und Drallachse (Richtung von $\mathbf{L}$) zueinander unverändert. Da die Drallachse ihre

Richtung im Raum beibehält, umfahren Drehachse und Figurenachse die Drallachse. Da $\boldsymbol{\omega}$ die momentane Drehachse des Körpers ist, kann man sich diese Bewegung kinematisch durch Abrollen zweier Kegel aufeinander vorstellen (Fig. 6.22): Der körperfeste Polkegel P.K. mit der Figurenachse z als Achse rollt auf dem raumfesten Spurkegel S.K. ab, dessen Achse die Drallrichtung ist; die momentane Drehachse ist dann die jeweilige Berührungslinie von Pol- und Spur-Kegel. Bei dieser Nutationsbewegung umfährt auch die Figurenachse z einen Kegel im Raum, den „Nutationskegel" N.K. mit L_P als Achse (in Fig. 6.22 gestrichelt angedeutet). Die Spitze aller Kegel kann entweder ein Fixpunkt P oder aber der Massenmittelpunkt des Körpers sein.

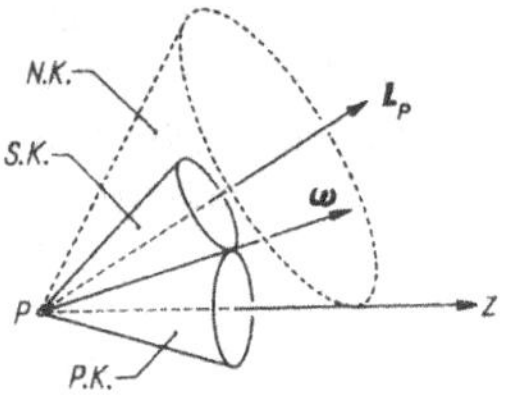

Fig. 6.22 Geometrische Deutung der Nutationsbewegung eines symmetrischen Körpers durch das Abrollen des Polkegels auf dem Spurkegel

Die absolute Winkelgeschwindigkeit $\boldsymbol{\omega}$ setzt sich zusammen aus der Nutationswinkelgeschwindigkeit $\boldsymbol{\omega}_N$ mit der sich die Figurenachse z um die raumfeste Drallachse bewegt und aus der Winkelgeschwindigkeit $\boldsymbol{\omega}_F$, mit der der Kreisel während der Nutationsbewegung um seine Symmetrieachse dreht: $\boldsymbol{\omega} = \boldsymbol{\omega}_N + \boldsymbol{\omega}_F$. Die Winkelgeschwindigkeit $\boldsymbol{\omega}_N$ soll hier für den Fall kleiner Öffnungswinkel der Kegel berechnet werden. Man entnimmt für $\alpha, \beta \ll 1$ aus Fig. 6.23

$$\omega_x = \omega \sin\alpha = \omega_N \sin\beta,$$
$$\omega_N = \omega \frac{\sin\alpha}{\sin\beta} \approx \omega \frac{\alpha}{\beta}.$$

Aus $\tan\alpha = \dfrac{\omega_x}{\omega_z}$ und $\tan\beta = \dfrac{A\omega_x}{C\omega_z}$ folgt

$$\frac{\tan\alpha}{\tan\beta} = \frac{C}{A} \approx \frac{\alpha}{\beta}.$$

Folglich:

$$\omega_N \approx \frac{C}{A}\,\omega. \tag{6.82}$$

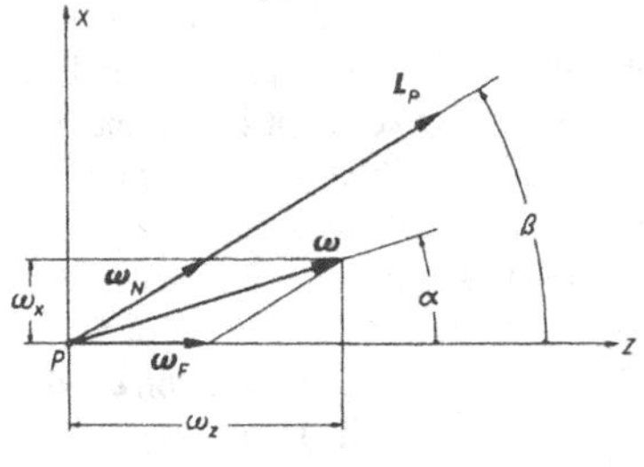

Fig. 6.23 Definition der Nutationsgeschwindigkeit $\boldsymbol{\omega}_N$

Die Nutationsfrequenz ω_N ist also zur Drehgeschwindigkeit ω des Kreisels proportional und hängt außerdem vom Verhältnis der Trägheitsmomente ab.

6.3.4.3. Erzwungene Bewegung eines Kreisels. Von den Bewegungen rotierender Körper unter dem Einfluß von äußeren Momenten können hier nur einige allgemeine Ergebnisse besprochen werden. Eine sehr allgemeine qualitative Aussage über das Verhalten eines Kreisel erhält man bereits aus dem Drallsatz nach (6.70). Ersetzt man darin den Differentialquotienten durch einen Differenzenquotienten, dann findet man für den Zuwachs des Drallvektors:

$$\Delta \mathbf{L}_P = \mathbf{M}_P^a \, \Delta t \, .$$

Wenn der anfängliche Drallvektor $\mathbf{L}_P(t_0)$ ist, dann hat man nach der Zeit Δt den Drall $\mathbf{L}_P(t_0) + \Delta \mathbf{L}_P$ (Fig. 6.24). Für jedes Zeitelement kommt ein Zuwachs $\Delta \mathbf{L}_P$ hinzu, so daß man die Veränderung von $\mathbf{L}_P$ in einfacher Weise erkennen und konstruieren kann. In Fig. 6.24 ist das für konstantes $\mathbf{M}_P^a$ angedeutet. Es gilt allgemein der

Satz: Der Drallvektor eines drehenden Körpers hat die Tendenz, sich gleichsinnig in die Richtung des Vektors des resultierenden äußeren Momentes einzustellen.

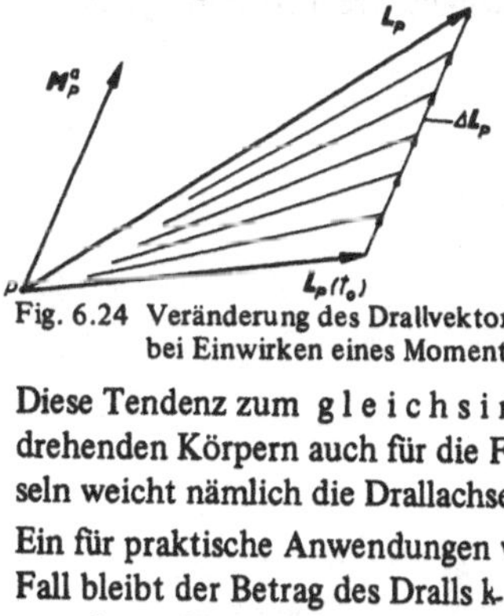

Fig. 6.24 Veränderung des Drallvektors L_P bei Einwirken eines Momentes

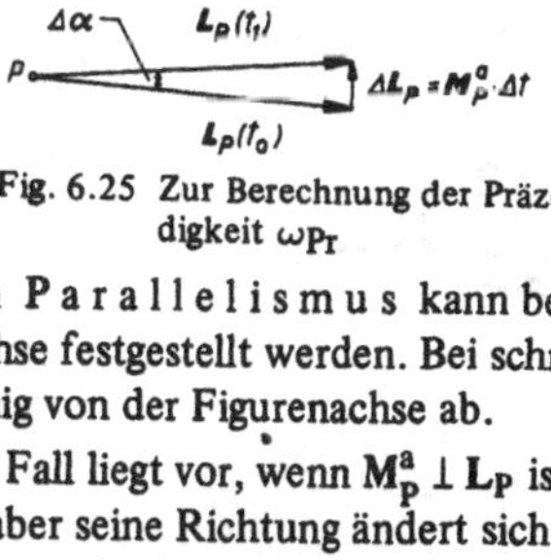

Fig. 6.25 Zur Berechnung der Präzessionsgeschwindigkeit ω_{Pr}

Diese Tendenz zum g l e i c h s i n n i g e n P a r a l l e l i s m u s kann bei schnelldrehenden Körpern auch für die Figurenachse festgestellt werden. Bei schnellen Kreiseln weicht nämlich die Drallachse nur wenig von der Figurenachse ab.

Ein für praktische Anwendungen wichtiger Fall liegt vor, wenn $\mathbf{M}_P^a \perp \mathbf{L}_P$ ist. In diesem Fall bleibt der Betrag des Dralls konstant, aber seine Richtung ändert sich. Diese Bewegung bezeichnet man als Präzessionsbewegung oder kurz Präzession. Die Winkelgeschwindigkeit ω_{Pr} der Dralländerung kann nach Fig. 6.25 wie folgt bestimmt werden: Es gilt $\Delta\alpha \, L_P(t_0) = M_P^a \, \Delta t$ oder $\Delta\alpha/\Delta t = M_P^a/L_P(t_0)$. Durch Grenzübergang findet man daraus

$$\omega_{Pr} = \frac{d\alpha}{dt} = \frac{M_P^a}{L_P(t_0)} \, .$$

Wenn der Körper eine Eigendrehung mit der Winkelgeschwindigkeit ω um die z-Achse ausführt, dann ist $L_P = C\omega$, so daß

$$\omega_{Pr} = \frac{M_P^a}{C\omega} \tag{6.83}$$

erhalten wird. Die Präzessionsgeschwindigkeit ist also zum Moment proportional, aber umgekehrt proportional zur Geschwindigkeit der Eigendrehung: Je schneller ein Kreisel läuft, umso langsamer präzediert er unter dem Einfluß eines gegebenen Momentes. Die Präzessionsformel (6.83) kann unmittelbar auf den in Fig. 6.26 skizzierten Fall eines Kreiselmodells angewendet werden: Ein Kreiselrotor K ist in einem Ring R gelagert, der an einem der Lager an einem Faden F aufgehängt ist. Bei hinreichend schneller Eigendrehung ω des Rotors kann man die Rotorachse horizontal stellen, ohne daß der Ring herunterfällt. Das System Rotor und Ring vollführt vielmehr eine Präzessionsbewegung $\boldsymbol{\omega}_{Pr}$ um die vertikale Achse. Die Präzessionsrichtung kann aus dem angegebenen Satz vom gleichsinnigen Parallelismus gefunden werden. Wenn G die Gewichtskraft des Systems ist, dann folgt aus (6.83) die Präzessionsgeschwindigkeit

$$\omega_{Pr} = \frac{Ga}{C\omega} \ .$$

Man hat den beschriebenen Versuch als das Paradoxon der Kreisellehre bezeichnet, weil der Kreisel dem einwirkenden äußeren Moment der Gewichtskraft nicht nachgibt, sondern um eine zu $\mathbf{M_P}$ senkrechte Achse ausweicht. Eine reine Präzessionsbewegung (sog. „reguläre Präzession“) findet nur bei Vorliegen bestimmter Anfangsbedingungen statt. Im allgemeinen überlagern sich noch Nutationsbewegungen, so daß das vom Faden entfernt liegende Ende der Rotorachse eine wellen- oder schleifenförmige Bahn durchläuft.

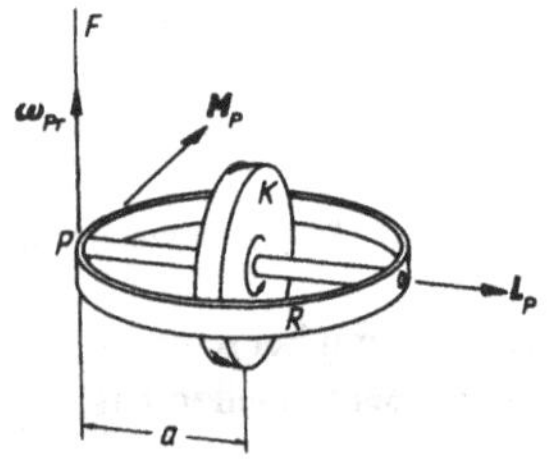

Fig. 6.26 Präzessionsversuch

Kreiselwirkungen müssen in der Technik überall dort berücksichtigt werden, wo schnellaufende Rotoren vorhanden sind. Aber auch bei den im allgemeinen nur langsam drehenden Raumschiffen und Satelliten spielen Kreiseleffekte eine große Rolle. Nutzbringende Anwendung findet der Kreisel in zahlreichen Kreiselgeräten, z.B. im Kreiselkompaß, im Wendekreisel und in Trägheitsplattformen. Auch zum Stabilisieren von Fahrzeugen (Schiffe, Einschienenbahn, Satelliten u.a.) hat man Kreisel verwendet.

6.4. Kinetik der Schwerpunktsbewegungen

In diesem Kapitel sollen Aufgaben behandelt werden, bei denen die Bewegungen des Massenmittelpunktes eines Systems unabhängig von den Drehbewegungen berechnet werden können. Das ist stets dann der Fall, wenn die einwirkenden äußeren Kräfte nur von der Lage oder Geschwindigkeit des Massenmittelpunktes, nicht aber von der sonstigen räumlichen Orientierung des betrachteten Körpers oder von seinen Drehbewegungen um den Massenmittelpunkt abhängen. Bei vielen Bewegungen sind diese Voraussetzungen ausreichend genau erfüllt. In derartigen Fällen darf man sich die Gesamtmasse eines Systems im Massenmittelpunkt konzentriert vorstellen („Punktmasse") und kann dessen Bewegungen mit Hilfe des Impulssatzes (6.14) oder des Schwerpunktsatzes (6.15) berechnen. In allgemeineren Fällen müssen jedoch Impulssatz und Drallsatz gemeinsam verwendet werden, da die Drehbewegungen dann mit den Bahnbewegungen des Massenmittelpunktes verkoppelt sind. (Beispiel: Bewegungen von Flugzeugen).

6.4.1. Bahnbewegungen in zentralen Kraftfeldern. Ein zentrales Kraftfeld liegt vor, wenn die Wirkungslinien der auf eine Punktmasse wirkenden äußeren Kräfte stets durch ein gegebenes Zentrum laufen. Die entstehenden Bewegungen heißen Zentralbewegungen. Beispiele sind die Bewegungen von Planeten und Satelliten, aber auch die Schwingungen isoelastisch gefesselter Lagermassen, von denen Fig. 6.27 eine Skizze zeigt.

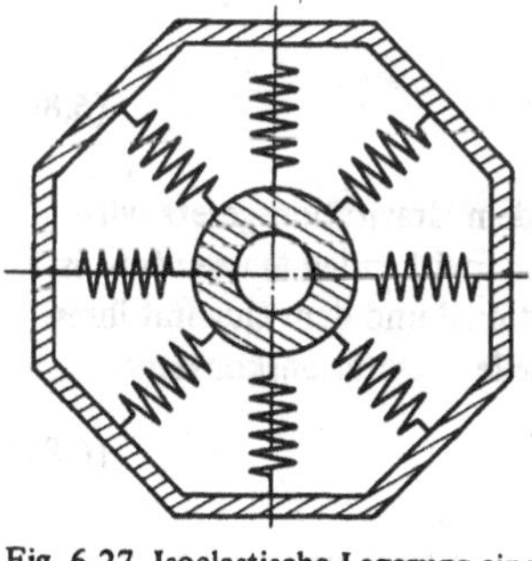

Fig. 6.27 Isoelastische Lagerung einer Welle

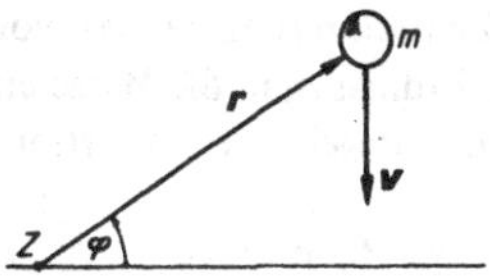

Fig. 6.28 Zur Berechnung der Zentralbewegungen

Zunächst soll eine allgemeine, für beliebige Zentralbewegungen geltende Gesetzmäßigkeit abgeleitet werden. Wenn r und φ Polarkoordinaten sind, die die Lage der Punktmasse m gegenüber dem Anziehungszentrum Z (Fig. 6.28) beschreiben, dann hat man bezüglich Z den Drall

$$\mathbf{L}_Z = (\mathbf{r} \times \mathbf{v})\, m\,.$$

Mit den Komponenten in Zylinderkoordinaten (Abschn. 5.1.2) $\mathbf{r} = [r, 0, 0]$ und $\mathbf{v} = [\dot{r}, r\dot{\varphi}, 0]$ folgt daraus

$$\mathbf{L}_Z = m\,[0, 0, r^2\dot{\varphi}]\,.$$

Da die auf m wirkende Zentralkraft durch Z geht, wird $\mathbf{M}_Z = 0$. Nach dem Drallerhaltungssatz (6.24) ist daher $\mathbf{L}_Z = \text{const}$, also

$$r^2\dot{\varphi} = \text{const} = K\,. \tag{6.84}$$

Diese Beziehung wird allgemein als Flächensatz bezeichnet, da sie besagt, daß der Vektor **r** vom Zentrum zur Masse in gleichen Zeiten Δt stets gleiche Flächen ΔA überstreicht. Tatsächlich erkennt man aus Fig. 6.29, daß $\Delta A = \frac{1}{2} r \Delta\varphi r$, also

$$\dot{A} = \lim_{\Delta t \to 0} \frac{\Delta A}{\Delta t} = \frac{1}{2} r^2 \dot{\varphi} = \frac{K}{2} \tag{6.85}$$

ist. Auf die Planetenbewegung angewandt ist (6.84) mit dem zweiten Keplerschen Gesetz identisch:

Die Verbindungslinie von der Sonne zu den Planeten überstreicht in gleichen Zeiten gleiche Flächen.

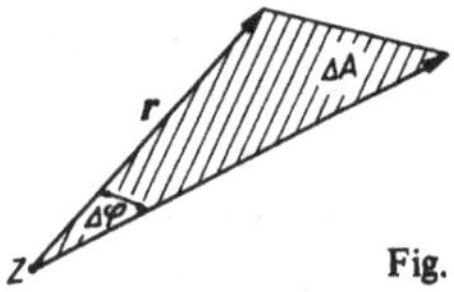

Fig. 6.29 Zur Berechnung des Flächensatzes

Um auch die anderen beiden Keplerschen Gesetze zu erhalten, soll der Impulssatz in der Form

$$m \ddot{\mathbf{r}} = \mathbf{F}_a = -\gamma \frac{m_E m}{r^2} \mathbf{e}_r \tag{6.86}$$

verwendet werden. Als äußere Kraft ist dabei die nach dem Gravitationsgesetz wirkende Zentralkraft eingesetzt worden, die den aufeinanderwirkenden Massen (m_E ist z.B. die Erdmasse, m die Masse eines Satelliten) proportional und dem Quadrat ihres Abstandes umgekehrt proportional ist; γ ist die universelle Gravitationskonstante:

$$\gamma = 6{,}664 \cdot 10^{-11} \frac{m^3}{kg\, s^2} . \tag{6.87}$$

Mit (5.15) wird aus (6.86) als Koordinatengleichung in der r-Richtung

$$\ddot{r} - r\dot{\varphi}^2 = -\frac{\gamma m_E}{r^2} \tag{6.88}$$

erhalten. Da wir eine Aussage über die Form der von der Masse m durchlaufenen Bahn anstreben, also die Funktion $r(\varphi)$ suchen, formen wir den auf der linken Seite stehenden Beschleunigungsausdruck um, wobei wegen (6.84) für $\dot{\varphi} = K/r^2$ eingesetzt werden kann:

$$\dot{r} = \frac{dr}{d\varphi} \frac{d\varphi}{dt} = \frac{K}{r^2} \frac{dr}{d\varphi} = -K \frac{d}{d\varphi}\left(\frac{1}{r}\right),$$

$$\ddot{r} = \frac{d\dot{r}}{dt} = -K \frac{d^2}{d\varphi^2}\left(\frac{1}{r}\right)\dot{\varphi} = -\frac{K^2}{r^2} \frac{d^2}{d\varphi^2}\left(\frac{1}{r}\right),$$

$$\ddot{r} - r\dot{\varphi}^2 = -\frac{K^2}{r^2} \frac{d^2}{d\varphi^2}\left(\frac{1}{r}\right) - \frac{K^2}{r^3} .$$

Mit der Abkürzung $K^2/\gamma m_E = p$ (diese übliche Abkürzung darf nicht mit dem Impuls p verwechselt werden) erhält man daher aus (6.88) die Differentialgleichung

$$\frac{d^2}{d\varphi^2}\left(\frac{1}{r}\right) + \frac{1}{r} = \frac{1}{p} . \qquad (6.89)$$

Sie hat – wie man durch Einsetzen leicht bestätigt – die allgemeine Lösung

$$\frac{1}{r} = \frac{1}{p}\,[1 + \epsilon \cos(\varphi - \varphi_0)] ,$$

wobei ϵ und φ_0 Integrationskonstanten sind. Zählt man den Winkel φ von einem Bahnpunkt aus, an dem $\dot{r} = 0$ ist, dann wird $\varphi_0 = 0$, denn es gilt.

$$\dot{r} = -K \frac{d}{d\varphi}\left(\frac{1}{r}\right) = \frac{K\epsilon}{p} \sin(\varphi - \varphi_0) .$$

Die Gleichung der Bahnkurve geht damit über in:

$$r = \frac{p}{1 + \epsilon \cos\varphi} . \qquad (6.90)$$

Das ist die Polargleichung einer Ellipse mit der „numerischen Exzentrizität" $\epsilon = e/a$ und dem Ellipsenparameter $p = b^2/a$. Dabei sind a die große und b die kleine Halbachse der Bahnellipse und e der Abstand vom Mittelpunkt zum Brennpunkt (Fig. 6.30). Der Winkel φ wird von der Strecke ZP aus gezählt. Man hat dann

$$r_P = \frac{p}{1+\epsilon} = \frac{b^2}{a+e} = a - e ,$$

$$r_A = \frac{p}{1-\epsilon} = \frac{b^2}{a-e} = a + e .$$

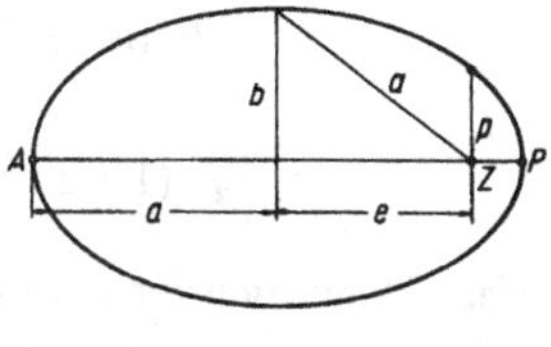

Fig. 6.30 Kepler-Ellipse

Der dem Zentrum nächste Punkt der Bahn P heißt P e r i z e n t r u m (bei Erdsatelliten „Perigäum", bei Planeten „Perihel"), der zentrumfernste Punkt A heißt A p o - z e n t r u m (bei Erdsatelliten „Apogäum", bei Planeten „Aphel"). Damit ist das e r s t e K e p l e r s c h e G e s e t z gefunden:

Die Planeten bewegen sich auf elliptischen Bahnen, in deren einem Brennpunkt die Sonne steht.

Das dritte Keplersche Gesetz gibt eine Aussage über die Umlaufzeit T eines Planeten. Um sie zu erhalten, integrieren wir (6.85) für einen vollen Umlauf und erhalten damit bei einer Ellipsenbahn

$$A = \pi\, a\, b = \frac{1}{2} K T .$$

Mit $K^2 = p\gamma m_E = \frac{b^2}{a} \gamma m_E$ folgt daraus

$$a^3 = \frac{\gamma m_E}{4\pi^2} T^2 . \tag{6.91}$$

Das ist die Aussage des dritten Keplerschen Gesetzes:

Die Quadrate der Umlaufzeiten der Planeten verhalten sich wie die dritten Potenzen der großen Halbachsen.

Aus dem Flächensatz (6.84) folgt unmittelbar das Ergebnis, daß sich die Geschwindigkeiten eines Satelliten im erdnächsten und erdfernsten Punkt umgekehrt wie die Abstände verhalten:

$$v_P : v_A = r_A : r_P . \tag{6.92}$$

Satelliten können nicht nur – wie Planeten – elliptische Bahnen durchlaufen. Man erhält vielmehr aus der allgemeinen Bahngleichung (6.90)

für $\epsilon = 0$	: Kreise	(mit $r = p$) ,
für $0 < \epsilon < 1$	: Ellipsen	(r bleibt endlich) ,
für $\epsilon = 1$	: Parabeln	(r wird unendlich für bestimmte φ) .
für $\epsilon > 1$	: Hyperbeln	

Welche dieser Bahnen wirklich erhalten wird, hängt von der Startgeschwindigkeit des Satelliten ab. Um diese Zusammenhänge zu klären, soll jetzt die Funktion $\epsilon(v)$ ausgerechnet werden. Für die Geschwindigkeit gilt nach (5.15)

$$v^2 = \dot{r}^2 + (r\dot{\varphi})^2 = \left(\frac{K\epsilon}{p} \sin\varphi\right)^2 + \left[\frac{K}{p}(1 + \epsilon\cos\varphi)\right]^2$$

$$= \frac{K^2}{p^2}(1 + \epsilon^2 + 2\epsilon\cos\varphi) .$$

Nach Elimination von $\cos\varphi$ mit (6.90) erhält man mit $K^2 = p\, m_E \gamma$ und $p = b^2/a$

$$v^2 = m_E \gamma \left(\frac{2}{r} - \frac{1}{a}\right).$$

Hierin kann noch $m_E\gamma = g_0 R^2$ gesetzt werden, wenn R der Erdradius und g_0 der an der Erdoberfläche geltende Wert der Fallbeschleunigung ist. Man erkennt dies aus (6.86), wenn dort für r der Erdradius R eingesetzt wird:

$$F_a (r = R) = \gamma \frac{m_E m}{R^2} = G = m g_0 .$$

Dabei ist der gegenüber der Massenbeschleunigung kleine Anteil der Zentrifugalbeschleunigung vernachlässigt worden. Somit wird

$$v^2 = \frac{g_0 R^2}{r}\left(2 - \frac{r}{a}\right) \tag{6.93}$$

erhalten. Um darin die numerische Exzentrizität ϵ einzuführen, soll angenommen werden, daß ein Satellit nach dem Transport auf seine Umlaufbahn gegenüber einem nicht mit der Erde drehenden Bezugssystem eine Horizontalgeschwindigkeit v besitzt, die als variabel angenommen wird. Es sind nun zwei Fälle zu unterscheiden. Bei kleiner Geschwindigkeit wird eine Bahn vom Typ I (Fig. 6.31) erhalten, bei der der Erdmittelpunkt M der vom Startpunkt entferntere Brennpunkt der Bahnellipse ist. In diesem Fall ist $r = r_A = R + H$ und

$$e = r_A - a\,, \quad \text{folglich} \quad \epsilon = \frac{e}{a} = \frac{r_A}{a} - 1\,.$$

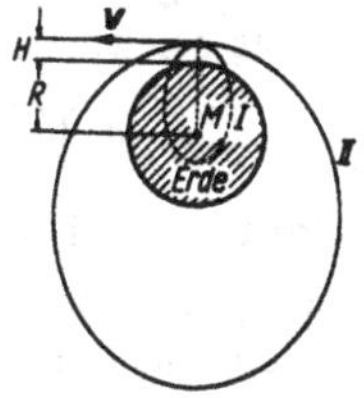

Fig. 6.31 Bahntypen für Satelliten

Durch Einsetzen in (6.93) und Ausrechnen findet man

$$\text{Fall I:} \quad \epsilon_I = 1 - \frac{r_A v^2}{g_0 R^2}\,. \tag{6.94}$$

Folgerungen

- Für sehr kleines v wird $\epsilon \approx 1$, also näherungsweise eine Parabelbahn erhalten, die einer Wurfparabel entspricht;
- für $0 < v < v_{Kr}$ mit

$$v_{Kr} = R\sqrt{\frac{g_0}{r_A}} = R\sqrt{\frac{g_0}{R+H}} \tag{6.95}$$

  wird $0 < \epsilon < 1$; also erhält man Ellipsen, die die Erdkontur schneiden;
- für $v = v_{Kr}$ wird $\epsilon = 0$, also wird eine Kreisbahn mit M als Mittelpunkt erhalten.

Bei größeren Geschwindigkeiten werden Ellipsenbahnen vom Typ II (Fig. 6.31) erhalten, bei denen M der näher am Startpunkt liegende Brennpunkt ist. Dann ist $r = r_P = R + H$ und

$$e = a - r_P\,, \quad \text{folglich} \quad \epsilon = \frac{e}{a} = 1 - \frac{r_P}{a}\,.$$

Einsetzen in (6.93) ergibt jetzt:

$$\text{Fall II:} \quad \epsilon_{II} = \frac{r_P v^2}{g_0 R^2} - 1\,. \tag{6.96}$$

Folgerungen:

- Für $v = v_{Kr}$ nach (6.95) wird $\epsilon = 0$; das ergibt eine Kreisbahn, die mit der zuvor erhaltenen identisch ist;
- für $v_{Kr} < v < \sqrt{2}\,v_{Kr}$ wird $0 < \epsilon < 1$; das ergibt Ellipsenbahnen;

- für $v = \sqrt{2}\,v_{Kr}$ wird $\epsilon = 1$; das ergibt eine Parabelbahn, bei der sich der Satellit vollkommen aus dem Anziehungsbereich der Erde entfernt (Fluchtbahn);
- für $v > \sqrt{2}\,v_{Kr}$ wird $\epsilon > 1$; das ergibt Hyperbelbahnen.

Die Mindestgeschwindigkeit, die notwendig ist, einen Satelliten auf eine erdnahe Kreisbahn zu befördern, ist wegen $H \ll R$

$$v_{Kr} = \sqrt{g_0 R} = 7900\ \text{m/s}. \tag{6.97}$$

Man nennt sie die erste astronautische Geschwindigkeit. Die Fluchtgeschwindigkeit, die notwendig ist, damit ein Satellit den Anziehungsbereich der Erde verlassen kann,

$$v_{Fl} = \sqrt{2}\,v_{Kr} = \sqrt{2\,g_0 R} = 11200\ \text{m/s} \tag{6.98}$$

wird als zweite astronautische Geschwindigkeit bezeichnet.

Neben den beiden astronautischen Geschwindigkeiten ist auch die Umlaufzeit T für eine erdnahe Kreisbahn eine für die Erde charakteristische Konstante (die „Schulersche Periode"). Man erhält

$$T = \frac{2\pi R}{v_{Kr}} = 2\pi\sqrt{\frac{R}{g_0}} = 84{,}4\ \text{Minuten}. \tag{6.99}$$

Für elliptische Bahnen mit beliebiger Halbachse a erhält man wegen (6.91) mit $\gamma m_E = g_0 R^2$:

$$T = 2\pi\sqrt{\frac{a^3}{g_0 R^2}}\,. \tag{6.100}$$

Die erhaltenen Ergebnisse für die Satellitenbewegung können sinngemäß auch auf die Bahnen von Elementarteilchen angewendet werden. Jedoch können hier auch abstoßenden Zentralkräfte vorkommen, z.B. beim Beschuß von Atomkernen mit α-Teilchen. In diesem Falle erhält man als Bahnkurven ausschließlich Hyperbeln.

6.4.2. Bewegungen bei Vorhandensein von Widerstandskräften. Bei der Berechnung der Satellitenbewegungen wurde als äußere Kraft nur die Gewichtskraft berücksichtigt. Widerstandskräfte, die sich besonders bei erdnahen Satelliten störend bemerkbar machen und die Lebensdauer herabsetzen, wurden vernachlässigt.

Jetzt soll auch der Einfluß der vom Bewegungszustand abhängigen Widerstandskräfte F_W untersucht werden. Diese Kräfte sind als äußere Kräfte bei der Aufstellung der Bewegungsgleichungen zu berücksichtigen.

Je nach der Art der Reibungserscheinungen, die für das Entstehen des Widerstandes verantwortlich sind, kann die Widerstandskraft in verschiedener Weise von der Geschwindigkeit abhängen. Man unterscheidet im allgemeinen die folgenden typischen Fälle:

- Coulombsche Reibung:

$$F_W = -c_1 \frac{v}{v}\,. \tag{6.101}$$

Sie tritt beim Aneinandergleiten fester Körper auf;

- viskose Dämpfung:

$$\mathbf{F}_W = -c_2\,\mathbf{v}\,. \tag{6.102}$$

Sie tritt bei Bewegungen in zähen Fluiden oder bei elektrischer Wirbelstromdämpfung auf;

- turbulente Dämpfung:

$$\mathbf{F}_W \approx -c_3\,v\,\mathbf{v}\,. \tag{6.103}$$

Sie kommt angenähert bei schnellen Bewegungen in Gasen oder in Flüssigkeiten mit geringer Viskosität vor.

In allen drei Fällen ist $\mathbf{F}_W$ der Richtung von $\mathbf{v}$ entgegengesetzt. Die Faktoren c hängen von Systemparametern ab; sie müssen in konkreten Fällen berechnet oder aus Tabellen entnommen werden.

Als Beispiel soll die Bewegung einer Punktmasse (Fig. 6.32) im Schwerefeld mit Widerstand untersucht werden. Es sei dabei zunächst eine beliebige Widerstandsfunktion $\mathbf{F}_W = -F_W(v)\,\mathbf{v}/v$ angenommen. Die Annahme, daß $\mathbf{F}_W \parallel \mathbf{v}$ ist, kann für symmetrische, z.B. kugelförmige Körper als gute Näherung verwendet werden. Der Impulssatz lautet jetzt für die betrachtete Punktmasse

$$m\mathbf{a} = \mathbf{F}_G + \mathbf{F}_W = m\mathbf{g} - F_W(v)\,\frac{\mathbf{v}}{v}\,. \tag{6.104}$$

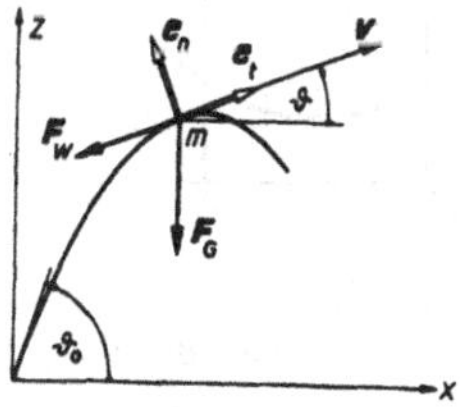

Fig. 6.32
Bewegung einer Punktmasse mit Widerstand im Schwerefeld

Diese Vektorgleichung soll in Tangential- und Normalrichtung zur Bahn skalar zerlegt werden. Mit $\mathbf{a} = [\dot v, v\dot\vartheta]$ (s. (5.18)) erhält man

$$\left.\begin{aligned} m\,\dot v &= -mg\sin\vartheta - F_W\,,\\ m\,v\,\dot\vartheta &= -mg\cos\vartheta\,. \end{aligned}\right\} \tag{6.105}$$

Zur Lösung kann man z.B. den folgenden Weg einschlagen: Durch Division beider Gleichungen wird

$$\frac{1}{v}\,\frac{\dot v}{\dot\vartheta} = \frac{g\sin\vartheta + F_W/m}{g\cos\vartheta}$$

erhalten. Mit der Abkürzung $w(v) = \frac{F_W(v)}{mg}$ folgt daraus eine Differentialgleichung erster Ordnung für die Funktion $v(\vartheta)$:

$$\frac{dv}{d\vartheta} = \frac{v}{\cos\vartheta}\,[\sin\vartheta + w(v)] = f(v,\vartheta)\,. \tag{6.106}$$

Diese Gleichung läßt sich z.B. nach dem Isoklinenverfahren für beliebige Funktionen w(v) lösen. Dazu verwendet man eine v,ϑ-Ebene (Fig. 6.33). Zu jedem durch ein Wertepaar v, ϑ gegebenen Punkt dieser Ebene findet man aus (6.106) die Neigung $dv/d\vartheta$, mit der die Lösungskurve durch diesen Punkt hindurchläuft. Durch Aneinanderfügen von Linienelementen kann auf diese Weise grafisch jede Lösungskurve konstruiert werden. Die Kurve I in Fig. 6.33 entspricht z.B. einem Wurf nach oben ($v > 0$, $\vartheta > 0$). Die zugehörige Bahnkurve in der x,z-Ebene ist in Fig. 6.34 skizziert. Nach dem Abwurf (Punkt 1) nehmen Geschwindigkeit und Neigung der Bahnkurve ab ($\dot{v} < 0$, $\dot{\vartheta} < 0$); im Punkte 2 ist die Bahn horizontal; der Körper verliert dennoch weiter an Geschwindigkeit bis zum Punkte 3. Danach steigt v wieder an, weil die antreibende Gewichtskraft die Widerstandskraft übertrifft. Dieser Anstieg erfolgt jedoch nur bis zum Grenzwert v_4, der durch $w(v_4) = 1$ gegeben ist. Dem Punkte 4 entspricht der Endzustand der Bewegung, bei dem der Körper mit konstanter Geschwindigkeit v_4 vertikal herunterfällt. Für diese Sinkgeschwindigkeit ist gerade $\mathbf{F}_G = -\mathbf{F}_W$, Gewicht und Widerstand heben sich auf.

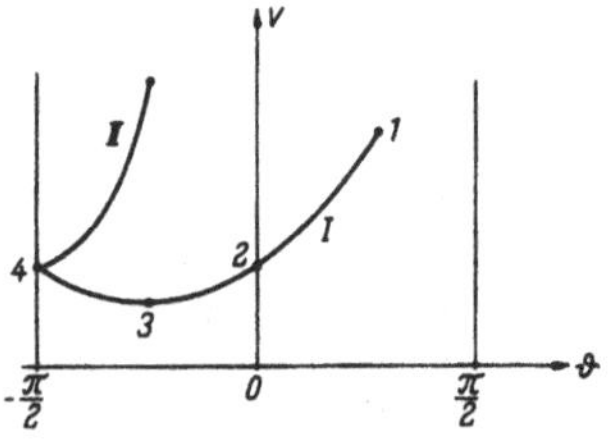

Fig. 6.33
Darstellung der Bewegung in der v, ϑ-Ebene

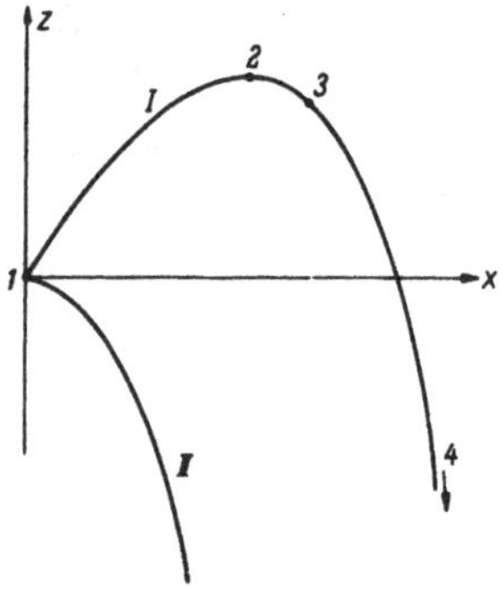

Fig. 6.34
Bahnkurven in der x, z-Ebene

Eine andere Lösungskurve, die etwa der Bewegung eines Fallschirmes entspricht, zeigt Kurve II.

Als Beispiel für eine analytische Lösung soll (6.106) für den Sonderfall turbulenter Dämpfung

$$w(v) = c\,v^2 \tag{6.107}$$

gelöst werden. Durch Einführen der neuen Variablen

$$u = \frac{1}{v^2} \; ; \; v = \frac{1}{\sqrt{u}} \; ; \; dv = -\frac{du}{2\sqrt{u^3}}$$

läßt sich (6.106) umformen in die lineare Differentialgleichung

$$\frac{du}{d\vartheta} + 2\tan\vartheta\, u + \frac{2c}{\cos\vartheta} = 0\,. \tag{6.108}$$

Sie hat die Lösung

$$u = \left(\frac{\cos \vartheta}{\cos \vartheta_0}\right)^2 \left(K - 2c \cos^2 \vartheta_0 \int \frac{d\vartheta}{\cos^3 \vartheta}\right).$$

Die Integrationskonstante K wird aus der Anfangsbedingung $v = v_0$ zu $K = u_0 = 1/v_0^2$ bestimmt. Auflösen nach v ergibt dann:

$$v = \frac{v_0 \cos \vartheta_0}{\cos \vartheta \sqrt{1 - 2 c v_0^2 \cos^2 \vartheta_0 \int \frac{d\vartheta}{\cos^3 \vartheta}}}. \tag{6.109}$$

Auch das darin noch vorkommende Integral kann explizit angegeben werden (s. Integraltabellen), so daß $v(\vartheta)$ vollständig ermittelt ist, sofern der Parameter c und die Anfangsbedingungen v_0 und ϑ_0 bekannt sind.

Man erkennt leicht die folgenden Grenzfälle:

a) kein Widerstand ($c = 0$); $v \cos \vartheta = v_0 \cos \vartheta_0$, d.h. die Horizontalkomponente der Geschwindigkeit ist konstant.

b) freier Fall ($\vartheta \approx -\pi/2$): hier erhält man mit $\vartheta = -\pi/2 + \epsilon$ bei Grenzübergang $\epsilon \to 0$

$$v \approx \frac{v_0 \cos \vartheta_0}{\epsilon \sqrt{1 + c v_0^2 \cos^2 \vartheta_0 \frac{1}{\epsilon^2}}} \approx \frac{1}{\sqrt{c}} = v_\infty$$

mit der konstanten Sinkgeschwindigkeit v_∞, die sich nach hinreichend langer Zeit einstellt.

Will man auch die Bahnkurve berechnen, dann findet man aus

$$\dot{x} = v \cos \vartheta \; ; \quad \dot{z} = v \sin \vartheta$$

durch Integration

$$x = x_0 + \int_0^t v \cos \vartheta \, dt \; ; \quad z = z_0 + \int_0^t v \sin \vartheta \, dt .$$

Nun ist $dt = \frac{dt}{d\vartheta} \cdot d\vartheta = \frac{d\vartheta}{\dot{\vartheta}}$, so daß wegen (6.105) mit $\dot{\vartheta} = -\frac{g \cos \vartheta}{v}$ erhalten wird

$$\left.\begin{aligned} x &= x_0 - \frac{1}{g} \int_{\vartheta_0}^{\vartheta} [v(\vartheta)]^2 \, d\vartheta , \\ z &= z_0 - \frac{1}{g} \int_{\vartheta_0}^{\vartheta} [v(\vartheta)]^2 \tan \vartheta \, d\vartheta . \end{aligned}\right\} \tag{6.110}$$

Als Ergebnis erhält man eine Parameterdarstellung der Bahn durch die Funktionen $x(\vartheta)$ und $z(\vartheta)$.

6.4.3. Bewegungen eines Systems mit veränderlicher Masse. Als Beispiel für die Anwendung der allgemeinen Impulsgleichung (6.20) soll die Bewegung einer Rakete während der Antriebsphase untersucht werden. Man kann hier in guter Näherung annehmen, daß sich sowohl die Rakete selbst wie auch die Masseteilchen dm_T des Antriebsstrahles translatorisch bewegen (Fig. 6.35). Überdies soll vereinfachend angenommen werden, daß die Strahlgeschwindigkeit v_T über den Strahlquerschnitt konstant ist. Damit kann man die gesamte Impulsänderung dp des aus der Masse $m + dm_T$ bestehenden Systems während eines kleinen Zeitabschnittes dt aus zwei Anteilen zusammensetzen: aus einer von der Änderung dv der Raketengeschwindigkeit herrührenden und aus einer durch den Ausstoßvorgang bedingten Impulsänderung der Masse dm_T:

$$dp = m\,dv + dm_T\,(v_T - v)\,.$$

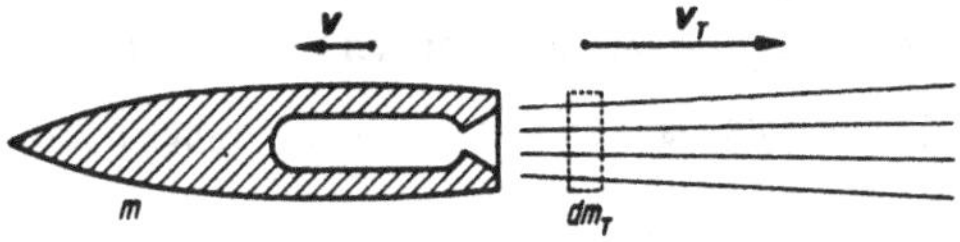

Fig. 6.35
Zur Ableitung der Raketengleichung

Berücksichtigt man nun, daß $v_T - v = v_{rel}$ gleich der relativen Ausströmgeschwindigkeit der Gase aus der Raketen-Brennkammer ist, dann erhält man nach Bezug auf dt mit (6.14)

$$\frac{dp}{dt} = m\,a + v_{rel}\,\frac{dm_T}{dt} = F_a\,.$$

Bei dieser Ableitung sind sowohl die Impulsänderung dmdv als auch die auf dm_T wirkenden äußeren Kräfte als klein von zweiter Ordnung vernachlässigt worden. Diese Raketengleichung kann jetzt mit der sekundlichen Massenänderung (dem „Durchsatz") $\mu = dm_T/dt$ in der Form

$$ma = F_a - \mu v_{rel} \tag{6.111}$$

geschrieben werden. Die hier auftretende Größe $-\mu v_{rel} = F_S$ wird als Schubkraft bezeichnet; ihre Richtung ist der relativen Ausströmgeschwindigkeit des Strahls entgegengesetzt.

Um einige typische Eigenschaften der Lösungen der Raketengleichung zu erkennen, soll im folgenden zur Vereinfachung $F_a = 0$ angenommen werden. Das ist sicher zulässig für Raketen, die sich bereits auf einer Umlaufbahn im schwerelosen Zustand befinden und dort wieder gezündet werden; außerdem gilt es als gute Näherung für solche Raketen, deren Schubkraft groß gegenüber der Gewichtskraft ist. Wegen $\mu = dm_T/dt = - dm/dt$ hat man die Differentialgleichung

$$m\,\frac{dv}{dt} = -\mu\,v_{rel} = +\,v_{rel}\,\frac{dm}{dt}$$

mit der Lösung

$$v = v_0 - v_{rel}\,\ell n\,\frac{m_0}{m}\,. \tag{6.112}$$

Hier ist m_0 die Startmasse der Rakete. Um aus (6.111) die erreichbare Maximalgeschwindigkeit der Rakete zu erhalten, führen wir die Leermasse m_L ein, die mit der Startmasse m_0 und der Brennzeit T wie folgt zusammenhängt

$$m_L = m_0 - \int_0^T \mu\, dt$$

und $$m = m_L + \int_t^T \mu\, dt.$$

Damit kann die Geschwindigkeit als Funktion von t angegeben werden:

$$v = v_0 - v_{rel}\, \ell n \frac{m_0}{m_L + \int_t^T \mu\, dt} . \tag{6.113}$$

Die größte Geschwindigkeit bei Brennschluß t = T wird

$$v_{max} = v_0 - v_{rel}\, \ell n \frac{m_0}{m_L} . \tag{6.114}$$

Man erkennt daraus, daß das Verhältnis von Start- und Leer-Masse der Rakete von wesentlicher Bedeutung ist. Große Brennschluß-Geschwindigkeit wird erhalten für:

- großes Verhältnis m_0/m_L,
- große relative Ausströmgeschwindigkeit v_{rel} des Strahls.
- große Anfangsgeschwindigkeit v_0 beim Start, erreichbar z.B. durch Verwendung von Mehrstufenraketen.

Einige D a t e n mögen das hier Gesagte ergänzen: Die Rakete Saturn V hat einen Gesamtdurchsatz in der ersten Stufe von $\mu = 1{,}1 \cdot 10^4$ kg/s, im Vakuum ist $v_{rel} \approx$ 3000 m/s. Daraus errechnet sich eine Schubkraft $F_S = 3{,}3 \cdot 10^7$ N. Bei einer Brennzeit von 150 s werden etwa $1{,}7 \cdot 10^6$ kg Treibstoff verbraucht.

6.5 Kinetik der Relativbewegungen

Im Impulssatz und im Drallsatz kommen in der Form

$$\frac{dp}{dt} = F_a \quad \text{und} \quad \frac{dL_P}{dt} = M_P^a \tag{6.115}$$

die absoluten, d.h. von einem Inertialsystem aus gebildeten Änderungen von Impuls und Drall vor. Nun kann oft eine Bewegung nur von einem bewegten Bezugssystem (Fahrzeug, Raumschiff oder Erde) aus beobachtet und vermessen werden. Deshalb ist es von Interesse, die Grundgleichungen so umzuformen, daß die relativen Größen darin vorkommen. Für den Drallsatz ist diese Aufgabe bereits im Abschn. 6.3.4 behandelt worden. Hier soll deshalb nur der Impulssatz untersucht werden, wobei eine Beschränkung auf solche Fälle vorgenommen werden soll, bei denen die Gesamtmasse eines Systems als Punktmasse im Massenmittelpunkt aufgefaßt werden kann (s.Abschn. 6.2.2). Dann gilt

$$m\, a_S = F_a . \tag{6.116}$$

Der Zusammenhang der Absolutbeschleunigung a mit dem von einem beliebig gegenüber einem Inertialsystem bewegten (verschobenen und gedrehten) Bezugssystem ist in

Abschn. 5.4 untersucht worden. Setzt man das Ergebnis (5.49) für **a** in (6.116) ein, dann folgt

$$m\,(\mathbf{a}' + \mathbf{a}_F + \mathbf{a}_C) = \mathbf{F}_a$$

oder in anderer Weise geschrieben:

$$m\,\mathbf{a}' = \mathbf{F}_a + \mathbf{F}_F + \mathbf{F}_C\,, \tag{6.117}$$

mit den beiden Zusatzkräften:

- Führungskraft

$$\mathbf{F}_F = -\,m\,\mathbf{a}_F = -\,m\,[\ddot{\mathbf{r}}_{O'} + \dot{\boldsymbol{\omega}} \times \mathbf{r}' + \boldsymbol{\omega} \times (\boldsymbol{\omega} \times \mathbf{r}')]\,, \tag{6.118}$$

- Corioliskraft

$$\mathbf{F}_C = -\,m\,\mathbf{a}_C = -\,2\,m\,(\boldsymbol{\omega} \times \mathbf{v}')\,. \tag{6.119}$$

Das Ergebnis (6.117) kann wie folgt gedeutet werden: Wenn die von einem bewegten System aus festzustellenden Bewegungen einer Punktmasse berechnet werden sollen, dann kann dazu der Impulssatz (6.116) verwendet werden; nur müssen zu den äußeren Kräften $\mathbf{F}_a$ die Relativkräfte $\mathbf{F}_F$ und $\mathbf{F}_C$ hinzugefügt werden, so daß man zu (6.117) kommt. Diese Relativkräfte sind keine Scheinkräfte, sondern für den mitbewegten Beobachter spürbare, reale Kräfte.

Entsprechend dem im Abschn. 5.4 Gesagten kann man jeden Anteil der Relativkräfte anschaulich deuten:

- $-\,m\ddot{\mathbf{r}}_{O'}$ ist eine Trägheitskraft, die durch die Beschleunigung des Ursprungspunktes O′ des bewegten Systems entsteht.
- $-m\,(\dot{\boldsymbol{\omega}} \times \mathbf{r}')$ ist eine entsprechende Trägheitskraft, die infolge einer Drehbeschleunigung $\dot{\boldsymbol{\omega}}$ des Systems entsteht.
- $-m\,[\boldsymbol{\omega} \times (\boldsymbol{\omega} \times \mathbf{r}')]$ ist die Zentrifugalkraft, die ein Punkt im drehenden System erfährt; sie steht immer senkrecht zu dem durch O′ gehenden Vektor $\boldsymbol{\omega}$ und hat den Betrag $m\rho\omega^2$, wenn ρ der senkrechte Abstand des Punktes P vom $\boldsymbol{\omega}$ - Vektor ist.
- Die Corioliskraft $2m\,(\mathbf{v}' \times \boldsymbol{\omega})$ steht senkrecht auf $\mathbf{v}'$ und $\boldsymbol{\omega}$, so daß $\mathbf{v}'$, $\boldsymbol{\omega}$, $\mathbf{F}_C$ in dieser Reihenfolge ein Rechtssystem bilden. Sie tritt nur bei relativ bewegten Massen in drehenden Systemen auf.

Zur Veranschaulichung der Ergebnisse sollen drei Beispiele betrachtet werden:

a) Anzeige eines Kraftmessers in einem Flugzeug. Als Navigationsgeräte – oder Teile davon – werden in Flugzeugen häufig Pendel oder pendelartige Systeme verwendet, deren Bewegungen relativ zu einem flugzeugfesten System interessieren. Als einfacher Fall dieser Art sei ein in Vertikalrichtung bewegliches Feder-Masse-System nach Fig. 6.36 betrachtet. Dabei soll vereinfachend angenommen werden, daß das Flugzeug keine Drehbewegungen ausführt. Wenn der Nullpunkt der flugzeugfesten x′-Koordinate mit dem bei entspannter Feder erhaltenen Ort der Masse m zusammenfällt, dann gilt für m der Impulssatz (6.117)

$$m\,\ddot{x}' = -\,c\,x' - m\,g - m\,\ddot{x}_F\,. \tag{6.120}$$

Die darin vorkommende Führungsbeschleunigung $\ddot{x}_F$ kann aus dem für das Flugzeug angeschriebenen Impulssatz bestimmt werden. Wenn m_F die Flugzeugmasse ist und als

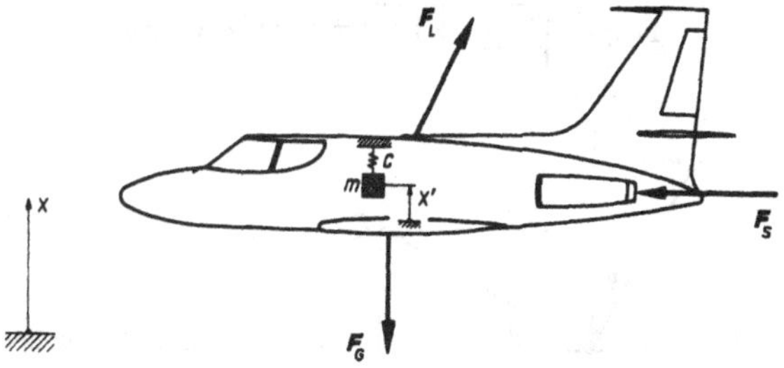

Fig. 6.36 Pendel-Kraftmesser im Flugzeug

äußere Kräfte die Gewichtskraft $\mathbf{F}_G$, die Schubkraft $\mathbf{F}_S$ und die Luftkräfte $\mathbf{F}_L$ (Auftriebs- und Widerstands-Kraft) wirken (Fig. 6.36), dann gilt mit $m_F \gg m$

$$m_F \ddot{\mathbf{r}}_F = \mathbf{F}_G + \mathbf{F}_S + \mathbf{F}_L \,.$$

Unter Berücksichtigung von $\mathbf{F}_G = m_F\mathbf{g}$ erhält man daraus für die in (6.120) eingehende Beschleunigungskoordinate $\ddot{x}_F$ in Vertikalrichtung

$$\ddot{x}_F = -g + \frac{1}{m_F}(F_{Sx} + F_{Lx}) \,.$$

Einsetzen in (6.120) ergibt als Bewegungsgleichung für das Pendel:

$$\ddot{x}' + \frac{c}{m}x' = -\frac{1}{m_F}(F_{Sx} + F_{Lx}) \,. \qquad (6.121)$$

An diesem Ergebnis ist bemerkenswert, daß die Schwerkraft überhaupt nicht mehr vorkommt. Die Bewegung des Pendels wird vielmehr ausschließlich durch die Summe von Schub- und Luft-Kraft bestimmt. Nur wenn die Kräfte $(\mathbf{F}_G, \mathbf{F}_S, \mathbf{F}_L)$ am Flugzeug im Gleichgewicht sind, also die Flugzeugbeschleunigung zu Null wird, kann – wie man aus (6.120) erkennt – mit dem Feder-Masse-System die Schwerkraft gemessen werden; dagegen werden bei instationärem Flug stets nur die äußeren Kräfte ohne die Gewichtskraft gemessen.

b) Es soll die Seitenkraft ausgerechnet werden, die eine fahrende Schnellzuglokomotive infolge der Corioliskraft auf die Schienen ausübt. Wir verwenden hierzu dasselbe erdfeste Koordinatensystem wie in Abschn. 5.4, Fig. 5.30 und erhalten mit der dort bereits ausgerechneten Coriolisbeschleunigung a_C für die Horizontalkomponenten der Corioliskraft $\mathbf{F}_C$:

$$F_{Cx'} = 2\,m\,v'\,\omega_E \sin\varphi \sin\psi \,,$$

$$F_{Cy'} = -2\,m\,v'\,\omega_E \sin\varphi \cos\psi \,.$$

Man überzeugt sich leicht (Fig. 6.37), daß der Vektor dieser Horizontalkraft auf der nördlichen Halbkugel ($\varphi > 0$) stets in Fahrtrichtung nach rechts zeigt. Die Kraft $\mathbf{F}_C$

ist die von der spurgebundenen Lokomotive auf die Schienen übertragene Kraft. Ihre Horizontalkomponente hat den Betrag

$$F_{CH} = \sqrt{F_{Cx'}^2 + F_{Cy'}^2} = 2\,m\,v'\,\omega_E \sin\varphi\,. \qquad (6.122)$$

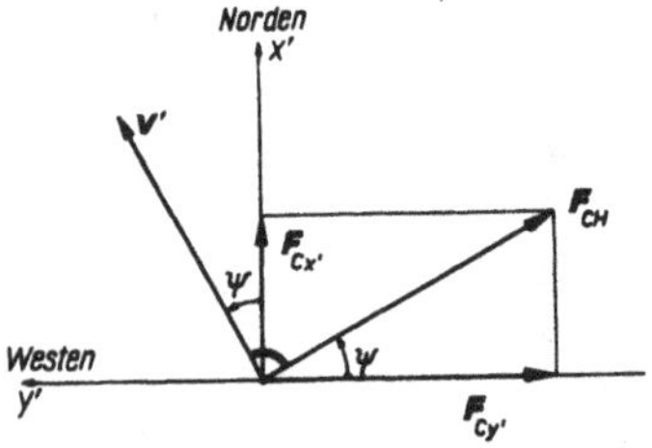

Fig. 6.37 Zur Berechnung der Corioliskraft

Ein Zahlenbeispiel möge die Größe dieser Kraft veranschaulichen: Für $m = 10^5$ kg = 100 t und $v' = 100$ km/h erhält man bei einer geografischen Breite von $\varphi = 50°$ mit $\omega_E = 7{,}26 \cdot 10^{-5}$ rad/s einen Wert von $F_{CH} = 309$ N. Das ist etwa 0,3‰ der Gewichtskraft der Lokomotive.

Wenn der Effekt im betrachteten Fall auch klein ist, so macht er sich doch in ähnlich gelagerten Fällen, z.B. bei Flüssen und vor allem bei meteorologischen Strömungen der Luft zwischen Hoch- und Tiefdruckgebieten deutlich bemerkbar.

c) Der freie Fall mit Berücksichtigung der Erddrehung. In einem erdfesten Koordinatensystem nach Fig. 6.38 lautet der Impulssatz für eine freie Punktmasse im Schwerefeld wie folgt:

$$m\,\mathbf{a}' = m\,\mathbf{g} - m\,\mathbf{a}_F - 2\,m\,(\boldsymbol{\omega}_E \times \mathbf{v}')\,. \qquad (6.123)$$

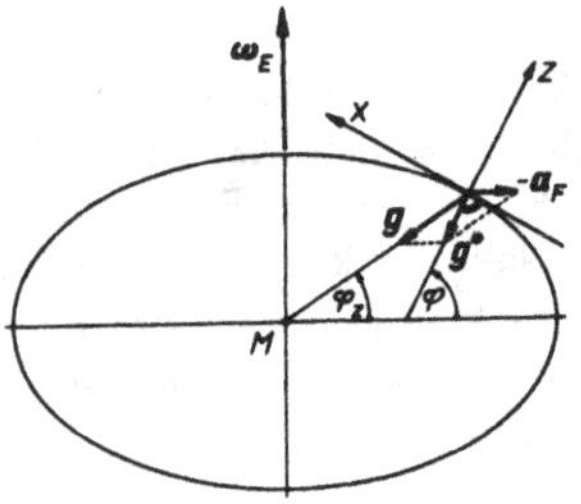

Fig. 6.38
Zur Berechnung des freien Falls bei Berücksichtigung der Erddrehung

Hierin kann $\mathbf{g} - \mathbf{a}_F = \mathbf{g}^*$ gesetzt werden, da die von der Führungsbewegung kommenden Anteile stets mit der örtlichen Gewichtskraft zusammengefaßt werden. Der Vektor $\mathbf{g}^*$ hat die Richtung des örtlichen Lotes, die wegen der Erdabplattung nicht durch den Erdmittelpunkt geht (die „geozentrische Breite“ φ_z ist etwas kleiner als die geografische Breite φ). Mit

$$\mathbf{g}^* = [0, 0, -g]\,,$$

$$\mathbf{v}' = [\dot{x}, \dot{y}, \dot{z}]\,,$$

$$\mathbf{a}' = [\ddot{x}, \ddot{y}, \ddot{z}]\,,$$

$$\boldsymbol{\omega}_E = [\omega_E \cos\varphi, 0, \omega_E \sin\varphi]$$

erhält man aus (6.123) die Koordinatengleichungen:

$$\left.\begin{aligned} \ddot{x} &= 2\,\omega_E \sin\varphi \cdot \dot{y}\,, \\ \ddot{y} &= -2\,\omega_E \sin\varphi \cdot \dot{x} + 2\,\omega_E \cos\varphi \cdot \dot{z}\,, \\ \ddot{z} &= -g - 2\,\omega_E \cos\varphi \cdot \dot{y}\,. \end{aligned}\right\} \tag{6.124}$$

Ohne auf die mögliche exakte Lösung dieses Gleichungssystems einzugehen, soll hier eine für praktische Fälle vollkommen ausreichende Näherungslösung durch Iteration vorgenommen werden. Sie geht davon aus, daß im ersten Lösungsschritt $\omega_E = 0$ angesetzt wird. Mit der Anfangsbedingung $v_0' = 0$ hat man dann $\dot{x} = \dot{y} = 0$, $\dot{z} = -g\,t$. Dieses Ergebnis kann in die rechten Seiten von (6.124) eingesetzt werden. Im zweiten Iterationsschritt erhält man: $\dot{x} = 0$, $\dot{z} = -g\,t$ und

$$\dot{y} = -\,\omega_E g \cos\varphi \cdot t^2\,,$$

$$y = -\frac{1}{3}\,\omega_E g \cos\varphi \cdot t^3\,.$$

Bezeichnet man die durchfallene Höhe mit $h = z_0 - z$, dann erhält man aus $z = z_0 - gt^2/2$ die Fallzeit $t = \sqrt{2\,h/g}$. Damit findet man eine Abweichung des fallenden Körpers nach Osten:

$$y = -\frac{2\sqrt{2}}{3}\sqrt{\frac{h}{g}}\,h\,\omega_E \cos\varphi\,. \tag{6.125}$$

Man erhält z.B. für $h = 500$ m bei $\varphi = 45°$ einen Wert von nur $y = -0{,}17$ m. An den Polen verschwindet diese Abweichung, am Äquator ist sie am größten.

Die Tatsache, daß eine Abweichung nach Osten auftritt, ist leicht einzusehen: Der Körper erhält ja vor dem Loslassen eine Ostgeschwindigkeit, die wegen $h > 0$ größer ist als die Ostgeschwindigkeit der Erdoberfläche. Dadurch fliegt der Körper während der Fallzeit etwas weiter nach Osten, als sich der Zielpunkt auf der Erdoberfläche bewegt.

Man kann die Iteration noch weiterführen. Dann erhält man im nächsten Schritt eine Südabweichung von der Größe

$$x = -\frac{h^2 \omega_E{}^2 \sin 2\varphi}{3\,g}\,. \tag{6.126}$$

Der Betrag dieser Abweichung ist jedoch sehr klein; mit den zuvor angegebenen Werten erhält man nur $x \approx 4 \cdot 10^{-6}$ m.

6.6. Schwingungen

Aus dem umfangreichen Gebiet der Schwingungen sollen hier zunächst einige Beispiele betrachtet werden, um an ihnen wichtige Begriffe einzuführen, die bei Schwingungserscheinungen eine Rolle spielen. Danach wird über Klassifizierungen sowie über die Berechnung von Schwingern zu sprechen sein. Ziel der Untersuchungen ist im allgemeinen die Bestimmung des Zeitverhaltens x(t) eines Schwingers sowie Untersuchungen darüber, wie dieses Zeitverhalten in gewünschter Weise verändert werden kann.

6.6.1. Pendelschwingungen. Zunächst werden die ebenen Schwingungen eines Punktpendels (mathematisches Pendel) betrachtet, das aus einer Punktmasse m besteht, die an einem als masselos angenommenen Faden der Länge a aufgehängt ist (Fig. 6.39). Die Lage des Pendels werde durch den Winkel φ beschrieben. Es soll das Zeitverhalten $\varphi(t)$ berechnet werden. Außerdem interessiert die Schwingungszeit T_S in Abhängigkeit von den Parametern m und a sowie von der Amplitude φ_A, die gleich dem auftretenden Größtwert von φ ist. Dämpfende Einflüße sollen zunächst vernachlässigt werden. Zur Berechnung kann daher der Energiesatz (s.Abschn. 6.2.4) verwendet werden. Man hat

$$\text{die kinetische Energie} \quad T = \frac{1}{2} m v^2 = \frac{1}{2} m (a\dot{\varphi})^2 \ ,$$

$$\text{die potentielle Energie} \quad V = mgh = mga\,(1 - \cos\varphi)\,.$$

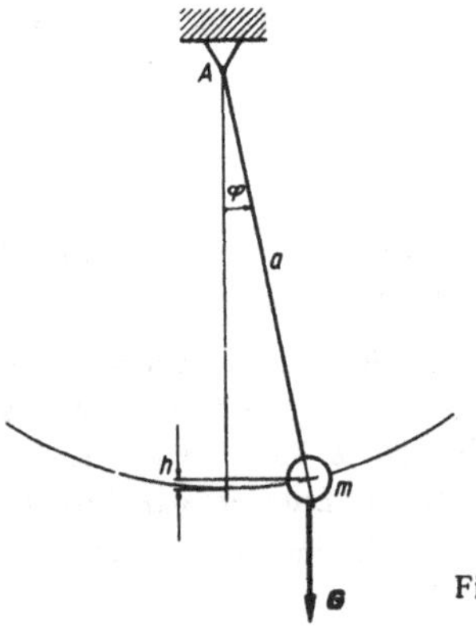

Fig. 6.39 Punktpendel

In V geht dabei nur die Gewichtskraft ein, da die Fadenkraft stets senkrecht zur Bewegungsrichtung der Masse m ist und somit keine Arbeit leistet. Da die Masse im Umkehrpunkt momentan in Ruhe ist, folgt aus dem Energiesatz (6.33):

$$\frac{1}{2} m a^2 \dot{\varphi}^2 + mga\,(1 - \cos\varphi) = mga\,(1 - \cos\varphi_A)\,.$$

Mit der Abkürzung

$$\nu^2 = \frac{g}{a} \tag{6.127}$$

folgt daraus

$$\dot{\varphi}^2 = 2\nu^2\,(\cos\varphi - \cos\varphi_A)\,.$$

Aus dieser Differentialgleichung kann wegen $\dot{\varphi} = d\varphi/dt$ durch Trennung der Variablen und Integration die Funktion $t = t(\varphi)$ gefunden werden:

$$t = t_0 + \frac{1}{\nu} \int_{\varphi_0}^{\varphi} \frac{d\varphi}{\sqrt{2(\cos\varphi - \cos\varphi_A)}}. \tag{6.128}$$

Mit Hilfe der trigonometrischen Umformung

$$\cos\varphi = 1 - 2\sin^2\left(\frac{\varphi}{2}\right)$$

und Einführen einer neuen Variablen α durch

$$\sin\frac{\varphi}{2} = \sin\frac{\varphi_A}{2}\sin\alpha = k\sin\alpha, \quad k = \sin\frac{\varphi_A}{2} \tag{6.129}$$

kann (6.128) umgeformt werden. Mit der Anfangsbedingung $t_0 = 0, \varphi_0 = 0$ erhält man:

$$t = \frac{1}{\nu}\int_0^{\alpha} \frac{d\alpha}{\sqrt{1 - \sin^2\left(\frac{\varphi_A}{2}\right)\sin^2\alpha}} = \frac{1}{\nu} F(k, \alpha). \tag{6.130}$$

Darin ist $F(k,\alpha)$ das in Tabellen niedergelegte unvollständige elliptische Integral erster Gattung in der Normalform von Legendre; die Größe k wird als Modul bezeichnet. Mit (6.130) und (6.129) ist $t = t(\varphi)$ bestimmt. Es interessiert jedoch meist die Umkehrfunktion $\varphi = \varphi(t)$. Die Umkehrung des elliptischen Integrals $F(k,\alpha)$ ergibt die Jacobische elliptische Funktion $\mathrm{sn}(k,\nu t) = \sin\alpha$. Man hat demnach wegen (6.129)

$$\sin\frac{\varphi}{2} = \sin\frac{\varphi_A}{2}\,\mathrm{sn}(k, \nu t) = k\,\mathrm{sn}(k, \nu t),$$

oder

$$\varphi = 2\arcsin[(k\,\mathrm{sn}(k, \nu t)]. \tag{6.131}$$

Damit ist $\varphi(t)$ gefunden. Die elliptische Funktion $\mathrm{sn}(k,\nu t)$ geht für $k = 0$ in $\sin\nu t$ über; für kleine Werte des Moduls k unterscheidet sie sich nur wenig von der Sinusfunktion; für $k = 1$ wird sie zu einer Rechteckfunktion (Fig. 6.40). Man beachte, daß in Fig. 6.40 die Schwingungszeit T_S als Zeitmaßstab verwendet wurde; diese hängt aber selbst noch von k ab. Man erhält wegen der Symmetrie der sn-Funktionen aus (6.130)

$$T_S = 4\frac{1}{\nu}\int_0^{\pi/2} \frac{d\alpha}{\sqrt{1 - k^2\sin^2\alpha}} = \frac{4}{\nu}F(k, \frac{\pi}{2}) = \frac{4}{\nu}K(k). \tag{6.132}$$

Darin ist $K(k)$ das nur noch von k abhängige vollständige elliptische Integral erster Gattung. Sein Verlauf ist aus Fig. 6.41 zu ersehen. Da k selbst wieder von der Amplitude φ_A abhängt, ist damit auch die Amplitudenabhängigkeit von T_S ermittelt. Nach Fig. 6.41 wächst T_S monoton mit der Amplitude und kann für $k \to 1$ d.h. $\varphi_A \to \pi$ beliebig groß werden. Für sehr kleine Amplituden $\varphi_A \ll 1$ folgt auch $k \ll 1$; man erhält dann $K = \pi/2$ und damit aus (6.132) die bekannte Pendelformel

$$T_{So} = 2\pi\sqrt{\frac{a}{g}}\,. \tag{6.133}$$

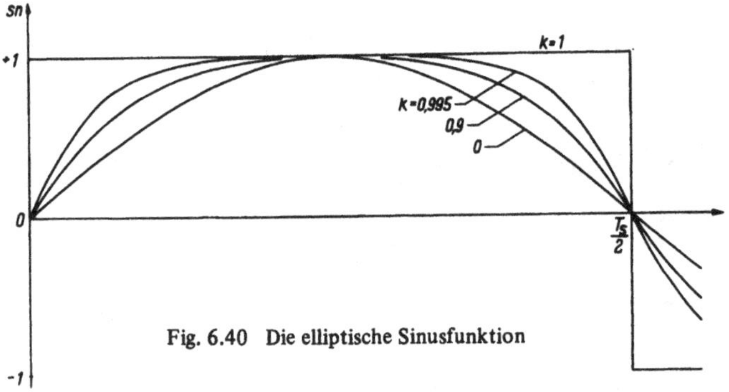

Fig. 6.40 Die elliptische Sinusfunktion

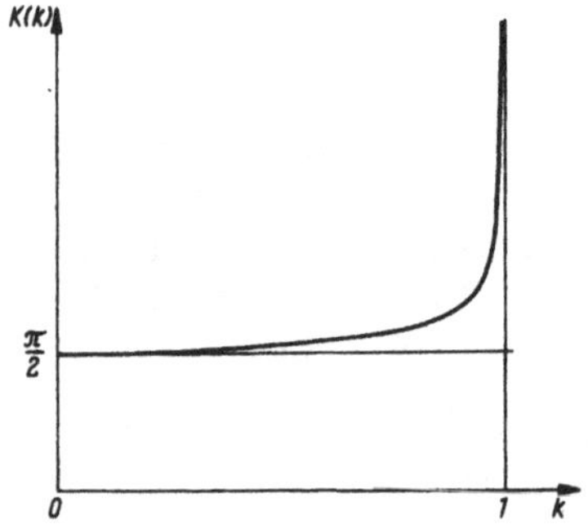

Fig. 6.41 Das vollständige elliptische Integral K (k)

Das Zeitverhalten des Pendels nach Fig. 6.39 kann auch durch Lösen der Bewegungsgleichung (s. Abschn. 6.2.2) berechnet werden. Man kann diese Gleichung z.B. aus dem Drallsatz gewinnen, indem man diesen für eine durch den Aufhängepunkt A gehende z-Achse senkrecht zur Bewegungsebene anschreibt. Mit dem Drall $L_{Az} = amv = ma^2\dot{\varphi}$ und dem Moment $M_{Az} = -mga\sin\varphi$ folgt aus (6.21)

$$ma^2\ddot{\varphi} + mga\sin\varphi = 0\,, \tag{6.134}$$

oder mit (6.127)

$$\ddot{\varphi} + \nu^2\sin\varphi = 0\,. \tag{6.135}$$

Beide Gleichungen zeigen den typischen Aufbau einer Schwingungsgleichung aus zwei Termen: einem Beschleunigungsanteil, der die Trägheitskräfte des Schwingers charakterisiert und einem von den äußeren Kräften kommenden Anteil, der von der Lagekoordinate abhängt. Durch Integration kommt man leicht zu der zuvor verwendeten Energiebeziehung: nach Multiplikation von (6.135) mit $\dot{\varphi}$ findet man

$$\ddot{\varphi}\dot{\varphi} + \nu^2\dot{\varphi}\sin\varphi = \frac{d}{dt}\left(\frac{\dot{\varphi}^2}{2}\right) - \nu^2\frac{d(\cos\varphi)}{dt} = 0,$$

$$\dot{\varphi}^2 - 2\nu^2\cos\varphi = \text{const} = -2\nu^2\cos\varphi_A.$$

Daraus folgt wieder die aus dem Energiesatz abgeleitete Beziehung (6.128). Die Verwendung des Energiesatzes ist deshalb vorteilhaft, weil dabei die hier durchgeführte Integration bereits enthalten ist. Bei der Integration wird aus dem Trägheitsglied die kinetische Energie, aus dem Kräfteanteil die potentielle Energie. Die Schwingung selbst kann als periodisches Wechseln der Schwingungs-Energie zwischen der potentiellen und der kinetischen Form gedeutet werden.

Für ein Körperpendel, das um eine raumfeste Achse drehbar gelagert ist, erhält man ebenfalls eine Bewegungsgleichung vom Typ (6.135). Wenn nach Fig. 6.42 s der Abstand des Schwerpunktes S vom Aufhängepunkt A ist und die Drehachse z als horizontal angenommen wird, dann erhält man mit $L_{Az} = J_{Az}\dot{\varphi}$ und $M_{Az} = -mgs\sin\varphi$ aus dem Drallsatz (6.21)

$$J_{Az}\ddot{\varphi} + mgs\sin\varphi = 0. \tag{6.136}$$

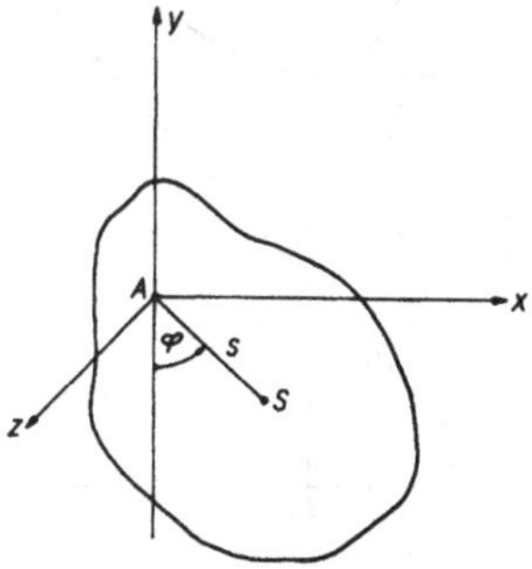

Fig. 6.42 Körperpendel

Das führt mit

$$\nu^2 = \frac{mgs}{J_{Az}} \tag{6.137}$$

zu (6.135). Die für das Punktpendel erhaltenen Ergebnisse können also übertragen werden. Man erhält z.B. als Schwingungszeit für Schwingungen mit kleinen Amplituden anstelle von (6.133)

$$T_{So} = 2\pi\sqrt{\frac{J_{Az}}{mgs}}. \tag{6.138}$$

Der Vergleich zeigt, daß aus (6.133) mit der Pendellänge

$$a = a_R = \frac{J_{Az}}{ms} \tag{6.139}$$

(6.138) erhalten wird. Man nennt a_R die r e d u z i e r t e P e n d e l l ä n g e . Es ist diejenige Länge eines Punktpendels, die zu derselben Schwingungszeit T_S wie bei dem Körperpendel führt.

Für manche Anwendungen des Körperpendels interessiert die Abhängigkeit der reduzierten Pendellänge a_R vom Schwerpunktsabstand s. Wegen $J_{Az} = J_{Sz} + ms^2$ findet man aus (6.139)

$$a_R = \frac{J_{Sz}}{ms} + s \,. \tag{6.140}$$

Diese Funktion ist in Fig. 6.43 aufgetragen. Man stellt fest, daß für $s = s_m = \sqrt{J_{Sz}/m}$ ein Minimum vorhanden ist. Im Bereich dieses Minimums wirken sich kleine Veränderungen des Schwerpunktabstandes nicht auf die Schwingungszeit aus. Diese Tatsache wird beim Bau von Pendeluhren ausgenützt.

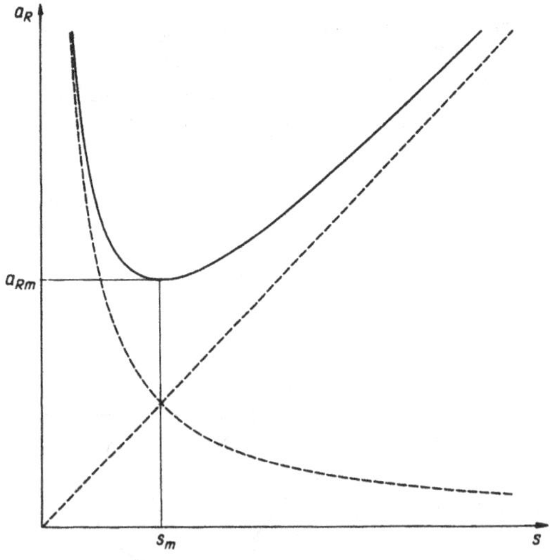

Fig. 6.43 Die Funktion $a_R(s)$ beim Körperpendel

Man erkennt weiter aus Fig. 6.43, daß für $a_R > a_{Rm}$ stets zwei Werte von s existieren, die zu demselben Wert von a_R und damit auch von T_S führen. Diese Tatsache wird bei dem sogenannten R e v e r s i o n s p e n d e l ausgenutzt, das zur Bestimmung der örtlichen Schwerebeschleunigung g verwendet werden kann.

6.6.2. Klassifizierung von Schwingungen. Die Bezeichnungen sowie die Einteilungen von Schwingungen können nach sehr verschiedenen Gesichtspunkten geschehen:

- Nach der G e s t a l t d e r x (t) - K u r v e unterscheidet man Sinusschwingungen (z.B. $x = A \sin \nu t$), Dreieck-, Rechteck-, Sägezahn-Schwingungen u.a. Sinus- (bzw. Kosinus-) Schwingungen werden auch als h a r m o n i s c h bezeichnet.

- Nach dem Amplitudenverhalten spricht man von ungedämpften, gedämpften oder angefachten Schwingungen, je nachdem ob die Maximalausschläge gleich bleiben, kleiner oder größer werden.
- Schwingungen werden als linear oder nichtlinear bezeichnet, wenn ihre Bewegungsgleichungen linear oder nichtlinear bezüglich der beschreibenden Variablen sind.
- Nach dem Entstehungsmechanismus unterscheidet man üblicherweise freie, erzwungene, selbsterregte und parametererregte Schwingungen. Erklärungen und Beispiele sind in der beigefügten Tabelle zusammengestellt.
- Nach der Zahl der Freiheitsgrade wird in einläufige, mehrläufige und kontinuierliche Schwinger eingeteilt. Wenn die gegenseitige Abhängigkeit der Teilschwingungen eines mehrläufigen Schwingers interessiert, dann wird auch von Koppelschwingungen gesprochen.

Zwischen den verschiedenen Schwingungstypen gibt es vielfältige Übergänge und Mischformen. Im folgenden können nur wenige typische Fälle besprochen werden.

Typ der Schwingungen	Beispiele	Frequenz	Ursache	Typ der Bewegungsgl. (Beispiele)
Freie Schwingungen	Punktpendel Stimmgabel Klaviersaite	Eigenfrequenz ν	einmaliger Anstoß von außen	homogen $\ddot{x} + \nu^2 x = 0$
Erzwungene Schwingungen	Fundamenterschütterungen Rüttelsiebe Fahrzeuge auf nichtebener Bahn	Erregerfrequenz ω	äußere Kräfte oder Momente, meist periodisch wirkend	inhomogen $\ddot{x} + \nu^2 x = f(t)$
Selbsterregte Schwingungen	Uhr Klingel Streich- und Blasinstrumente Röhrengenerator Tragflügelflattern	etwa Eigenfrequenz ν	Selbststeuerung über nicht periodisch wirkende Energiequelle	nichtlinear $\ddot{x} + f(x, \dot{x}) = 0$
Parametererregte Schwingungen	Schaukel Kolbenmotoren Luftschrauben	Teile oder Vielfache der Parameterfrequenz ω_p	periodisch veränderliche Parameter	periodische Koeffizienten $\ddot{x} + p(t)x = 0$

6.6.3. Freie Schwingungen des einläufigen linearen Schwingers. Im ungedämpften Fall kann man die Bewegungen des Schwingers durch die Bewegungsgleichung

$$\ddot{x} + \nu^2 x = 0 \tag{6.141}$$

beschreiben. Losgelöst vom speziellen technischen Aufbau gilt diese Gleichung zumindest als brauchbare Näherung für zahlreiche Arten von Schwingern. Hier interessiert die mathematische Lösung sowie die Darstellung der Ergebnisse.

Die Gleichung (6.141) hat die partikulären Lösungen

$$x_1 = \cos \nu t\,; \quad x_2 = \sin \nu t\,,$$

aus denen die allgemeine Lösung als Linearkombination mit den Konstanten A und B zusammengesetzt werden kann:

$$x = A \cos \nu t + B \sin \nu t\,. \tag{6.142}$$

Die Konstanten werden aus den Anfangsbedingungen bestimmt. Wenn für $t = 0$ die Werte $x = x_0$ und $\dot{x} = \dot{x}_0$ gelten, dann erhält man aus (6.142) sowie aus der ersten Ableitung von (6.142) die Konstanten $A = x_0$ und $B = \dot{x}_0/\nu$. Also wird

$$x = x_0 \cos \nu t + \frac{\dot{x}_0}{\nu} \sin \nu t. \tag{6.143}$$

Dies kann durch Einführen neuer Konstanten C und φ noch vereinfacht werden: mit

$$x_0 = C \cos \varphi; \qquad \frac{\dot{x}_0}{\nu} = C \sin \varphi$$

und folglich

$$C = \sqrt{x_0^2 + \left(\frac{\dot{x}_0}{\nu}\right)^2}\,; \quad \tan \varphi = \frac{\dot{x}_0}{\nu x_0} \tag{6.144}$$

geht (6.143) über in

$$x = C \cos (\nu t - \varphi)\,. \tag{6.145}$$

Darstellung in der x, t-Ebene: Hierfür ergibt (6.145) eine verschobene Sinuskurve mit der Amplitude C.

Darstellung im Vektordiagramm: Man kann (6.145) als Projektion eines mit der Winkelgeschwindigkeit ν rotierenden Vektors von der Länge C auffassen, der seinerseits wieder aus den beiden Anteilen von (6.142) aufgebaut ist (Fig. 6.44). Diese Darstellung wird vor allem in der Theorie der Wechselströme viel verwendet.

Darstellung im Phasenbild: Eine Auftragung der Geschwindigkeit $\dot{x}$ über der Lagekoordinate x wird als Phasenbild bezeichnet. Um das zu (6.145) gehörende Phasenbild zu erhalten, bilden wir

$$\dot{x} = - C\nu \sin (\nu t - \varphi)\,. \tag{6.146}$$

Durch Quadrieren von (6.145) und (6.146) und Addieren folgt dann

$$x^2 + \left(\frac{\dot{x}}{\nu}\right)^2 = C^2\,. \tag{6.147}$$

Das ist die Gleichung einer Ellipse in der $x,\dot{x}$-Ebene (s.Fig. 5.10). Jeder Punkt der Ellipse gibt den Zustand des Schwingers, d.h. x und $\dot{x}$, für einen bestimmten Zeitpunkt an. Als Funktion der Zeit bewegt sich der Bildpunkt im eingezeichneten Sinne längs der Ellipse. Die zu anderen Anfangsbedingungen gehörenden Schwingungen ergeben konzentrische Ellipsen. Das Zentrum selbst ist die Gleichgewichtslage (in Fig. 5.10: $x = 0$, $\dot{x} = 0$); sie bildet einen singulären Punkt der $x,\dot{x}$-Ebene. Die Darstellung im Phasenbild eignet sich besonders auch für nichtlineare einläufige Schwinger.

Wenn gedämpfte Schwingungen auftreten, dann ist die Größe und Richtung der Dämpfungskräfte stets von der Bewegungsgeschwindigkeit $\dot{x}$ abhängig. In vielen Fällen läßt sich die allgemeine Dämpfungsfunktion $D(\dot{x})$ in eine Taylorreihe nach $\dot{x}$ entwickeln und es genügt dann vielfach, als Näherung nur das in $\dot{x}$ lineare Glied der Entwicklung zu berücksichtigen. So erhält man für den in Fig. 6.45 skizzierten Feder-Masse-Schwinger mit Dämpfungstopf nach dem Impulssatz die Bewegungsgleichung

$$m\ddot{x} = F(x) + D(\dot{x}) .$$

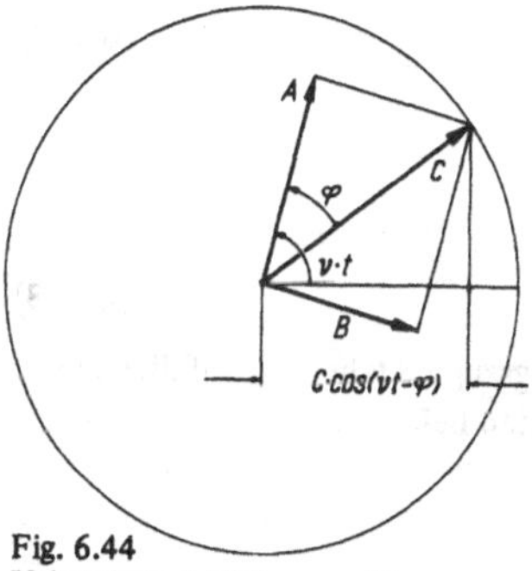

Fig. 6.44
Vektorielle Addition von Sinus- und Kosinus-Schwingung

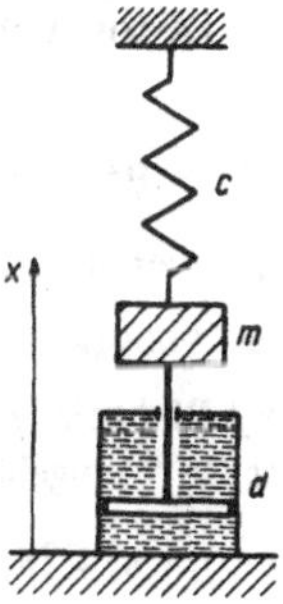

Fig. 6.45
Gedämpftes Feder–Masse–Pendel

Mit $F(x) = -cx$, $D(\dot{x}) = -d\dot{x}$ und den Abkürzungen

$$\frac{c}{m} = \nu_0^2 \; ; \frac{d}{m} = 2\delta \tag{6.148}$$

folgt dann als Bewegungsgleichung

$$\ddot{x} + 2\delta\dot{x} + \nu_0^2 x = 0 . \tag{6.149}$$

Ihre Lösungen hängen von den Wurzeln der charakteristischen Gleichung

$$\lambda^2 + 2\delta\lambda + \nu_0^2 = 0$$

$$\left.\begin{matrix}\lambda_1\\ \\ \lambda_2\end{matrix}\right\} = -\delta \pm \sqrt{\delta^2 - \nu_0^2} \tag{6.150}$$

ab. Als allgemeine Lösung von (6.149) erhält man wieder eine Linearkombination von partikulären Lösungen:

$$x = Ae^{\lambda_1 t} + Be^{\lambda_2 t} . \tag{6.151}$$

Je nach der Art der Wurzeln λ_1 und λ_2 sind nun die folgenden Fälle zu unterscheiden:

1. keine Dämpfung: $\delta = 0$, $\lambda_1 = -\lambda_2 = i\nu_0$. Das ergibt die schon diskutierte Lösung (6.142);
2. schwache Dämpfung: $\delta^2 < \nu_0^2$, λ_1 und λ_2 werden konjugiert komplex;
3. Grenzfall der Dämpfung: $\delta^2 = \nu_0^2$, $\lambda_1 = \lambda_2 = -\delta$, es gibt eine reelle Doppelwurzel;
4. starke Dämpfung: $\delta^2 > \nu_0^2$, λ_1 und λ_2 werden reell.

Bei schwacher Dämpfung (Fall 2) erhält man mit

$$\nu^2 = \nu_0^2 - \delta^2$$

wegen (6.150) die Wurzeln $\lambda_{1,2} = -\delta \pm i\nu$ und damit die partikulären Lösungen von (6.149)

$$x_1 = e^{-\delta t} \cos \nu t\,; \quad x_2 = e^{-\delta t} \sin \nu t\,.$$

Die allgemeine Lösung ist die Linearkombination

$$x = e^{-\delta t} [A \cos \nu t + B \sin \nu t]\,. \tag{6.152}$$

Mit

$$C = \sqrt{A^2 + B^2} \quad \text{und} \quad \tan \varphi = \frac{B}{A}$$

läßt sich dies umformen in

$$x = Ce^{-\delta t} \cos (\nu t - \varphi)\,. \tag{6.153}$$

Das zugehörige x,t-Bild zeigt Fig. 6.46: der Schwingungszug ist von zwei abfallenden e-Funktion $x = \pm Ce^{-\delta t}$ eingehüllt. Die Hüllkurven werden bei

$$\nu t - \varphi = 0, \pm \pi, \pm 2\pi, \ldots$$

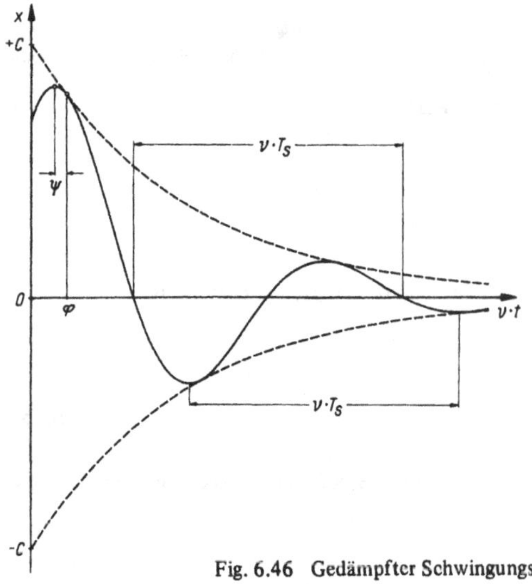

Fig. 6.46 Gedämpfter Schwingungszug

berührt. Die Extremwerte der x(t)-Kurve treten für $t = t_m$ auf und sind um den Winkel ψ gegenüber den Punkten verschoben, an denen die Hüllkurven berührt werden. Man findet aus $\dot{x} = 0$

$$\tan(\nu t_m - \varphi) = \tan\psi = -\frac{\delta}{\nu} = -\frac{\delta}{\sqrt{\nu_0^2 - \delta^2}}. \tag{6.154}$$

Die Schwingungszeit T_S kann entweder zwischen zwei Nulldurchgängen nach derselben Seite oder zwischen zwei auf derselben Seite liegenden Extremwerten der x(t)-Kurve abgelesen werden.

Die Schwingungszeit

$$T_S = \frac{2\pi}{\nu} = \frac{2\pi}{\sqrt{\nu_0^2 - \delta^2}}$$

wächst mit stärker werdender Dämpfung. Der Dämpfungseinfluß ist jedoch für $\delta \ll \nu_0$ gering. Man erkennt das auch aus dem Frequenzdreieck von Fig. 6.47. Häufig wird das dimensionslose Verhältnis

$$D = \frac{\delta}{\nu_0} = -\sin\psi = \frac{d}{2\sqrt{cm}} \tag{6.155}$$

als geeignetes Dämpfungsmaß (nach Lehr) eingeführt.

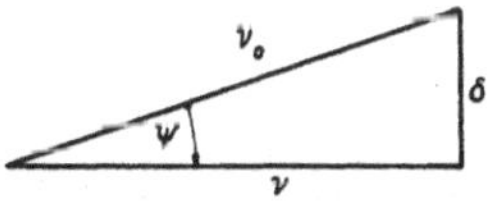

Fig. 6.47
Zusammenhang von Frequenzen und Dämpfungsparameter

Die Stärke der Dämpfung kann auch durch das Verhältnis zweier aufeinanderfolgender Extremwerte desselben Vorzeichens bestimmt werden. Dieses Verhältnis ist konstant, d.h. für zwei beliebige benachbarte Extrema gleich groß:

$$\frac{x_n}{x_{n+1}} = e^{\delta T_S}.$$

Der Exponent

$$\vartheta = \delta T_S = \ln\frac{x_n}{x_{n+1}} \tag{6.156}$$

wird als logarithmisches Dekrement bezeichnet. Ist ϑ und T_S durch Messungen bestimmt, dann findet man daraus die Dämpfungskonstante δ. Das Dämpfungsmaß folgt dann aus

$$D = \frac{\vartheta}{\sqrt{4\pi^2 + \vartheta^2}}. \tag{6.157}$$

Bei starker Dämpfung (Fall 3 und 4) werden die Wurzeln (6.150) der charakteristischen Gleichung reell. Man findet dann im Grenzfall $\delta^2 = \nu_0^2$ (Fall 3) die allgemeine Lösung

$$x = (A + Bt)e^{-\delta t}. \tag{6.158}$$

Für $\delta^2 > \nu_0^2$ (Fall 4) hat man mit reellen negativen λ_1 und λ_2

$$x = Ae^{\lambda_1 t} + Be^{\lambda_2 t} . \tag{6.159}$$

Dieses Ergebnis läßt sich auch mit neuen Konstanten A^* und B^* in der Form

$$x = e^{-\delta t} (A^* \cosh \mu t + B^* \sinh \mu t)$$

schreiben, wenn man (6.150) mit $\sqrt{\delta^2 - \nu_0^2} = \mu$ sowie die Definition der Hyperbelfunktionen

$$\cosh \alpha = \frac{1}{2} (e^{\alpha} + e^{-\alpha}); \quad \sinh \alpha = \frac{1}{2} (e^{\alpha} - e^{-\alpha})$$

berücksichtigt.

Die x(t)-Kurven unterscheiden sich in beiden Fällen (6.158 und 6.159) kaum voneinander. Je nach den vorliegenden Anfangsbedingungen können die in Fig. 6.48 skizzierten Formen auftreten.

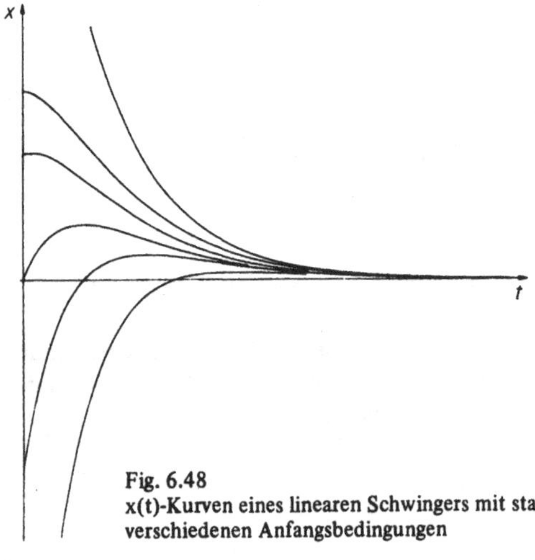

Fig. 6.48
x(t)-Kurven eines linearen Schwingers mit starker Dämpfung bei verschiedenen Anfangsbedingungen

6.6.4. Erzwungene Schwingungen. Durch zeitveränderliche äußere Kräfte kann ein Schwinger zwangserregt werden. Seine Bewegungen werden dann als erzwungene Schwingungen bezeichnet. In der Bewegungsgleichung tritt in diesem Fall ein von der Zeit abhängiges Erregerglied auf, so daß z.B. bei einem einläufigen linearen Schwinger anstelle von (6.149) die Gleichung

$$\ddot{x} + 2\delta \dot{x} + \nu_0^2 x = f(t) \tag{6.160}$$

entsteht. Bei dem Schwinger von Fig. 6.45 kann man sich die Erregung z.B. durch Auf- und Ab-Bewegen des oberen Einspannpunktes der Feder erzeugt denken.

Je nach der Art der Erregerfunktion f(t) können sehr verschiedenartige Zwangsschwingungen erregt werden. Wir betrachten zunächst eine Erregung durch die Sprungfunktion

$$f(t) = \begin{cases} 0 & \text{für} \quad t < 0\,, \\ \text{const} = \nu_0^2 x_E & \text{für} \quad t \geqslant 0\,. \end{cases} \tag{6.161}$$

Für $t \geqslant 0$ kann (6.160) durch die neue Variable $\xi = x - x_E$ in die bekannte Form

$$\ddot{\xi} + 2\delta\dot{\xi} + \nu_0^2 \xi = 0$$

überführt werden. Ihre Lösung für den Fall schwacher Dämpfung entspricht (6.153) für die Variable ξ. Für x(t) folgt somit im Fall schwacher Dämpfung ($\delta^2 < \nu_0^2$):

$$x = x_E + Ce^{-\delta t} \cos(\nu t - \varphi)\,. \tag{6.162}$$

Nimmt man an, daß der Schwinger zur Zeit $t = 0$ bei $x_0 = 0$ in Ruhe war ($\dot{x}_0 = 0$), dann lassen sich die Konstanten C und φ in bekannter Weise errechnen. Als Ergebnis folgt:

$$x = x_E \left[1 - \sqrt{1 + \left(\frac{\delta}{\nu}\right)^2}\, e^{-\delta t} \cos(\nu t + \psi)\right] \tag{6.163}$$

mit $\tan \psi$ nach (6.154). Da (6.163) den Übergang aus der Lage $x_0 = 0$ in die neue Gleichgewichtslage $x_\infty = x_E$ beschreibt, wird diese Beziehung als Übergangsfunktion bezeichnet. Sie spielt bei Meßgeräten und vor allem bei der Berechnung von Schwingungen in Regelanlagen eine große Rolle. In Fig. 6.49 sind einige zu verschiedenen Werten von $D = \delta/\nu_0$ gehörende Übergangsfunktionen skizziert worden.

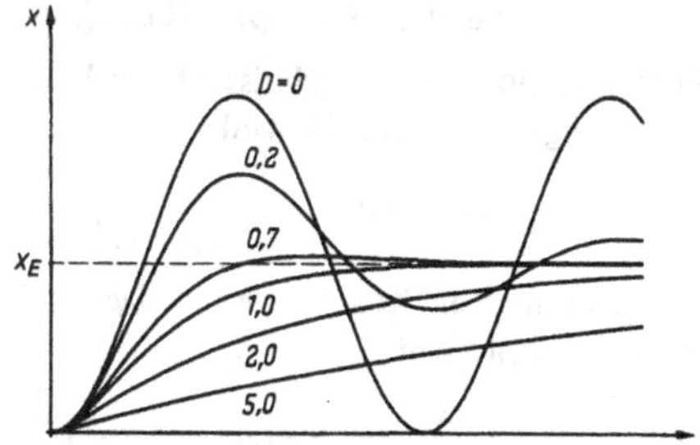

Fig. 6.49
Übergangsfunktionen eines linearen Schwingers bei verschiedenen Dämpfungen

Eine Lösung von (6.160) für beliebige Erregerfunktionen läßt sich stets durch Überlagerung von Übergangsfunktionen gewinnen, da jede beliebige Funktion f(t) durch eine Folge von Sprüngen angenähert werden kann. Eine derartige Überlagerung (Superpositionsprinzip) ist nur bei linearen Schwingern möglich. Ist z.B. allgemein $f(t) = \sum_{i=1}^{n} f_i(t)$, so erhält man mit einem Ansatz $x = \sum_{i=1}^{n} x_i$ aus (6.160)

$$\sum_{i=1}^{n} [\ddot{x}_i + 2\delta\dot{x}_i + \nu_0^2 x_i - f_i(t)] = 0\,.$$

Diese Gleichung ist sicher erfüllt, wenn der Ausdruck in eckigen Klammern für jedes i für sich verschwindet.

Besondere Bedeutung in der Schwingungslehre haben die periodischen Erregerfunktionen f(t). Da sie nach F o u r i e r als Summe von Sinus- und Kosinus-Funktionen dargestellt werden können, genügt es, die Reaktion des Schwingers auf eines dieser Erregerglieder zu berechnen. Wegen des Superpositionsprinzips kann die gesamte Reaktion als Summe der Einzelreaktionen erhalten werden. Wir untersuchen deshalb im folgenden (6.160) nur mit der Erregerfunktion $f(t) = k \cos \omega t$:

$$\ddot{x} + 2\delta \dot{x} + \nu_0^2 x = k \cos \omega t \,. \tag{6.164}$$

Die allgemeine Lösung setzt sich aus der schon bekannten Lösung x_H für die homogene Gleichung (d.h. mit $k = 0$) und einer partikulären Lösung x_P der inhomogenen Gleichung ($k \neq 0$) zusammen. Eine derartige Lösung kann man durch den Ansatz

$$x_P = R \cos(\omega t - \psi) \tag{6.165}$$

finden. Durch Einsetzen von (6.165) in (6.164) lassen sich die Größen R und ψ wie folgt berechnen:

$$R = \frac{k}{\sqrt{(\nu_0^2 - \omega^2)^2 + 4\delta^2 \omega^2}} \,, \tag{6.166}$$

$$\tan \psi = \frac{2\delta\omega}{\nu_0^2 - \omega^2} \,. \tag{6.167}$$

Mit der Lösung (6.153) für den homogenen Teil von (6.164) im Fall schwacher Dämpfung erhält man als allgemeine Lösung von (6.164)

$$x = C e^{-\delta t} \cos(\nu t - \varphi) + R \cos(\omega t - \psi) \,. \tag{6.168}$$

Zur Diskussion dieses Ergebnisses betrachten wir zunächst den Fall verschwindender Dämpfung ($\delta = 0$). Hierfür wird

$$x = C \cos(\nu_0 t - \varphi) + \frac{k}{\nu_0^2 - \omega^2} \cos \omega t \,.$$

Bestimmt man die Konstanten C und φ aus den Anfangsbedingungen $x(o) = 0$ und $\dot{x}(o) = 0$ dann folgt

$$x = \frac{k}{\nu_0^2 - \omega^2} (\cos \omega t - \cos \nu_0 t) \,. \tag{6.169}$$

Als Ergebnis wird also die Überlagerung zweier Schwingungen verschiedener Frequenz aber gleicher Amplitude erhalten. Der vor der Klammer stehende Amplitudenfaktor, die R e s o n a n z f u n k t i o n $R(\omega)$, hängt von der Erregerfrequenz ω ab. In Fig. 6.50 ist $R(\omega)$ skizziert; man erkennt, daß $R \to \infty$ für $\omega \to \nu_0$ gilt. Diesen Fall bezeichnet man als R e s o n a n z . Große Resonanzamplituden werden aber erst nach entsprechend langer Einschwingzeit erreicht. Das folgt am einfachsten aus einer trigonometrischen Umformung von (6.169):

$$x = \frac{2k}{\nu_0^2 - \omega^2} \sin \frac{\nu_0 - \omega}{2} t \sin \frac{\nu_0 + \omega}{2} t \,. \tag{6.170}$$

In Resonanznähe ist $\omega \approx \nu_0$ und daher $\nu_0 - \omega \ll \nu_0 + \omega$. Deshalb kann (6.170) als eine Schwingung mit der Frequenz $(\nu_0 + \omega)/2 \approx \nu_0$ aufgefaßt werden, deren Amplitude zeitveränderlich mit der kleinen Frequenz $(\nu_0 - \omega)/2$ schwankt. Dadurch entstehen Schwebungen, wie sie Fig. 6.51 zeigt. Die Zeit T_z zwischen zwei Schwebungs-Nullstellen folgt zu

$$T_z = \frac{2\pi}{|\nu_0 - \omega|} \tag{6.171}$$

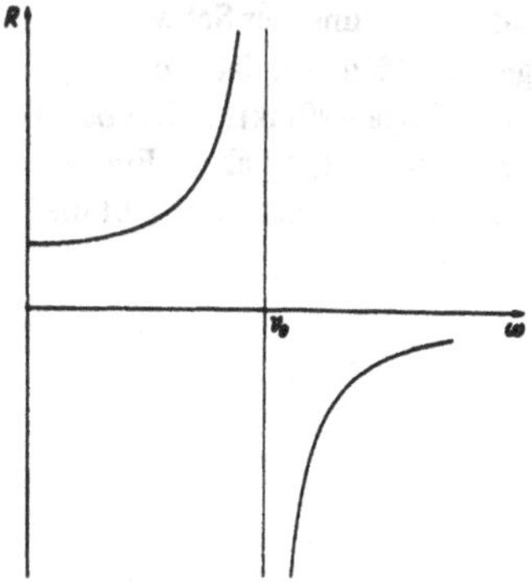

Fig. 6.50
Resonanzfunktion R(ω) für einen ungedämpften linearen Schwinger

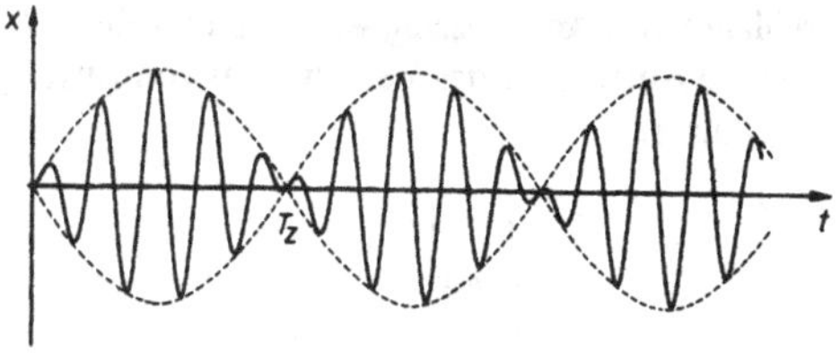

Fig. 6.51 Schwebungen

Im Grenzfall $\omega \to \nu_0$ wird $T_z \to \infty$. Dann bleibt von dem Schwingungsdiagramm nur der Anstieg zum ersten Schwebungsmaximum übrig. Durch einen Grenzübergang $\omega \to \nu_0$ kann man dafür aus (6.170) die Funktion

$$x = \frac{kt}{2\nu_0} \sin \nu_0 t \tag{6.172}$$

erhalten. Der Amplitudenanstieg erfolgt demnach im Resonanzfall linear mit der Zeit.

Für Schwinger mit Dämpfung haben die Resonanzkurven die in Fig. 6.52 gezeigte Gestalt. Die zugehörigen Kurven für den Phasenwinkel ψ zeigt Fig. 6.53. Die Reaktion des Schwingers auf eine periodische Erregung ist also – nach Abklingen der durch das erste Glied von (6.168) gegebenen Eigenschwingungen – eine periodische Bewegung, die in der Amplitude von ω abhängig verändert und in der Phase verschoben ist. Hierbei ist zu beachten, daß die Bewegungsgleichung (6.164) und damit auch die gezeigten Resonanz- und Phasenkurven für den Fall einer Erregung durch periodische Bewegung des Federaufhängepunktes gelten. Die Koordinate x ist dabei die Ortskoordinate der schwingenden Masse in einem Inertialsystem. Bei anderen Arten der Erregung (z.B. über den Dämpfungsmechanismus) oder bei Verwendung von Relativkoordinaten erhält man andere Bewegungsgleichungen und damit auch andere Resonanz- und Phasenkurven.

Der Verlauf von Resonanz- und Phasen-Kurven muß bei der Konstruktion und der Abstimmung von Schwingungsmeßgeräten berücksichtigt werden. Geräte, mit denen Schwingwege (Amplituden) gemessen werden sollen, werden überkritisch (d.h. $\omega > \nu$)

abgestimmt (z.B. Seismografen). Dann bleibt die schwingungsfähige Masse des Meßgerätes relativ zu einem Inertialsystem angenähert in Ruhe, so daß der Schwingweg als Relativbewegung der Masse gegenüber dem bewegten Gehäuse des Meßgerätes abgelesen werden kann. Will man Beschleunigungen oder Kräfte messen, dann muß unterkritisch (d.h. $\omega < \nu$) abgestimmt werden. Um Verzerrungen möglichst klein zu halten, muß dabei die Dämpfung geeignet gewählt werden (bei Schwingwegmeßgeräten $\delta \approx 0{,}7\nu_0$, bei Kraftmeßgeräten $\delta \ll \nu_0$). Die Eigenschaften erzwungener Schwingungen werden oft auch durch Ortskurven dargestellt. Man faßt dabei den Schwinger als einen Kasten (Fig. 6.54) auf, der durch eine Eingangsfunktion f(t) beaufschlagt wird. Am Ausgang wird dann als Reaktion die Funktion x(t) erhalten. Eine geeignete Auftragung des Verhältnisses von Ausgangs- und Eingangs-Funktion ergibt die Ortskurve.

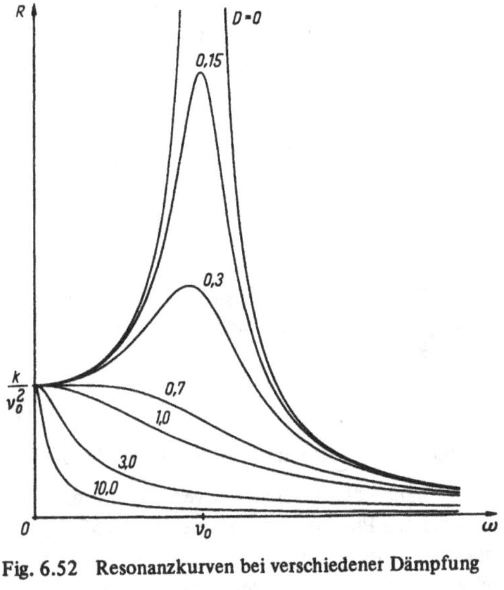

Fig. 6.52 Resonanzkurven bei verschiedener Dämpfung

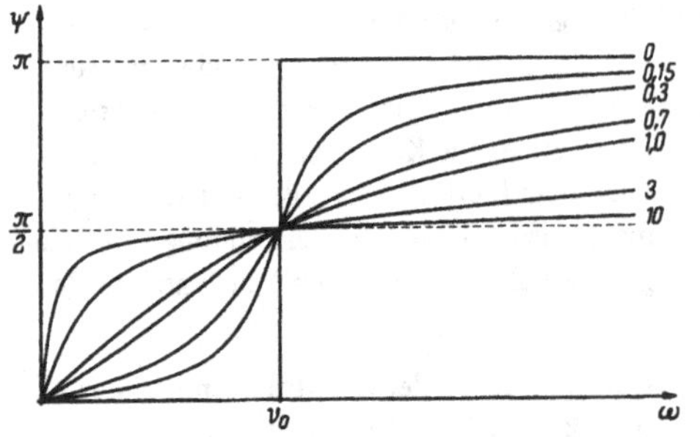

Fig. 6.53 Phasenkurven bei verschiedener Dämpfung

Fig. 6.54
Eingangs- und Ausgangs-Funktionen eines Schwingers

6.6.5. Koppelschwingungen. Als Beispiel für die bei mehrläufigen Schwingern auftretenden Koppelschwingungen sei der Zwei-Massen-Schwinger nach Fig. 6.55 betrachtet. Er kann als stark vereinfachtes Ersatzmodell für die Vertikalschwingungen eines Kraftfahrzeuges angesehen werden: Die Wagenmasse m_1 ist gegenüber der Radmasse m_2 abgefedert; diese ist über den Luftreifen elastisch mit der Straße verbunden. Auf eine Berücksichtigung der stets vorhandenen Dämpfer soll bei dieser Betrachtung verzichtet werden. Wenn man die Auslenkungen x und y der beiden Massen von ihren Gleichgewichtslagen aus zählt, dann erhält man bei Auslenkungen für die Masse m_1 eine äußere Federkraft $c_1(y-x)$, für die Masse m_2 die Kräfte $c_1(x-y) + c_2(z-y)$. Damit folgen die Bewegungsgleichungen aus dem Impulssatz

$$\left.\begin{aligned} m_1\ddot{x} + c_1 x - c_1 y = 0\,, \\ m_2\ddot{y} + (c_1 + c_2)y - c_1 x = c_2 z\,. \end{aligned}\right\} \tag{6.173}$$

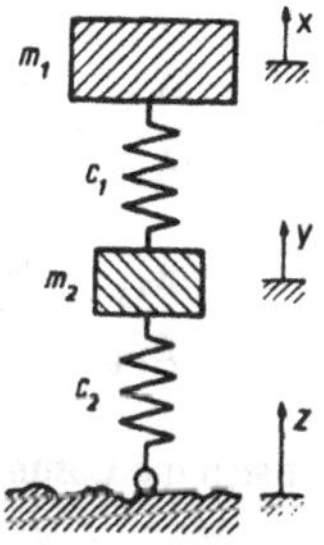

Fig. 6.55
Vereinfachtes Ersatzmodell für die Vertikalschwingungen eines Kraftwagens

Dies sind zwei lineare gekoppelte Differentialgleichungen zweiter Ordnung in x und y mit der Störgröße z. Zunächst sei der Fall $z \equiv 0$, also ideal ebene Fahrbahn, betrachtet. Dann können nur E i g e n s c h w i n g u n g e n auftreten, die in bekannter Weise berechnet werden. Mit einem Exponential-Ansatz $x = Ae^{\lambda t}$, $y = Be^{\lambda t}$ erhält man die charakteristische Gleichung

$$\begin{vmatrix} m_1\lambda^2 + c_1 & -c_1 \\ -c_1 & m_2\lambda^2 + c_1 + c_2 \end{vmatrix} = 0\,. \tag{6.174}$$

Diese algebraische Gleichung zweiten Grades in λ^2 hat die Lösungen

$$\left.\begin{aligned} \lambda_1{}^2 \\ \\ \lambda_2{}^2 \end{aligned}\right\} = -\frac{m_1(c_1 + c_2) + m_2 c_1}{2\,m_1 m_2}\left[1 \mp \sqrt{1 - \frac{4c_1 c_2 m_1 m_2}{[m_1(c_1 + c_2) + m_2 c_1]^2}}\right]. \tag{6.175}$$

Aus diesen stets negativ reellen Werten folgen als Wurzeln für λ:

$$\lambda_{11} = i\nu_1\,; \quad \lambda_{12} = -i\nu_1\,; \quad \lambda_{21} = i\nu_2\,; \quad \lambda_{22} = -i\nu_2\,.$$

Den reellen Frequenzen ν_1 und ν_2 entsprechen partikuläre Lösungen $\sin \nu_1 t$, $\cos \nu_1 t$, $\sin \nu_2 t$ und $\cos \nu_2 t$. Aus ihnen werden die allgemeinen Lösungen von (6.173) durch Linearkombination gewonnen:

$$x = A_{11}\cos\nu_1 t + A_{12}\sin\nu_1 t + A_{21}\cos\nu_2 t + A_{22}\sin\nu_2 t\,, \qquad (6.176)$$

$$y = B_{11}\cos\nu_1 t + B_{12}\sin\nu_1 t + B_{21}\cos\nu_2 t + B_{22}\sin\nu_2 t\,.$$

Die hierbei auftretenden acht Konstanten A und B sind jedoch nicht unabhängig voneinander. Ihr Verhältnis ist durch die Parameter des Systems bestimmt; man kann es durch Einsetzen von je einer der Teillösungen in eine der Gleichungen (6.173) berechnen, z.B.

$$[A_{11}(c_1 - m_1\nu_1^2) - B_{11}c_1]\cos\nu_1 t = 0\,,$$

$$\frac{B_{11}}{A_{11}} = \frac{c_1 - m_1\nu_1^2}{c_1} = 1 - \frac{m_1}{c_1}\nu_1^2\,.$$

Mit

$$\left.\begin{aligned} \frac{B_{11}}{A_{11}} &= \frac{B_{12}}{A_{12}} = 1 - \frac{m_1}{c_1}\nu_1^2 = \kappa_1\,, \\ \frac{B_{21}}{A_{21}} &= \frac{B_{22}}{A_{22}} = 1 - \frac{m_1}{c_1}\nu_2^2 = \kappa_2 \end{aligned}\right\} \qquad (6.177)$$

läßt sich die Lösung (6.176) entsprechend zu (6.145) mit

$$C_1 = \sqrt{A_{11}^2 + A_{12}^2}\,; \qquad C_2 = \sqrt{A_{21}^2 + A_{22}^2}\,,$$

$$\tan\varphi_1 = \frac{A_{12}}{A_{11}} = \frac{B_{12}}{B_{11}}\,; \qquad \tan\varphi_2 = \frac{A_{22}}{A_{21}} = \frac{B_{22}}{B_{21}}$$

wie folgt zusammenfassen:

$$\left.\begin{aligned} x &= C_1\cos(\nu_1 t - \varphi_1) + C_2\cos(\nu_2 t - \varphi_2)\,, \\ y &= \kappa_1 C_1\cos(\nu_1 t - \varphi_1) + \kappa_2 C_2\cos(\nu_2 t - \varphi_2)\,. \end{aligned}\right\} \qquad (6.178)$$

Im Ergebnis treten jetzt nur noch die vier Konstanten $C_1, C_2, \varphi_1, \varphi_2$ auf, die aus den Anfangsbedingungen für $x_0, \dot{x}_0, y_0, \dot{y}_0$ bestimmt werden müssen. Man kann mit (6.177) und (6.175) zeigen, daß stets $\nu_1 < \nu_2$ und $\kappa_1 > 0, \kappa_2 < 0$ gilt.

Demnach erfolgt die Schwingung mit der kleineren Frequenz (die langsame Schwingung) stets so, daß sich beide Massen gleichsinnig bewegen. Wird dagegen die Schwingung mit der größeren Frequenz (die schnelle Schwingung) angestoßen, dann bewegen sich beide Massen gegensinnig.

Beispiel: Im Sonderfall $m_1 = m_2, c_1 = c_2$ erhält man aus (6.175)

$$\nu_1 = \sqrt{-\lambda_1{}^2} = 0{,}62\sqrt{\frac{c}{m}}\,; \quad \nu_2 = \sqrt{-\lambda_2{}^2} = 1{,}62\sqrt{\frac{c}{m}}\,.$$

Aus (6.177) folgt damit

$$\kappa_1 = 0{,}618\,; \qquad \kappa_2 = -\,1{,}618\,.$$

Bei der langsamen Schwingung ist die Amplitude der zweiten Masse um 38 % kleiner als die der gleichsinnig schwingenden ersten Masse. Dagegen ist die Amplitude der zweiten Masse bei der gegensinnigen schnellen Schwingung um 62 % größer als die der ersten Masse.

Erzwungene Koppelschwingungen können aus (6.173) mit $z \neq 0$ berechnet werden. Im einfachsten Fall einer harmonischen äußeren Störung setzen wir $z = k\cos\omega t$ ein und erhalten dann mit dem Ansatz

$$x = R_x \cos\omega t\,; \quad y = R_y \cos\omega t \tag{6.179}$$

aus (6.173) zwei Bestimmungsgleichungen für die Resonanzfaktoren

$$R_x(c_1 - m_1\omega^2) - R_y c_1 = 0\,,$$

$$-R_x c_1 + R_y(c_1 + c_2 - m_2\omega^2) = kc_2\,.$$

Die Auflösung ergibt

$$\left.\begin{aligned} &R_x = \frac{kc_1c_2}{N}\,; \qquad R_y = \frac{c_2k}{N}(c_1 - m_1\omega^2) \\ \text{mit}\quad &N = \omega^4 m_1 m_2 - \omega^2[m_1(c_1 + c_2) + m_2c_1] + c_1c_2\,. \end{aligned}\right\} \tag{6.180}$$

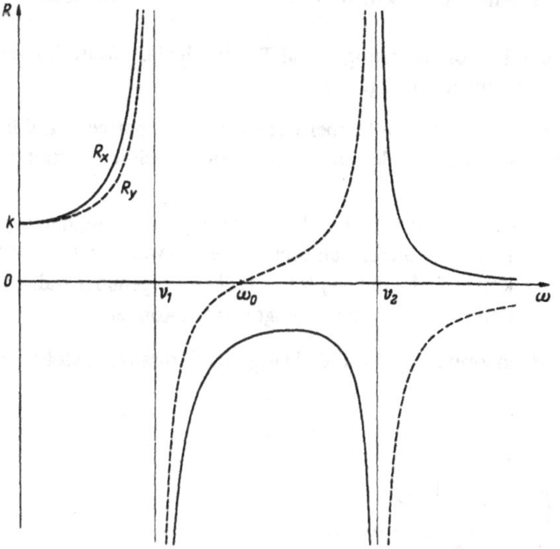

Fig. 6.56 Resonanzkurven für einen ungedämpften Zweimassen-Schwinger

Durch Vergleich stellt man fest, daß die Nennerfunktion $N(\omega)$ genau der linken Seite der charakteristischen Gleichung (6.174) entspricht, wenn man $\omega^2 = -\lambda^2$ setzt. Daraus folgt, daß N = 0 für $\omega = \nu_1$ und $\omega = \nu_2$ erhalten wird. Beide Resonanzfunktionen R_x und R_y haben also Resonanzstellen, wenn die Erregerfrequenz ω mit einer der beiden Eigenfrequenzen ν_1 und ν_2 übereinstimmt. Den Verlauf der Resonanzfunktionen zeigt Fig. 6.56. Bemerkswert ist, daß R_y eine Nullstelle bei $\omega_0 = \sqrt{c_1/m_1}$ besitzt. Die Masse m_2 bleibt bei Anregungen mit dieser Frequenz völlig in Ruhe. Die Störkräfte werden dabei durch die gegensinnig zur Erregung schwingende Masse m_1 kompensiert. Diese Tatsache kann in bestimmten Fällen zur Schwingungstilgung ausgenützt werden (Beruhigung störend schwingender Maschinenfundamente).

6.7 Stoßprobleme

Als Stoß wird die plötzliche Änderung des Bewegungszustandes von Körpern bezeichnet. Diese Änderung des Bewegungszustandes wird durch Kräfte verursacht, die während der kurzen Zeit Δt des Stoßes wechselseitig zwischen den stoßenden Körpern ausgeübt werden. Die Stoßkräfte nehmen im allgemeinen sehr große Werte an, weil anders eine merkliche Änderung des Bewegungszustandes nicht möglich ist. Ohne die physikalisch sehr komplizierten Einzelheiten der Kraftübertragung an stoßenden Körpern im einzelnen zu kennen, ist es dennoch möglich, globale Aussagen über die Bewegungsänderungen infolge des Stoßes zu erhalten. Die Grundlagen für eine derartige vereinfachende technische Stoßtheorie sollen hier behandelt werden.

6.7.1. Voraussetzungen und Terminologie. Weiterhin werden die folgenden beiden Annahmen vorausgesetzt:

- die stoßenden Körper werden als starr betrachtet, d.h. die Massenverteilung soll durch die in der kurzen Stoßzeit tatsächlich auftretende Verformung nicht geändert werden;
- die Stoßzeit Δt wird als so kurz angenommen, daß sich die Lage der stoßenden Körper in dieser Zeit nicht ändert – wohl aber ihr Bewegungszustand. Die Stoßkräfte sind dann so groß, daß ihnen gegenüber während des Stoßvorganges alle anderen Kräfte vernachlässigt werden können.

Wenn zwei Körper I und II (Fig. 6.57) zusammenstoßen, dann haben sie momentan

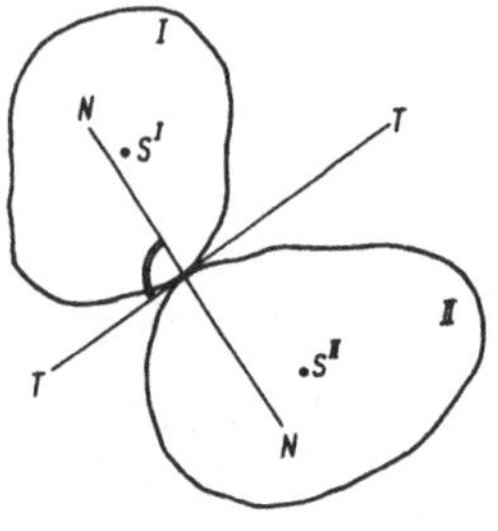

Fig. 6.57 Stoß zweier Körper

eine gemeinsame Tangentialebene T - T, die Berührungsebene. Die Normale N - N zur Berührungsebene durch den Berührungspunkt wird Stoßnormale genannt. Während des Stoßes werden an der Berührungsstelle Kräfte übertragen, die sich als innere Kräfte des aus beiden Körpern bestehenden Systems gegenseitig aufheben. Diese Kräfte bewirken jedoch eine momentane Änderung des Bewegungszustandes bei der die Bewegungswinder $(\boldsymbol{\omega}^{I}, \mathbf{v}^{I})$ und $(\boldsymbol{\omega}^{II}, \mathbf{v}^{II})$ der stoßenden Körper geändert werden. Die folgenden Bezeichnungen sollen verwendet werden:

Zustand unmittelbar vor dem Stoß: unterer Index 0,

Zustand unmittelbar nach dem Stoß: unterer Index 1,

Kennzeichnung des stoßenden Körpers: oberer Index I oder II,

Weitere Indizes: T bzw. N auf Berührungsebene bzw. Stoßnormale bezogen, S den Schwerpunkt betreffend.

So ist zum Beispiel $\mathbf{v}_{S1}^{II}$ der Vektor der Geschwindigkeit des Schwerpunktes von Körper II nach dem Stoß.

Es ist üblich, die verschiedenen Stoßarten wie folgt einzuteilen: Ein Stoß heißt:

- gerade, wenn die Vektoren der Geschwindigkeiten $\mathbf{v}_{S0}^{I}$ und $\mathbf{v}_{S0}^{II}$ auf der Stoßnormalen liegen; der Stoß ist schief, wenn das nicht der Fall ist;
- zentral, wenn die Massenmittelpunkte S^{I} und S^{II} auf der Stoßnormalen liegen; der Stoß ist exzentrisch, wenn das nicht der Fall ist;
- elastisch, wenn die gesamte kinetische Energie durch den Stoß nicht verändert wird: $T_1 = T_0$;
- teilelastisch (oder teilplastisch), wenn $T_1 < T_0$ ist;
- plastisch (oder vollplastisch), wenn die Normalgeschwindigkeiten an der Berührungsstelle nach dem Stoß für beide Körper gleich sind: $\mathbf{v}_{N1}^{I} = \mathbf{v}_{N1}^{II}$;
- glatt, wenn die Vektoren der Stoßkräfte in der Stoßnormalen liegen;
- rauh, wenn die Vektoren der Stoßkräfte auch Komponenten in Tangentialrichtung haben.

6.7.2. Grundbeziehungen. Zur Berechnung von Stoßerscheinungen stehen der Impuls-Erhaltungs-Satz, der Drall-Erhaltungs-Satz, Energieaussagen sowie kinematische Beziehungen zur Verfügung.

Unabhängig von der Größe und von dem Verlauf der Stoßkräfte während der Stoßzeit Δt kann wegen des Gegenwirkungsgesetzes gesagt werden, daß sich nicht nur die Kräfte, sondern auch die Impulsänderungen der beiden stoßenden Körper gegenseitig aufheben. Wegen (6.17) gilt

$$\Delta \mathbf{p} = \mathbf{p}_1 - \mathbf{p}_0 = \int_0^{\Delta t} \mathbf{F}\, dt$$

und damit

$$\Delta \mathbf{p}^{I} + \Delta \mathbf{p}^{II} = \int_0^{\Delta t} (\mathbf{F}^{I} + \mathbf{F}^{II})\, dt = 0 \qquad (6.181)$$

oder

$$\mathbf{p}_1^{\mathrm{I}} + \mathbf{p}_1^{\mathrm{II}} = \mathbf{p}_0^{\mathrm{I}} + \mathbf{p}_0^{\mathrm{II}} . \tag{6.182}$$

E r g e b n i s Die Summe der Impulse wird durch den Stoß nicht verändert. Die Stoßkräfte sind innere Kräfte und haben deshalb keinen Einfluß auf den Gesamtimpuls.

Entsprechendes kann über den Drall ausgesagt werden. Wählt man einen raumfesten Drall-Bezugspunkt P, dann findet man $\Delta \mathbf{L}_\mathrm{P}^{\mathrm{I}} + \Delta \mathbf{L}_\mathrm{P}^{\mathrm{II}} = 0$, da sich die Momente der Stoßkräfte wegen des Gegenwirkungsgesetzes aufheben. Daraus folgt die Drallbilanz:

$$\mathbf{L}_{\mathrm{P}1}^{\mathrm{I}} + \mathbf{L}_{\mathrm{P}1}^{\mathrm{II}} = \mathbf{L}_{\mathrm{P}0}^{\mathrm{I}} + \mathbf{L}_{\mathrm{P}0}^{\mathrm{II}} . \tag{6.183}$$

E r g e b n i s: Der Gesamtdrall der stoßenden Körper wird durch den Stoß nicht verändert. Dabei muß für beide Körper derselbe Bezugspunkt P gewählt werden. Umrechnungen auf andere Bezugspunkte können nach den in Abschn. 6.1 besprochenen Regeln vorgenommen werden.

Aussagen über die Energie der stoßenden Körper sind schwieriger, weil hierbei Werkstoffeigenschaften eine Rolle spielen. Wenn z.B. ein Ball gegen eine feste Wand stößt, dann wird in der ersten Phase des Stoßvorganges – vom Beginn der Berührung bis zum Erreichen des Zustandes relativer Ruhe – kinetische Energie in potentielle verwandelt, weil sich der Ball verformt. In der zweiten Phase des Stoßes wird die potentielle Energie des verformten Balles wieder in kinetische Energie zurückverwandelt. Geht bei diesem Prozeß keine Energie verloren, dann ist der Stoß elastisch.

Für e l a s t i s c h e n Stoß gilt der Energie-Erhaltungs-Satz:

$$T_1^{\mathrm{I}} + T_1^{\mathrm{II}} = T_0^{\mathrm{I}} + T_0^{\mathrm{II}} . \tag{6.184}$$

Bei nichtelastischem Stoß muß das = -Zeichen durch ein < -Zeichen ersetzt werden. Man charakterisiert derartige Stöße durch die S t o ß z a h l ϵ, die als dimensionsloser Quotient

$$\epsilon = \frac{v_{N1}^{\mathrm{II}} - v_{N1}^{\mathrm{I}}}{v_{N0}^{\mathrm{I}} - v_{N0}^{\mathrm{II}}} \tag{6.185}$$

mit den Normalgeschwindigkeiten der stoßenden Körper definiert werden kann. Es gilt $0 \leqslant \epsilon \leqslant 1$, wobei $\epsilon = 1$ den elastischen, $\epsilon = 0$ den plastischen Stoß ergibt. Die Stoßzahl kann durch Versuche bestimmt werden; sie hängt vom Material der stoßenden Körper sowie von der Größe der Geschwindigkeitsdifferenzen ab.

Die Vektorgleichungen (6.182) und (6.183) liefern im allgemeinen räumlichen Fall sechs skalare Gleichungen; eine weitere skalare Beziehung liefern die Energieaussage (6.184) oder die Beziehung (6.185). Insgesamt reicht das jedoch nicht aus, um die vier unbekannten Vektorgrößen $\mathbf{v}_1^{\mathrm{I}}, \boldsymbol{\omega}_1^{\mathrm{I}}, \mathbf{v}_1^{\mathrm{II}}, \boldsymbol{\omega}_1^{\mathrm{II}}$ zu bestimmen. Deshalb müssen im allgemeinen noch weitere kinematische oder kinetische Gleichungen herangezogen werden. Die angegebenen Beziehungen reichen jedoch bereits zur Berechnung zahlreicher Stoßvorgänge aus.

6.7.3. Beispiele. Aus der Menge der möglichen Stoßfälle sollen hier einige typische herausgegriffen werden.

1. Bei dem geraden zentralen Stoß spielt sich der gesamte Vorgang auf einer Achse ab; Drehbewegungen seien nicht vorhanden. Die Impulsbilanz (6.182) ergibt dann in Geschwindigkeitskoordinaten

$$m^I v_1^I + m^{II} v_1^{II} = m^I v_0^I + m^{II} v_0^{II} \quad . \tag{6.186}$$

Daraus folgt für den plastischen Stoß mit der kinematischen Bedingung $v_1^I = v_1^{II}$ sofort

$$v_1 = \frac{m^I v_0^I + m^{II} v_0^{II}}{m^I + m^{II}} \quad . \tag{6.187}$$

Für den teilplastischen Stoß folgt aus (6.185) die zusätzliche Beziehung

$$v_1^I - v_1^{II} = \epsilon (v_0^{II} - v_0^I) \, . \tag{6.188}$$

Die Auflösung der beiden linearen Gleichungen (6.186) und (6.188) nach den Unbekannten liefert

$$\left.\begin{aligned} v_1^I &= \frac{1}{m^I + m^{II}} \left[m^I v_0^I + m^{II} v_0^{II} + \epsilon m^{II} (v_0^{II} - v_0^I)\right] , \\ v_1^{II} &= \frac{1}{m^I + m^{II}} \left[m^I v_0^I + m^{II} v_0^{II} + \epsilon m^I (v_0^I - v_0^{II})\right] . \end{aligned}\right\} \tag{6.189}$$

Daraus folgt mit $\epsilon = 0$ sofort wieder (6.187); mit $\epsilon = 1$ erhält man das Ergebnis für den vollkommen elastischen Stoß. Ein interessantes Ergebnis wird für $\epsilon = 1$ im Sonderfall $m^I = m^{II}$ erhalten:

$$v_1^I = v_0^{II} \, ; \quad v_1^{II} = v_0^I \, .$$

In diesem Fall werden die Geschwindigkeiten zwischen beiden Körpern ausgetauscht. Der bei einem geraden zentralen Stoß auftretende Energieverlust kann aus

$$\Delta T = T_0 - T_1 = \frac{1}{2}\left[m^I (v_0^I)^2 + m^{II} (v_0^{II})^2\right] - \frac{1}{2}\left[m^I (v_1^I)^2 + m^{II} (v_1^{II})^2\right]$$

unter Berücksichtigung von (6.189) zu

$$\Delta T = \frac{m^I m^{II} (1-\epsilon^2)(v_0^I - v_0^{II})^2}{2(m^I + m^{II})} \tag{6.190}$$

berechnet werden. Man erkennt hieraus, daß für den elastischen Stoß mit $\epsilon = 1$ kein Energieverlust auftritt.

2. Bei einem schiefen zentralen Stoß (z.B. Fig. 6.58) gelten für die Normalkomponenten $v_{N0}^I, v_{N0}^{II}, v_{N1}^I, v_{N1}^{II}$ dieselben Überlegungen, wie für den geraden Stoß. Für die Tangentialkomponenten müssen neue Aussagen aus physikalischen Überlegungen gewonnen werden. So gilt für glatten Stoß:

$$v_{T1}^{I} = v_{T0}^{I} \,; \qquad v_{T1}^{II} = v_{T0}^{II} \,. \tag{6.191}$$

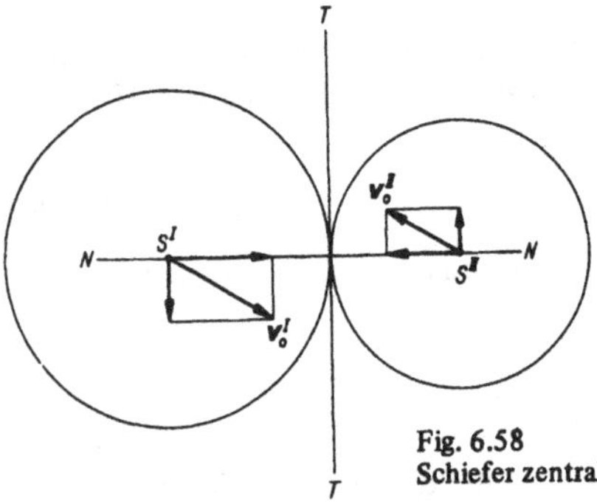

Fig. 6.58
Schiefer zentraler Stoß zweier Kugeln

Bei *rauhem* Stoß erleiden die stoßenden Körper wegen der nicht verschwindenden Tangentialkräfte einen Momentenstoß, der ihnen eine Drehbewegung erteilt. Beim schiefen Wurf eines Balles gegen eine *glatte* Wand läßt sich wegen (6.191) das Reflexionsgesetz: Einfallswinkel gleich Ausfallswinkel bestätigen. Bei rauhem Stoß gilt es jedoch nicht mehr (Reflexionen von sogen. „Superbällen").

3. Es sei weiterhin der *gerade exzentrische Stoß* einer Kugel II gegen einen Stab I untersucht (Fig. 6.59). Wenn $v_0^I = \omega_0^I = 0$ und $\omega_0^{II} = 0$ gilt, dann bewegen sich die Massenmittelpunkte beider Körper nach dem Stoß in der Richtung von v_0^{II}. Die Impulsbilanz (6.182) lautet in Koordinaten

$$m^I v_{S1}^I + m^{II} v_1^{II} = m^{II} v_0^{II} \,.$$

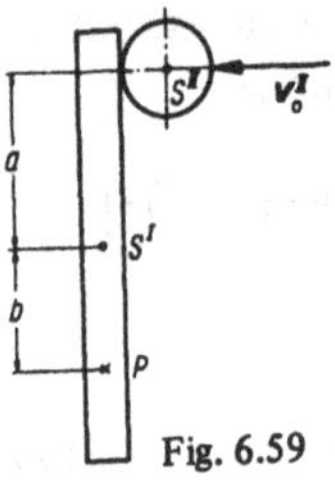

Fig. 6.59 Gerader exzentrischer Stoß

Wählt man S^I als Bezugspunkt, dann folgt aus (6.183) die Drallbilanz in Koordinaten, wobei die oben angenommene Richtung für v_1^{II} zu beachten ist,

$$J_S^I \, \omega_1^I + a m^{II} v_1^{II} = a m^{II} v_0^{II} \,.$$

Schließlich gilt bei elastischem Stoß der Energiesatz:

$$\frac{1}{2}\left[J_S^I \left(\omega_1^I\right)^2 + m^I \left(v_{S1}^I\right)^2 + m^{II} \left(v_1^{II}\right)^2\right] = \frac{1}{2} m^{II} \left(v_0^{II}\right)^2 \,.$$

Damit hat man drei Gleichungen für die Unbekannten v_{S1}^I, ω_1^I, v_1^{II} mit der Lösung

$$\left.\begin{aligned} v_{S1}^I &= \frac{2\,J_S^I m^{II} v_0^{II}}{J_S^I(m^I + m^{II}) + m^I m^{II} a^2}\,, \\ \omega_1^I &= \frac{2 a m^I m^{II} v_0^{II}}{J_S^I(m^I + m^{II}) + m^I m^{II} a^2}\,, \\ v_1^{II} &= \frac{m^I m^{II} a^2 - J_S^I(m^I - m^{II})}{J_S^I(m^I + m^{II}) + m^I m^{II} a^2}\, v_0^{II}\,. \end{aligned}\right\} \tag{6.192}$$

Der gestoßene Stab führt eine ebene Bewegung mit dem Bewegungswinder (ω_1^I, v_{S1}^I) bezüglich S^I aus. Der Momentanpol P dieser Bewegung möge den Abstand b von S^I haben. Man findet aus $b\omega_1^I = v_{S1}^I$ mit (6.192) den Wert

$$b = \frac{J_S^I}{m^I a} = \frac{k^2}{a} \tag{6.193}$$

mit dem Trägheitsradius $k = \sqrt{J_S^I/m^I}$. Der Punkt P wird als **Stoßmittelpunkt** bezeichnet. Er ist derjenige Punkt des Stabes, der unmittelbar nach dem Stoß selbst in Ruhe bleibt. Diese Tatsache kann bei Hammerwerken und Pendelschlagwerken (Fig. 6.60) ausgenutzt werden: Damit das Lager bei P nicht durch Stöße belastet wird, wenn die Schneide des Pendels den Versuchsstab V durchschlägt, muß der Abstand b nach (6.193) gewählt werden. Der Gesamtabstand a + b ist gleich der reduzierten Pendellänge a_R (6.140) des Pendels

$$a_R = \frac{J_P}{mb} = \frac{J_S + mb^2}{mb} = \frac{k^2 + b^2}{b} = \frac{k^2}{b} + b = a + b.$$

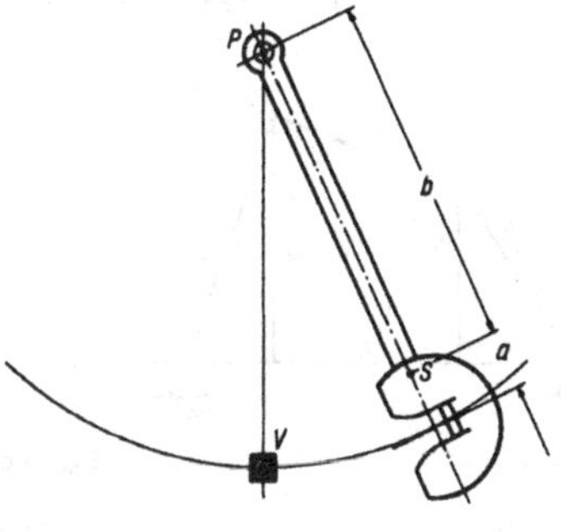

Fig. 6.60 Pendelschlagwerk

6.8. Methoden der analytischen Mechanik

Nach der Formulierung der Grundgesetze der Kinetik durch Newton und Euler sind mehrfach Versuche unternommen worden, noch prägnantere Formulierungen zu finden. Durch sie sollten erstens die Grundgesetze möglichst noch zusammengefaßt werden und zweitens handliche Regeln zum Ableiten von Bewegungsgleichungen auch in komplizierteren Fällen angegeben werden. Die erstgenannte Tendenz führte zur Formulierung verschiedenartiger Prinzipe, von denen hier nur das d'Alembertsche Prinzip angegeben werden soll. Arbeiten in der zweiten Richtung führten zur Aufstellung von analytischen Methoden, die vor allem mit dem Namen Lagrange verknüpft sind.

6.8.1. Zwangsbedingungen. Alle realen mechanischen Systeme sind irgendwelchen Zwangsbedingungen unterworfen, weil sich ihre Teilmassen nicht unabhängig voneinander bewegen können. So bewegt sich ein schienengebundenes Fahrzeug nur längs der Schiene; die Bewegungen der Räder eines Getriebes hängen voneinander ab; schließlich können sich die Teilmassen eines starren Körpers nur so bewegen, daß ihr gegenseitiger Abstand stets erhalten bleibt – sonst wäre der Körper nicht starr.

Zwangsbedingungen können als Beziehungen zwischen den Koordinaten formuliert werden, die die Lage eines Systems beschreiben. Wenn beispielsweise die Lage des in Fig. 6.61 skizzierten ebenen Gestänges durch die Koordinaten x_1, y_1, x_2, y_2 beschrieben wird, dann gelten zwischen diesen vier Variablen die folgenden drei Zwangsbedingungen:

$$x_1^2 + y_1^2 = a_1^2 ,$$

$$(x_2-a)^2 + y_2^2 = a_2^2 ,$$

$$(x_2-x_1)^2 + (y_2-y_1)^2 = a_3^2 .$$

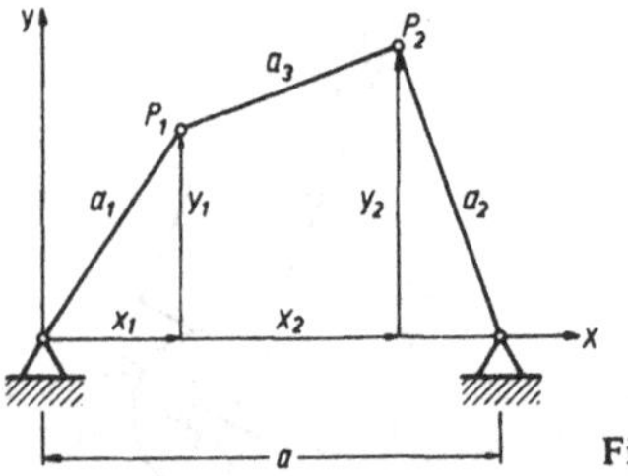

Fig. 6.61 Ebenes Dreistab-System

Durch diese Gleichungen wird die Tatsache ausgedrückt, daß die drei Stangen des Systems unveränderliche Längen a_i besitzen. Allgemein lassen sich lageabhängige Bindungen eines Systems, das durch die Koordinaten $x_1, x_2, \ldots, x_n$ beschrieben wird durch Funktionen

$$\varphi_r (x_1, x_2, \ldots, x_n) = 0 \qquad (r = 1,2,\ldots, m) \tag{6.194}$$

ausdrücken. Derartige Bedingungen bezeichnet man als h o l o n o m ; nicht-holonome Bedingungen, bei denen auch noch die Geschwindigkeiten $\dot{x}$ berücksichtigt werden müssen, oder Bindungsgleichungen, die zusätzlich auch von der Zeit abhängen, sollen hier nicht behandelt werden.

Es kommt weiterhin darauf an, die durch (6.194) formulierten Bindungen in die Bewegungsgleichungen einzubauen, damit die Zwangsbedingungen zwischen den Koordinaten bei den Lösungen dieser Gleichungen von vornherein erfüllt sind. Als Hilfsmittel hierzu wird der Begriff der virtuellen Verschiebung δx verwendet, der bereits in Abschn. 2.8 bei der Formulierung des Prinzips der virtuellen Arbeit eingeführt wurde. Die δx dürfen den Zwangsbedingungen (6.194) nicht widersprechen; sie müssen vielmehr mit den vorhandenen Bindungen verträglich sein. Mathematisch bedeutet das, daß

$$\delta\varphi_r = \frac{\partial\varphi_r}{\partial x_1}\delta x_1 + \frac{\partial\varphi_r}{\partial x_2}\delta x_2 + \cdots + \frac{\partial\varphi_r}{\partial x_n}\delta x_n = 0, (r = 1,2,\ldots,m) \qquad (6.195)$$

gelten muß. Zwischen den n virtuellen Verschiebungen δx_i bestehen demnach m lineare Beziehungen.

Beispiel: Für das in Fig. 6.62 skizzierte Raumpendel der Länge a gilt

$$\varphi(x_1, x_2, x_3) = x_1^2 + x_2^2 + x_3^2 - a^2 = 0.$$

Aus (6.195) folgt

$$\delta\varphi = 2(x_1\,\delta x_1 + x_2\,\delta x_2 + x_3\,\delta x_3) = 2x\,\delta x = 0.$$

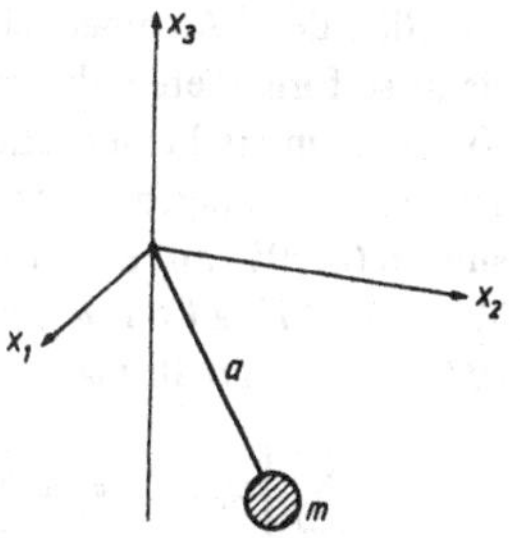

Fig. 6.62 Räumliches Punktpendel

Das bedeutet, daß der Verschiebungsvektor $\delta x = [\delta x_1, \delta x_2, \delta x_3]$ stets senkrecht auf dem Vektor $x = [x_1, x_2, x_3]$ stehen muß. Die Masse m des Pendels von Fig. 6.62 kann sich also nur in einer Fläche bewegen, die in jedem Punkt senkrecht zum Faden gerichtet ist (Kugeloberfläche).

6.8.2. Das Prinzip von d'Alembert und die Lagrangeschen Gleichungen erster Art. Das in Abschn. 2.8, Gleichung (2.68) besprochene Prinzip der virtuellen Arbeit kann sinngemäß auch auf die Kinetik übertragen werden; dadurch kommt man zum d'Alembertschen Prinzip. Ohne auf den historischen Weg einzugehen, der zur Aufstellung dieses Prinzips geführt hat, soll hier nur die für Systeme von Punktmassen gültige Formulierung besprochen werden.

Wenn man zu den in (2.68) vorkommenden Kraftkomponenten F_i die Komponente der Trägheitskräfte $F_i^T = -m_i\ddot{x}_i$ hinzufügt, dann erhält man aus dem Prinzip der virtuellen Arbeit das d'Alembertsche Prinzip:

$$\sum_{i=1}^{3n} (F_i - m_i\ddot{x}_i)\,\delta x_i = 0\,. \tag{6.196}$$

Um eine einfachere Schreibweise zu erhalten, wurden hierbei die Koordinaten durchlaufend mit x_i bezeichnet; zu den Punktmassen m_i gehören demnach je drei Koordinaten x_i; es gilt $m_1 = m_2 = m_3$, $m_4 = m_5 = m_6$ usw. Deshalb ist bei n Punktmassen bis 3n zu summieren.

Das durch (6.196) formulierte Prinzip besagt, daß sich ein System von Punktmassen so bewegt, daß die einwirkenden Kräfte F_i zusammen mit den Trägheitskräften im Gleichgewicht sind. Für ein System von vollkommen frei beweglichen Punktmassen m_i ist diese Aussage trivial; die virtuellen Verschiebungen dürfen in diesem Fall ja beliebig gewählt werden. Wenn (6.196) dennoch erfüllt sein soll, muß notwendigerweise der Ausdruck $(F_i - m_i\ddot{x}_i)$ für jeden Wert von i gleich Null sein. Das aber entspricht der Aussage des Newtonschen Bewegungsgesetzes.

Praktische Bedeutung gewinnt das in (6.196) ausgedrückte Prinzip erst, wenn Systeme betrachtet werden, die irgendwelchen Zwangsbedingungen unterworfen sind. In derartigen Fällen können die δx_i nicht beliebig gewählt werden; sie müssen vielmehr den Bedingungen (6.195) genügen.

Mit Hilfe des d'Alembertschen Prinzips kann man die Bewegungsgleichungen eines Systems so formulieren, daß auch die infolge der Zwangsbedingungen hervorgerufenen Kräfte darin erscheinen. Hierzu wird (6.196) mit den aus den Zwangsbedingungen folgenden Beziehungen $\delta\varphi_r = 0$ nach (6.195) kombiniert. Wenn man jede der Bedingungen (6.195) mit einem zunächst noch unbestimmten Lagrangeschen Multiplikator λ_r multipliziert und diese Bedingungen zusammen mit (6.196) addiert, dann erhält man

$$\sum_{i=1}^{3n} \left[F_i - m_i\ddot{x}_i + \sum_{r=1}^{m} \lambda_r \frac{\partial\varphi_r}{\partial x_i}\right] \delta x_i = 0\,. \tag{6.197}$$

Wenn (6.195) und (6.196) erfüllt sind, dann gilt dies auch für (6.197). Es läßt sich nun zeigen , daß bei geeigneter Wahl der Faktoren λ_r der in eckigen Klammern stehende Ausdruck für jeden Wert von i verschwinden muß. Das ergibt die Bewegungsgleichungen. Hierzu überlegt man wie folgt: Wenn m Bedingungen (6.195) zwischen den 3n virtuellen Verschiebungen δx_i bestehen, dann können 3n – m von ihnen frei gewählt werden. Die Faktoren dieser $\delta x_1, \delta x_2, \ldots, \delta x_{3n-m}$ in (6.197) müssen dann aber den Wert Null annehmen, weil anders bei beliebigen δx_i die Forderung (6.197) nicht erfüllt sein kann. Weiterhin wird von der Freiheit in der Wahl der Multiplikatoren λ_r Gebrauch gemacht: sie werden so gewählt, daß die Ausdrücke in der eckigen Klammer von (6.197) für $i = 3n-m+1$ bis $i = 3n$ zu Null werden. Damit aber müssen nun die Klammerausdrücke für jedes i verschwinden, woraus

$$m_i \ddot{x}_i = F_i + \sum_{r=1}^{m} \lambda_r \frac{\partial \varphi_r}{\partial x_i} \,, \qquad (i = 1,2,\ldots, 3n) \tag{6.198}$$

folgt. Diese Bewegungsgleichungen werden als Lagrangesche Gleichungen erster Art bezeichnet. Sie können als Erweiterungen des Newtonschen Bewegungsgesetzes aufgefaßt werden. Man erkennt aus dem Aufbau von (6.198), daß die von den Zwangsbedingungen $\varphi_r = 0$ herrührenden Zusatzglieder gerade die Zwangskräfte repräsentieren. Die Lagrangeschen Multiplikatoren λ_r können demnach als diejenigen Faktoren gedeutet werden, mit denen die Ableitungen $\partial\varphi_r/\partial x_i$ multipliziert werden müssen, um die infolge der r-ten Zwangsbedingung für die i-ten Koordinaten ausgeübten Zwangskräfte zu erhalten.

Die 3n Bewegungsgleichungen (6.198) bilden zusammen mit den m Zwangsbedingungen (6.194) 3n + m Gleichungen für ebensoviele Unbekannte: 3n Koordinaten x_i und m Faktoren λ_r. Die Lagrangeschen Bewegungsgleichungen erster Art sind besonders dann von Vorteil, wenn die durch die Zwangsbedingungen hervorgerufenen Zwangskräfte in Abhängigkeit von dem Bewegungszustand des Systems bestimmt werden sollen. Das aber kann für Systeme mit vorwiegend kinetischer Beanspruchung von Interesse sein.

Beispiel: Es sei die Beanspruchung des in Fig. 6.62 skizzierten räumlichen Fadenpendels, also die vom Faden auf die Masse ausgeübte Zwangskraft zu berechnen. Mit

$$\varphi = x_1^2 + x_2^2 + x_3^2 - a^2 = 0 \tag{6.199}$$

und

$$\mathbf{F} = [0, 0, -mg]$$

erhält man aus (6.198) die Bewegungsgleichungen

$$\left.\begin{aligned} m\ddot{x}_1 &= 2\lambda x_1 \,, \\ m\ddot{x}_2 &= 2\lambda x_2 \,, \\ m\ddot{x}_3 &= -mg + 2\lambda x_3 \,. \end{aligned}\right\} \tag{6.200}$$

Um zunächst den Faktor λ zu erhalten, werden diese Gleichungen mit x_1, x_2, x_3 multipliziert und dann addiert:

$$m(x_1\ddot{x}_1 + x_2\ddot{x}_2 + x_3\ddot{x}_3) = -mgx_3 + 2\lambda a^2 \,.$$

Durch zweimaliges Differenzieren von (6.199) findet man für den Ausdruck in runden Klammern

$$(x_1\ddot{x}_1 + x_2\ddot{x}_2 + x_3\ddot{x}_3) = -(\dot{x}_1^2 + \dot{x}_2^2 + \dot{x}_3^2) = -v^2 \,.$$

Damit folgt

$$\lambda = \frac{m(gx_3 - v^2)}{2a^2} \,.$$

Für die Zwangskraft $\mathbf{F}_Z$, die vom Faden auf die Masse m ausgeübt wird, findet man nun

$$\mathbf{F}_Z = 2\lambda\,[x_1, x_2, x_3] = \frac{m(gx_3 - v^2)}{a^2}\,[x_1, x_2, x_3]$$

oder mit dem Einsvektor in Fadenrichtung $e_F = \frac{1}{a}[x_1, x_2, x_3]$

$$F_Z = m(g\frac{x_3}{a} - \frac{v^2}{a})\ e_F\ . \tag{6.201}$$

Dieses Ergebnis ist anschaulich: Der erste Ausdruck in der Klammer gibt die Komponente der Gewichtskraft in Fadenrichtung an, während der zweite die Beanspruchung des Fadens durch die Zentrifugalkraft beschreibt.

6.8.3. Die Lagrangeschen Gleichungen zweiter Art. Wenn die Zwangskräfte nicht primär interessieren, dann ist das Auflösen der 3n + m Gleichungen meist nicht zweckmäßig. Es ist jedoch möglich, die Zwangsbedingungen völlig zu eliminieren, so daß nur soviele Bewegungsgleichungen gelöst werden müssen, wie das System Freiheitsgrade besitzt, nämlich 3n − m. Hierzu müssen zunächst die sogenannten *verallgemeinerten Koordinaten* q_r eingeführt werden, deren Anzahl der Zahl der Freiheitsgrade des Systems entspricht. Die q_r müssen so gewählt werden, daß sie einerseits unabhängig voneinander sind und andererseits die Lage des betrachteten Systems eindeutig beschreiben können.

Beispiele: Das *ebene Fadenpendel* von Fig. 6.63 hat einen Freiheitsgrad. Seine Lage kann durch den Winkel ϑ eindeutig beschrieben werden. Zwischen ϑ und den kartesischen Koordinaten x_1, x_2 bestehen die Transformations-Gleichungen:

$$x_1 = a \sin\vartheta\ ; \quad x_2 = -a\cos\vartheta\ .$$

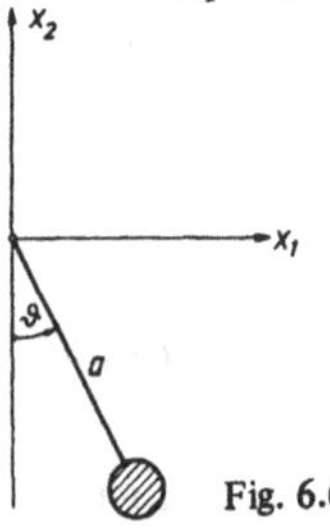

Fig. 6.63 Ebenes Punktpendel

Wegen a = const ist die Zwangsbedingung für die Bewegung der Masse automatisch erfüllt.

Die Masse eines Raumpendels (Fig. 6.62) kann sich auf der Oberfläche einer Kugel vom Radius a bewegen. Sie hat zwei Freiheitsgrade. Zur Beschreibung ihrer Lage können zwei Winkel – zum Beispiel die aus der Astronomie bekannten Winkel Azimut und Elevation – verwendet werden. Diese können als verallgemeinerte Koordinaten dienen.

Bewegt sich ein Punkt auf einer beliebig gekrümmten *Fläche im Raum* (Fig. 6.64), dann kann seine jeweilige Position durch zwei Koordinaten q_1 und q_2 beschrieben werden. Die q_i müssen so gewählt werden, daß die Fläche bei Variation der Konstanten mit zwei sich schneidenden Scharen von Kurven q = const überdeckt wird. Die kartesischen Koordinaten x_1, x_2, x_3 für einzelne Punkte der Fläche sind dann Funktionen der q_1 und q_2: $x_i = x_i(q_1, q_2)$.

Im allgemeinen Fall lassen sich die 3n kartesischen Koordinaten x_i als Funktionen der $3n - m = f$ verallgemeinerten Koordinaten q_r ausdrücken:

$$x_i = x_i(q_1, q_2, \ldots, q_f), \qquad (i = 1, \ldots, 3\,n)\,. \tag{6.202}$$

Diese Beziehung soll nun dazu verwendet werden, Bewegungsgleichungen abzuleiten, die nur noch die q_r enthalten.

Aus (6.202) erhält man zunächst

$$\delta x_i = \sum_{r=1}^{f} \frac{\partial x_i}{\partial q_r}\,\delta q_r\,. \tag{6.203}$$

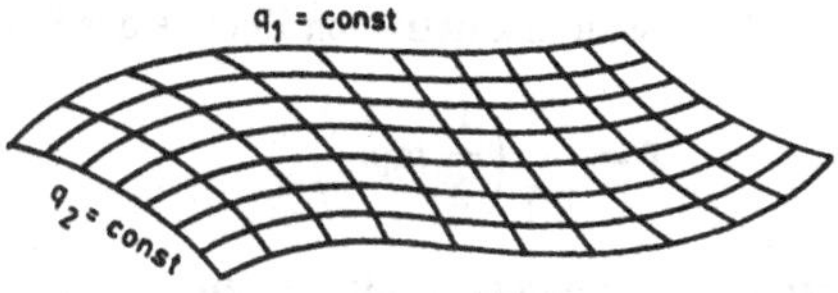

Fig. 6.64 Koordinaten auf einer Fläche

Eingesetzt in das d'Alembertsche Prinzip (6.196) folgt daraus

$$\sum_{i=1}^{3n} \left[(F_i - m_i\ddot{x}_i) \sum_{r=1}^{f} \frac{\partial x_i}{\partial q_r}\,\delta q_r \right] = 0\,. \tag{6.204}$$

Dieser Ausdruck soll gliedweise umgeformt werden. Man erhält zunächst für den ersten Term

$$\sum_{i=1}^{3n} F_i \delta x_i = \sum_{i=1}^{3n} \left(F_i \sum_{r=1}^{f} \frac{\partial x_i}{\partial q_r}\,\delta q_r\right) = \sum_{r=1}^{f} \left(\sum_{i=1}^{3n} F_i \frac{\partial x_i}{\partial q_r} \right) \delta q_r\,.$$

Führt man darin als Abkürzung die verallgemeinerten Kräfte

$$Q_r = \sum_{i=1}^{3n} F_i \frac{\partial x_i}{\partial q_r} \tag{6.205}$$

ein, dann wird

$$\sum_{i=1}^{3n} F_i \delta x_i = \sum_{r=1}^{f} Q_r \delta q_r\,. \tag{6.206}$$

Diese Beziehung rechtfertigt zugleich die Bezeichnung der Q_r als verallgemeinerte Kräfte, die den verallgemeinerten Koordinaten zugeordnet sind.

Das zweite Glied in (6.204) wird wie folgt umgeformt:

$$m_i\ddot{x}_i \frac{\partial x_i}{\partial q_r} = \frac{d}{dt}\left[m_i\dot{x}_i \frac{\partial x_i}{\partial q_r} \right] - m_i\dot{x}_i \frac{\partial \dot{x}_i}{\partial q_r}\,.$$

Berücksichtigt man, daß aus (6.202)

$$\dot{x}_i = \sum_{i=1}^{3n} \frac{\partial x_i}{\partial q_r} \dot{q}_r \quad \text{und} \quad \frac{\partial \dot{x}_i}{\partial \dot{q}_r} = \frac{\partial x_i}{\partial q_r}$$

folgt, dann kann weiter umgeformt werden:

$$m_i \ddot{x}_i \frac{\partial x_i}{\partial q_r} = \frac{d}{dt}\left[m_i \dot{x}_i \frac{\partial \dot{x}_i}{\partial \dot{q}_r}\right] - m_i \dot{x}_i \frac{\partial \dot{x}_i}{\partial q_r}$$

$$= \frac{d}{dt}\left[\frac{\partial}{\partial \dot{q}_r}\left(\frac{1}{2} m_i \dot{x}_i^2\right)\right] - \frac{\partial}{\partial q_r}\left(\frac{1}{2} m_i \dot{x}_i^2\right).$$

Mit der gesamten kinetischen Energie des Systems

$$T = \sum_{i=1}^{3n} \left(\frac{1}{2} m_i \dot{x}_i^2\right)$$

kann nun zusammengefaßt werden:

$$\sum_{i=1}^{3n} \left(m_i \ddot{x}_i \frac{\partial x_i}{\partial q_r}\right) = \frac{d}{dt}\left(\frac{\partial T}{\partial \dot{q}_r}\right) - \frac{\partial T}{\partial q_r}. \tag{6.207}$$

Setzt man dies und (6.206) in (6.204) ein, dann wird

$$\sum_{r=1}^{f} \left[Q_r - \frac{d}{dt}\left(\frac{\partial T}{\partial \dot{q}_r}\right) + \frac{\partial T}{\partial q_r}\right] \delta q_r = 0 \tag{6.208}$$

erhalten. Da die q_r nach Definition unabhängig voneinander sind, können die δq_r beliebig gewählt werden. Dann aber ist (6.208) nur erfüllt, wenn der Ausdruck in eckigen Klammern für jeden Wert von r verschwindet. Das ergibt die Lagrangeschen Bewegungsgleichungen zweiter Art:

$$\frac{d}{dt}\left(\frac{\partial T}{\partial \dot{q}_r}\right) - \frac{\partial T}{\partial q_r} = Q_r \,, \quad (r = 1, 2, \ldots, f). \tag{6.209}$$

Das sind f gewöhnliche Differentialgleichungen für die f unbekannten verallgemeinerten Koordinaten q_r. Die hier für Systeme von Punktmassen abgeleiteten Bewegungsgleichungen (6.209) gelten bei idealen Führungen allgemein für beliebige Systeme starrer Körper. Dabei können für die kinetische Energie der starren Körper die in Abschn. 6.3.3 abgeleiteten Beziehungen eingesetzt werden.

Eine besonders einfache Form der Gleichungen wird erhalten, wenn die äußeren Kräfte F_i von einem Potential V abgeleitet werden können. Mit

$$F_i = -\frac{\partial V}{\partial x_i}$$

erhält man dann aus (6.205)

$$Q_r = -\sum_{i=1}^{3n} \frac{\partial V}{\partial x_i}\frac{\partial x_i}{\partial q_r} = -\frac{\partial V}{\partial q_r} \quad .$$

Führt man nun noch die Differenz von kinetischer und potentieller Energie als k i n e - t i s c h e s P o t e n t i a l oder L a g r a n g e s c h e F u n k t i o n

$$L^* = T - V \tag{6.210}$$

ein (um Verwechslungen mit dem Drall L zu vermeiden, ist der Stern hinzugefügt worden) dann geht (6.209) über in

$$\frac{d}{dt}\left(\frac{\partial L^*}{\partial \dot{q}_r}\right) - \frac{\partial L^*}{\partial q_r} = 0, \quad (r = 1,2,\ldots, f)\,. \tag{6.211}$$

Diese Form der allgemeinen Bewegungsgleichungen ist stets dann von Vorteil, wenn die potentielle Energie V angegeben werden kann; das ist für konservative Systeme der Fall. Man hat dann nur die beiden skalaren Funktionen T und V aufzustellen, daraus L^* zu bilden und erhält danach durch routinemäßiges Ausrechnen von (6.211) die gewünschten Bewegungsgleichungen. Diese Prozedur ist im allgemeinen sehr viel einfacher durchzuführen, als das unmittelbare Aufstellen der Gleichungen nach N e w - t o n oder E u l e r , also aus Impuls- oder Drallsatz.

Auch bei nichtkonservativen Systemen ist das Ausrechnen der Bewegungsgleichungen nach (6.209) unproblematisch, man hat nur zuvor die verallgemeinerten Kräfte Q_r aus (6.205) zu bestimmen.

Beispiele: Für das e b e n e F a d e n p e n d e l von Fig. 6.63 kann der Winkel ϑ als verallgemeinerte Koordinate verwendet werden. Damit erhält man die kinetische Energie

$$T = \frac{1}{2}\, m\,(a\,\dot{\vartheta})^2 \,.$$

Mit $\quad x_1 = a \sin\vartheta\,, \quad x_2 = -a\cos\vartheta$

und $\quad F = [0, -mg]$

folgt aus (6.205)

$$Q = F_1\frac{\partial x_1}{\partial \vartheta} + F_2\frac{\partial x_2}{\partial \vartheta} = -\,mga \sin\vartheta\,.$$

Damit wird aus (6.209) die bekannte Pendelgleichung

$$\ddot{\vartheta} + \frac{g}{a}\sin\vartheta = 0$$

erhalten. Dasselbe Ergebnis folgt natürlich auch aus (6.211) mit

$$L^* = \frac{1}{2}\, m\,(a\dot{\vartheta})^2 - mga\,(1-\cos\vartheta)\,.$$

Als weiteres Beispiel sollen die Bewegungsgleichungen für das in Fig. 6.65 skizzierte System: ein Pendel an einem auf horizontalen Schienen laufenden, gefesselten Wagen (vierrädrige L a u f k a t z e m i t p e n d e l n d e r L a s t) aufgestellt werden.

Mit den verallgemeinerten Koordinaten x und ϑ erhält man die kinetische Energie:

$$T = \frac{1}{2} m_1 \dot{x}^2 + 4 \frac{1}{2} J_1 \omega^2 + \frac{1}{2} m_2 v_S^2 + \frac{1}{2} J_{2S} \dot{\vartheta}^2 \; . \qquad (6.212)$$

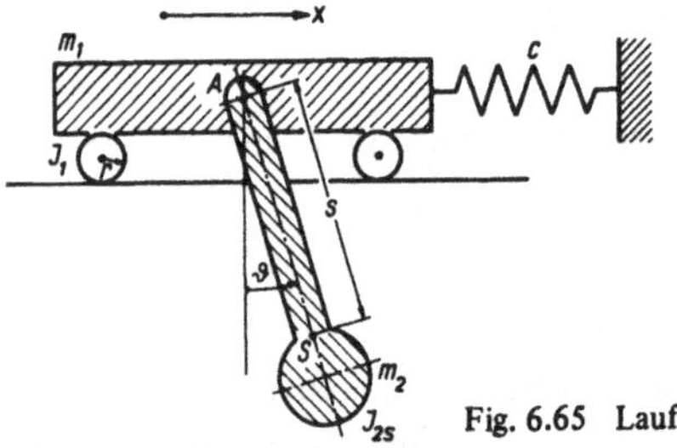

Fig. 6.65 Laufkatze mit pendelnder Last

Dabei ist:

$$\omega = \frac{\dot{x}}{r} \quad \text{und} \quad v_S^2 = \dot{x}_S^2 + \dot{y}_S^2 \; .$$

Mit $\quad x_S = x + s \sin\vartheta \; ; \quad y_S = -\, s \cos\vartheta$

wird aus (6.212)

$$T = \frac{1}{2}\left(m_1 + m_2 + \frac{4J_1}{r^2}\right)\dot{x}^2 + \frac{1}{2}(J_{2S} + m_2 s^2)\,\dot{\vartheta}^2 + m_2 s \cos\vartheta \cdot \dot{x}\dot{\vartheta},$$

$$T = \frac{1}{2} M\dot{x}^2 + \frac{1}{2} J\,\dot{\vartheta}^2 + m_2 s \cos\vartheta \cdot \dot{x}\dot{\vartheta} \qquad (6.213)$$

mit den Abkürzungen M und J erhalten. Das betrachtete System ist konservativ, wenn die Dämpfungskräfte vernachlässigt werden können. Dann folgt als potentielle Energie:

$$V = \frac{1}{2} c x^2 - m_2 g s \cos\vartheta \; . \qquad (6.214)$$

Mit $L^* = T - V$ werden nun durch Ausrechnen von (6.211) die folgenden Bewegungsgleichungen erhalten:

$$\left.\begin{aligned} &M\ddot{x} + m_2 s \cos\vartheta \cdot \ddot{\vartheta} - m_2 s \sin\vartheta \cdot \dot{\vartheta}^2 + cx = 0 \; , \\ &J\ddot{\vartheta} + m_2 s \cos\vartheta \cdot \ddot{x} + m_2 g s \sin\vartheta = 0 \; . \end{aligned}\right\} \qquad (6.215)$$

Diese nichtlinearen Differentialgleichungen zweiter Ordnung werden in zwei Sonderfällen entkoppelt: bei blockiertem Wagen folgt mit $\ddot{x} \equiv 0$ aus (6.215/2) die einfache Pendelgleichung; bei blockiertem Pendel erhält man mit $\ddot{\vartheta} \equiv 0$, $\dot{\vartheta} \equiv 0$ aus (6.215/1) die lineare Bewegungsgleichung für ein einfaches Feder-Masse-Pendel.

Ohne auf allgemeinere Lösungen von (6.215) einzugehen, soll noch gezeigt werden, daß bei ungefesseltem Wagen ($c \equiv 0$) eine einfache Sonderlösung gefunden werden kann. In diesem Fall kann (6.215/1) zweimal integriert werden:

$$M\dot{x} + m_2 s \cos\vartheta \cdot \dot{\vartheta} = C\,,$$

$$M(x - x_0) + m_2 s(\sin\vartheta - \sin\vartheta_0) = Ct.$$

Berücksichtigt man nun, daß s sinϑ die Verschiebung des Pendelschwerpunktes relativ zum Fahrzeug in x-Richtung ist, dann gilt

$$M(x - x_0) + m_2[(x_S - x) - (x_{So} - x_0)] = Ct\,.$$

Mit $x - x_0 = \Delta x_A$ und $x_S - x_{S\,o} = \Delta x_S$ folgt

$$(M - m_2)\,\Delta x_A + m_2 \Delta x_S = Ct\,.$$

Wenn die Bewegung mit $\dot{x}_0 = 0$ und $\dot{\vartheta}_0 = 0$ eingeleitet wird, dann ist $C = 0$. Die Wege in x-Richtung verhalten sich dann wie

$$\frac{\Delta x_A}{\Delta x_S} = -\frac{m_2}{M - m_2}\,,$$

d.h. Wagen und Pendelschwerpunkt bewegen sich stets gegensinnig (Fig. 6.66). Bei dieser Bewegung bleibt die x-Koordinate eines Punktes P der Pendelstange im Abstand $y = sm_2/M$ von der Pendelachse A unverändert. Der durch y gekennzeichnete Punkt P ist mit dem Gesamtschwerpunkt identisch, sofern die Räder des Wagens masselos sind ($J_1 = 0$). Wegen der endlichen Masse der Räder liegt P etwas über dem gemeinsamen Schwerpunkt. Im Falle beliebiger Anfangsbedingungen mit $C \neq 0$ überlagert sich der beschriebenen Bewegung noch eine konstante Translationsgeschwindigkeit in x-Richtung.

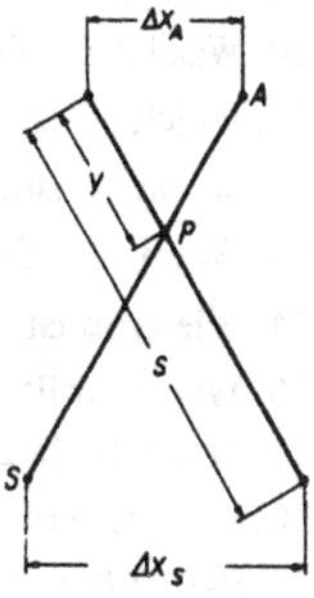

Fig. 6.66 Zur Bewegung des elliptischen Pendels

6.9. Fragen

1. Wann kann der Impuls eines Systems in der Form $p = mv_S$ geschrieben werden?
2. Wie ist der Drall, bezogen auf einen beliebigen Bezugspunkt P für eine Punktmasse m definiert?
3. Welches ist die kinetische Energie T eines beliebigen Systems?
4. Unter welchen Bedingungen gilt das Bewegungsgesetz in der Form $F = ma$?
5. Was ist ein Inertialsystem?

6. Warum kann sich ein auf einem Stuhl Sitzender nicht selbst mit dem Stuhl hochheben?
7. Warum erhält man aus den statischen Gleichgewichtsbedingungen $\Sigma \mathbf{F} = 0$ durch Hinzufügen der Trägheitskraft $\mathbf{F}_T = -m\mathbf{a}_S$ i. allg. nicht die Bewegungsgleichungen?
8. Wie groß ist der Kraftstoß, der beim Abfangen eines (nicht drehenden) Balles von der Masse m und der Geschwindigkeit v ausgehalten werden muß?
9. Unter welchen Bedingungen bleibt der Impuls eines Systems erhalten?
10. Warum gilt das Bewegungsgesetz $\mathbf{F}_a = m\mathbf{a}$ nicht für die Antriebsphase einer Rakete?
11. Für welche Art von Bezugspunkten P gilt der Drallsatz in der Form $d\mathbf{L}_P/dt = \mathbf{M}_P^a$?
12. Warum kann ein Turmspringer während des Falles nicht auf einen Salto vorwärts einen Salto rückwärts folgen lassen?
13. Für welche Art von Kräften gilt der Energiesatz?
14. Welches ist das Potential der Gewichtskraft?
15. Welches sind die Einheiten von Arbeit und Leistung?
16. Wie ist das Massen-Trägheitsmoment bezüglich einer Achse definiert?
17. Wie hängen Drallvektor **L** und Winkelgeschwindigkeitsvektor $\boldsymbol{\omega}$ bei einem starren Körper zusammen?
18. Welches ist die Aussage der „Dreiecks-Ungleichungen" für die Trägheitsmomente eines starren Körpers?
19. Wie errechnet sich das Trägheitsmoment eines starren Körpers, wenn die Bezugsachse parallel verschoben wird?
20. Was ist ein Trägheitsradius?
21. Welche Gestalt hat das Trägheitsellipsoid eines homogenen Würfels?
22. Wodurch sind die Hauptachsen eines starren Körpers definiert?
23. Wann sind Drallvektor **L** und Drehvektor $\boldsymbol{\omega}$ parallel?
24. Wie groß ist die kinetische Energie eines beliebig bewegten starren Körpers?
25. Warum rollt ein Hohlzylinder langsamer als ein Vollzylinder von gleichem Radius eine schiefe Ebene herunter?
26. Warum verwendet man bei der Berechnung der Drehbewegungen starrer Körper den Drallsatz am besten in einer auf ein körperfestes Bezugssystem umgerechneten Form?
27. Wie kommt der vergrößerte Mahldruck einer Kollermühle zustande?
28. Wie kann man die Tendenz der Bewegung der Drallachse finden, wenn äußere Momente wirksam sind?
29. Was sind Nutationen und was sind Präzessionen eines Kreisels und wie hängen ω_N und ω_{Pr} mit der Kreiseldrehgeschwindigkeit ω zusammen?
30. Warum sind Satellitenbewegungen Zentralbewegungen?
31. Welche Kraft F wirkt zwischen zwei sich anziehenden Massen?

32. Wie verhalten sich die Geschwindigkeiten eines auf elliptischer Bahn umlaufenden Satelliten im erdnächsten und erdfernsten Punkt?
33. Wie verhalten sich Kreisbahn- und Flucht-Geschwindigkeit bei Satelliten?
34. Wie kann man viskose Dämpfungskräfte i.allg. formulieren?
35. Wovon hängt die Corioliskraft ab?
36. Welche Zusatzkraft entsteht durch die Führungsbewegung auf einem gleichförmig drehenden Karussell?
37. Warum fällt ein am Äquator senkrecht nach oben geworfener Stein westlich vom Abwurfpunkt auf?
38. Wie lautet die Bewegungsgleichung eines Schwerependels bei kleinen Auslenkungen x und welche Lösung hat sie?
39. Warum ist die Berechnung konservativer Schwingungen mit Hilfe des Energiesatzes oft einfacher als über die Bewegungsgleichungen?
40. Wie ist die reduzierte Pendellänge a_R eines Körperpendels definiert und welche Bedeutung hat sie?
41. Wann spricht man von linearen bzw. nichtlinearen Schwingungen?
42. Welche Größen werden beim Phasenbild einer Schwingung als Abszisse bzw. als Ordinate aufgetragen?
43. Weshalb müssen bei der Berechnung gedämpfter Schwingungen eines linearen Schwingers Fallunterscheidungen vorgenommen werden?
44. Was ist eine Übergangsfunktion?
45. Wann gilt das Superpositionsprinzip?
46. Was sind Schwebungen?
47. Wodurch ist die Schwingungsform bei den beiden Eigenschwingungen eines Schwingers mit zwei Freiheitsgraden charakterisiert?
48. Welches ist das Kriterium für einen elastischen Stoß?
49. Wie lautet die Gleichung für die Impulsbilanz von zwei sich stoßenden Körpern?
50. Welche Bedingung gilt für einen glatten Stoß?
51. Wie groß muß der Abstand des Stoßpunktes vom Drehpunkt bei einem Pendelschlagwerk sein, wenn die Stoßkraft nicht auf das Lager wirken soll?
52. Wie lauten die Zwangsbedingungen für die Bewegungen der Endpunkte P_1 mit (x_1, y_1, z_1) und P_2 mit (x_2, y_2, z_2) eines starren Stabes der Länge a, von denen sich P_1 nur auf der x,y-Ebene, P_2 dagegen nur auf der x,z-Ebene eines kartesischen x, y, z-Systems bewegen können?
53. Welche Beziehung gilt für die virtuellen Veränderungen der Koordinaten der Punkte P_1 und P_2 von Frage 52?
54. Wie wird das d'Alembertsche Prinzip für ein System von n Punktmassen m_i formuliert?
55. Welche Formulierung gilt für die Zwangskraft F_i^z in den Lagrangeschen Gleichungen erster Art?

56. Welchen Bedingungen müssen verallgemeinerte Koordinaten q_r genügen?
57. Welche Form der Lagrangeschen Gleichungen zweiter Art kann bei nichtkonservativen Systemen verwendet werden?

7. Einblick in die Kontinuumsmechanik

In der Kontinuumsmechanik werden Kräfteverteilungen, Verschiebungen und Bewegungen in kontinuierlich ausgedehnten Körpern untersucht. Teilgebiete der Kontinuumsmechanik sind Elastomechanik (s. Kapitel 3), Plastomechanik, Rheologie und Strömungslehre, einschließlich der Fluidstatik (s. Kapitel 4). Bei dem hier gegebenen „Einblick" werden Grundannahmen und Grundgedanken der Kontinuumsmechanik besprochen. Damit soll der Zusammenhang mit der allgemeinen Mechanik gegeben und zugleich der Anschluß an wichtige Sondergebiete der Technischen Mechanik sichtbar gemacht werden.

7.1. Übersicht und Grundbegriffe

Kontinuierlich ausgedehnte Materialien können in festem, flüssigem, gasförmigem oder plasmatischem Aggregatszustand vorkommen. Obwohl diese grobe Einteilung nicht immer ausreicht, wird sie als Grundlage für die Abgrenzung von Teilgebieten der Mechanik verwendet, in denen das Verhalten der verschiedenartigen Körper untersucht wird. Einen Überblick hierzu gibt die folgende Tabelle:

feste Körper		starr	Stereo-Mechanik
		elastisch	Elasto-Mechanik Festigkeitslehre
		plastisch	Plasto-Mechanik Rheologie
Fluide	Flüssigkeiten	zähflüssig	
		dünnflüssig	
		reibungsfrei	Strömungslehre
	Gase	inkompressibel	
		kompressibel	Gasdynamik Meteorologie
Plasmen		ionisiert	Plasma-Dynamik (Magneto-Hydrodynamik)

Die Abgrenzungen zwischen den genannten Gebieten sind fließend, es gibt vielfache Überschneidungen und Übergänge.

In der Aufstellung sind gemischte Stoffe, bei denen gleichzeitig verschiedene Aggregatszustände vertreten sind, nicht aufgeführt worden. Hierzu gehören Mehr-Komponenten-Kontinua wie z.B. Emulsionen, Schaum, Rauch und Nebel.

Charakteristisch für die Untersuchung von Kontinua ist, daß man sich im allgemeinen nicht für das Verhalten von individuellen Teilmassen, sondern nur für Zustände innerhalb des Kontinuums interessiert. Hierzu gehören Spannungs-, Verzerrungs-, Bewegungs- und Temperaturzustände. Die Kontinuumshypothese postuliert eine Nichtunterscheidbarkeit der einzelnen Teilmassen eines Kontinuums und setzt beliebige Teilbarkeit voraus. Obwohl sie den Erkenntnissen der Molekül- und Atomphysik widerspricht, kann sie doch als brauchbare Arbeitshypothese für eine große Zahl mechanischer Probleme betrachtet werden. Schwierigkeiten ergeben sich nur für solche Aufgaben, bei denen atomare Dimensionen eine Rolle spielen, oder bei denen die mittlere freie Weglänge von Gasmolekülen sehr groß wird – also im Hochvakuum oder im Weltraum.

Wichtige Begriffe zur Beschreibung des Zustands im Innern eines Kontinuums sind Dichte, Spannung, Verzerrung und Verzerrungsgeschwindigkeit.

Die Dichte ρ ist definiert als der Grenzwert

$$\rho = \lim_{\Delta V \to 0} \frac{\Delta m}{\Delta V} = \frac{dm}{dV} \; . \tag{7.1}$$

Dabei ist Δm die Masse im Volumenelement ΔV. Der Grenzwert existiert für $\Delta V \to 0$ streng genommen gar nicht, weil jede Materie aus Atomen und Molekülen aufgebaut ist, also die Masse nicht stetig verteilt ist. Dennoch ist die Definition (7.1) sinnvoll, weil die in der Makromechanik üblicherweise interessierenden Abmessungen groß gegenüber den Abständen der Moleküle voneinander sind. So enthält z.B. ein Würfel Luft mit nur 1/1000 mm Kantenlänge bei Normalbedingungen schon etwa 27 Millionen Moleküle.

Die bei Einwirkung von Kräften in einem Kontinuum auftretenden Spannungen können für jeden Punkt durch den bereits in Abschn. 3.1.1 eingeführten Spannungstensor τ_{ij} (s. Gl. (3.15)) gekennzeichnet werden. Elemente dieses Tensors sind die Normal- und die Schubspannungen.

Als Verzerrungstensor ϵ_{ij} wurde in Abschn. 3.1.2 (s. Gl. (3.20)) der Tensor mit den Elementen

$$\left.\begin{aligned} \epsilon_{xx} &= \frac{\partial \xi}{\partial x}\;; & \epsilon_{xy} = \epsilon_{yx} &= \frac{1}{2}\left(\frac{\partial \xi}{\partial y} + \frac{\partial \eta}{\partial x}\right)\;; \\ \epsilon_{yy} &= \frac{\partial \eta}{\partial y}\;; & \epsilon_{yz} = \epsilon_{zy} &= \frac{1}{2}\left(\frac{\partial \eta}{\partial z} + \frac{\partial \zeta}{\partial y}\right)\;; \\ \epsilon_{zz} &= \frac{\partial \zeta}{\partial z}\;; & \epsilon_{zx} = \epsilon_{xz} &= \frac{1}{2}\left(\frac{\partial \zeta}{\partial x} + \frac{\partial \xi}{\partial z}\right) \end{aligned}\right\} \tag{7.2}$$

eingeführt, wobei $\boldsymbol{\rho} = [\xi, \eta, \zeta]$ der Vektor der Verschiebung eines Teilchens im Kontinuum ist. Dieser Vektor ist in einem Koordinatensystem zu messen, das eventuelle Verschiebungen des im Kontinuum festen Bezugspunktes oder Drehungen der Bezugsachsen mitmacht.

Wenn $\dot{\boldsymbol{\rho}} = [u, v, w]$ der Vektor der Verschiebe-Geschwindigkeit eines Teilchens ist, dann kann man den Tensor der Verzerrungsgeschwindigkeiten $\dot{\epsilon}_{ij} = e_{ij}$ mit den Elementen

$$\left.\begin{aligned} e_{xx} &= \frac{\partial u}{\partial x}; \quad e_{xy} = e_{yx} = \frac{1}{2}\left(\frac{\partial u}{\partial y} + \frac{\partial v}{\partial x}\right); \\ e_{yy} &= \frac{\partial v}{\partial y}; \quad e_{yz} = e_{zy} = \frac{1}{2}\left(\frac{\partial v}{\partial z} + \frac{\partial w}{\partial y}\right); \\ e_{zz} &= \frac{\partial w}{\partial z}; \quad e_{zx} = e_{xz} = \frac{1}{2}\left(\frac{\partial w}{\partial x} + \frac{\partial u}{\partial z}\right) \end{aligned}\right\} \tag{7.3}$$

einführen. Diesen Tensor benötigt man in der Kontinuumsmechanik stets dann, wenn die Verformungsgeschwindigkeiten einen Einfluß auf die Spannungsverteilung im Innern des Kontinuums haben. Die Tensoren ϵ_{ij} und e_{ij} sind ihrer Definition entsprechend symmetrisch.

7.2. Stoffgesetze der Kontinuumsmechanik

Durch Versuche hat man festgestellt, daß für jeden Werkstoff ein bestimmter Zusammenhang zwischen Spannungs- und Verformungsgrößen existiert. Man bezeichnet diese Abhängigkeit als Stoffgesetz. Der einfache Fall des Hookeschen Stoffgesetzes für linear-elastische Körper (Hookesche Körper) wurde bereits in Abschn. 3.1.3 besprochen und in den Abschn. 3.2 bis 3.8 zur Lösung von Grundaufgaben der Elastizitätstheorie herangezogen.

In allgemeiner Form können die Stoffgesetze als Beziehungen zwischen dem Spannungstensor τ_{ij} einerseits und Verzerrungs- sowie Verzerrungsgeschwindigkeits-Tensor ϵ_{ij} bzw. e_{ij} andererseits formuliert werden:

$$F(\dot{\tau}_{ij}, \tau_{ij}, \epsilon_{ij}, e_{ij}) = 0. \tag{7.4}$$

Ohne auf diese allgemeinen Formulierungen näher einzugehen, sollen hier nur einige einfacher zu übersehende Sonderfälle betrachtet werden, für die sich Stoffgesetze in skalarer Form ergeben. Bereits daraus lassen sich einige charakteristische Eigenschaften ablesen. In Abschn. 3.1.3, Gl. (3.23) war das für linear-elastische Körper gültige Hookesche Gesetz für den Zusammenhang zwischen Schubspannung τ und Winkeländerung (Gleitung) γ:

$$\tau = G\gamma \tag{7.5}$$

angegeben worden. Darin ist unter τ z.B. $\tau_{xy} = \tau_{yx}$ zu verstehen und entsprechend unter γ die Verzerrungsgröße $\gamma_{xy} = \gamma_{yx} = 2\epsilon_{xy} = 2\epsilon_{yx}$, G ist der Schubmodul. Die Beziehung (7.5) kann z.B. durch Auswerten von Torsionsversuchen an geraden Stäben erhalten werden.

Ein formal ähnlich aufgebautes Gesetz wird für eine Klasse zäher Flüssigkeiten (Newtonsche Fluide) erhalten. Betrachtet man die ebene Strömung (s. Fig. 7.1) eines derartigen Fluids zwischen einer festen Wand W in der xz-Ebene und einer mit der konstanten Geschwindigkeit u in x-Richtung bewegten, zur Wand W parallelen Platte P, dann stellt man fest, daß das Fluid an Wand und Platte haftet. Dazwischen ist die Geschwindigkeitsverteilung linear. Messungen des Widerstandes an der Wand oder an der Platte ergeben eine Schubspannung τ von der Größe

$$\tau = \eta \frac{\partial u}{\partial y} = \eta \dot{\gamma} . \tag{7.6}$$

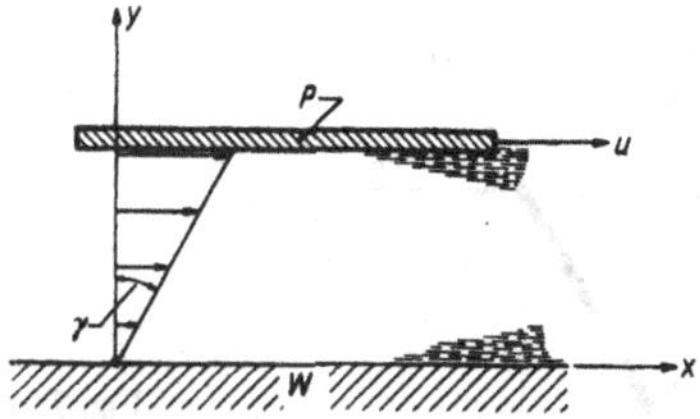

Fig. 7.1
Geschwindigkeitsverteilung für eine ebene Strömung zwischen fester und bewegter Wand

Der Proportionalitätsfaktor η wird als (dynamische) Z ä h i g k e i t (Viskosität) bezeichnet; er ist eine Stoffkonstante von der Dimension $Ns/m^2 = kg/ms$. Die Beziehung (7.6) wird als N e w t o n s c h e s S t o f f g e s e t z für zähe Fluide bezeichnet.

Sowohl das Hookesche Gesetz (7.5) als auch das Newtonsche (7.6) sind vereinfachte Näherungen. In Wirklichkeit zeigen feste Körper und Fluide ein vielfach von diesen Idealisierungen abweichendes Verhalten. Hierzu gehören Effekte, wie z.B. Kriechen, Fließen, Verfestigung, elastische Nachwirkung und Relaxation. Zur theoretischen Beschreibung von einigen dieser Effekte lassen sich Stoffgesetze konstruieren, die auf den Hookeschen bzw. Newtonschen Beziehungen aufbauen.

Das K e l v i n s c h e S t o f f g e s e t z

$$\tau = G\gamma + \eta\dot{\gamma} \tag{7.7}$$

bildet eine Kombination von (7.5) und (7.6). Mit ihm läßt sich das Verhalten fester Körper beschreiben, die bei vorwiegend elastischem Verhalten auch Fließeffekte zeigen.

Umgekehrt gilt das M a x w e l l s c h e S t o f f g e s e t z

$$T_R\dot{\tau} + \tau = \eta\dot{\gamma} \tag{7.8}$$

für Stoffe, die ein vorwiegend zähflüssiges Verhalten zeigen. Die Größe T_R kann dabei als Zeitkonstante aufgefaßt werden, durch die die Schnelligkeit des Abbaus von Spannungen charakterisiert wird.

Es seien noch zwei weitere Stoffgesetze erwähnt, die sich bei der Untersuchung praktischer Probleme bewährt haben.

Bei ihnen muß die Beziehung zwischen τ und γ bereichsweise angegeben werden. Das Prandtlsche Stoffgesetz für elastisch-plastische Körper kann in der Form

$$\tau = \begin{cases} G\gamma & \text{für } \gamma < \gamma_0 \\ \tau_0 = G\gamma_0 & \text{für } \gamma \geqslant \gamma_0 \end{cases} \tag{7.9}$$

geschrieben werden. Diese Beziehung ist in Fig. 7.2 zusammen mit dem Hookeschen Stoffgesetz in einer τ, γ-Ebene als Diagramm aufgetragen. Prandtls Gesetz hat sich bei der Beschreibung von Materialien bewährt, die nach Erreichen einer gewissen Grenzspannung zu fließen beginnen. Im Fall $\gamma_0 \to 0$ spricht man von ideal-plastischen Körpern.

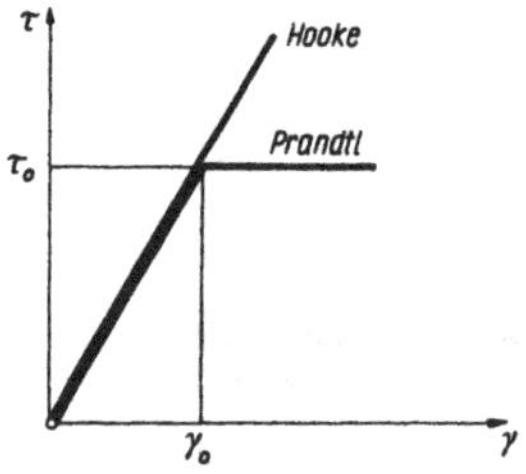

Fig. 7.2
Darstellung der Stoffgesetze nach Hooke und Prandtl

Während das Prandtlsche Stoffgesetz für vorwiegend feste Körper verwendet werden kann, gilt das Binghamsche Stoffgesetz

$$\left.\begin{aligned} \dot\gamma &= 0 & &\text{für } \tau < \tau_0 \\ \tau &= \tau_0 + \eta\dot\gamma & &\text{für } \tau \geqslant \tau_0 \end{aligned}\right\} \tag{7.10}$$

für vorwiegend flüssige Körper, bei denen jedoch das Fließen erst nach Erreichen einer Grenzspannung τ_0 einsetzt. Diese Gesetzmäßigkeit ist zusammen mit dem Newtonschen Gesetz (7.6) in Fig. 7.3 aufgetragen.

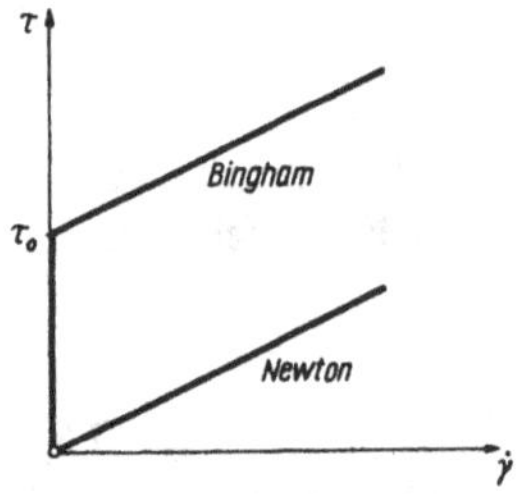

Fig. 7.3
Darstellung der Stoffgesetze nach Newton und Bingham

In der folgenden Tabelle sind die genannten Stoffgesetze zusammengestellt worden. Dabei sind einige typische Materialien, für die diese Gesetze brauchbar sind, aufgezählt. Außerdem ist als eine der charakteristischen Verhaltensweisen der verschiedenen Stoffe die Reaktion $\gamma(t)$ auf einen sprunghaften Verlauf der Schubspannung $\tau(t)$ skizziert worden.

Stoffgesetz von	Gleichungs-Nr.	gilt angenähert z. B. für	Reaktion auf 
Hooke	(7.5)	Stahl ($\tau < \tau_{el}$)	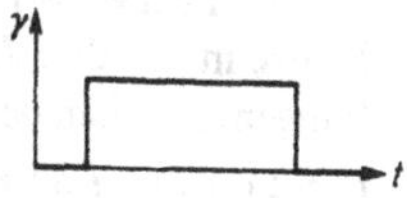
Prandtl	(7.9)	Kupfer Zinn	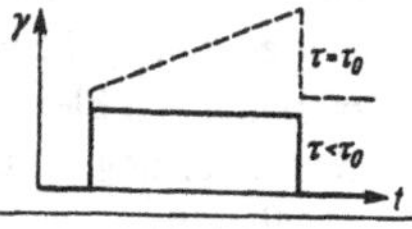
Kelvin	(7.7)	verschiedene Kunststoffe	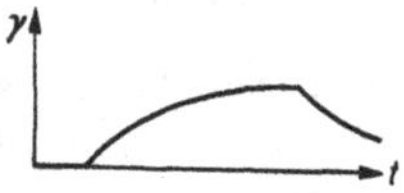
Bingham	(7.10)	Zahnpasta frischer Beton	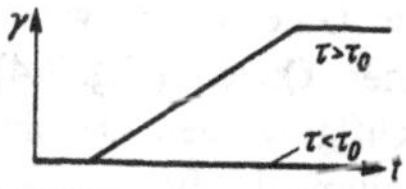
Maxwell	(7.8)	Asphalt Kuchenteig	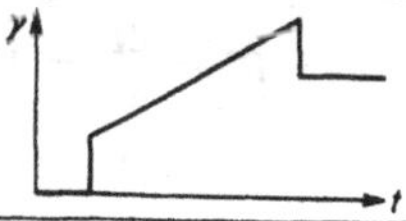
Newton	(7.6)	Öle	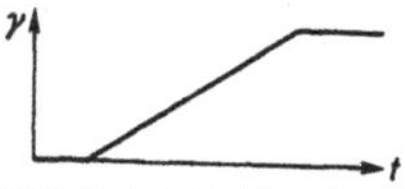

Neben den hier erwähnten Gesetzen gibt es noch weitere Ansätze, bei denen man durch Berücksichtigen des Zeiteinflusses

$$\tau = \tau(\gamma, \dot{\gamma}, t) \tag{7.11}$$

das in Experimenten beobachtete Verhalten einiger Materialien zu beschreiben versucht. Probleme dieser Art werden vor allem in der Rheologie behandelt.

7.3. Grundgleichungen der Elastizitäts-Theorie Hookescher Körper

Bereits in Kapitel 3 wurden Teilprobleme der Elastomechanik untersucht. Die dort verwendeten Verfahren zur Ableitung der Gleichungen sowie zu ihrer Lösung lassen sich verallgemeinern. Die früheren Gleichungen können als Sonderfälle der Grundgleichungen der linearen Elastizitäts-Theorie aufgefaßt werden.

Als Unbekannte treten in diesen Gleichungen die Elemente des Spannungstensors und des Verzerrungstensors sowie die Komponenten des Verschiebungsvektors auf. Wegen der Symmetrie der beiden Tensoren ergibt das 6 + 6 + 3 = 15 Unbekannte. Zu ihrer Bestimmung stehen die folgenden Gleichungen zur Verfügung:

- 3 Gleichgewichtsbedingungen, durch die das Gleichgewicht der Kräfte in den drei Koordinatenrichtungen ausgedrückt wird. Sie bilden Beziehungen zwischen den Elementen des Spannungstensors und den äußeren Kräften.
- 6 Stoffgesetze, die den materialbedingten Zusammenhang zwischen den Elementen von Spannungs- und Verzerrungstensoren beschreiben.
- 6 Verträglichkeitsbedingungen (Kompatibilitätsbedingungen) zwischen den Elementen des Verzerrungstensors, durch die sichergestellt wird, daß die Verzerrungen kinematisch möglich sind, also zu einem eindeutigen Verschiebungsfeld führen.

Diese 15 Gleichungen lassen sich auf drei partielle Differentialgleichungen für die Verschiebungen ξ, η, ζ reduzieren; sie bilden die Grundgleichungen der linearen Elastizitäts-Theorie.

Die Gleichgewichtsbedingungen findet man durch Betrachten der an einem Quader (Fig. 7.4) wirkenden Kräfte. Dabei müssen alle äußeren Kräfte berücksichtigt werden. Das sind die an den Quaderoberflächen angreifenden Kräfte und die Volumenkräfte

$$\mathbf{F}^* = \frac{d\mathbf{F}}{dV} = [X, Y, Z]. \tag{7.12}$$

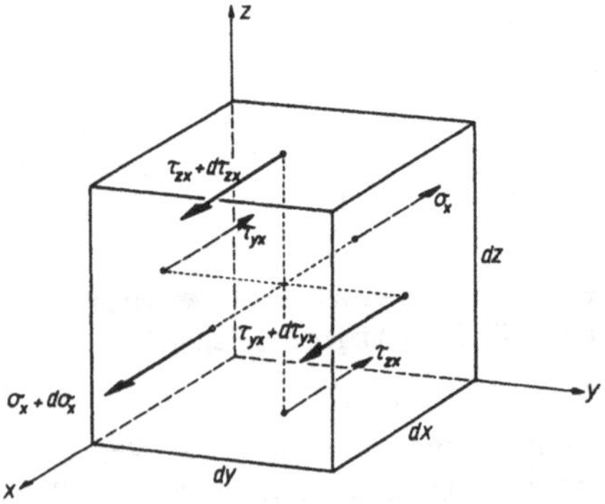

Fig. 7.4
Zur Ableitung der Gleichgewichtsbedingungen

Die Forderung nach Kräftegleichgewicht in x-Richtung ergibt:

$$(\sigma_x + d\sigma_x)\,dy\,dz - \sigma_x dy\,dz + (\tau_{yx} + d\tau_{yx})\,dx\,dz - \tau_{yx} dx\,dz +$$

$$+ (\tau_{zx} + d\tau_{zx})\,dx\,dy - \tau_{zx} dx\,dy + X dx\,dy\,dz = 0\,.$$

Bei infinitesimal kleinem Quader ist

$$d\sigma_x = \frac{\partial \sigma_x}{\partial x} dx \;\; ; \;\; d\tau_{yx} = \frac{\partial \tau_{yx}}{\partial y} dy \; ; \; d\tau_{zx} = \frac{\partial \tau_{zx}}{\partial z} dz.$$

Da Entsprechendes auch für die y- und z-Richtungen gilt, erhält man die Gleichgewichtsbedingungen:

$$\left.\begin{aligned}
&\frac{\partial \sigma_x}{\partial x} + \frac{\partial \tau_{yx}}{\partial y} + \frac{\partial \tau_{zx}}{\partial z} + X = 0\,,\\
&\frac{\partial \tau_{xy}}{\partial x} + \frac{\partial \sigma_y}{\partial y} + \frac{\partial \tau_{zy}}{\partial z} + Y = 0\,,\\
&\frac{\partial \tau_{xz}}{\partial x} + \frac{\partial \tau_{yz}}{\partial y} + \frac{\partial \sigma_z}{\partial z} + Z = 0\,.
\end{aligned}\right\} \tag{7.13}$$

Als S t o f f g e s e t z e sollen hier die schon in Abschn. 3.1.3 betrachteten Beziehungen für linear-elastische Materialien (Hookesche Körper) verwendet werden:

$$\left.\begin{aligned}
E\epsilon_{xx} &= \sigma_x - \mu(\sigma_y + \sigma_z)\,,\\
E\epsilon_{yy} &= \sigma_y - \mu(\sigma_z + \sigma_x)\,,\\
E\epsilon_{zz} &= \sigma_z - \mu(\sigma_x + \sigma_y)\,,\\
G\gamma_{xy} &= 2G\epsilon_{xy} = \tau_{xy}\,,\\
G\gamma_{yz} &= 2G\epsilon_{yz} = \tau_{yz}\,,\\
G\gamma_{zx} &= 2G\epsilon_{zx} = \tau_{zx}\,.
\end{aligned}\right\} \tag{7.14}$$

Auch die V e r t r ä g l i c h k e i t s b e d i n g u n g e n sind bereits verwendet worden; (7.2) gibt den Zusammenhang zwischen ϵ_{ij} und den Verschiebungen ξ, η, ζ wieder.

Zur Elimination der Spannungs- und Verzerrungs-Größen kann man wie folgt verfahren: Durch Addition der ersten drei Beziehungen (7.14) wird

$$E(\epsilon_{xx} + \epsilon_{yy} + \epsilon_{zz}) = E\epsilon_v = (\sigma_x + \sigma_y + \sigma_z)(1-2\mu) \tag{7.15}$$

erhalten. Dabei wurde die Volumendehnung ϵ_v nach (3.26) eingeführt. Andererseits kann aus (7.14/1)

$$\sigma_x = \frac{1}{1+\mu}\,[E\epsilon_{xx} + \mu(\sigma_x + \sigma_y + \sigma_z)]$$

ausgerechnet werden. Setzt man hier $\sigma_x + \sigma_y + \sigma_z$ aus (7.15) ein und berücksichtigt zugleich (3.28): $E = 2G(1 + \mu)$, dann folgt

$$\sigma_x = 2G\left(\epsilon_{xx} + \frac{\mu}{1-2\mu}\,\epsilon_v\right). \tag{7.16}$$

Durch Einsetzen von (7.2) in (7.16) erhält man die Normal-Spannungen ausgedrückt durch die Verschiebungen

$$\sigma_x = 2G\left[\frac{\partial\xi}{\partial x} + \frac{\mu}{1-2\mu}\left(\frac{\partial\xi}{\partial x} + \frac{\partial\eta}{\partial y} + \frac{\partial\zeta}{\partial z}\right)\right].$$

Entsprechende Beziehungen ergeben sich durch zyklisches Vertauschen für σ_y und σ_z. Für die Schubspannungen folgt durch Einsetzen von (7.2) in (7.14/4,5,6)

$$\tau_{xy} = 2G\left[\frac{\partial\xi}{\partial y} + \frac{\partial\eta}{\partial x}\right],$$

und entsprechend zyklisch vertauscht für τ_{yz} und τ_{zx}. Setzt man dies in (7.13) ein, dann geht die erste dieser Gleichungen über in:

$$G\left[\frac{\partial^2\xi}{\partial x^2} + \frac{\partial^2\xi}{\partial y^2} + \frac{\partial^2\xi}{\partial z^2} + \frac{1}{1-2\mu}\,\frac{\partial}{\partial x}\left(\frac{\partial\xi}{\partial x} + \frac{\partial\eta}{\partial y} + \frac{\partial\zeta}{\partial z}\right)\right] + X = 0.$$

Mit den Abkürzungen

$$\frac{\partial^2}{\partial x^2} + \frac{\partial^2}{\partial y^2} + \frac{\partial^2}{\partial z^2} = \Delta \qquad \text{(Laplacescher Operator)} \tag{7.17}$$

und

$$\frac{\partial\xi}{\partial x} + \frac{\partial\eta}{\partial y} + \frac{\partial\zeta}{\partial z} = \epsilon_v \qquad \text{(Volumendehnung)}$$

lassen sich nun die Grundgleichungen der linearen Elastizitäts-Theorie wie folgt schreiben:

$$\left.\begin{aligned}
\Delta\xi + \frac{1}{1-2\mu}\,\frac{\partial\epsilon_v}{\partial x} + \frac{X}{G} &= 0,\\
\Delta\eta + \frac{1}{1-2\mu}\,\frac{\partial\epsilon_v}{\partial y} + \frac{Y}{G} &= 0,\\
\Delta\zeta + \frac{1}{1-2\mu}\,\frac{\partial\epsilon_v}{\partial z} + \frac{Z}{G} &= 0.
\end{aligned}\right\} \tag{7.18}$$

Das sind drei lineare partielle Differentialgleichungen zweiter Ordnung für die Verschiebungskoordinaten ξ, η, ζ. Zur Lösung konkreter Aufgaben müssen sie noch durch die Randbedingungen ergänzt werden. Dabei sind verschiedene Fälle möglich, je nachdem ob auf der Oberfläche des zu untersuchenden Körpers die Verschiebungen (erste Randwertaufgabe) oder die Spannungen (zweite Randwertaufgabe) vorgeschrieben sind. Als dritte Randwertaufgabe bezeichnet man gemischte Fälle, bei denen auf einem Teil der Oberfläche die Verschiebungen, auf einem anderen Teil die Spannungen gegeben sind.

Grundsätzlich könnte man mit (7.18) und den jeweiligen Randbedingungen alle vorkommenden Aufgaben lösen. Das ist jedoch im allgemeinen sehr mühsam und auch keineswegs in jedem Falle zweckmäßig. Einige grundsätzliche Verfahren zur Lösung von (7.18) sollen hier erwähnt werden; bezüglich der Einzelheiten muß auf die Spezialliteratur verwiesen werden.

Da die Gleichungen (7.18) in den ξ, η, ζ linear sind, kann man das Überlagerungsprinzip (Superpositionsprinzip) anwenden. Es besagt, daß die Summe von Lösungen wieder eine Lösung ist. Daher kann man mehrere einfache Ansätze für die Verschiebungsfunktionen so überlagern, daß die Randbedingungen erfüllt werden. In (7.18) treten aber auch die Kräfte X, Y und Z linear auf. Folglich kann man komplizierte Belastungsfälle als Summe von einfacher zu berechnenden Teilbelastungen auffassen und die dafür erhaltenen Teilverschiebungen wieder zu einer resultierenden Gesamtverschiebung zusammensetzen.

Ein wichtiges Verfahren ist das der Problemumkehr. Anstatt zu einer gegebenen Kräfte- und Momentenverteilung die Verschiebungen auszurechnen, kann man einfache Verschiebungsfunktionen vorgeben und aus diesen die Verzerrungen und die Spannungen berechnen. Unter Berücksichtigung der Randbedingungen kann dann die zur gewählten Verschiebung gehörende Belastung ermittelt und durch Variation oder Superposition der Verschiebungsansätze der gegebenen Belastung angenähert werden.

Bei anderen Verfahren geht man von Ansätzen für die Spannungen σ und τ aus, die den Gleichgewichtsbedingungen (7.18) genügen (Spannungsfunktionen nach Airy, Maxwell und Morera). Dieses Verfahren ist vor allem bei zweidimensionalen Problemen angewendet worden, weil dabei durch Verwendung komplexer Funktionen wesentliche Vereinfachungen erreicht werden.

Schließlich müssen die zahlreichen numerischen Verfahren erwähnt werden, bei denen durch mathematische oder physikalische Diskretisierung (Differenzen-Verfahren oder finite Elemente) Näherungslösungen gewonnen werden können.

Auf einige weitergehende Probleme der Elastizitäts-Theorie, die mit den hier abgeleiteten Gleichungen nicht gelöst werden können, sei noch hingewiesen. Hierzu gehören

- die Theorie großer Verformungen (nichtlineare Elastizitätstheorie),
- die Berechnung der Verformungen von nicht-Hookeschen Körpern,
- Probleme der Elasto-Kinetik,
- thermo-elastische oder thermo-plastische Aufgaben.

7.4. Beispiele aus der Plastizitätstheorie

Die plastische Verformung, also das Fließen von festem Material interessiert bei zwei Arten von Aufgaben: einerseits für die Berechnung der notwendigen Kräfte, die bei spanlosen Formgebungsverfahren (z.B. Walzen, Pressen, Schmieden) aufgewendet werden müssen, andererseits für die Beurteilung der Frage, ob ein über den elastischen Bereich hinaus belastetes Bauteil versagt, oder ob es noch zur Aufnahme der Beanspruchungen beiträgt. Es zeigt sich, daß das partielle Fließen eines Bauteils durchaus günstige Auswirkungen haben kann, weil ein Abbau von Spannungsspitzen erfolgt und dadurch die Belastungen gleichmäßiger verteilt werden.

Ein einfaches Beispiel hierzu zeigt Fig. 7.5. Ein Balken mit dem Gewicht G sei statisch unbestimmt an fünf Stäben aufgehängt. Bei gleichen Längen aller Stäbe und fehlerfreier Montage verteilt sich die Last gleichmäßig auf die Stäbe, da – bei unverformbaren Balken – die Verlängerung aller Stäbe gleich groß ist. Wenn jedoch z.B. der mittlere Stab etwas kürzer ist, dann wird er stärker als die anderen belastet. Wird hierbei die Streckgrenze überschritten, dann fängt das Material zu fließen an, ohne daß die Belastung dieses Stabes dadurch wesentlich ansteigt. Infolge der durch das Fließen bedingten Verlängerung übernehmen dann die Nachbarstäbe einen größeren Anteil der Belastung. Auf diese Weise wird die Last gleichmäßiger verteilt und ein weiteres Fließen des zunächst überlasteten Stabes verhindert.

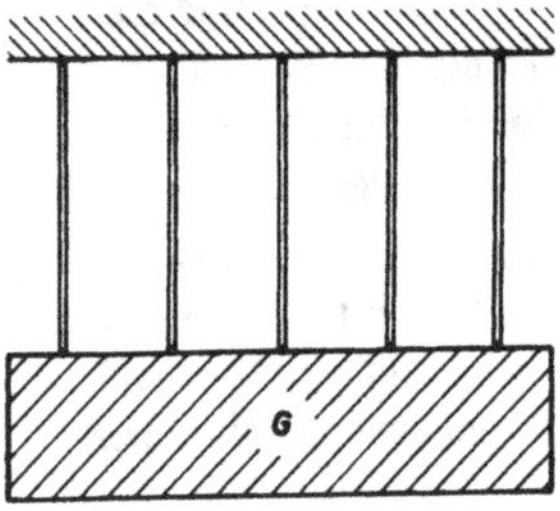

Fig. 7.5
Beispiel für den Spannungsabbau durch lokales Fließen

Ähnliche Entlastungseffekte treten auch innerhalb einzelner Bauteile auf, wenn ungleichförmige Spannungsverteilungen zu erwarten sind. Das soll am Beispiel der p l a s t i s c h e n T o r s i o n e i n e r g e r a d e n W e l l e gezeigt werden. Es werden dabei dieselben Voraussetzungen angenommen wie bei der Untersuchung der elastischen Torsion in Abschn. 3.3, nur mit dem Unterschied, daß anstelle des Hookeschen Gesetzes jetzt mit dem Prandtlschen Stoffgesetz (7.9), bzw. Fig. 7.2 gerechnet werden soll. Für die Verformungsgröße γ innerhalb des Stabes (Fig. 7.6) gilt bei nicht zu großer plastischer Verformung wie früher wegen $\gamma_R L = R\varphi$

$$\gamma = \gamma_R \frac{r}{R} = \frac{r}{L}\varphi . \tag{7.19}$$

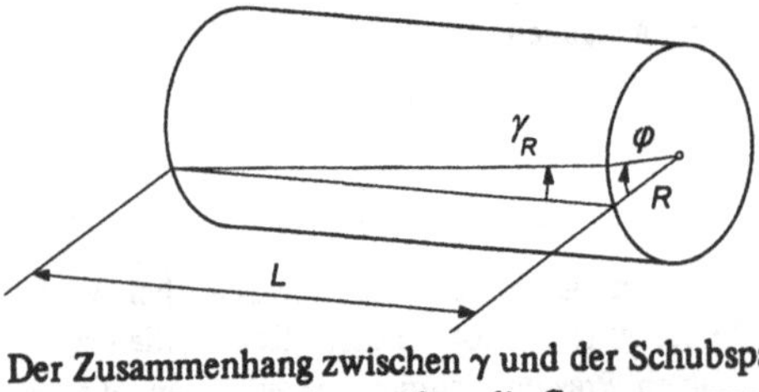

Fig. 7.6
Beziehungen bei der Torsion eines Rundstabes

Der Zusammenhang zwischen γ und der Schubspannung τ ist jedoch gegenüber dem früheren Fall verändert, sofern die Grenzspannung τ_0 erreicht wird. Es gilt

$$\left.\begin{aligned} &\text{für } r < r_0 \text{ (elastische Zone):} \quad \tau = G\gamma = \frac{Gr}{L}\varphi , \\ &\text{für } r \geqslant r_0 \text{ (plastische Zone):} \quad \tau = \tau_0 = \frac{Gr_0}{L}\varphi . \end{aligned}\right\} \tag{7.20}$$

Dieser Spannungsverteilung entsprechend erhält man für das Torsionsmoment:

$$M = 2\pi \int_0^R \tau r^2\, dr = 2\pi \left[\frac{G\varphi}{L} \int_0^{r_0} r^3\, dr + \frac{G\varphi r_0}{L} \int_{r_0}^{R} r^2\, dr \right]$$

$$M = \frac{\pi G r_0 \varphi}{6L} (4R^3 - r_0^3)\,. \tag{7.21}$$

Daraus findet man für $r_0 = R$ das Moment für solche Torsionswinkel $\varphi < \varphi^*$, bei denen noch keine plastische Verformung auftritt:

$$M_{elastisch} = \frac{\pi G R^4 \varphi}{2L}. \tag{7.22}$$

Der Grenzwinkel φ^*, bei dem am Außenrand gerade die Spannung τ_0 erreicht wird, wird aus (7.20/2) zu

$$\varphi^* = \frac{\tau_0 L}{GR} \tag{7.23}$$

bestimmt. Für $\varphi > \varphi^*$ kann (7.21) unter Berücksichtigung von (7.20/2) umgeformt werden in

$$M_{plastisch} = \frac{2\pi}{3} \tau_0 R^3 \left[1 - \frac{1}{4} \left(\frac{\varphi^*}{\varphi} \right)^3 \right]. \tag{7.24}$$

Daraus folgt, daß das Moment auch bei weiterem Anwachsen von φ nicht über den Grenzwert

$$M_{max} = \frac{2\pi}{3} \tau_0 R^3 \tag{7.25}$$

gesteigert werden kann. Setzt man in (7.22) den Wert $\varphi = \varphi^*$ nach (7.23) ein, dann folgt

$$M_{max} = \frac{4}{3} (M_{elast})_{max}\,. \tag{7.26}$$

Mit (7.22) und (7.24) ergibt sich somit die in Fig. 7.7 dargestellte Funktion $M(\varphi)$.

Wenn der tordierte Stab entlastet wird, dann geht der Torsionswinkel nicht wieder auf den Ausgangswert $\varphi = 0$ zurück. Außerdem bleiben Restspannungen im Stab erhalten. Man kann beide Effekte rechnerisch erfassen, wenn das durch Experimente festgestellte Materialverhalten berücksichtigt wird:

Bei E n t l a s t u n g verhält sich das Material so, als ob keine plastische Verformung stattgefunden hat (s.Fig. 7.8).

Demnach verhält sich das Material beim Entlasten elastisch, so daß das bei Zurückdrehen um einen Winkel φ_z abgebaute Moment aus (7.22) berechnet werden kann. Das äußere Restmoment folgt demnach aus (7.24) mit $\varphi = \varphi_{max}$ und (7.22) mit $\varphi = \varphi_z$ zu

$$M_{Rest} = \frac{2\pi}{3} \tau_0 R^3 \left[1 - \frac{1}{4} \left(\frac{\varphi^*}{\varphi_{max}} \right)^3 \right] - \frac{\pi G R^4 \varphi_z}{2L}\,. \tag{7.27}$$

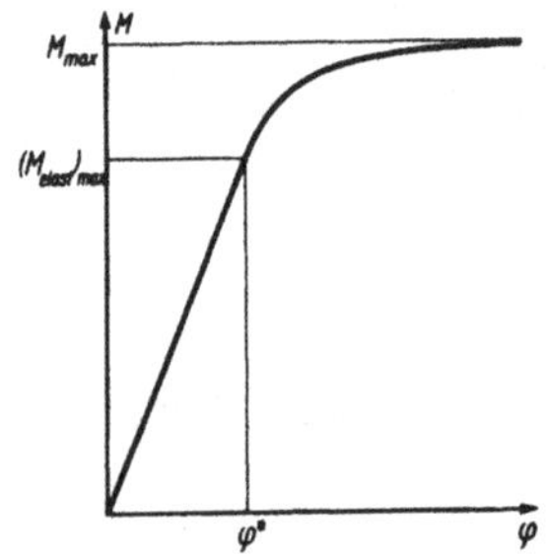

Fig. 7.7 Die M(φ)-Kurve bei der plastischen Torsion eines Stabes

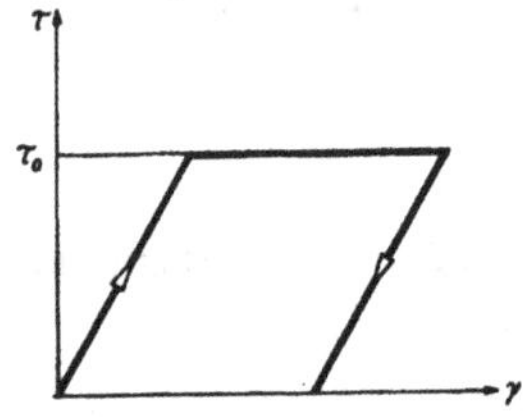

Fig. 7.8 Spannungsverlauf für Be- und Entlastung bei Überschreiten der Fließgrenze

Bei völligem Entlasten wird $M_{Rest} = 0$. Daraus findet man unter Berücksichtigung von (7.23)

$$\varphi_z = \frac{4}{3}\varphi^* \left[1 - \frac{1}{4}\left(\frac{\varphi^*}{\varphi_{max}}\right)^3\right]. \tag{7.28}$$

Es gilt

$$\varphi^* \leqslant \varphi_z < \frac{4}{3}\varphi^*. \tag{7.29}$$

Die nach der Entlastung bleibende Restverformung des Stabes kann aus

$$\varphi_{Rest} = \varphi_{max} - \varphi_z = \varphi_{max} \left\{ 1 - \frac{1}{3}\, \frac{\varphi^*}{\varphi_{max}} \left[4 - \left(\frac{\varphi^*}{\varphi_{max}}\right)^3\right]\right\}$$

berechnet werden. Sie steigt mit wachsender, über φ^* hinausgehender Verformung stark an. So erhält man für ein Überschreiten von φ^* um 10% eine Restverformung von 1,55%, bei Überschreiten um 50% aber bereits 17,7%. Der entlastete Stab enthält R e s t s p a n n u n g e n, wie man aus den $\tau(r)$-Diagrammen von Fig. 7.9 erkennen kann. Man erhält

$$\left.\begin{aligned} &\text{für } r \leqslant r_0: \quad \tau_{Rest} = \frac{Gr}{L}(\varphi_{max} - \varphi_z), \\ &\text{für } r_0 \leqslant r \leqslant R: \quad \tau_{Rest} = \frac{Gr_0}{L}\varphi_{max} - \frac{Gr}{L}\varphi_z. \end{aligned}\right\} \tag{7.30}$$

Daraus folgt, daß die Spannungen bei

$$r = r^* = \frac{\varphi_{max}}{\varphi_z} r_0$$

das Vorzeichen wechseln. In einer Außenzone $r > r^*$ ist der Stab durch innere Spannungen belastet, deren Vorzeichen verschieden von dem bei der vorherigen Belastung ist. Dies hat zur Folge, daß bei Wiederbelasten des Stabes im gleichen Sinne wie zuvor erst bei $\varphi = \varphi_z > \varphi^*$ am Außenrand der Grenzwert τ_0 erreicht wird. Der vorbelastete und dabei plastisch verformte Stab kann demnach bei Wiederbelastung im elastischen Bereich ein größeres Grenzmoment $(M_{elast})_{max}$ erreichen als der unvorbelastete. Der Grund dafür ist der Abbau der Spitzenspannungen am Rande, also die gleichmäßigere Spannungsverteilung.

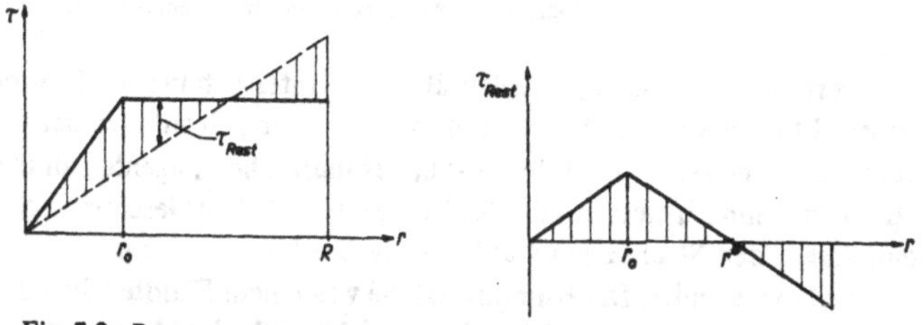

Fig. 7.9 Restspannungen im entlasteten Stab

Der V e r f e s t i g u n g s e f f e k t durch plastische Verformung von Konstruktionsteilen kann auch technisch ausgenutzt werden. So werden z.B. die Lochränder von Ölbohrungen in Kurbelwellen durch Vorbelasten mit einer Kugel plastisch verformt, um Spannungsspitzen abzubauen.

7.5. Grundgleichungen der Strömungsmechanik

Wie in der Elastizitätstheorie so werden auch in der Strömungsmechanik die Grundgleichungen aus drei Arten von Ausgangsbeziehungen gewonnen: aus den Gleichgewichtsbedingungen oder dem Impulssatz, aus den Stoffgesetzen und aus kinematischen Verträglichkeitsbedingungen.

7.5.1. Kinematik von Strömungsvorgängen. Zum Beschreiben der Bewegungen eines Fluids sind zwei Methoden üblich: Man kann entweder die Bahn eines bestimmten Fluidteilchens verfolgen oder aber die Geschwindigkeitsverteilung innerhalb der Strömung untersuchen. Im ersten Fall wird der Ort des betrachteten Fluidteilchens durch den Ortsvektor

$$\mathbf{r} = \mathbf{r}(\mathbf{r}_0, t) \tag{7.31}$$

(s. Fig. 7.10) gekennzeichnet. Geschwindigkeit $\mathbf{v}$ und Beschleunigung $\mathbf{a}$ können dabei in bekannter Weise durch Ableiten von $\mathbf{r}$ nach der Zeit t gewonnen werden (L a g r a n g e s c h e M e t h o d e).

Wichtiger für die Untersuchung von Strömungsvorgängen ist die Eulersche Methode, bei der das Geschwindigkeitsfeld

$$\mathbf{v} = \mathbf{v}(\mathbf{r}, t) \tag{7.32}$$

betrachtet wird. Hierbei interessiert nur der Geschwindigkeitszustand des strömenden Kontinuums, nicht aber das Schicksal des einzelnen Fluidteilchens.

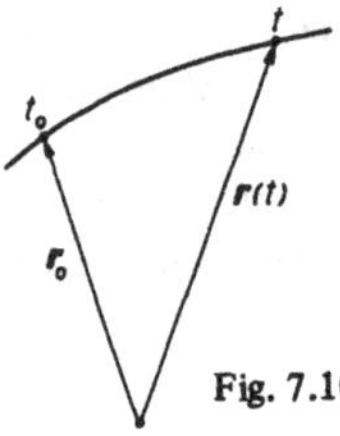

Fig. 7.10 Zur Lagrangeschen Betrachtungsweise bei Strömungen

Ein wertvolles kinematisches Hilfsmittel zur Untersuchung von Strömungsvorgängen ist die Stromlinie. Sie wird als Kette von örtlich aufeinanderfolgenden v-Vektoren für einen festen Zeitpunkt $t = t_0$ definiert. Die Tangenten an die Stromlinie stimmen demnach stets mit der Richtung des örtlichen Geschwindigkeitsvektors überein. Außer den Stromlinien werden auch Bahnlinien und Streichlinien verwendet. Die Bahnlinie ist die von einem Fluidteilchen durchlaufene Bahn. Streichlinien werden von solchen Fluidteilchen gebildet, die während des Strömungsvorganges an einem bestimmten Ort vorbeigeflossen sind; sie ergeben sich bei Versuchen durch lokales Anfärben von Fluidteilchen als farbige Linien (Beispiel: Rauchfahnen). Bei stationären Strömungen ($\partial v/\partial t = 0$) sind Strom-, Bahn- und Streichlinien identisch.

Die Gesamtheit aller durch die Punkte einer geschlossenen Kurve C laufenden Stromlinien bilden den Mantel einer Stromröhre (Fig. 7.11). Sie liegt bei stationären Strömungen fest. Da ihr Mantel nicht durchströmt werden kann, bleiben alle Fluidteilchen stets im Innern der Stromröhre. Wenn A die Querschnittsfläche der Stromröhre senkrecht zur Strömungsrichtung ist und die Röhre so eng ist, daß v innerhalb des Querschnitts als konstant angenommen werden kann, dann gilt die Kontinuitätsbedingung

$$\rho \, v \, A = \rho_0 \, v_0 \, A_0 = \text{const.} \tag{7.33}$$

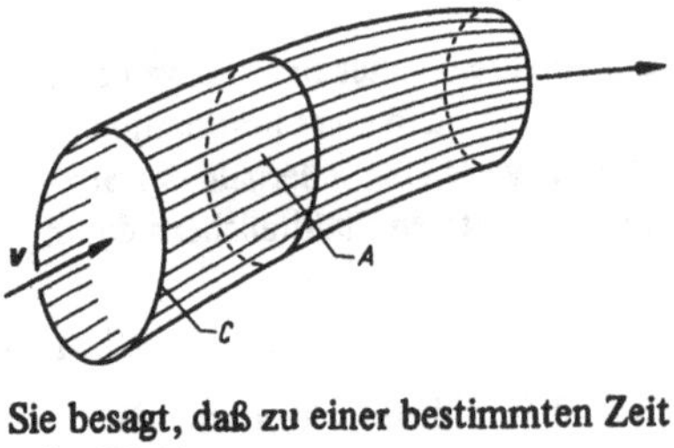

Fig. 7.11 Stromröhre

Sie besagt, daß zu einer bestimmten Zeit je Zeiteinheit durch jeden Querschnitt A dieselbe Fluidmasse

$$\rho \, v \, A = \rho \, A \, ds/dt = \rho \, dV/dt = dm/dt$$

hindurchströmt. Für Fluide mit konstanter Dichte ρ (dichtebeständige oder inkompressible Fluide) reduziert sich (7.33) auf die Aussage, daß das je Zeiteinheit durch jeden Querschnitt strömende Fluidvolumen konstant ist:

$$A\,v = A_0\,v_0 = \text{const.} \tag{7.34}$$

Aus diesen Erkenntnissen folgt, daß eine Stromröhre niemals im Innern eines Fluidbereiches anfangen oder enden kann.

Zur Ableitung der Kontinuitätsbedingung für instationäre Strömungsvorgänge betrachten wir einen Elementarquader (Fig. 7.12) und stellen für diesen die Massenbilanz auf: die Differenz von hereinströmender und herausströmender Fluidmasse muß gleich der in der gleichen Zeit zusätzlich im Innern des Quaders gespeicherten Masse sein. Mit $v = [u, v, w,]$ erhält man als Differenz von herein- und herausströmender Masse – zunächst in x-Richtung:

$$\{\rho u - [\rho u + d(\rho u)]\}\,dy\,dz = -\,d(\rho u)\,dy\,dz =$$

$$= -\frac{\partial(\rho u)}{\partial x}\,dx\,dy\,dz = -\frac{\partial(\rho u)}{\partial x}\,dV\,.$$

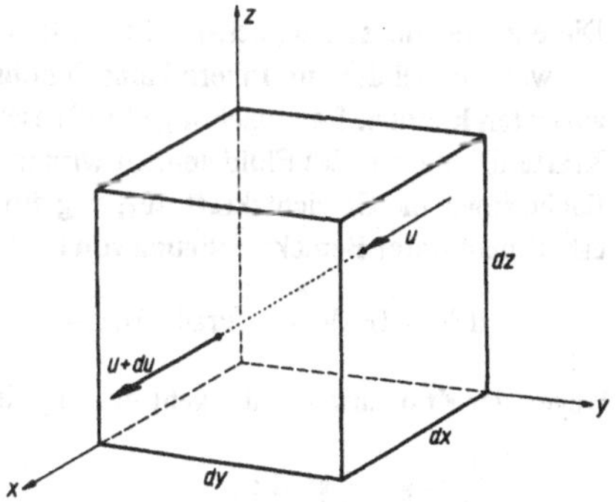

Fig. 7.12
Zur Ableitung der allgemeinen Kontinuitätsbedingung

Entsprechende Beiträge gelten für die y- und z-Richtungen. Folglich strömt insgesamt

$$-\left[\frac{\partial(\rho u)}{\partial x} + \frac{\partial(\rho v)}{\partial y} + \frac{\partial(\rho w)}{\partial z}\right] dV \tag{7.35}$$

mehr Fluidmasse herein als heraus. Innerhalb des betrachteten Quaders befindet sich zur Zeit t die Fluidmasse $dm = \rho dV$; sie geht wegen $dV = \text{const}$ für $t + dt$ über in

$$dm + \frac{\partial}{\partial t}(dm)\,dt = (\rho + \frac{\partial \rho}{\partial t}dt)\,dV\,.$$

Daraus folgt für die Massenänderung je Zeiteinheit

$$\frac{\partial}{\partial t}(dm) = \frac{\partial \rho}{\partial t}\,dV\,. \tag{7.36}$$

Die Massenbilanz fordert Gleichheit der beiden Ausdrücke (7.35) und (7.36), so daß als allgemeine Kontinuitätsbedingung für instationäre, kompressible Strömungen

$$\frac{\partial \rho}{\partial t} + \frac{\partial(\rho u)}{\partial x} + \frac{\partial(\rho v)}{\partial y} + \frac{\partial(\rho w)}{\partial z} = 0 \tag{7.37}$$

erhalten wird. In Vektorform hat man – unter Verwendung des Operators „div" (= Divergenz) – die Gleichung

$$\frac{\partial \rho}{\partial t} + \operatorname{div}(\rho \mathbf{v}) = 0 . \tag{7.38}$$

7.5.2. Bewegungsgleichungen strömender Fluide. Während man in der Elastizitäts- und der Plastizitäts-Theorie weitgehend von Gleichgewichtsbedingungen ausgeht, also die Trägheitswirkung der beteiligten Massen vernachlässigt, ist dies in der Strömungslehre nicht möglich. Deshalb muß man hier vom Impulssatz ausgehen und ihn auf ein Fluidelement von der Masse dm anwenden:

$$\frac{d}{dt}(\mathbf{v}\,dm) = d\mathbf{F} . \tag{7.39}$$

Diese Beziehung soll zunächst auf den Grenzfall eines reibungsfreien Fluids angewendet werden, bei dem im Innern keine Schubspannungen durch Zähigkeitswirkungen auftreten können. Das zugehörige Stoffgesetz ist $\tau \equiv 0$. Demnach müssen als äußere Kräfte $d\mathbf{F}$, die auf das Fluidelement wirken, nur die Druckkräfte $d\mathbf{F}_P$ auf der Oberfläche sowie die Gewichtskraft $d\mathbf{F}_G = \mathbf{g}\,dm$ berücksichtigt werden. Für die Druckkraft erhält man unter Berücksichtigung von (4.23)

$$d\mathbf{F}_P = \mathbf{f}_P dV = -(\operatorname{grad} p)\,dV = -\frac{1}{\rho}(\operatorname{grad} p)\,dm .$$

Wegen der Konstanz von dm geht der Impulssatz (7.39) über in

$$\frac{d\mathbf{v}}{dt} = \mathbf{g} - \frac{1}{\rho}\operatorname{grad} p . \tag{7.40}$$

Hierbei gilt die auf der linken Seite stehende Beschleunigung für das gerade betrachtete Substanzteilchen (substantielle Beschleunigung). Dieser Ausdruck muß umgeformt werden, wenn man – nach der Eulerschen Betrachtungsweise – das Geschwindigkeitsfeld $\mathbf{v} = \mathbf{v}(x,y,z,t)$ untersuchen will. Man erhält z.B. für die x-Komponente u(x,y,z,t)

$$\frac{du}{dt} = \frac{\partial u}{\partial t} + \frac{\partial u}{\partial x}\frac{dx}{dt} + \frac{\partial u}{\partial y}\frac{dy}{dt} + \frac{\partial u}{\partial z}\frac{dz}{dt} =$$

$$= \frac{\partial u}{\partial t} + \frac{\partial u}{\partial x}u + \frac{\partial u}{\partial y}v + \frac{\partial u}{\partial z}w .$$

In vektorieller Form kann entsprechend

$$\frac{d\mathbf{v}}{dt} = \frac{\partial \mathbf{v}}{\partial t} + \overline{\overline{\mathbf{S}}}\,\mathbf{v} \tag{7.41}$$

geschrieben werden, wobei

$$\bar{\bar{S}} = \begin{bmatrix} \frac{\partial u}{\partial x} & \frac{\partial u}{\partial y} & \frac{\partial u}{\partial z} \\ \frac{\partial v}{\partial x} & \frac{\partial v}{\partial y} & \frac{\partial v}{\partial z} \\ \frac{\partial w}{\partial x} & \frac{\partial w}{\partial y} & \frac{\partial w}{\partial z} \end{bmatrix} \tag{7.42}$$

der von der Geschwindigkeit v abgeleitete Strömungstensor (auch Gradiententensor) ist. Er ist für den sog. konvektiven Anteil der Beschleunigung in (7.41) verantwortlich. Die konvektive Beschleunigung entsteht dadurch, daß ein Fluidteilchen im Verlaufe der Strömungsbewegung an einen Ort gelangt, für den eine andere Geschwindigkeit gilt. Die Gleichung (7.41) sagt aus:

Die substantielle Beschleunigung dv/dt ist gleich der Summe aus der lokalen Beschleunigung $\partial v/\partial t$ und der konvektiven Beschleunigung $\bar{\bar{S}}v$.

Mit (7.41) geht (7.40) in

$$\frac{\partial v}{\partial t} + \bar{\bar{S}}\,v = g - \frac{1}{\rho}\,\mathrm{grad}\,p \tag{7.43}$$

über. Das ist die Vektorform der Eulerschen Bewegungsgleichung für reibungsfreie Fluide. Die Komponentengleichungen hierzu sind

$$\frac{\partial u}{\partial t} + u\,\frac{\partial u}{\partial x} + v\,\frac{\partial u}{\partial y} + w\,\frac{\partial u}{\partial z} = g_x - \frac{1}{\rho}\frac{\partial p}{\partial x} \tag{7.44}$$

und entsprechend zyklisch vertauscht für die anderen beiden Koordinaten.

Für viskose Fluide müssen auf der rechten Seite von (7.43) und (7.44) noch die Zähigkeitskräfte berücksichtigt werden. Diese Kräfte sollen hier nicht in voller Allgemeinheit abgeleitet werden; es soll vielmehr nur eine für inkompressible Fluide (ρ = const) gültige Betrachtung angestellt werden. Gesucht seien die Kräfte, die infolge der Zähigkeitswirkungen nach dem Newtonschen Stoffgesetz (7.6) auf einen Elementarquader (Fig. 7.12) wirken. Hierzu betrachten wir zunächst die Projektion des Quaders in der x,y-Ebene (Fig. 7.13). Die Schubspannungen τ_{yx} liefern einen Beitrag für die Zähigkeitskraft in x-Richtung von der Größe

$$(\tau_{yx} + d\tau_{yx})\,dx\,dz - \tau_{yx}dx\,dz = d\tau_{yx}\,dx\,dz =$$

$$= \frac{\partial \tau_{yx}}{\partial y}\,dy\,dx\,dz = \eta\,\frac{\partial^2 u}{\partial y^2}\,dV\,.$$

Hierbei ist (7.6) und dxdydz = dV berücksichtigt worden. Wenn u auch noch von der Koordinate z abhängt, dann gibt es einen entsprechenden Beitrag für die Kraft in der x-Richtung. Dasselbe gilt – wie hier nicht im einzelnen gezeigt werden soll – für die x-Abhängigkeit von u. Insgesamt erhält man als Zähigkeitskraft in x-Richtung

$$dF_{Zx} = \eta\left(\frac{\partial^2 u}{\partial x^2} + \frac{\partial^2 u}{\partial y^2} + \frac{\partial^2 u}{\partial z^2}\right) dV = \eta\ \Delta u\ dV. \tag{7.45}$$

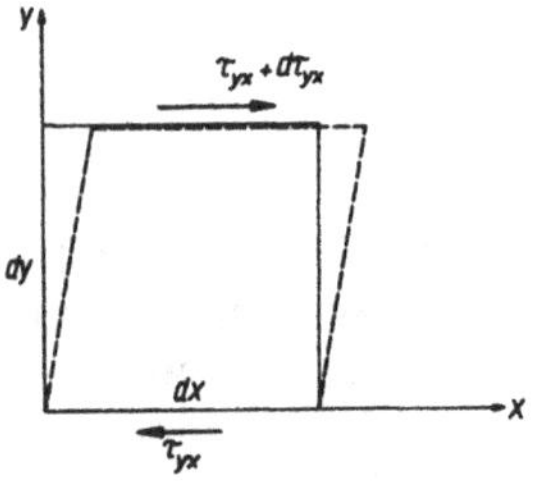

Fig. 7.13 Zur Berechnung des Zähigkeitseinflusses

Dabei wurde wieder der Laplacesche Operator Δ (7.17) verwendet. Entsprechende Anteile ergeben sich für die y- und z-Richtungen.

Fügt man nun die auf dm = ρdV bezogene Zähigkeitskraft auf der rechten Seite von (7.43) hinzu, dann folgt mit der kinematischen Zähigkeit:

$$\nu = \frac{\eta}{\rho} \tag{7.46}$$

die Gleichung

$$\frac{\partial \mathbf{v}}{\partial t} + \bar{\bar{S}}\,\mathbf{v} = \mathbf{g} - \frac{1}{\rho}\operatorname{grad} p + \nu\,\Delta \mathbf{v}. \tag{7.47}$$

Das ist die Vektorform der Navier-Stokesschen Bewegungsgleichungen für inkompressible viskose Fluide, die dem Newtonschen Stoffgesetz gehorchen. Die kinematische Zähigkeit ν ist eine Stoffkonstante, die in m^2/s gemessen wird.

Zusammen mit der skalaren Kontinuitätsbedingung (7.38) bilden die Vektorgleichungen (7.43) bzw. (7.47) ausreichend viele Gleichungen, um die bei inkompressiblen Fluiden vorhandenen vier Unbekannten u, v, w, p, also Geschwindigkeits- und Druck-Zustand der Strömung zu bestimmen. Bei kompressiblen Fluiden ist auch ρ noch unbekannt. Dementsprechend muß eine weitere Gleichung, die Zustandsgleichung ρ(p) berücksichtigt werden. Sie wird aus thermodynamischen Grundbeziehungen erhalten.

7.6. Beispiele aus der Strömungsmechanik

Exakte Lösungen für die Grundgleichungen der Strömungsmechanik scheitern meist an mathematischen Schwierigkeiten. Vereinfachungen sind jedoch für Sonderfälle möglich, von denen drei hier erwähnt werden sollen:

- Eindimensionale Strömungen, bei denen eine Integration längs einer Stromlinie möglich ist.
- Strömungen, deren Geschwindigkeitsvektor als Gradient eines Strömungspotentials Φ abgeleitet werden kann. In diesem Fall wird wegen $\mathbf{v} = \operatorname{grad} \Phi$ aus der Kontinuitätsgleichung (7.38) für inkompressible Fluide $\operatorname{div} \mathbf{v} = 0$ die Beziehung

$$\operatorname{div} \operatorname{grad} \Phi = \frac{\partial^2 \Phi}{\partial x^2} + \frac{\partial^2 \Phi}{\partial y^2} + \frac{\partial^2 \Phi}{\partial z^2} = \Delta\Phi = 0 \tag{7.48}$$

erhalten. Ist $\Phi(x,y,z)$ für die gegebenen Randbedingungen gefunden, dann folgt das Strömungsfeld aus

$$\mathbf{v} = \operatorname{grad} \Phi = \left[\frac{\partial\Phi}{\partial x}, \frac{\partial\Phi}{\partial y}, \frac{\partial\Phi}{\partial z}\right]. \tag{7.49}$$

Bei diesen Potentialströmungen genügt also allein schon die Kontinuitätsgleichung zur Berechnung des Strömungsfeldes. Ebene Potentialströmungen lassen sich besonders gut mit Hilfe komplexer Funktionen untersuchen.
- Bei Schleichströmungen von sehr zähen Fluiden ($\nu \to \infty$) können meist die Gewichts- und Trägheits-Kräfte gegenüber den Druck- und Zähigkeitskräften vernachlässigt werden. Dann bleibt von (7.47) nur

$$\operatorname{grad} p = \rho\, \nu\, \Delta \mathbf{v} = \eta\, \Delta \mathbf{v}$$

übrig. Wendet man auf die Vektorgleichung die Operation Divergenz an (Ableiten der Komponentengleichungen nach den jeweiligen Koordinaten und nachfolgendes Addieren), dann folgt

$$\operatorname{div} \operatorname{grad} p = \eta \operatorname{div} \Delta \mathbf{v} = \eta\, \Delta \operatorname{div} \mathbf{v}.$$

Für inkompressible Fluide ist wegen (7.38) $\operatorname{div} \mathbf{v} = 0$ dann bleibt

$$\operatorname{div} \operatorname{grad} p = \Delta p = 0. \tag{7.50}$$

Der Vergleich mit (7.48) zeigt, daß eine formale Analogie zwischen einer Schleichströmung und der Potentialströmung eines reibungsfreien Fluids besteht.

7.6.1. Eindimensionale Strömungen eines reibungslosen inkompressiblen Fluids. Die Eulersche Bewegungsgleichung (7.43) kann für inkompressible Fluide längs einer Stromlinie integriert werden. Hierzu multiplizieren wir (7.43) skalar mit einem Element $d\mathbf{r}$ der Stromlinie und integrieren dann längs der Stromlinie:

$$\int \frac{\partial \mathbf{v}}{\partial t}\, d\mathbf{r} + \int (\overline{\overline{\mathbf{S}}}\mathbf{v})_l\, d\mathbf{r} = \int \mathbf{g}\, d\mathbf{r} - \int \frac{1}{\rho} \operatorname{grad} p\, d\mathbf{r}. \tag{7.51}$$

Die Umformung der einzelnen Glieder dieser Gleichung unter Berücksichtigung von $d\mathbf{r} \parallel \mathbf{v}$, also $dx : dy : dz = u : v : w$ oder

$$u\, dy = v\, dx\,; \quad v\, dz = w\, dy\,; \quad w\, dx = u\, dz$$

ergibt:

$$\int (\bar{\bar{\mathbf{S}}}\mathbf{v})\, d\mathbf{r} = \int \Big[\Big(\frac{\partial u}{\partial x}u + \frac{\partial u}{\partial y}v + \frac{\partial u}{\partial z}w\Big)dx +$$

$$+\Big(\frac{\partial v}{\partial x}u + \frac{\partial v}{\partial y}v + \frac{\partial v}{\partial z}w\Big)dy + \Big(\frac{\partial w}{\partial x}u + \frac{\partial w}{\partial y}v + \frac{\partial w}{\partial z}w\Big)dz\Big]$$

$$= \int \Big[\Big(\frac{\partial u}{\partial x}u + \frac{\partial v}{\partial x}v + \frac{\partial w}{\partial x}w\Big)dx + \Big(\frac{\partial u}{\partial y}u + \frac{\partial v}{\partial y}v + \frac{\partial w}{\partial y}w\Big)dy +$$

$$+\Big(\frac{\partial u}{\partial z}u + \frac{\partial v}{\partial z}v + \frac{\partial w}{\partial z}w\Big)dz\Big] = \frac{1}{2}\int d(u^2 + v^2 + w^2)$$

$$= \frac{1}{2}(|\mathbf{v}|^2 - |\mathbf{v}_0|^2)\,.$$

Mit $\mathbf{g} = [0, 0, -g]$, also vertikaler z-Achse, folgt:

$$\int \mathbf{g}\, d\mathbf{r} = -g\int dz = -g(z - z_0)\,,$$

$$\frac{1}{\rho}\int \operatorname{grad} p\, d\mathbf{r} = \frac{1}{\rho}\int\Big(\frac{\partial p}{\partial x}dx + \frac{\partial p}{\partial y}dy + \frac{\partial p}{\partial z}dz\Big)$$

$$= \frac{1}{\rho}\int dp = \frac{1}{\rho}(p - p_0)\,.$$

Wenn nun vereinfachend $|\mathbf{v}| = v$ geschrieben wird – nicht zu verwechseln mit der y-Koordinate von $\mathbf{v} = [u, v, w]$ – dann geht (7.51) über in:

$$\int_{\mathbf{r}_0}^{\mathbf{r}} \frac{\partial \mathbf{v}}{\partial t}\, d\mathbf{r} + \frac{1}{2}v^2 + gz + \frac{p}{\rho} = \frac{1}{2}v_0^2 + gz_0 + \frac{p_0}{\rho} = \text{const.} \tag{7.52}$$

Das ist die auch für instationäre Strömungen gültige Form der B e r n o u l l i s c h e n G l e i c h u n g für reibungsfreie inkompressible Fluide bei vertikal nach oben gerichteter z-Achse. Für den Fall stationärer Strömungen vereinfacht sich (7.52) zu:

$$\frac{v^2}{2g} + z + \frac{p}{\rho g} = H_0\,, \tag{7.53}$$

oder

$$\frac{1}{2}\rho v^2 + \rho g z + p = p_0\,. \tag{7.54}$$

In (7.53) haben alle Glieder die Dimension einer Länge; sie werden als G e s c h w i n d i g k e i t s h ö h e, O r t s h ö h e und D r u c k h ö h e bezeichnet. Ihre Summe ist gleich der Höhenkonstanten H_0 (auch hydraulische Höhe). In (7.54) haben alle Glieder die Dimension des Druckes; man bezeichnet sie als B e w e g u n g s d r u c k (auch Staudruck), H ö h e n d r u c k und s t a t i s c h e r D r u c k. Ihre Summe ist gleich der Druckkonstanten p_0. Manchmal wird auch die Summe $\rho g z + p$ als statischer Druck bezeichnet, weil sie statisch, d.h. bei $\mathbf{v} \equiv 0$ gemessen werden kann.

Die Gleichungen (7.53) und (7.54) finden weitreichende Anwendung in der Strömungslehre. Man beachte die Grenzen ihrer Gültigkeit; sie gelten

- für inkompressible, reibungsfreie Fluide,
- für stationäre Strömungsvorgänge,
- für Punkte auf einer Stromlinie,
- für vertikale z-Richtung.

Als einfaches Beispiel sei der Ausfluß aus einem Druckgefäß (Fig. 7.14) untersucht. Wendet man (7.54) auf die Punkte 1 und 2 der gestrichelt eingezeichneten Stromlinie an, dann folgt

$$\frac{1}{2}\rho v_1^2 + \rho g z_1 + p_1 = \frac{1}{2}\rho v_2^2 + \rho g z_2 + p_2.$$

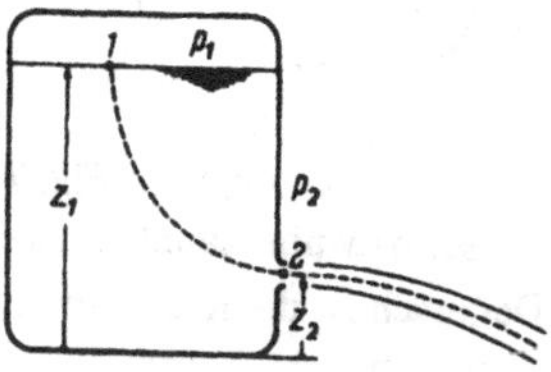

Fig. 7.14 Ausfluß aus einem Druckkessel

Wenn der Querschnitt der Ausflußöffnung klein gegenüber dem Querschnitt des Druckgefäßes ist, dann kann die Strömung in guter Näherung als stationär betrachtet werden. Dann ist $v_1 \approx 0$. Somit folgt

$$v_2 = \sqrt{\frac{2}{\rho}\left[(p_1 - p_2) + \rho g(z_1 - z_2)\right]}. \tag{7.55}$$

Grenzfälle davon sind der Ausfluß aus einem oben offenen Gefäß ($p_1 = p_2$)

$$v_2 = \sqrt{2g(z_1 - z_2)} = \sqrt{2g\,\Delta z} \tag{7.56}$$

(Formel von Torricelli) sowie der Ausfluß aus einem Hochdruckgefäß ($\Delta p = p_1 - p_2 \gg \rho g \Delta z$):

$$v_2 = \sqrt{\frac{2\Delta p}{\rho}}. \tag{7.57}$$

7.6.2. Die Kraftwirkung eines Fluidstrahls. Als Beispiel für die Anwendung des Impulssatzes (6.14)

$$\frac{dp}{dt} = F_a \tag{7.58}$$

auf Strömungsvorgänge sei die Kraft ausgerechnet, die ein Fluidstrahl bei stationärer Strömung ausübt. Hierzu wird ein Stromröhrenabschnitt betrachtet, der durch zwei senkrecht zur Geschwindigkeitsrichtung stehende Querschnittflächen A_1 und A_2 abgeschlossen wird (Fig. 7.15). Wenn die Strömung stationär ist, können Änderungen des Impulses **p** der im Stromröhrenabschnitt eingeschlossenen Fluidmasse durch die bei A_1 herein- und bei A_2 herausfließenden Fluidmengen erfaßt werden. Diese Impulsänderungen sind nach (7.58) für die Kraftwirkung der Fluidströmung maßgebend. Es gilt der

Satz: Bei stationärer Strömung ist die zeitliche Änderung des Impulses einer Fluidmenge gleich dem Impulsfluß durch die Oberfläche eines geschlossenen, ortsfesten Kontrollraumes („Kontrollfläche"), in dem die Fluidmenge eingeschlossen war.

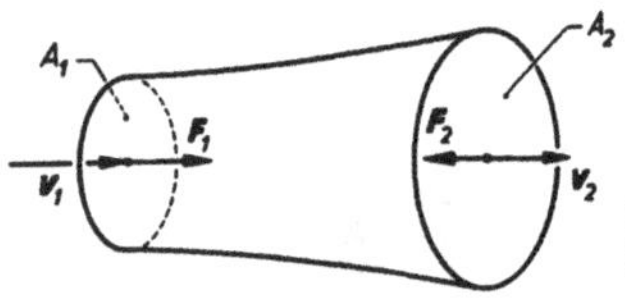

Fig. 7.15
Zur Berechnung der Kraftwirkungen einer Rohrströmung

Für die Strömung nach Fig. 7.15 hat man die sekundlich durch A strömende Fluidmasse: $\rho A v$ und damit den sekundlichen Impulsfluß durch A: $\rho A v \mathbf{v} = d\mathbf{p}/dt$. Demnach ist die Kraftwirkung der Fluidmenge auf den Stromröhrenabschnitt (Kontrollraum):

$$\mathbf{F} = \rho A v \mathbf{v}\,. \tag{7.59}$$

Beim Hereinfließen hat **F** die Richtung von **v**, beim Herausfließen ist **F** zu **v** entgegengerichtet. Auf den Stromröhrenabschnitt nach Abb. 7.15 wirken also die Kräfte

$$\mathbf{F}_1 = +\rho_1 A_1 v_1 \mathbf{v}_1\ ; \qquad \mathbf{F}_2 = -\rho_2 A_2 v_2 \mathbf{v}_2\ ;$$

$$\Delta\mathbf{F} = \mathbf{F}_1 + \mathbf{F}_2 = \rho_1 A_1 v_1 \mathbf{v}_1 - \rho_2 A_2 v_2 \mathbf{v}_2\,. \tag{7.60}$$

Aus der Gleichgewichtsbedingung für die Kräfte können damit die Kraftwirkungen in Rohrleitungen mit veränderlichem Querschnitt oder in Krümmern sowie die Kraft von aus Düsen austretenden Strahlen berechnet werden.

7.6.3. Die Rohrströmung eines zähen inkompressiblen Fluids. Als Anwendungsbeispiel für die Navier-Stokesschen Gleichungen sei die stationäre Rohrströmung eines viskosen Fluids behandelt. Das Rohr soll die Länge a und den Innenradius R haben (Fig. 7.16) es sei horizontal in z-Richtung erstreckt und sein Durchmesser sei so klein,

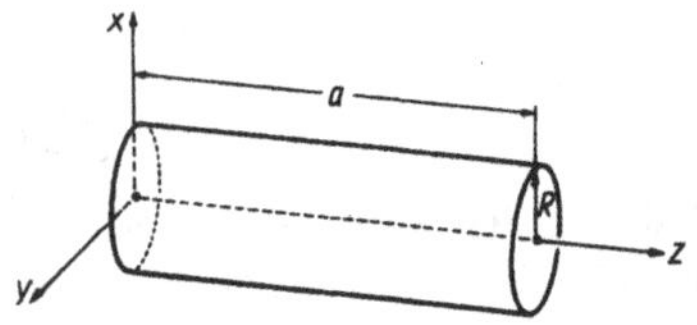

Fig. 7.16
Zur Berechnung der Rohrströmung eines zähen Fluids

daß der Druck als unabhängig von der x-Koordinate betrachtet werden, also der Schwereeinfluß unberücksichtigt bleiben kann. Bei einer stationären Schichtenströmung (laminare Strömung), bei der alle Stromlinien zur Rohrachse parallel verlaufen, ist $v = [0, 0, w]$ und $\partial w/\partial z = 0$, also w unabhängig von der Koordinate z. Unter diesen Voraussetzungen bleibt von (7.47) nur

$$\frac{1}{\rho} \operatorname{grad} p = \nu \, \Delta v$$

übrig. Wegen der Zylindersymmetrie des Problems sollen Zylinderkoordinaten r, φ, z verwendet werden. Dann erhält man mit $\rho\nu = \eta$ sowie wegen $\partial w/\partial\varphi = 0$ und $\partial w/\partial z = 0$:

$$\eta \, \Delta v = \eta \left[\frac{1}{r} \frac{\partial}{\partial r} \left(r \frac{\partial w}{\partial r}\right)\right] = \frac{\partial p}{\partial z} \, .$$

Die Integration dieser Gleichung über r ergibt

$$\eta \int_0^r \frac{\partial}{\partial r}\left(r \frac{\partial w}{\partial r}\right) dr = \eta r \frac{\partial w}{\partial r} = \frac{\partial p}{\partial z} \int_0^r r dr = \frac{1}{2} r^2 \frac{\partial p}{\partial z} .$$

Integration über z von 0 bis a ergibt daraus

$$2\eta a \frac{\partial w}{\partial r} = r(p_a - p_0) = - r \, \Delta p \, ,$$

wobei $\Delta p = p_0 - p_a$ der Druckabfall längs des Rohres ist. Nochmalige Integration über r führt schließlich zu:

$$2\eta a \left[w(r) - w_0\right] = - \frac{1}{2} r^2 \Delta p \, . \qquad (7.61)$$

Die Integrationskonstante w_0 wird aus der Randbedingung $w(R) = 0$ (Haften an der Wand) zu $w_0 = \Delta p R^2 / 4\eta a$ bestimmt. Damit erhält man für die Geschwindigkeit

$$w(r) = \frac{\Delta p}{4\eta a} (R^2 - r^2) \, . \qquad (7.62)$$

Das Geschwindigkeitsprofil ist demnach ein Rotationsparaboloid (Fig. 7.17). Für die

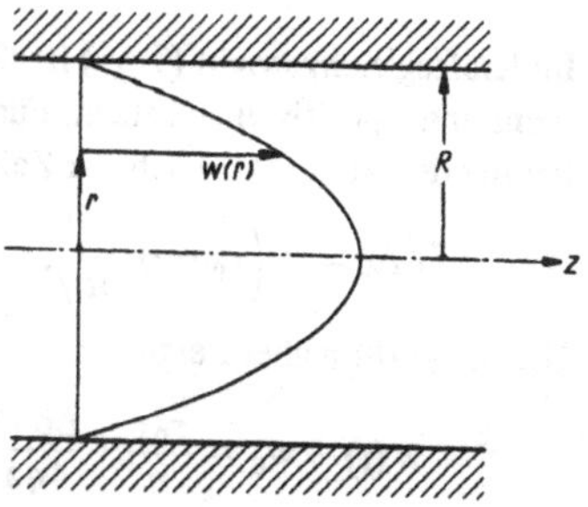

Fig. 7.17
Geschwindigkeitsverteilung bei der laminaren Rohrströmung

praktischen Anwendungen interessiert nicht so sehr w(r), sondern die mittlere Durchflußgeschwindigkeit

$$\overline{w} = \frac{1}{A}\int_A w(r)\,dA = \frac{1}{\pi R^2}\int_0^R w(r)\,2\pi r dr = \frac{R^2 \Delta p}{8\eta a} \tag{7.63}$$

oder nach Δp aufgelöst

$$\Delta p = \frac{8\eta a \overline{w}}{R^2}\,. \tag{7.64}$$

Diese auch experimentell bestätigte Gesetzmäßigkeit wird als Hagen-Poiseuillesches Gesetz bezeichnet. Es bietet zugleich eine Möglichkeit, die Stoffkonstante η durch Messungen von Druckabfall Δp und Geschwindigkeit $\overline{w}$ zu bestimmen.

7.6.4. Die Rohrströmung eines Bingham-Stoffes. Das Beispiel von Abschn. 7.6.3 für die stationäre Rohrströmung eines zähen inkompressiblen Fluids soll nun auch für einen Bingham-Stoff durchgerechnet werden, der dem Stoffgesetz (7.10) gehorcht. Das gilt in guter Näherung z.B. für frisch angerührten Beton.
Um das Geschwindigkeitsprofil w(r) zu erhalten, wird in diesem Fall das Kräftegleichgewicht zwischen Druckkraft F_P und Schub-Widerstandskraft F_S für einen zylindrischen Bereich vom Radius r und der Länge a betrachtet (Fig. 7.18)

$$F_{Pz} = \pi r^2 (p_0 - p_a) = \pi r^2 \Delta p\,,$$

$$F_{Sz} = -\,2\pi r a \tau\,,$$

$$F_{Pz} + F_{Sz} = \pi r^2 \Delta p - 2\pi r a \tau = 0\,. \tag{7.65}$$

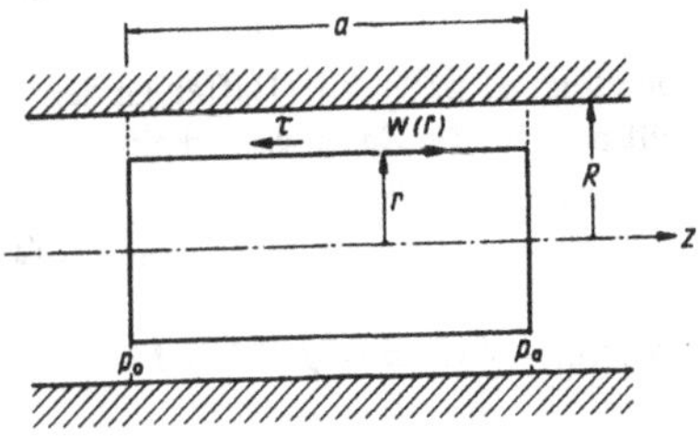

Fig. 7.18
Zur Berechnung der Rohrströmung eines Bingham-Stoffes

Im Kräftegleichgewicht (7.65) ist die in der negativen z-Richtung wirkende Schubspannung τ positiv einzusetzen. Für den stationären Fall wird damit in (7.10) die Ableitung der Gleitung γ nach der Zeit $\dot{\gamma} = -\,\partial w/\partial r$. Für $\tau > \tau_0$ folgt dann aus (7.65)

$$r\,\Delta p = 2a\left(\tau_0 - \eta\,\frac{\partial w}{\partial r}\right). \tag{7.66}$$

Die Integration über r ergibt:

$$w(r) - w_0 = \frac{\tau_0 r}{\eta} - \frac{\Delta p\, r^2}{4\eta a}\,.$$

Die Konstante w_0 wird wieder aus $w(R) = 0$ bestimmt:

$$w_0 = -\frac{\tau_0 R}{\eta} + \frac{\Delta p\, R^2}{4\eta a}$$

Damit folgt als Geschwindigkeitsprofil

$$w(r) = \frac{\Delta p}{4\eta a}(R^2 - r^2) - \frac{\tau_0}{\eta}(R - r)\,. \tag{7.67}$$

Durch Vergleich mit (7.62) erkennt man, daß von dem Parabelprofil (7.62) ein linear mit r abnehmender Anteil abgezogen werden muß (Fig. 7.19a). Das so entstehende Profil (Fig. 7.19b) zeigt für kleine Werte von r einen Bereich mit $\partial w/\partial r > 0$, für den der Ansatz (7.66) nicht mehr gilt. Hier muß entsprechend zu (7.10) $\tau = \tau_0$ und $\partial w/\partial r = 0$ angesetzt werden. Das bedeutet jedoch, daß für $r \leqslant r_0$ eine konstante Geschwindigkeit w = const erhalten wird (Fig. 7.19c). Der innere Teil der Strömung bewegt sich daher wie ein starrer Pfropfen (Pfropfenströmung). Sein Radius r_0 folgt aus (7.67) mit $\partial w(r)/\partial r = 0$ zu

$$r_0 = \frac{2a\tau_0}{\Delta p}\,. \tag{7.68}$$

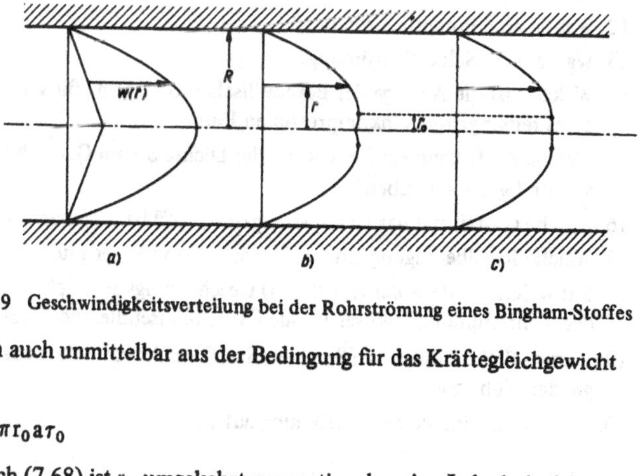

Fig. 7.19 Geschwindigkeitsverteilung bei der Rohrströmung eines Bingham-Stoffes

Dieses Ergebnis kann auch unmittelbar aus der Bedingung für das Kräftegleichgewicht am Pfropfen

$$\pi r_0^2\, \Delta p = 2\pi r_0 a \tau_0$$

erhalten werden. Nach (7.68) ist r_0 umgekehrt proportional zu Δp. Jedoch darf Δp nicht beliebig klein werden, weil sonst die Strömung nicht in Gang kommt. Es muß

$$\Delta p > (\Delta p)_{min} = \frac{2a\tau_0}{R}$$

gelten, wie aus (7.68) mit $r_0 = R$ erhalten wird.

Die mittlere Durchflußgeschwindigkeit $\overline{w}(\Delta p)$ oder der Druckabfall $\Delta p(\overline{w})$ können wie in Abschn. 7.6.3 berechnet werden.

7.7. Fragen

1. Welches ist der Inhalt der Kontinuumshypothese?
2. Welchen mathematischen Charakter (Skalar, Vektor, Tensor) haben die folgenden Zustandsgrößen eines Kontinuums: Spannung, Verschiebung, Verzerrung, Dichte, Geschwindigkeit?
3. Welche Zustandsgrößen gehen in die Stoffgesetze ein?
4. Welches Stoffgesetz gilt für ideal-plastische feste Körper?
5. Aus welchen Beziehungen können die Grundgleichungen eines Kontinuums abgeleitet werden?
6. Worin besteht das Verfahren der Problemumkehr?
7. Warum kann partielles Fließen des Materials in hochbeanspruchten Teilen günstig sein?
8. Wie kann man den Effekt der Verfestigung bei überbelastetem Material erklären?
9. Was ist eine Stromlinie?
10. Wie lautet die Kontinuitätsbedingung für stationäre Rohrströmungen eines dichtebeständigen Fluids?
11. Was sind substantielle, lokale und konvektive Beschleunigungen?
12. Was ist eine Potentialströmung?
13. Was ist eine Schleichströmung?
14. Welches ist die Aussage der Bernoullischen Gleichung für stationäre Strömungen eines reibungsfreien inkompressiblen Fluids?
15. Welche Kraft kann ein Fluidstrahl der Dichte ρ vom Querschnitt A und einer Geschwindigkeit v ausüben?
16. Welche Gestalt hat das Geschwindigkeitsprofil bei laminaren Rohrströmungen?
17. Welche Randbedingung gilt bei Strömungen viskoser Fluide?
18. Mit welcher Potenz der (mittleren) Geschwindigkeit wächst der Druckabfall Δp bei der Rohrströmung viskoser Fluide (Hagen-Poiseuillesches Gesetz)?
19. Warum fließt Zahnpasta (Bingham-Stoff!) nicht von selbst aus einer geöffnet liegenden Tube aus?
20. Wann kann eine Pfropfenströmung auftreten?

Liste der wichtigsten Formelzeichen

A	Fläche
A, B, C	Massen-Trägheitsmomente
A_0, B_0, C_0	Hauptträgheitsmomente
A, B, C	allgemeine Vektoren
D, E, F	Massen-Deviationsmomente
D	Lehrsches Dämpfungsmaß
E	Elastizitätsmodul
$\underline{\underline{E}}$	Einheitstensor
F	Kraftvektor
G	Vektor der Gewichtskraft
G	Schubmodul
H	Transformationsmatrix, Horizontalkraft
I_y, I_z	Flächenträgheitsmomente
I_{yz}	Flächen-Deviationsmomente
J	Massen-Trägheitsmomente
$\underline{\underline{J}}$	Trägheitstensor
K, O, P, Q	Bezugspunkte
L	Drallvektor (Index gibt Bezugspunkt an)
L*	Lagrangesche Funktion
M	Momentenvektor (Index gibt Bezugspunkt an)
M	Masse
N	Normalkraft
P	Leistung
Q	Querkraft
Q_r	verallgemeinerte Kraft für die r-te Koordinate
S	Stabkraft
$\underline{\underline{S}}$	Strömungstensor
T	kinetische Energie, Umlaufzeit, Temperatur
T_S	Schwingungszeit
V	Potential, Formänderungsenergie, Vertikalkraft, Volumen
W	Arbeit, Widerstandsmoment
a	Beschleunigungsvektor
c	Federkonstante
d	Dämpfungsfaktor, Differentialsymbol
e	Einsvektor (Index gibt die Richtung an)
e_{ij}	Element des Tensors der Verzerrungsgeschwindigkeiten
f	spezifische Kraft, Verschiebung, Durchbiegung
g	Schwerebeschleunigung
h_{ij}	Element einer Transformationsmatrix
k	Massen-Trägheitsradius, Krümmung, Modul, Zahl der Knoten im Fachwerk
m	Masse
p	Impulsvektor, Vektor der Druckkraft
p	Druck, Ellipsenparameter
q	spezifische Längenbelastung, verallgemeinerte Koordinate
r	Ortsvektor (Indizes geben Anfangs- und End-Punkt des Vektors an)
r	Radius
r, φ, z	Zylinderkoordinaten
s	Strecke, Seileckdicke, Zahl der Stäbe im Fachwerk
t	Zeit
u, v, w	Komponenten des Geschwindigkeitsvektors, Variable
v, w	Komponenten der Durchbiegung eines Balkens
v	Geschwindigkeitsvektor
x, y, z	kartesische Koordinaten
α	Wärmedehnzahl, Knickfaktor
α_{ij}	Einflußzahlen
α, β, γ	Winkel
γ	Gleitung, Wichte, Gravitationskonstante
δ	Bezogener Dämpfungsfaktor, Variationssymbol
Δ	Differenzsymbol
Δ	Laplacescher Operator

ϵ	Dehnung, numerische Exzentrizität, Stoßzahl
ϵ_{ij}	Element des Verzerrungstensors
η	dynamische Zähigkeit
ϑ	logarithmisches Dekrement, Winkel
κ	Amplitudenverhältnis
λ	Schlankheitsgrad, Ansatz-Exponent, Faktor
μ	Reibungsbeiwert, Querdehnzahl, Massendurchsatz
ν	Eigen-Kreisfrequenz, kinematische Zähigkeit
ρ	Dichte, Reibungswinkel, Trägheitsmodul, Radius
σ	Normalspannung
τ	Schubspannung
τ_{ij}	Element des Spannungstensors
φ	Verdrehung, Zwangsbedingung
φ, ϑ, ψ	Winkel, Euler-Winkel
$\boldsymbol{\omega}$	Vektor der Winkelgeschwindigkeit
ω	Erreger-Kreisfrequenz
ξ, η, ζ	kartesische Koordinaten, Verschiebungskoordinaten

Sachverzeichnis

Literaturhinweise

Dankert, H.; Dankert, J.: Technische Mechanik. Statik, Festigkeitslehre, Kinematik/Kinetik.
B.G. Teubner, 2004.

Gross, D.; Hauger, W.; Schnell, W.; Schroeder, J.: Technische Mechanik. Band 1 – 3. Statik - Elastostatik - Kinetik. Springer, Berlin, 2004/2005.

Gross, D.; Hauger, W.; Schnell, W.; Wriggers, P. : Technische Mechanik. Band 4: Hydromechanik, Elemente der Höheren Mechanik, Numerische Methoden. Springer, Berlin, 2004.

Hibbeler, R. C.: Technische Mechanik. Band 1 - 3. Statik – Festigkeitslehre - Dynamik.
Pearson Studium, 2005.

Kessel, S.; Fröhling, D.: Technische Mechanik - Technical Mechanics. Fachbegriffe im deutschen und englischen Kontext. B.G. Teubner, 1998.

Magnus, K.; Popp, K.: Schwingungen. Eine Einführung in physikalische Grundlagen und die theoretische Behandlung von Schwingungsproblemen.
B.G. Teubner, 2005.

Mayr, M.: Technische Mechanik. Statik, Kinematik - Kinetik - Schwingungen, Festigkeitslehre. Hanser Fachbuchverlag, 2003.

Sayir, M. B.; Dual, J.; Kaufmann, S.: Ingenieurmechanik Band 1 - 2. Grundlagen und Statik - Deformierbare Körper. B.G. Teubner, 2004.

Sayir, M. B.; Kaufmann, S.: Ingenieurmechanik 3. Dynamik. B. G. Teubner, 2005.

Schiehlen , W.; Eberhard, P.: Technische Dynamik. Modelle für die Regelung und Simulation.
B. G. Teubner, 2004.

Szabó, I.: Einführung in die Technische Mechanik. Springer, Berlin, 2003.

Szabó, I.: Höhere Technische Mechanik. Springer, Berlin, 2001.

Wittenburg, J.; Pestel, E.: Festigkeitslehre. Ein Lehr- u. Arbeitsbuch. Springer, Berlin, 2001.

Wittenburg , J.: Schwingungslehre. Lineare Schwingungen, Theorie und Anwendungen. Springer, Berlin, 1996.

Wriggers, P.; Nackenhorst, U.; Beuermann, S.: Technische Mechanik Kompakt mit Beispielen und Aufgaben. B.G. Teubner, 2005.

Ziegler, F.: Technische Mechanik der festen und flüssigen Körper. Springer, Wien, 1998.